2020 China Life Sciences and Biotechnology Development Report

2020
中国生命科学与生物技术发展报告

科学技术部 社 会 发 展 科 技 司 编著
中国生物技术发展中心

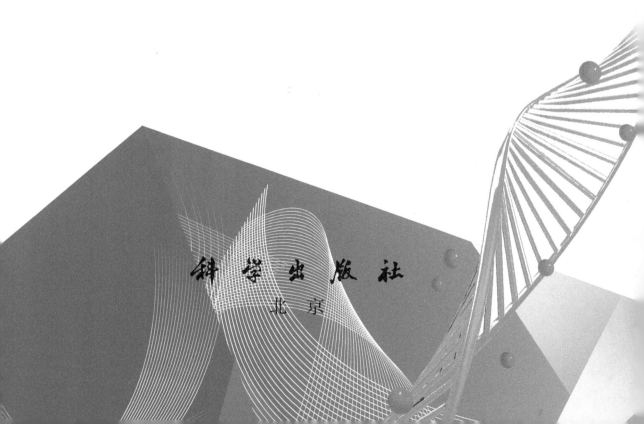

科学出版社
北京

内 容 简 介

  本书总结了 2019 年我国生命科学研究、生物技术和生物产业发展的基本情况，重点介绍了我国在生命组学与细胞图谱、脑科学与神经科学、合成生物学、表观遗传学、结构生物学、免疫学、再生医学、新兴与交叉技术等领域的研究进展，以及生物技术应用于医药、工业、农业、环境等方面的情况，分析了我国生物产业的现状和发展态势。本书分为总论、生命科学、生物技术、生物产业、投融资、生命科学研究伦理与政策监管、文献专利 7 个章节，以翔实的数据、丰富的图表和充实的内容，全面展示了当前我国生命科学、生物技术和生物产业的基本情况。

  本书可为生命科学和生物技术领域的科学家、企业家、管理人员以及关心支持生命科学、生物技术与产业发展的各界人士提供参考。

图书在版编目（CIP）数据

2020 中国生命科学与生物技术发展报告/科学技术部社会发展科技司，中国生物技术发展中心编著. —北京：科学出版社，2020.10
  ISBN 978-7-03-066272-9

  Ⅰ. ①2… Ⅱ. ①科… Ⅲ. ①生命科学－技术发展－研究报告－中国－2020 ②生物工程－技术发展－研究报告－中国－2020 Ⅳ. ① Q1-0 ② Q81

  中国版本图书馆 CIP 数据核字（2020）第 183565 号

责任编辑：王玉时 / 责任校对：严 娜
责任印制：张 伟 / 封面设计：金舵手世纪

科 学 出 版 社 出版

北京东黄城根北街 16 号
邮政编码：100717
http://www.sciencep.com

北京虎彩文化传播有限公司 印刷
科学出版社发行 各地新华书店经销

*

2020 年 10 月第 一 版 开本：787×1092 1/16
2023 年 3 月第四次印刷 印张：23 3/4
字数：563 000
定价：258.00 元
（如有印装质量问题，我社负责调换）

《2020中国生命科学与生物技术发展报告》
编写人员名单

主　　编：吴远彬　张新民

副 主 编：田保国　沈建忠　范　玲　孙燕荣

参加人员（按姓氏汉语拼音排序）：

敖　翼	曹　芹	陈　欣	陈大明	陈洁君
陈书安	程　通	崔　蓓	邓洪新	邓华凤
董　华	范月蕾	耿红冉	顾丽娜	郭　伟
韩　坤	何　璐	何　蕊	黄　鑫	黄英明
江洪波	李　伟	李　烨	李丹丹	李苏宁
李祯祺	李冶非	林拥军	刘　和	刘　健
刘　晓	卢　姗	马　强	马有志	毛开云
潘子奇	邱春红	阮梅花	桑晓冬	施慧琳
苏　燕	苏　月	田金强	王　莹	王　玥
王　跃	王德平	王凤忠	王恒哲	王慧媛
吴函蓉	吴坚平	武瑞君	夏宁邵	熊　燕
徐　萍	徐鹏辉	许　丽	杨　阳	杨　喆
杨若南	姚　斌	尹军祥	于建荣	于善江
于振行	袁天蔚	张　杰	张　涌	张大璐
张丽雯	张连祺	张瑞福	张学博	赵若春

前　言

目前，全球科技创新进入空前密集活跃的时期，新一轮科技革命和产业变革正在重构全球创新版图、重塑全球经济结构。继信息技术之后，进入 21 世纪以来，生物科技的迅猛发展引领新一轮的科技浪潮与产业革命，基础型学科的交叉会聚、跨学科技术的深度融合、颠覆性技术的突破发展正在改变生命科学研究范式、生物产业业态。因此，生命科学成为前沿交叉领域的重要枢纽节点，是典型的颠覆性技术密集行业之一。不仅如此，生命科学突破性成果爆发式涌现预示着生物经济时代的到来。

2019 年是实施"十三五"规划的冲刺之年。习近平总书记高度重视生命健康科技创新对于决胜全面建成小康社会的重大意义，并对世界生命健康科技发展有着深刻的认识。面对突如其来的新冠肺炎疫情，党和政府始终把人民生命安全和身体健康摆在第一位，坚持向科学要答案、要方法。习近平总书记在同有关部门负责同志和专家学者就疫情防控科研攻关工作座谈时的讲话中指出："要从体制机制上增强科技创新和应急应变能力，加快构建关键核心技术攻关新型举国体制，补短板、强弱项、堵漏洞，提升科技创新体系化能力。加快推进人口健康、生物安全等领域科研力量布局，整合生命科学、生物技术、医药卫生、医疗设备等领域的国家重点科研体系，布局一批国家临床医学研究中心，加大卫生健康领域科技投入，加强生命科学领域的基础研究和医疗健康关键核心技术突破，加快提高疫病防控和公共卫生领域战略科技力量和战略储备能力。"* 在国家政策支持和基础设施建设保障下，加之技术进步与学科交叉推动，中国生命科学研究发展迅速，重大研究突破频现，推动我国生命科学与生物技术产业的持续稳步发展。

---

* 引自 http://www.gov.cn/xinwen/2020-06/05/content_5517538.htm?gov。

2019 年，我国生命科学与生物技术研究稳步向前，发表论文近 15 万篇，与 2018 年相比增长了 22.99%；我国生物技术专利的申请数量和授权数量分别在国际上列第 2 位和第 1 位。基因组学、转录组学、蛋白质组学、代谢组学等生命组学不断进步，推动在细胞图谱绘制及临床应用方面的实质性进展；在脑科学基础研究、脑图谱绘制以及类脑计算芯片中取得多项突破；在合成生物学领域取得了基因组设计与合成、基因编辑、天然产物合成等一系列成果；在表观遗传学检测技术及疾病应用研究方面均取得较大进展，m^6A 成为 RNA 修饰领域的"明星分子"，细胞外囊泡研究规模持续增长；在结构生物学新技术和新方法、基础生物学新见解以及生物大分子结构解析上有多项突破；在免疫器官、细胞和分子的再认识和新发现，免疫识别、应答与调节的规律和机制认识，疫苗与抗感染，以及肿瘤免疫等方面取得了突出成果。在新兴技术领域，我国在基因编辑技术的优化升级、新技术开发及应用研究中取得多项重要成果，尤其是在血液疾病治疗、灵长类模式动物开发和疾病模型构建、碱基编辑系统的开发和优化以及基因编辑检测技术和递送系统等方面成果突出；国内开展脑机接口研究的机构也迅速增加，尽管目前还没有相对成熟的产品公布，但取得多项国际认可的创新成果；此外，我国在 DNA 存储领域也开始布局。

2019 年，我国生物技术不断进步，在医药生物技术、工业生物技术、农业生物技术、环境生物技术领域均取得多项突破性成果。在医药生物技术领域，我国在新药研发、医疗器械开发等领域取得多项突破。2019 年，国家药品监督管理局（NMPA）批准了 14 个由我国自主研发的新药上市，其中 10 个是我国自主研发的 1 类新药，创我国批准 1 类新药上市数量新高。在工业生物技术领域，我国在生物催化技术、生物制造工艺等方面持续推进。在农业生物技术领域，我国在分子设计与品种创制、农业生物制剂创制、农产品加工等方面取得了一系列重大进展。在环境生物技术领域，我国对其发展重视程度在不断提升，环保政策密集出台，环保力度进一步加大，主要的研发方向集中在废水生物处理技术、固体废弃物生物处理技术和生物环保产品开发上，可生物降解材料、酶制剂及微生物制剂等多种生物环保产品得到大力研发和推广。

2019 年，我国生物产业迈入新的发展阶段，肿瘤疫苗、抗体药产品、生物质发电等技术取得新突破，技术创新成为行业发展的驱动力；与此同时，我国多项医药、医保、能源以及环保政策出台，促进产业加速洗牌，创新产品加速上市。2019 年，中国医药及生物科技融资遇冷，整体融资规模锐减。2019 年，中国医疗健康产业共发生 958 起融资事件（其中公开披露金额的事件为 618 起），处于 2015 年以来最低点，对比 2018 年更是几乎腰斩；融资总额为 602.8 亿元人民币，同比下跌 24.6%，但依然处于历史第二高。

自 2002 年以来，科学技术部社会发展科技司和中国生物技术发展中心每年出版发行我国生命科学和生物技术领域的年度发展报告，已成为本领域具有一定影响力的综合性年度报告。本书以总结 2019 年我国生命科学研究、生物技术和生物产业发展的基本情况为主线，重点介绍了我国在生命组学与细胞图谱、脑科学与神经科学、合成生物学、表观遗传学、结构生物学、免疫学、再生医学、新兴与交叉技术等领域的研究进展，以及生物技术应用于医药、工业、农业、环境等方面的情况，分析了我国生物产业的现状和发展态势，相比往年进一步地跟进了国际伦理监管的发展现状和国际生物技术政策监管情况。本书以文字、数据、图表相结合的方式，全面展示了 2019 年我国生命科学、生物技术与产业领域的研究成果、论文发表、专利申请、行业发展和投融资情况，以及我国在生物医药、生物农业、生物制造、生物服务等产业取得的重要进展。

本书可为生命科学和生物技术领域的科学家、企业家、管理人员以及关心支持生命科学、生物技术与产业发展的各界人士提供参考。

编　者

2020 年 7 月

目　　录

2020 中国生命科学与生物技术发展报告

第一章 总 论

一、国际生命科学与生物技术发展态势

（一）重大研究进展

2019 年，生命科学与生物技术持续推进，取得系列重要进展和重大突破，并正在加速向应用领域渗透，在医药、工业和农业等领域展现出广阔的应用前景。

1. 脑科学研究持续推进，神经退行性疾病药物重迎发展生机

2019 年，各国脑科学计划持续推进，美国推进创新神经技术脑研究计划（BRAIN 计划）发布"BRAIN 计划 2.0"中期评估与建议，提出聚焦小鼠脑连接组、人脑细胞图谱等变革性项目；欧盟人类脑计划（HBP）也进入了项目第三阶段"稳定阶段"；国际脑计划（IBI）也形成了全球脑研究的创新型合作框架，并开始进行相关项目资助，以期建立分布式国际研究网络。脑科学研究已经从分子、细胞、环路等各个层面对大脑有了初步了解，目前重点是理解大脑网络结构的形成与功能，进而理解脑疾病的发病机理，针对机理开展相关疗法研究。

成像技术等工具的升级推动脑科学研究进入新阶段。新技术开发上，美国麻省理工学院结合膨胀显微镜和晶格层光显微镜[1]，实现了纳米级清晰度的全脑

---

1 Gao R, Asano S M, Upadhyayula S, et al. Cortical column and whole-brain imaging with molecular contrast and nanoscale resolution [J]. Science, 2019, 363 (6424): eaau8302.

光学成像；瑞士苏黎世大学开发的 MesoSPIMs 显微技术[2]，可清晰捕捉大脑组织微小细节。

基础研究不断突破，美国斯坦福大学利用光遗传学技术刺激小鼠脑细胞以探测幻觉[3]的产生机制；美国哥伦比亚大学通过激活视觉皮层的单个神经元实现视觉精准控制[4]；美国麻省理工学院首次利用视觉神经网络模型实现对动物大脑活动的控制[5]；美国得克萨斯大学成功在鸟类大脑中实现外来记忆的插入[6]；另外，美国耶鲁大学开发 BrainEx 体外灌注系统[7]，成功完成体外长期维持大脑活性的首次尝试。

脑图谱绘制成果层出不穷，美国艾伦脑科学研究所、美国霍华德·休斯医学研究所、美国艾伯特·爱因斯坦医学院先后成功绘制了人类大脑细胞类型的"百科全书"[8]、小鼠大脑 1000 个神经元的连接图谱[9]、秀丽隐杆线虫神经联结图谱[10]。欧盟人脑计划发布了 32 个新的人类大脑区域的细胞结构，是目前可用的最详细的皮质微结构图谱，并对现有的 74 张单独图集进行了全面更新，以开放共享[11]。

2 Voigt F F, Kirschenbaum D, Platonova E, et al. The mesoSPIM initiative: open-source light-sheet microscopes for imaging cleared tissue [J]. Nature Methods, 2019, 16: 1105-1108.

3 Marshel J H, Kim Y S, Machado T A, et al. Cortical layer-specific critical dynamics triggering perception [J]. Science, 2019, 365 (6453): eaaw5202.

4 Carrillo-Reid L, Han S T, Yang W J, et al. Controlling visually guided behavior by holographic recalling of cortical ensembles [J]. Cell, 2019, 178 (2): 1-11.

5 Bashivan P, Kar K, DiCarlo J J. Neural population control via deep image synthesis [J]. Science, 2019, 364 (6439): eaav9436.

6 Zhao W C, Garcia-Oscos F, Dinh D, et al. Inception of memories that guide vocal learning in the songbird [J]. Science, 2019, 366 (6461): 83-89.

7 Vrselja Z, Daniele S G, Silbereis J, et al. Restoration of brain circulation and cellular functions hours post-mortem [J]. Nature, 2019, 568 (7752): 336-343.

8 Hodge R D, Bakken T E, Miller J A, et al. Conserved cell types with divergent features in human versus mouse cortex [J]. Nature, 2019, 573 (7772): 1-8.

9 Winnubst J, Bas E, Ferreira T A, et al. Reconstruction of 1000 projection neurons reveals new cell types and organization of long-range connectivity in the mouse brain [J]. Cell, 2019, 179 (1): 268-281.

10 Cook S J, Jarrell T A, Brittin C A, et al. Whole-animal connectomes of both Caenorhabditis elegans sexes [J]. Nature, 2019, 571: 63-71.

11 HBP. Probabilistic cytoarchitectonic maps for 32 new human brain areas released [EB/OL]. https://www.humanbrainproject.eu/en/follow-hbp/news/probabilistic-cytoarchitectonic-maps-for-32-new-human-brain-areas-released [2020-06-05].

脑疾病研发上，神经退行性疾病与微生物组的关系多次得到证实 [12, 13]，tau 蛋白在阿尔茨海默病（AD）中发挥关键驱动作用 [14] 等研究，颠覆了对神经退行性疾病的传统认知；英国伦敦大学学院开展了针对亨廷顿病的 I ～ II a 期临床试验，证明了利用抑制 HTT mRNA 的反义寡核苷酸药物治疗亨廷顿病安全性良好 [15]。与此同时，神经退行性疾病药物研发长期面临高投入、高失败率现状，2019 年开始重迎发展生机，美国百健公司计划于 2020 年提交 AD 药物 Aducanumab 的生物制品许可上市申请。

2. 精准医学研究稳步推进，科技引领疗法 / 药物呈多样化发展

A. 精准医学持续推进，疾病研究模式、诊疗方案以及药物开发思路与审批标准快速转变。美国资助构建最全面的人类基因组参考序列；英国生物样本库将开展 50 万人全基因组测序；冰岛基因解码公司 [16] 发布首个全分辨率的人类基因组遗传图谱，为精准医学提供数据参考。

疾病研究上，美国圣犹大儿童研究医院与哈佛麻省总医院 [17] 利用单细胞 RNA 测序深入分析儿童髓母细胞瘤，详述其不同亚型的细胞来源。

精准诊疗方案开发上，美国约翰斯·霍普金斯大学 [18] 开发 DELFI 液体活检新方法，可准确检测 7 种不同类型癌症；美国食品药品监督管理局（FDA）批准首款检测实体瘤中总体肿瘤突变负荷（TMB）的全外显子测序体外诊断产品

12 Blacher E, Bashiardes S, Shapiro H, et al. Potential roles of gut microbiome and metabolites in modulating ALS in mice [J]. Nature, 2019, 572 (7770): 474-480.

13 Kim S, Kwon S H, Kam T, et al. Transneuronal propagation of pathologic α-synuclein from the gut to the brain models Parkinson's disease. [J]. Neuron, 2019, 103 (4): 627-641.

14 La Joie R, Visani A V, Baker S L, et al. Prospective longitudinal atrophy in Alzheimer's disease correlates with the intensity and topography of baseline tau-PET [J]. Science Translational Medicine, 2020, 12 (524): 1-12.

15 Tabrizi S J, Leavitt B R, Landwehrmeyer G B, et al. Targeting huntingtin expression in patients with Huntington's disease [J]. The New England Journal of Medicine, 2019, 380 (24): 2307-2316.

16 Halldorsson B V, Palsson G, Stefansson O A, et al. Characterizing mutagenic effects of recombination through a sequence-level genetic map [J]. Science, 2019, 363 (6425): eaau1043.

17 Hovestadt V, Smith K S, Bihannic L, et al. Resolving medulloblastoma cellular architecture by single-cell genomics [J]. Nature, 2019, 572: 74-79.

18 Cristiano S, Leal A, Phallen J, et al. Genome-wide cell-free DNA fragmentation in patients with cancer [J]. Nature, 2019, 570: 385-389.

Omics Core；直接面向消费者的癌症风险基因检测产品再次获批，用于结直肠癌检测。同时，美国波士顿儿童医院[19]为特定患者定制基因疗法 Milasen，标志着量身定制的个性化疗法开始实践。

B. 前沿科技引领疗法和药物产生相关变革，疾病治疗手段呈多样化发展。靶向治疗是当前抗肿瘤新药研发的主要方向，将传统化疗药物和靶向性的抗体药物结合的抗体药物偶联物（antibody-drug conjugate，ADC）迎来成果迸发期。2019 年，美国 FDA 批准了 11 款抗肿瘤新药上市，全部为靶向药物；其中，Polivy、Padcev 和 Enhertu 三个 ADC 药物获批上市，目前 FDA 累计批准 ADC 药物 7 个。

免疫治疗研发热度持续不减，免疫细胞治疗和免疫检查点抑制剂已成为当前免疫治疗研发的重点方向。2019 年 12 月，吉利德公司、百时美施贵宝公司相继向 FDA 提交了 CAR-T 疗法的上市申请，适应证依然针对血液肿瘤，有望成为全球第三 / 四款获批上市的 CAR-T 疗法。当前，免疫细胞治疗研发主要围绕克服免疫抑制性肿瘤微环境[20]、改善免疫细胞衰竭[21, 22]、优化免疫细胞结构和功能等问题展开[23]。免疫检查点中 CTLA-4、PD-1/PD-L1 靶点研发已近产业饱和期，新靶点研发是核心突破口，新免疫检查点 Siglec-15[24] 有望成为新爆发点。

基因治疗处于快速发展的初期阶段，疗效和安全性有待进一步确认，前期研发成本以及制备成本过高限制了其推广。2019 年，美国和欧盟各批准了 1 款基因治疗产品上市，分别为 AveXis 公司研发的 Zolgensma（治疗脊髓性肌肉萎缩症）和蓝鸟公司研发的 Zynteglo（治疗 β- 地中海贫血）；美国圣裘德儿童研

19 Kim J, Hu C G, El Achkar C M, et al. Patient-customized oligonucleotide therapy for a rare genetic disease [J]. NEJM, 2019, 381 (17): 1644-1652.

20 Sachdeva M, Busser B W, Temburni S, et al. Repurposing endogenous immune pathways to tailor and control chimeric antigen receptor T cell functionality [J]. Nature Communications, 2019, 10 (1): 1-16.

21 Chen J, Lopezmoyado I F, Seo H, et al. NR4A transcription factors limit CAR T cell function in solid tumours [J]. Nature, 2019, 567 (7749): 530-534.

22 Lynn R C, Weber E W, Sotillo E, et al. c-Jun overexpression in CAR T cells induces exhaustion resistance [J]. Nature, 2019, 576: 293-300.

23 Ying Z, Huang X F, Xiang X, et al. A safe and potent anti-CD19 CAR T cell therapy [J]. Nature Medicine, 2019, 25 (6): 947-953.

24 Wang J, Sun J, Liu L N, et al. Siglec-15 as an immune suppressor and potential target for normalization cancer immunotherapy [J]. Nature Medicine, 2019, 25 (4): 656-666.

究医院使用慢病毒载体基因治疗 X 连锁严重联合免疫缺陷症（SCID-X1）婴儿获得成功[25]。

RNA、噬菌体等新型疗法也正在快速发展，逐步走向临床应用。2019 年，全球第二款 RNA 干扰药物 Givlaari 获 FDA 批准用于治疗罕见遗传病急性肝卟啉症。美国匹兹堡大学使用工程化噬菌体混合物成功治疗了一例 15 岁耐药性分枝杆菌感染致脓肿患者，首次证实了转基因噬菌体用在人类患者身上的安全性和有效性[26]。

C．整合真实世界数据（RWD）[27] 开展药物疗效和安全性评估，已成为医药研发的常规模式，国际已普遍确认了真实世界数据可应用于药品监管决策。2018 年 12 月，美国 FDA 发布《真实世界证据（RWE）计划框架》，为实现 RWE 支持药品审评审批决策提供了指导框架[28]。2019 年 5 月，FDA 又发布了《使用真实世界数据和真实世界证据（RWE）向 FDA 递交药物和生物制品资料（草案）》，为如何提交 RWD 和 RWE 进行药物审评审批申请提供了具体指南[29]。2019 年 4 月，FDA 首次基于真实世界用药数据批准了药物的新适应证，即辉瑞 Ibrance 用于治疗男性乳腺癌。

3．人类微生物组与健康关系研究快速发展，技术进步推动其向系统化迈进

人类微生物组研究进入快速发展期，宏组学、培养组学、生态学、干预和重构等研究手段的相互融合推进人类微生物组研究迈向系统化，使得人类微生

---

25 Mamcarz E, Zhou S, Lockey T, et al. Lentiviral gene therapy combined with low-dose busulfan in infants with SCID-X1 [J]. New England Journal of Medicine, 2019, 380 (16): 1525-1534.

26 Dedrick R M, Guerrero-Bustamante C A, Garlena R A, et al. Engineered bacteriophages for treatment of a patient with a disseminated drug-resistant Mycobacterium abscessus [J]. Nature Medicine, 2019, 25 (5): 730-733.

27 国家药品审评中心将"真实世界数据"定义为：与患者使用药物以及健康状况有关的和 / 或来源于各种日常医疗过程所收集的数据。数据来源可以是观察性研究，也可以是临床试验。

28 FDA. Framework for FDA's real-world evidence program [EB/OL]. https://www.fda.gov/media/120060/download [2019-11-26].

29 FDA. Submitting documents using real-world data and real-world evidence to FDA for drugs and biologics guidance for industry [EB/OL]. https://www.fda.gov/regulatory-information/search-fda-guidance-documents/submitting-documents-using-real-world-data-and-real-world-evidence-fda-drugs-and-biologics-guidance [2019-12-17].

物组与健康关系研究从描述性和关联性向因果性和机制性深入，但基于其复杂程度高，要求进一步综合多学科、多技术力量进行研究，以将微生物组的知识发现转化为临床应用。

2019 年，人类微生物组的时空多样性研究取得更多进展。意大利特伦托大学等机构的研究人员基于大规模宏基因组测序分析，利用来自不同地理位置、生活方式和年龄人群的 9428 个宏基因组样本，组装完成超过 15 万个微生物基因组，发现数千个人体微生物新种[30]。

美国人类微生物组计划第二阶段 iHMP 发布成果，是迄今最大规模最全面的微生物与疾病研究数据，聚焦妊娠和早产[31]、炎症性肠病[32]和 2 型糖尿病[33]三个不同队列人群。人类微生物组与自闭症[34]、渐冻症[35]、早衰症[36]及哮喘[37]等疾病发生发展的因果关系和机制获得了进一步解析。

基于人类微生物组重构开发的治疗性或营养性产品已为疾病干预提供了一种新的可及的方法，为营养健康和医药创新提供新的着手点。2019 年，利用一种由鹰嘴豆、香蕉、大豆和花生粉组成的补充剂调节肠道微生物组成以对抗营养不良的研究入选 *Science* 十大科学突破，为解决营养不良问题找到了一种常用的、负担得起的、文化上可接受的干预方案[38]。当前，全球基于人类微生物组的

---

30 Pasolli E, Asnicar F, Manara S, et al. Extensive unexplored human microbiome diversity revealed by over 150 000 genomes from metagenomes spanning age, geography, and lifestyle [J]. Cell, 2019, 176 (3): 649-662.

31 Fettweis J M, Serrano M G, Brooks J P, et al. The vaginal microbiome and preterm birth [J]. Nature Medicine, 2019, 25 (6): 1012-1021.

32 Lloyd-Price J, Arze C, Ananthakrishnan A N, et al. Multi-omics of the gut microbial ecosystem in inflammatory bowel diseases [J]. Nature, 2019, 569 (7758): 655-662.

33 Zhou W, Sailani M R, Contrepois K, et al. Longitudinal multi-omics of host-microbe dynamics in prediabetes [J]. Nature, 2019, 569 (7758): 663-671.

34 Sharon G, Cruz N J, Kang D W, et al. Human gut microbiota from autism spectrum disorder promote behavioral symptoms in mice [J]. Cell, 2019, 177 (6): 1600-1618. e17.

35 Blacher E, Bashiardes S, Shapiro H, et al. Potential roles of gut microbiome and metabolites in modulating ALS in mice [J]. Nature, 2019, 572 (7770): 474-480.

36 Barcena C, Valdés-Mas R, Mayoral P, et al. Healthspan and lifespan extension by fecal microbiota transplantation into progeroid mice [J]. Nature Medicine, 2019, 25 (8): 1234-1242.

37 Levan S R, Stamnes K A, Lin D L, et al. Elevated faecal 12, 13-diHOME concentration in neonates at high risk for asthma is produced by gut bacteria and impedes immune tolerance [J]. Nature Microbiology, 2019, 4 (11): 1851-1861.

38 AAAS. 2019 breakthrough of the year [EB/OL]. https://vis.sciencemag.org/breakthrough2019/finalists/#Microbes-combat [2020-06-05].

疾病诊断与治疗产品和干预措施的市场价值为 2.75 亿～4 亿美元，预计到 2024 年将增加到 7.5 亿～19 亿美元[39]。

（二）技术进步

颠覆性技术的发展和学科融合的推进促进生命科学解析与疾病认识更全面、更系统，新发现层出不穷，改造、仿生、再生、创生能力持续跃迁，新兴的脑机接口技术与 DNA 存储技术也开始出现突破。

1. 多组学联合分析推动疾病认识更全面、更系统

通过基因组学、转录组学、蛋白质组学和代谢组学等多个层次的组学联合分析已成为生命组学研究的大趋势，是系统生物学研究的重要手段。综合多组学数据的分析能够更全面地认识疾病致病机制，也为疾病精准治疗提供新的思路和方向。美国约翰斯·霍普金斯大学等机构的研究人员对肾透明细胞癌样本进行了全面的基因组、表观基因组、转录组、蛋白质组和磷酸化蛋白质组表征，深度揭示肾透明细胞癌病理特征[40]。美国贝勒医学院等机构的研究人员基于蛋白基因组分析，指出了新的结肠癌驱动因素、候选标志物以及靶向治疗的潜在途径[41]。中国复旦大学等机构的研究人员成功绘制出全球最大的三阴性乳腺癌队列多组学图谱，并提出三阴性乳腺癌分子分型基础上的精准治疗策略[42]。

2. 单细胞技术推动细胞层面的新发现层出不穷

单细胞组学研究使研究人员能够从单个细胞的水平上更为精确地解析组织

39 Proctor L. Priorities for the next 10 years of human microbiome research [J]. Nature, 2019, 569: 623-625.

40 Clark D J, Dhanasekaran S M, Petralia F, et al. Integrated proteogenomic characterization of clear cell renal cell carcinoma [J]. Cell, 2019, 179 (4): 964-983. e31.

41 Vasaikar S, Huang C, Wang X, et al. Proteogenomic analysis of human colon cancer reveals new therapeutic opportunities [J]. Cell, 2019, 177 (4): 1035-1049. e19.

42 Jiang Y Z, Ma D, Suo C, et al. Genomic and transcriptomic landscape of triple-negative breast cancers: subtypes and treatment strategies [J]. Cancer Cell, 2019, 35 (3): 428-440. e5.

的分化、再生、衰老以及病变，已经被用于破译肿瘤[43]、发育[44]、细胞命运转变[45]等过程中的异质性和动态变化。美国麻省理工学院等机构的研究人员对 AD 患者的单个脑细胞基因表达进行了综合分析，揭示 AD 单细胞分子图谱，将为 AD 治疗提供许多潜在的新型药物靶点[46]。

与此同时，在单个细胞水平综合分析多组学信息已成为新的研究热点，以更准确和全面地识别特定细胞及其功能；单细胞多组学分析技术入选 2019 年 *Nature Methods* 年度技术[47]。

单细胞技术持续优化，单细胞组学分析通量、灵敏度和特异性获得进一步提升，促使人类细胞图谱计划稳步推进，研究人员鉴定获得多种新的细胞亚型，为疾病诊断和治疗奠定基础。德国马克斯·普朗克免疫生物学和表观遗传学研究所等机构的研究人员构建了人类肝脏的完整细胞图谱，为肝脏疾病研究提供参考[48]。英国维康桑格研究所等机构的研究人员绘制了人类肺部细胞图谱，以识别哮喘患者的细胞特征[49]。

生物体生长发育过程中体内细胞的时空分布特征研究受到关注，为进一步解析生物体生长发育路径铺平道路。英国剑桥大学等机构的研究人员绘制出不同生长发育阶段、肾脏特定区域的免疫细胞图谱[50]。瑞典皇家理工学院等机构的研究人员构建了人类心脏发育细胞图谱[51]。英国纽卡斯尔大学等机构的研究

43 Hovestadt V, Smith K S, Bihannic L, et al. Resolving medulloblastoma cellular architecture by single-cell genomics [J]. Nature, 2019, 572 (7767): 74-79.

44 Cao J, Spielmann M, Qiu X, et al. The single-cell transcriptional landscape of mammalian organogenesis [J]. Nature, 2019, 566 (7745): 496-502.

45 Zhou Y, Liu Z, Welch J D, et al. Single-cell transcriptomic analyses of cell fate transitions during human cardiac reprogramming [J]. Cell Stem Cell, 2019, 25 (1): 149-164. e9.

46 Mathys H, Davila-Velderrain J, Peng Z, et al. Single-cell transcriptomic analysis of Alzheimer's disease [J]. Nature, 2019, 570: 332-337.

47 Nature Methods. Method of the year 2019: single-cell multimodal omics [J].Nature Methods,2020,17:1.

48 Aizarani N, Saviano A, Mailly L, et al. A human liver cell atlas reveals heterogeneity and epithelial progenitors [J]. Nature, 2019, 572 (7768): 199-204.

49 Braga F A V, Kar G, Berg M, et al. A cellular census of human lungs identifies novel cell states in health and in asthma [J]. Nature Medicine, 2019, 25: 1153-1163.

50 Stewart B J, Ferdinand J R, Young M D, et al. Spatiotemporal immune zonation of the human kidney [J]. Science, 2019, 365 (6460): 1461-1466.

51 Asp M, Giacomello S, Larsson L, et al. A spatiotemporal organ-wide gene expression and cell atlas of the developing human heart [J]. Cell, 2019, 179 (7): 1647-1660. e19.

人员首次报道了由胎肝驱动的人胚胎造血和免疫系统发育图谱，解码胎肝造血功能[52]。

3. 改造、仿生、再生、创生能力持续跃迁

基因编辑技术持续优化，提高了其临床应用的可行性。单碱基编辑技术不断改进，美国哈佛大学－麻省理工学院博德研究所、哈佛大学先后设计了六种优化的腺嘌呤碱基编辑系统 ABEmax[53]，并利用噬菌体辅助连续进化（PACE）改进了胞嘧啶碱基编辑系统 CBE[54]，提高其编辑效率与靶向能力；美国哈佛大学－麻省理工学院博德研究所[55]进一步优化获得 RNA 单碱基编辑系统 RESCUE，可实现胞嘧啶向尿嘧啶的转化。另外，新型核酸酶不断开发，美国哈佛大学－麻省理工学院博德研究所、美国加州大学伯克利分校分别发现了除 Cas9 和 Cas12a 外，第三种适于哺乳动物基因编辑的核酸酶 Cas12b[56]，以及迄今最小的 CasX 酶[57]，优化扩充了 CRISPR 系统的工具箱。为使技术更加安全可控，美国加州大学伯克利分校、美国哈佛大学－麻省理工学院博德研究所分别通过特定多肽链[58]、小分子抑制剂[59]控制 Cas9 酶活性，实现对 CRISPR 系统的控制；美国哈佛大学－麻省理工学院博德研究所、哈佛大学、哥伦比亚大学先后提出

52 Popescu D M, Botting R A, Stephenson E, et al. Decoding human fetal liver haematopoiesis [J]. Nature, 2019, 574: 365-371.

53 Huang T P, Zhao K T, Miller S M, et al. Circularly permuted and PAM-modified Cas9 variants broaden the targeting scope of base editors [J]. Nature Biotechnology, 2019, 37: 626-631.

54 Thuronyi B W, Koblan L W, Levy J M, et al. Continuous evolution of base editors with expanded target compatibility and improved activity [J]. Nature Biotechnology, 2019, 37: 1070-1079.

55 Abudayyeh O, Gootenberg J, Franklin B, et al. A cytosine deaminase for programmable single-base RNA editing [J]. Science, 2019, 365 (6451): eaax7063.

56 Strecker J, Jones S, Koopal B, et al. Engineering of CRISPR-Cas12b for human genome editing [J]. Nature Communications, 2019, 10: 212.

57 Liu J J, Orlova N, Oakes B L, et al. CasX enzymes comprise a distinct family of RNA-guided genome editors [J]. Nature, 2019, 566 (7743): 218-223.

58 Oakes B L, Fellmann C, Rishi H, et al. CRISPR-Cas9 circular permutants as programmable scaffolds for genome modification [J]. Cell, 2019, 176 (1-2): 254-267.

59 Maji B, Gangopadhyay S A, Lee M, et al. A high-throughput platform to identify small-molecule inhibitors of CRISPR-Cas9 [J]. Cell, 2019, 177 (4): 1067-1079.

的"Prime 编辑"技术[60]、CAST 系统[61]、INTEGRATE 技术[62]，均可不依赖 DNA 双链断裂即实现精准编辑，更具安全优势。自基因编辑技术问世，科学家便开始探索其在疾病治疗领域的应用，并在单基因遗传性疾病治疗方面进展迅速，已经有多项相关基因疗法进入临床。2019 年，CRISPR 系统实现了对艾滋病[63]、耳聋[64]、先天性失明[65]等疾病的有效干预；迄今最适合人体器官移植的基因编辑猪[66]为异种器官移植带来希望；同时，围绕多发性骨髓瘤、肉瘤、β- 地中海贫血、镰状细胞贫血病、Leber 先天性黑矇等的多项临床试验陆续开展。

干细胞疗法的临床转化进程不断加速，截至 2019 年，全球干细胞疗法相关临床试验数量已经超过 8000 例[67]，且逐年增长；同时，全球批准的干细胞疗法药物已达 17 种，用于治疗损伤性疾病、贫血、心脏疾病、肠道疾病等，以韩国、欧洲和日本批准数量最多。与上述趋势相对应的是近 5 年相关论文数量增长趋缓[68]。这一现象与世界各国全面将支持重心转向干细胞疗法的临床转化不无关联，如 2019 年澳大利亚《干细胞治疗使命计划路线图》制定了未来 10 年全面面向干细胞疗法研发的发展路径。然而，由于干细胞相关的大量机制尚未明晰，干细胞疗法从临床研究通往患者应用的道路并不顺畅，相关瓶颈随着对干细胞认识的不断加深逐渐凸显，这也是造成上述趋势的另一原因。针对这些瓶颈，科研人员越来越多地借助学科交叉的力量开展攻关：例如，借助单细胞技

60 Anzalone A V, Randolph P B, Davis J R, et al. Search-and-replace genome editing without double-strand breaks or donor DNA [J]. Nature, 2019, 576: 149-157.

61 Strecker J, Ladha A, Gardner Z, et al. RNA-guided DNA insertion with CRISPR-associated transposases [J]. Science, 2019, 365: 46-53.

62 Klompe S E, Vo P L H, Halpin-Healy T S, et al. Transposon-encoded CRISPR-Cas systems direct RNA-guided DNA intergration [J]. Nature, 2019, 571: 219-225.

63 Dash P K, Kaminski R, Bella R, et al. Sequential LASER ART and CRISPR treatments eliminate HIV-1 in a subset of infected humanized mice [J]. Nature Communications, 2019, 10: 2753.

64 György B, Nist-Lund C, Pan B F, et al. Allele-specific gene editing prevents deafness in a model of dominant progressive hearing loss [J]. Nature Medicine, 2019, 25 (7): 1123.

65 Maeder M L, Stefanidakis M, Wilson C J, et al. Development of a gene-editing approach to restore vision loss in Leber congenital amaurosis type 10 [J]. Nature Medicine, 2019, doi: 10.1038/s41591-018-0327-9.

66 Yang L H, Gao Y B, Yue Y N, et al. Extensive mammalian germline genome engineering [J]. bioRxiv, 2019. DOI: 10.1101/2019.12.17.876862.

67 数据来源：Cortellis clinical trials 数据库。

68 数据来源：ISI Science Citation Index Expanded 数据库。

术开展"普查"研究，绘制干细胞发育图谱 [69]、细胞重编程图谱 [70]、干细胞分化过程图谱 [71] 等，为干细胞及再生医学基础研究提供了丰富的细节基础；借助基因编辑技术，通过对造血干细胞的基因编辑对艾滋病合并白血病患者实现成功干预 [72]；借助工程学技术，在体外构建人类三维血管 [73]、具有呼吸功能的肺 [74] 等组织器官，为干细胞及再生医学临床转化提供了一条全新的道路。此外，将动物作为人类器官供体是解决人类移植器官缺口的潜在途径之一，科研人员开展了多项尝试，如利用人类干细胞在小鼠胚胎中生长出功能齐全的肺 [75]，证实了利用动物作为人类器官供体的可行性；猪以其与人类之间的亲缘关系和器官规模较接近，成为人类器官异种供体的最佳选择，2019 年该领域在避免排斥和器官培养方面获得进一步推进。

合成生物学的快速发展，开启了可定量、可计算、可预测、工程化的"会聚"研究时代，合成生物学实现了生物工程化改造与设计的能力跃迁。2019 年，各国高度重视合成生物学的学科发展与基础设施建设，多国联合成立全球合成生物设施联盟 [76]（GBA），将集合全球科学力量迅速推进合成生物学的设施共建、标准共通和数据共享；美国工程生物学研究联盟（EBRC）发布《工程生物学：下一代生物经济的研究路线图》，详细规划了工程生物学的发展路线图。2019 年，合成生物学领域的研究对于生物的工程化改造和设计能力进一步增

69 Siebert S, Farrell J A, Cazet J F, et al. Stem cell differentiation trajectories in Hydra resolved at single-cell resolution [J]. Science, 2019, 365 (6451): eaav9314.

70 Schiebinger G, Shu J, Tabaka M, et al. Optimal-transport analysis of single-cell gene expression identifies developmental trajectories in reprogramming [J]. Cell, 2019, 176 (4): 928-943.

71 Veres A, Faust A L, Bushnell H L, et al. Charting cellular identity during human *in vitro* β-cell differentiation [J]. Nature, 2019, 569: 368-373.

72 Xu L, Wang J, Liu Y, et al. CRISPR-edited stem cells in a patient with HIV and acute lymphocytic leukemia [J]. The New England Journal of Medicine, 2019, 381: 1240-1247.

73 Wimmer R A, Leopoldi A, Aichinger M, et al. Human blood vessel organoids as a model of diabetic vasculopathy [J]. Nature, 2019, 565: 505-510.

74 Grigoryan B, Paulsen S J, Corbett D C, et al. Multivascular networks and functional intravascular topologies within biocompatible hydrogels [J]. Science, 2019, 364 (6439): 458-464.

75 Mori M, Furuhashi K, Danielsson J A, et al. Generation of functional lungs via conditional blastocyst complementation using pluripotent stem cells [J]. Nature Medicine, 2019, 25 (11): 1691.

76 Hillson N, Caddick M, Cai Y, et al. Building a global alliance of biofoundries [J]. Nature Communications, 2019, 10 (1): 2040.

强，包括在基因线路、元件、合成系统、底盘细胞改造，以及应用研究领域都取得了一些重要进展和突破。首先，非天然的基本遗传物质、染色体乃至基因组的合成与设计获得关键进步。进一步丰富生命遗传信息的八碱基遗传系统[77]、无须着丝粒 DNA 序列的人类人工染色体[78]，以及只含有 61 个密码子的大肠杆菌全基因组合成，极大地拓展了人工生命的方向与可能性。其次，从头设计或人工改造的生物调控元件、生物传感工具与基因线路层出不穷。从头设计非天然的生物活性蛋白质开关 LOCKR[79] 及其生物反馈网络 degronLOCK[80]、用于疾病和药物分子监测的酵母 GPCR 信号感应系统[81]、通过感受体表感觉来调节治疗性蛋白质生产的生物开关[82]、通过响应绿茶成分来控制细胞中目的基因表达的遗传控制系统[83]、进一步提升对真核系统调控能力的人工设计组件[84]、实现完美自适应的生物分子积分反馈控制器[85]，以及环境污染检测更加灵敏的重金属感应系统[86] 相继面世，为工业、农业与医学的应用提供了更多强有力的工具元件。再次，人工复合生物体系的设计与天然 / 非天然产物的合成代谢途径改造推陈出新。科

77 Hoshika S, Leal N A, Kim M J, et al. Hachimoji DNA and RNA: A genetic system with eight building blocks [J]. Science, 2019, 363 (6429): 884-887.

78 Logsdon G A, Gambogi C W, Liskovykh M A, et al. Human artificial chromosomes that bypass centromeric DNA [J]. Cell, 2019, 178 (3): 624-639. e19.

79 Langan R A, Boyken S E, Ng A H, et al. De novo design of bioactive protein switches [J]. Nature, 2019, 572 (7768): 205-210.

80 Ng A H, Nguyen T H, Gómez-Schiavon M, et al. Modular and tunable biological feedback control using a de novo protein switch [J]. Nature, 2019, 572 (7768): 265-269.

81 Shaw W M, Yamauchi H, Mead J, et al. Engineering a model cell for rational tuning of GPCR signaling [J]. Cell, 2019, 177 (3): 782-796. e27.

82 Bai P, Liu Y, Xue S, et al. A fully human transgene switch to regulate therapeutic protein production by cooling sensation [J]. Nature Medicine, 2019, 25 (8): 1266-1273.

83 Yin J, Yang L, Mou L, et al. A green tea-triggered genetic control system for treating diabetes in mice and monkeys [J]. Science Translational Medicine, 2019, 11 (515).

84 Bashor C J, Patel N, Choubey S, et al. Complex signal processing in synthetic gene circuits using cooperative regulatory assemblies [J]. Science, 2019, 364 (6440): 593-597.

85 Aoki S K, Lillacci G, Gupta A, et al. A universal biomolecular integral feedback controller for robust perfect adaptation [J]. Nature, 2019, 570: 533-537.

86 Wan X, Volpetti F, Petrova E, et al. Cascaded amplifying circuits enable ultrasensitive cellular sensors for toxic metals [J]. Nature Chemical Biology, 2019, 15 (5): 540.

学家不仅首次将大肠杆菌[87]和巴斯德毕赤酵母[88]转变为自养型生物，使转基因烟草[89]更有效地重新捕获光合作用的副产物，而且分别利用酵母、产碱梭菌等生物底盘合成大麻素[90]、丁醇[91]、羟基酪醇[92]等天然产物或有机化学品。此外，细胞工厂从传统工业产品的生产逐步迈入高附加值医药产品的新时代，并有潜力改善以细胞疗法为代表的临床手段。无论是人造血干细胞的工程化改造疗法[73]，还是 Synlogic 公司与罗氏（Roche）公司[93]、Obsidian Therapeutics 公司与 Celgene 公司[94]等战略合作，均为应对重大疾病所带来的社会挑战。总之，辅以合成生物学理念的细胞疗法将带来医疗健康领域新的发展机遇。

4. 脑机接口研究进入快速突破的"技术爆发期"

脑机接口作为当前神经工程领域中最活跃的研究方向之一，在生物医学、神经康复和智能机器人等领域具有重要的研究意义和巨大的应用潜力。近 10 年来，脑机接口技术取得了长足进步和飞速发展，将是未来推动社会发展的一项极为重要的关键技术，*The Economist* 杂志认为该领域将是下一个前沿。

美国 BrainGate 公司、Neuralink 公司是"植入式"脑机接口技术的代表，Facebook 公司则是"非植入式"脑机接口技术的高峰。目前，"植入式"脑机接口技术的研究在人体中的应用开始出现突破。早在 2006 年，美国布朗大

---

87 Gleizer S, Ben-Nissan R, Bar-On Y M, et al. Conversion of *Escherichia coli* to generate all biomass carbon from CO_2 [J]. Cell, 2019, 179 (6): 1255-1263. e12.

88 Gassler T, Sauer M, Gasser B, et al. The industrial yeast Pichia pastoris is converted from a heterotroph into an autotroph capable of growth on CO_2 [J]. Nature Biotechnology, 2019, 38 (2): 1-7.

89 South P F, Cavanagh A P, Liu H W, et al. Synthetic glycolate metabolism pathways stimulate crop growth and productivity in the field [J]. Science, 2019, 363 (6422): eaat9077.

90 Luo X, Reiter M A, d'Espaux L, et al. Complete biosynthesis of cannabinoids and their unnatural analogues in yeast [J]. Nature, 2019, 567 (7746): 123.

91 Wen Z, Ledesma-Amaro R, Lin J, et al. Improved n-butanol production from Clostridium cellulovorans by integrated metabolic and evolutionary engineering [J]. Appl. Environ. Microbiol., 2019, 85 (7): e02560-18.

92 Chen W, Yao J, Meng J, et al. Promiscuous enzymatic activity-aided multiple-pathway network design for metabolic flux rearrangement in hydroxytyrosol biosynthesis [J]. Nature Communications, 2019, 10 (1): 960.

93 Synlogic, Inc. Synlogic announces clinical collaboration to evaluate SYNB1891 in combination with PD-L1 checkpoint inhibitor in patients with advanced solid tumors [EB/OL]. https://investor.synlogictx.com/news-releases/news-release-details/synlogic-announces-clinical-collaboration-evaluate-synb1891 [2020-06-05].

94 Obsidian Therapeutics, Inc. Obsidian therapeutics announces strategic collaboration with celgene [EB/OL]. https://obsidiantx.com/2019/01/18/obsidian-therapeutics-announces-strategic-collaboration-with-celgene/ [2020-06-05].

学利用 BrainGate 使瘫痪者通过脑电控制假肢，首次实现了脑机接口的临床应用；美国凯斯西储大学又于 2017 年利用 BrainGate2 系统直接刺激瘫痪者肌肉，使患者成功移动手臂而非假肢[95]。美国匹兹堡大学、加州理工学院也实现人脑信号控制机械手臂，完成握手、喝水等较为精细的动作。Neuralink 公司旨在打造可覆盖全脑区域的"数字化第三皮层"，并于 2019 年发布了其首款产品——"脑后插管"的脑-机接口芯片植入技术；Synchron 公司开发了仅通过静脉即可植入大脑的微创植入装置 Stentrode，获批进入临床测试阶段。

"非植入式"因其操作相对简便而受到更多研发团队的青睐，众多企业也纷纷加入这场科技竞赛，显示了该领域的巨大潜力，目前一些产品开始推向市场。2014 年 5 月，革命性假肢"DEKA 手臂系统"正式通过美国 FDA 审批，这是第一种获批的通过肌电图电极传输信号控制动作的假肢。语言能力是人类执行的最复杂的活动之一，Facebook 长期资助美国加州大学旧金山分校开发"语音解码器"，通过解读大脑信号来确定受试者试图表达的内容，目前已实现将大脑信号解码转换为文本[96]或合成语音[97]，且语言解码的准确性和速度接近自然语言交流。

5. DNA 存储技术处于快速发展的实验室研究阶段

随着数字化数据的飞速增加，目前对数字化数据存储的需求已超过了现有的储存能力，迫切需要新型、可持续材料以支持世界信息技术基础和数字化数据存储，DNA 存储技术应运而生，世界经济论坛（WEF）将 DNA 数据存储列入"2019 年十大新兴技术"之一[98]。目前，越来越多的科研机构和研发企业开始

95 Ajiboye A B, Willett F R, Young D R, et al. Restoration of reaching and grasping movements through brain-controlled muscle stimulation in a person with tetraplegia: a proof-of-concept demonstration [J]. The Lancet, 2017, 389 (10081): 1821-1830.

96 Makin J G, Moses D A, Chang E F. Machine translation of cortical activity to text with an encoder-decoder framework [J]. Nature Neuroscience, 2020, 23: 575-582.

97 Anumanchipalli G K, Chartier J, Chang E F. Speech synthesis from neural decoding of spoken sentences [J]. Nature, 2019, 568: 493-498.

98 WEF. Top 10 emerging technologies 2019 [EB/OL]. https://www.scientificamerican.com/report/the-top-10-emerging-technologies-of-2019/[2020-06-05].

探索利用 DNA 进行数据存储的可能性，近十年该领域获得了显著的进展，但仍局限于实验室研究，以政府机构支持和资助为主。2019 年，DNA 合成、计算编程等方面取得了重要的成果。美国麻省理工学院和亚利桑那州立大学设计的计算机程序，可将任何自由形式的图形转换为由 DNA 构成的二维纳米级结构[99]；瑞士苏黎世联邦理工学院开发出一种采用生物元件构造灵活的中央处理器（CPU）的方法，这种 CPU 可以接受不同类型的编程[100]。随着技术的发展，未来 DNA 数据存储或将整合合成生物学和半导体工业，建立更广泛的新型计算机技术生态系统[101]。

（三）产业发展

生物产业已经逐步迈向生物经济时代，通过持续利用可再生的水生和陆地生物质资源生产能源、中间品和成品，实现全球产业转型，以获得经济、环境、社会和国家安全利益。作为 21 世纪创新最为活跃、影响最为深远的新兴产业，生物经济正加速成为全球重要的新经济形态。以美国和欧洲为例，2019年 2 月，美国生物质研发理事会（BR&D Board）正式发布了《生物经济行动：实施框架》[102] 报告，其愿景是振兴美国生物经济，通过最大限度促进生物质资源在国内平价生物燃料、生物基产品和生物能源方面的持续利用，促进经济增长、能源安全和环境改善。2019 年 7 月，欧洲生物产业协会（EuropaBio）发布《生物技术产业宣言 2019——重振欧盟生物技术雄心》[103]，呼吁欧盟决策者重新建立一个更为健康、更高资源利用率、由技术驱动的欧洲。

99 Jun H, Zhang F, Shepherd T, et al. Autonomously designed free-form 2D DNA origami [J]. Science Advances. 2019, 5: eaav0655.

100 Venetz J E, Medico L D, Wölfle A, et al. Chemical synthesis rewriting of a bacterial genome to achieve design flexibility and biological functionality [J]. Proceedings of the National Academy of Sciences of the United States of America, 2019, 116 (16): 8070-8079.

101 Potomac Institute for Policy Studies. The future of DNA data storage [EB/OL]. https://www.potomacinstitute.org [2020-06-05].

102 BR&D. The bioeconomy initiative: implementation framework [R/OL]. https://biomassboard.gov/pdfs/Bioeconomy_Initiative_Implementation_Framework_FINAL.pdf. [2020-06-05].

103 EuropaBio. Biotechnology industry manifesto 2019: resetting the ambition for biotechnology in the EU [R/OL]. https://www.europabio.org/sites/default/files/Biotechnology%20Industry%20Manifesto%202019.pdf [2020-06-05].

1. 代表性领域现状与发展态势

在生物医药与医疗技术领域，数据驱动型技术不断进化，推动生物医药和医疗技术企业高速发展、迈向未来。德勤公司（Deloitte）在《2020 年全球生命科学行业展望》[104] 中指出：首先，要创造全新价值，包括为患者、医疗团队和合作伙伴创造价值，为劳动力创造价值，以及创造市场价值，跟踪明显变化。其次，要掌握机遇、提升效能，以技术加快研发速度，同时提升运营效率。再次，要筑就未来发展，其一是注入创新资金，开发创新疗法；其二是生物制药和医疗技术的数字化转型；其三是创新与社会公益相结合。最后，放眼未来的销售发展轨迹。面临下游定价压力、非传统企业带来的挑战、收紧的政策措施，以及行业整合导致的运营低效，医疗技术公司不得不实施有效的成本降低策略，以维持市场竞争力。医疗技术公司未来能否取得成功，主动采取措施并积极利用最新的数字技术是关键所在。

在生物农业领域，据 ISAAA 最新数据[105] 显示，近年来，转基因作物持续保持高应用率，2018 年全球种植面积达到 1.917 亿 hm^2，再创新高。然而种植面积增幅下降，2018 年种植面积同比仅增长 1%（2017 年 2.54%，2016 年 3%）。同时，转基因作物在世界五大转基因作物种植国的平均应用率（大豆、玉米和油菜的平均应用率）已经接近饱和，其中美国 93.3%、巴西 93%、阿根廷接近100%、加拿大 92.5%、印度 95%（数据来源于 ISAAA 2018 年报告）。行业整体进入平稳期，未来增长有待新兴市场政策的放开以及新产品的研发。2019 年，全球范围内共有 43 项关于转基因作物的批准，涉及 40 个品种，有 9 个新的转基因作物品种获得批准，包括油菜（1 种）、棉花（4 种）、豇豆（1 种）、大豆（1 种）和甘蔗（2 种）。与前两年相比，批准总数和涉及的品种数均有一定程度的下滑，新批准的转基因作物品种保持稳定。

---

104 德勤. 2020 年全球生命科学行业展望 [R/OL]. https://www2.deloitte.com/content/dam/Deloitte/cn/Documents/life-sciences-health-care/deloitte-cn-lshc-2020-global-life-sciences-outlook-zh-200211.pdf [2020-06-05].

105 ISAAA. ISAAA brief 54-2018: executive summary [EB/OL]. http://www.isaaa.org/resources/publications/briefs/54/executivesummary/default.asp [2020-06-05].

在生物能源领域，根据生物质能源行业分析数据，全球生物燃料产量整体保持持续增长。2019 年，全球生物质能源产量达到 84 121 千 t 油当量，同比增长 3.5%。其中，全球乙醇产量增长贡献超 60%。2019 年，全球范围内的生物质能源产业达到前所未有的高度。全球生物质能新增装机规模达到 5.2 GW，累计装机规模达到 108.96 GW。在欧美等发达国家和地区，生物质能源已是成熟产业，以生物质为燃料的热电联产甚至成为某些国家的主要发电和供热手段。到 2020 年，西方工业国家 15 % 的电力来自生物质发电。

在生物基材料领域，欧洲研究机构 nova-Institute 于 2019 年发布的《2018—2023 年全球生物基单体和聚合物产能、产量和趋势发展》报告中提到，2018 年全球生物基产品总体产量约为 750 万 t，已经达到化石基聚合物的 2%，未来潜力很大。与此同时，该报告还指出，2018 年全球生物基单体增长了 5%，增长量约为 12 万 t/ 年。据预测，到 2023 年，1, 3- 丙二醇（1, 3-PDO）、1, 4- 丁二醇（1, 4-BDO）、1, 5- 五亚甲基二胺（DN5）和 2, 5- 呋喃二甲酸（2, 5-FDCA）/ 呋喃二羧酸甲酯（FDME）将是主要的驱动因素。

2. 全球生命科学投融资与并购形势

普华永道公司（PwC）的《2019 年全球制药和生命科学领域（Pharma & Life Sciences，PLS）交易观察》数据报告[106]（以下简称《PLS 报告》）显示，2019 年 PLS 领域总交易额和大型交易数量创新高，成为具有标志性意义的一年。2019 年交易额达到 3580 亿美元，较 2018 年增加了 62%，交易量为 248 起，与 2018 年持平。2019 年的大型交易有 12 起，其中最大的两笔交易额达到 995 亿美元 [百时美施贵宝（BMS）收购新基医药（Celgene）] 和 860 亿美元 [艾伯维（AbbVie）收购艾尔建（Allergan）]。

2019 年，制药、生物技术、医疗器械和其他 / 服务四个子行业交易都非常活跃。制药行业 2019 年交易量较 2018 年下降了 16%，但受 Allergan/AbbVie 交易

106 吴晓燕编译 . PwC. Global pharma & life sciences deals insights year-end 2019 [EB/OL]. https://www.pwc.com/us/en/industries/health-industries/library/pharma-life-sciences-quarterly-deals-insights.html [2020-06-05].

的推动，交易额仍略高于 2018 年，《PLS 报告》预计 2020 年对生物技术公司的收购和资产剥离将是该行业交易主要推动因素。生物技术行业在交易量和交易额上都表现出显著增长，主要由 Celgene/BMS 交易驱动，此外 20 亿～100 亿美元的交易活动异常强劲，《PLS 报告》预计生物技术行业交易在 2020 年将依然非常活跃。与 2018 年相比，医疗器械行业的交易额和交易量都略有下降，像前几年那样规模较大的交易没有再次发生，《PLS 报告》预计该领域在 2020 年的交易额和交易量都将上升，其中 20 亿～50 亿美元的交易将最为活跃，而且有望达成一笔大型交易。与 2018 年相比，2019 年其他 / 服务行业的交易额和交易量都大幅上升，其中很大一部分交易额是由 Danaher 收购 GE 的生物制药业务推动，《PLS 报告》指出 2019 年交易量的增长预示着该细分行业在 2020 年将迎来一个活跃的市场。

《PLS 报告》预测 2020 年将是 PLS 并购活跃的一年，但可能不会达到相同的交易额水平。预计大型制药公司将继续追求品类领先地位，交易将以中小型公司"补强型"形式进行，50 亿～100 亿美元级别的生物技术公司将是首选；资本市场将趋于正常化，为了腾挪资金，分部门将出现大量资产剥离活动；细胞和基因疗法（肿瘤学和罕见病）将继续成为重点治疗领域。专业制药 / 仿制药企业预计 2020 年交易活跃度将低于 2019 年，但中端市场参与者的整合仍然是必要的；为了降低资产负债，资产剥离也可能成为一个关键趋势。20 亿～100 亿美元的生物技术公司将受到大型制药公司的青睐；鉴于肿瘤学、基因和细胞疗法市场的分散性，较小规模交易的数量将增加。医疗器械领域预计将迎来新进入者，例如寻求多元化的工业产品公司和新独立的医疗器械公司，以 20 亿～50 亿美元规模中型交易和各种形式的资产剥离为主要表现形式。在其他 / 服务行业，动物健康行业经历两年的活跃后 2020 年交易将放缓，非处方药（OTC）企业将迎来与制药公司更多合作，大的独立委托合同研究机构（CRO）业务将被那些希望进入该行业相邻领域的服务公司收购。

据动脉网《2019 年医疗健康领域投融资报告》[107] 数据显示，2019 年全球医

107 王悦 . 2019 年医疗健康领域投融资报告 [EB/OL]. https://vcbeat.top/MDZiMTdmNWQ3ZDExYzhmOTEwN2Uy NWFjZDU2MDcyNTA=[2020-01-20].

疗健康产业投资总额约为 3196.2 亿元人民币，与 2018 年的 3282.1 亿元人民币总投资额相比稍有下滑，但仍明显高于 2017 年。全球医疗健康产业共发生 2449 起融资事件，其中公开披露融资金额的事件为 1943 起，融资事件数量同比下降 18.4%，其中未披露融资金额的事件共计 506 起。

2019 年，国外生物技术领域持续火爆，344 起融资事件筹集 124 亿美元（约 842 亿元人民币）。美国及欧洲生物制药领域的投资 2019 年只减少了 10%，但 A 轮投资减少了 31%，回到了 2017 年的水平。截至 12 月 6 日，2019 年全球共有 54 家生物技术公司上市，共筹集了近 76 亿美元的新资本，略逊于 2018 年（共 76 宗 IPO，筹资近 85 亿美元）的峰值。但是从平均 IPO 来看，2019 年为 1.43 亿美元，而 2018 年为 1.16 亿美元。这也反映了资本市场对生物领域仍然看好。2019 年，全球医疗健康投融资市场融资总额最高的五个国家分别是美国、中国、英国、瑞士和法国；融资事件发生最多的五个国家分别是美国、中国、英国、以色列和瑞士。

此外，《2019 年中国企业并购市场回顾与 2020 年展望——医药和生命科学行业》[108] 的数据显示，2019 年是全球医药和生命科学板块并购交易异常活跃的一年，全年并购交易金额达 4160 亿美元。促使 2019 年并购交易活动激增的因素有很多，其中包括许多大型药企的管理层迎来了新的首席执行官，他们会实施新的发展战略。另外，生物技术公司的估值较 2018 年有所降低，令投资这类公司的风险更加容易承担。事实上，跨国药械巨头的并购与近年来专利到期以及大型药企的研发回报率不及小型药企等因素不无关系。并购成为迅速拓展研发管线的重要方式。

二、我国生命科学与生物技术发展态势

在国家政策支持和基础设施建设保障下，加之技术进步与学科交叉推动，

---

108 PwC. 2019 年中国企业并购市场回顾与 2020 年展望：医药和生命科学行业 [R/OL]. https://www.pwccn.com/zh/healthcare/china-ma-2019-review-and-2020-outlook-in-pharmaceutical-and-life-science-sectors.pdf [2020–04–01].

中国生命科学研究发展迅速，重大研究突破频现，引领前沿革新，推动我国生命科学与生物技术产业的持续稳步发展。

（一）重大研究进展

我国生命科学研究快速推进，基因组学、转录组学、蛋白质组学、代谢组学等生命组学不断进步，推动在细胞图谱绘制及临床应用方面的实质性进展；合成生物学、表观遗传学、结构生物学快速突破；基因编辑、脑科学、免疫疗法、再生医学临床应用迅速推进；新兴脑机接口技术和DNA存储技术也蓬勃发展，有望出现新突破。

1. 生命组学应用与细胞图谱研究取得实质性进展

中国生命组学研究取得应用方面的实质性进展。单细胞转录组和空间转录组分析技术的进步为解析胚胎发育过程分子调控机制提供了重要工具。北京大学等机构的研究人员利用单细胞转录组和DNA甲基化组图谱重构了人类胚胎着床过程，系统解析了这一关键发育过程中的基因表达调控网络和DNA甲基化动态变化过程[109]。中国科学院生物化学与细胞生物学研究所等机构的研究人员发布小鼠早期胚胎发育过程中全胚层谱系发生的时空转录组图谱[110]。蛋白质组研究驱动了肝癌的精准分子分型及新药物靶标的发现。军事科学院军事医学研究院生命组学研究所等机构的研究人员测定了早期肝细胞癌的蛋白质组表达谱和磷酸化蛋白质组图谱，发现了肝癌精准治疗的潜在新靶点[111]。复旦大学等机构的研究人员通过检测和整合分析基因突变、拷贝数变异、基因表达谱、蛋白质组及磷酸化蛋白质组等多维度数据，全面解析了肝癌分子特征和发生发展机制，为肝癌的精准分型与个体化治疗、疗效监测和预后判断提

109 Zhou F, Wang R, Yuan P, et al. Reconstituting the transcriptome and DNA methylome landscapes of human implantation [J]. Nature, 2019, 572 (7771): 660-664.

110 Peng G, Suo S, Cui G, et al. Molecular architecture of lineage allocation and tissue organization in early mouse embryo [J]. Nature, 2019, 572 (7770): 528-532.

111 Jiang Y, Sun A, Zhao Y, et al. Proteomics identifies new therapeutic targets of early-stage hepatocellular carcinoma [J]. Nature, 2019, 567 (7747): 257-261.

供了新的思路和策略[112]。

细胞图谱绘制方面，我国继续发力。北京大学张泽民团队在继 2017 年和 2018 年相继发布肝癌、结直肠癌和肺癌肿瘤微环境 T 细胞图谱之后，对肝癌患者多个组织的免疫细胞做出了系统性的刻画，分析了免疫细胞动态迁移和状态转化的特征，获得高分辨率的跨组织肝癌免疫细胞图谱[113]。北京大学汤富酬团队和乔杰团队合作，全面展开对人类生殖系细胞以及非生殖系的各种重要器官的发育细胞图谱的研究，于 2019 年绘制完成了人类心脏[114]、视网膜[115]高精度发育细胞图谱。

2. 脑科学研究与神经退行性疾病治疗重获发展生机

我国也在脑科学基础研究、脑图谱绘制以及类脑计算芯片中取得多项突破。在新型光遗传学方法等成像技术、神经刺激技术等的开发上，北京大学生命科学学院等合作开发的新型、可基因编码的缝隙连接探针，首次实现了运用完全遗传编码的方法在特异细胞类型中非侵入地对缝隙连接通信进行成像[116]；上海联影医疗研制的创新医疗器械"正电子发射及 X 射线计算机断层成像扫描系统"获 NMPA 批准，可实现单床扫描覆盖人体全身器官[117]；中国科学院脑科学与智能技术卓越创新中心 / 神经科学研究所和北京大学等研制的基于石墨烯纤维的高度兼容磁共振成像的深部脑刺激（DBS）电极，在帕金森病大鼠模型上实现了 DBS 下整脑范围内完整深部功能磁共振成像脑激活图谱的扫描[118]。

112 Gao Q, Zhu H, Dong L, et al. Integrated proteogenomic characterization of HBV-related hepatocellular carcinoma [J]. Cell, 2019, 179 (2): 561-577. e22.

113 Zhang Q, He Y, Luo N, et al. Landscape and dynamics of single immune cells in hepatocellular carcinoma [J]. Cell, 2019, 179 (4): 829-845. e20.

114 Cui Y, Zheng Y, Liu X, et al. Single-cell transcriptome analysis maps the developmental track of the human heart [J]. Cell Reports, 2019, 26 (7): 1934-1950. e5.

115 Hu Y, Wang X, Hu B, et al. Dissecting the transcriptome landscape of the human fetal neural retina and retinal pigment epithelium by single-cell RNA-seq analysis [J]. PLoS Biology, 2019, 17 (7): e3000365.

116 Lu L H, Wang R Y, Luo M M. An optical brain-to-brain interface supports rapid information transmission for precise locomotion control [J]. Science China Life Sciences, 2020, 63 (6).

117 中国政府网 . 正电子发射及 X 射线计算机断层成像扫描系统获批上市 [EB/OL]. http://www.gov.cn/xinwen/ 2019-12/19/content_ 5462356.htm [2019-12-19].

118 新华网 . 新型电极可 "看清" 深部脑刺激治疗机理 [EB/OL]. http://www.xinhuanet.com/science/2020-04/16/ c_138980299.htm [2020-04-16].

基础研究方面，北京大学成功重建了视觉和嗅觉组织中单个神经元的 3D 基因组结构[119]，为编码视觉、气味受体的基因调控提供了研究基础；华中科技大学绘制迄今最完整的大脑（mPFC）远程投射图谱[120]。

在疾病应用研究方面，中国科学院上海药物研究所应用 MOST 技术，完成首个 AD 小鼠模型的高精度全脑血管图谱[121]；中国科学院神经科学研究所发现使用胶质细胞"替补"神经元可以让失明小鼠恢复视力[122]；中国科学院心理研究所比较了精神分裂症、抑郁症及双相障碍患者的情绪–行为的关联性[123]；复旦大学发现了特异性降低亨廷顿病致病蛋白的小分子化合物，为亨廷顿病的治疗提供了新的候选药物[124]。

脑疾病新药研发方面，NMPA 有条件批准中国科学院上海药物研究所、中国海洋大学与上海绿谷制药研发的原创新药——九期一（甘露特钠，代号：GV-971）上市，用于轻度至中度 AD，这是全球首个上市的靶向脑–肠轴的 AD 治疗新药[125]。值得一提的是，清华大学开发出全球首款异构融合类脑计算芯片[126]，极大促进了人工通用智能的研究和发展。

3. 基础设施平台建设推动合成生物学领域多方面突破

我国参与全球合成生物设施联盟（GBA）的发起，以及国家合成生物技术

119 Tan L Z, Xing D, Chang C H, et al. Three-dimensional genome structures of single sensory neurons in mouse visual and olfactory systems [J]. Nature Structural & Molecular Biology, 2019, 361 (6405): 924-928.

120 Sun Q T, Li X N, Ren M, et al. A whole-brain map of long-range inputs to GABAergic interneurons in the mouse medial prefrontal cortex [J]. Nature Neuroscience, 2019, 22: 1357-1370.

121 Zhang X C, Yin X Z, Zhang J J, et al. High-resolution mapping of brain vasculature and its impairment in the hippocampus of Alzheimer's disease mice [J]. National Science Review, 2019 (6): 6. DOI: doi.org/10.1093/nsr/nwz124.

122 Zhou H B, Su J L, Hu X D, et al. Glia-to-neuron conversion by CRISPR-CasRx alleviates symptoms of neurological disease in mice [J]. Cell, 2020, 181 (3): 590-603.

123 Wang Y Y, Ge M H, Zhu G H, et al. Emotion-behavior decoupling in individuals with schizophrenia, bipolar disorder, and major depressive disorder [J]. Journal of Abnormal Psychology, 2020, 129 (4): 331-342.

124 Li Z, Wang C, Wang Z, et al. Allele-selective lowering of mutant HTT protein by HTT-LC3 linker compounds [J]. Nature, 2019, 575 (7781): 203-209.

125 中国科学院 . 原创治疗阿尔茨海默病新药"九期一"有条件获准上市 [EB/OL]. http: //www.cas.cn/syky/201911/ t20191103_4722432.shtml [2019-11-03].

126 Pei J, Deng L, Song S, et al. Towards artificial general intelligence with hybrid Tianjic chip architecture [J]. Nature, 2019, 572 (7767): 106-111.

创新中心的建设[127]，显示了国家对合成生物学的学科发展及基础设施建设的高度重视。2019 年，我国合成生物学领域在基础研究和应用研究等方面也取得了一系列成果，包括基因组设计与合成、基因编辑、天然产物合成等。

基因线路工程及元件挖掘方面，中国科学院深圳先进技术研究院通过构建人造磁细菌在"细菌如何控制自身细胞周期"的基本科学问题获得突破[128]；中国科学院深圳先进技术研究院等将空间定植、实验性进化与合成生物技术结合起来，研究物种空间定植的最优策略[129]。

蛋白质设计与合成上，上海科技大学开发出了新一代的多功能蛋白质材料图案化布阵技术[130]；中国科学院深圳先进技术研究院等新设计了蛋白质生产工艺流程[131]。

应用研究上，中国科学院分子植物科学卓越创新中心用 7 个不同物种来源的 11 个基因构建了能定向合成黄芩素或野黄芩素的大肠杆菌[132]；华东理工大学等首次在代谢水平上清晰阐明链霉菌初级代谢到次级代谢的代谢转换机制并进行工程应用[133]；清华大学构建了模块化的合成基因线路，调控溶瘤腺病毒在肿瘤细胞中选择性复制[134]。

4. 高通量、单细胞技术进步推动表观遗传学研究的规模和精度不断发展

随着高通量、单细胞等检测和操控技术的进步，表观遗传学的研究规模和

127 科技部. 科技部关于支持建设国家合成生物技术创新中心的函 [EB/OL]. http://www.most.gov.cn/mostinfo/xinxifenlei/fgzc/gfxwj/gfxwj2019/201911/t20191111_149871.htm [2020-06-05].

128 Chang Z G, Shen Y, Lang Q, et al. Microfluidic synchronizer using a synthetic nanoparticle-capped bacterium [J]. ACS Synthetic Biology, 2019, 8 (5): 962-967.

129 Liu W R, Cremer J, Li D J, et al. An evolutionarily stable strategy to colonize spatially extended habitats [J]. Nature, 2019, 575: 664-668.

130 Li Y F, Li K, Wang X Y, et al. Patterned amyloid materials integrating robustness and genetically programmable functionality [J]. Nano Letters, 2019, 19 (12): 8399-8408.

131 Dai Z J, Lee A J, Roberts S, et al. Versatile biomanufacturing through stimulus-responsive cell-material feedback [J]. Nature Chemical Biology, 2019, 15: 1017-1024.

132 Lia J H, Tian C F, Xia Y H, et al. Production of plant-specific flavones baicalein and scutellarein in an engineered *E. coli* from available phenylalanine and tyrosine [J]. Metabolic Engineering, 2019, 52: 124-133.

133 Wang W S, Li S S, Li Z L, et al. Harnessing the intracellular triacylglycerols for titer improvement of polyketides in Streptomyces [J]. Nature Biotechnology, 2019, 38: 76-82.

134 Huang H Y, Liu Y Q, Liao W X, et al. Oncolytic adenovirus programmed by synthetic gene circuit for cancer immunotherapy [J]. Nature Communications, 2019, 10: 4801.

精度不断发展，研究人员开始探索操控和改变表观组学的技术方法而非仅观察表观基因组。中国研究机构在表观遗传学领域长期保持较高的研究活力，正在不断加强针对表观遗传学研究的支持力度。2019 年国家自然科学基金项目在表观遗传学领域资助多个项目，并将临床应用研究列入新资助方向。

我国在表观遗传学检测技术及疾病应用研究方面均取得较大的突破，m⁶A 成为 RNA 修饰领域的"明星分子"，细胞外囊泡研究规模持续增长。北京大学分子医学研究所、清华大学 - 北京大学生命科学联合中心联合开发两种具有普适性、操作简单的单细胞 ChIP-seq 技术，解析了发育与疾病状态下细胞命运决定调控机制[135]；清华大学、上海交通大学、中国科学院动物研究所阐明了卵子表观基因组的建立机制以及表观遗传修饰对早期胚胎发育的影响[136]；复旦大学医学院等机构通过对 AD 患者诱导多能干细胞（iPSC）培养物的分析，鉴定其表观遗传学标志物[137]；中国科学院分子植物科学卓越创新中心揭示了 DNA 甲基化在柑橘果实成熟过程中的调控作用[138]。

RNA 修饰上，清华大学和美国斯坦福大学的研究人员通过整合亚细胞分离技术与高通量 RNA 探测技术 icSHAPE，绘制了不同细胞组分的 RNA 结构图谱[139]；中山大学等开发的高通量 m⁶A 鉴定方法[140]，能以单碱基分辨率量化甲基化修饰水平，实现全基因组 m⁶A 的精准检测；中国科学院北京基因组研究所、清华大学等合作发现 RNA m⁶A 修饰可影响肿瘤抗原特异性的 T 细胞免疫应答机制[141]。

135 Ai S S, Xiong H Q, Li C C, et al. Profiling chromatin states using single-cell itChIP-seq [J]. Nat. Cell Biol., 2019, 21 (9): 1164-1172.

136 Xu Q H, Xiang Y L, Wang Q J, et al. SETD2 regulates the maternal epigenome, genomic imprinting and embryonic development [J]. Nat. Genet., 2019, 51 (5): 844-856.

137 Fetahu I S, Ma D, Rabidou K, et al. Epigenetic signatures of methylated DNA cytosine in Alzheimer′s disease [J]. Sci. Adv., 2019, 5 (8): eaaw2880.

138 Huang H, Liu R, Niu Q, et al. Global increase in DNA methylation during orange fruit development and ripening [J]. Proc. Natl. Acad. Sci. USA, 2019, 116 (4): 1430-1436.

139 Sun L, Fazal F M, Li P, et al. RNA structure maps across mammalian cellular compartments [J]. Nat. Struct. Mol. Biol., 2019, 26 (4): 322-330.

140 Zhang Z, Chen L Q, Zhao Y L, et al. Single-base mapping of m⁶A by an antibody-independent method [J]. Sci. Adv., 2019, 5 (7): eaax0250.

141 Han D L, Liu J, Chen C Y, et al. Anti-tumour immunity controlled through mRNA m⁶A methylation and YTHDF1 in dendritic cells [J]. Nature, 2019, 566 (7743): 270-274.

细胞外囊泡／外泌体相关修饰方面，复旦大学附属肿瘤医院揭示了胰腺导管腺癌（PDAC）血浆细胞外囊泡长链 RNA（exLR）的表达谱[142]；中国科学院上海营养与健康研究所发现肺部微生物 *Bacteroides*（拟杆菌属）和 *Prevotella*（普雷沃菌属）两种菌属通过分泌外膜囊泡调控白介素 -17B（IL-17B）引发肺纤维化[143]；上海交通大学医学院发现脂毒性肝细胞分泌的外泌体 miR-192-5p 能够激活巨噬细胞并引起非酒精性脂肪肝疾病[144]。

5. 结构生物学研究随着技术的进步和多学科交叉融合的发展不断深入

随着技术的不断进步和多学科交叉融合的发展，以 Cryo-EM 为代表的成像技术持续为结构生物学领域释放新的活力，结构生物学研究将沿着生物大分子的动态构象变化、在其生理环境中的三维结构、三维结构的转化应用等方向进一步深入。

我国在结构生物学新技术、新方法，基础生物学新见解，以及生物大分子结构解析上有多项突破。新技术、新方法上，中国科学院上海有机化学研究所等机构开发出基于代谢反应网络的代谢物结构鉴定算法 MetDNA，极大地提高了代谢物结构鉴定的效率和准确度[145]；中山大学等机构开发出全新计算方法，增加了 m5C 检测的精确度[146]。

基础研究上，中国科学技术大学等利用 Cryo-EM，首次解析出人类疱疹病毒基因组包装的关键机制以及病毒的 DNA 基因组结构[147]。

142 Yu S L, Li Y C, Liao Z, et al. Plasma extracellular vesicle long RNA profiling identifies a diagnostic signature for the detection of pancreatic ductal adenocarcinoma [J]. Gut, 2020, 69 (3): 540-550.

143 Yang D P, Chen X, Wang J J, et al. Dysregulated lung commensal bacteria drive interleukin-17B production to promote pulmonary fibrosis through their outer membrane vesicles [J]. Immunity, 2019, 50 (3): 692-706.

144 Liu X L, Pan Q, Cao H X, et al. Lipotoxic hepatocyte-derived exosomal microRNA 192-5p activates macrophages through rictor/akt/forkhead box transcription factor O1 signaling in nonalcoholic fatty liver disease [J]. Hepatology, 2019, 72 (2): 454-469.

145 Shen X, Wang R, Xiong X, et al. Metabolic reaction network-based recursive metabolite annotation for untargeted metabolomics [J]. Nature Communications, 2019, 10 (1).

146 Huang T, Chen W, Liu J, et al. Genome-wide identification of mRNA 5-methylcytosine in mammals [J]. Nature Structural & Molecular Biology, 2019, 26 (5): 380-388.

147 Liu Y, Jih J, Dai X, et al. Cryo-EM structures of herpes simplex virus type 1 portal vertex and packaged genome [J]. Nature, 2019, 570 (7760): 257-261.

动物蛋白质等生物大分子结构解析上，清华大学、北京大学、上海科技大学等多个团队先后解析出 3.0 Å 分辨率下的人源电压门控钠离子通道 $Na_v1.2$ 与其特异性阻断毒素 μ- 芋螺毒素 KⅢA 复合物[148]，3.2 Å 分辨率下的人源钠通道 $Na_v1.7$ 与其特异性调节毒素 ProTx-II 或 Huwentoxin-IV 复合物的 Cryo-EM 结构[149]，兔源 $Ca_v1.1$ 结合不同拮抗剂和激动剂的 Cryo-EM 高分辨率结构[150]，RyR2 的 8 个 Cryo-EM 结构[151]，2.6 Å 分辨率的 γ- 分泌酶结合淀粉样前体蛋白（APP）的 Cryo-EM 结构[152]，3.8 Å 的分辨率解析人源 NLRP3-NEK7 复合物的结构[153]，人类 2 型大麻素受体（CB2）的晶体结构[154] 等。

植物与微生物相关的蛋白质结构研究领域，中国科学院生物物理研究所、中国农业科学院、上海科技大学、清华大学、中国科学院植物研究所等机构先后利用先进的 Cryo-EM 等技术，首次解析了非洲猪瘟（African swine fever, ASF）病毒衣壳蛋白 p72 的高分辨率结构[155]，首次展示了莱茵衣藻光系统 I- 捕光复合物 I（PSI-LHCI）超级复合物的高分辨率冷冻电镜结构[156]，揭示了假根羽藻的重要光合膜蛋白超级复合物 PSI-LHCI 在 3.49 Å 分辨率下的结构[157]，首次展示了硅藻光系统 - 捕光天线超级复合体的结构[158]，揭示了植物抗病小体 NLR 蛋白

148 Pan X, Li Z, Huang X, et al. Molecular basis for pore blockade of human Na^+ channel $Na_v1.2$ by the μ-conotoxin KIIIA [J]. Science, 2019, 363 (6433): 1309-1313.

149 Shen H, Liu D, Wu K, et al. Structures of human $Na_v1.7$ channel in complex with auxiliary subunits and animal toxins [J]. Science, 2019, 363 (6433): 1303-1308.

150 Xiao Y, Stegmann M, Han Z, et al. Mechanisms of RALF peptide perception by a heterotypic receptor complex [J]. Nature, 2019, 572 (7768): 270-274.

151 Zhao Y, Huang G, Wu J, et al. Molecular basis for ligand modulation of a mammalian voltage-gated Ca^{2+} channel [J]. Cell, 2019, 177 (6): 1495-1506.e12.

152 Zhou R, Yang G, Guo X, et al. Recognition of the amyloid precursor protein by human γ-secretase [J]. Science, 2019, 363 (6428): eaaw0930.

153 Sharif H, Wang L, Wang W L, et al. Structural mechanism for NEK7-licensed activation of NLRP3 inflammasome [J]. Nature, 2019, 570 (7761): 338-343.

154 Li X, Hua T, Vemuri K, et al. Crystal structure of the human cannabinoid receptor CB2 [J]. Cell, 2019, 176 (3): 459-467. e13.

155 Liu Q, Ma B, Qian N, et al. Structure of the African swine fever virus major capsid protein p72 [J]. Cell Research, 2019, 29 (11): 953-955.

156 Su X, Ma J, Pan X, et al. Antenna arrangement and energy transfer pathways of a green algal photosystem-I-LHCI supercomplex [J]. Nature Plants, 2019, 5 (3): 273-281.

157 Qin X, Pi X, Wang W, et al. Structure of a green algal photosystem I in complex with a large number of light-harvesting complex I subunits [J]. Nature Plants, 2019, 5 (3): 263-272.

158 Pi X, Zhao S, Wang W, et al. The pigment-protein network of a diatom photosystem II-light-harvesting antenna supercomplex [J]. Science, 2019, 365 (6452).

复合物发挥作用的关键分子机制与结构模板[159]和激活免疫反应的机制[160]。

6. 免疫学与免疫疗法的基础研究与临床应用快速推进

免疫学与生命科学及医学广泛交叉融合，并广泛服务于临床诊疗和高科技产业，理论体系更加完善，社会效益日益突出。特别是近年来肿瘤免疫疗法高速发展，已被成功应用于前列腺癌、黑色素瘤、白血病、肺癌等多种肿瘤的治疗，显著提高患者的生存质量，被视为肿瘤治疗的新希望。

2019年，我国在免疫器官、细胞和分子的再认识和新发现，免疫识别、应答、调节规律和机制认识，疫苗与抗感染，以及肿瘤免疫等方面取得了突出成果。免疫器官、细胞和分子的再认识和新发现方面，北京大学等机构获得了高分辨率的肝癌免疫图谱[161]；中国人民解放军海军军医大学等发现长链非编码RNA lnc-Dpf3可通过直接抑制HIF1α依赖性糖酵解来抑制CCR7介导的DC迁移[162]；上海交通大学等机构构建了单核和粒细胞示踪模型[163]。

免疫识别、应答、调节的规律和机制方面，浙江大学等机构发现NLR家族的两个重要受体蛋白NOD1和NOD2介导细菌性炎症信号通路发生的机制[164]；北京生命科学研究所等机构通过对沙门氏菌进行研究，揭示了胞内病原体的自噬识别的分子机制[165]；南开大学等机构发现病毒感染过程的天然免疫分子机制[166]；

159 Wang J, Hu M, Wu S L, et al. Ligand-triggered allosteric ADP release primes a plant NLR complex [J]. Science, 2019, 364 (6435).

160 Wang J, Hu M, Wang J, et al. Reconstitution and structure of a plant NLR resistosome conferring immunity [J]. Science, 2019, 364 (6435).

161 Zhang Q, He Y, Luo N, et al. Landscape and dynamics of single immune cells in hepatocellular carcinoma [J]. Cell, 2019, 179 (4): 829-845.e20.

162 Liu J, Zhang X, Chen K, et al. CCR7 chemokine receptor-inducible lnc-Dpf3 restrains dendritic cell migration by inhibiting HIF-1α-mediated glycolysis [J]. Immunity, 2019, 50 (3): 600-615.e15.

163 Liu Z, Gu Y, Chakarov S, et al. Fate mapping via Ms4a3-expression history traces monocyte-derived cells [J]. Cell, 2019, 178 (6): 1509-1525.e19.

164 Lu Y, Zheng Y, Coyaud E, et al. Palmitoylation of NOD1 and NOD2 is required for bacterial sensing [J]. Science, 2019, 366 (6464): 460-467.

165 Xu Y, Zhou P, Cheng S, et al. A bacterial effector reveals the V-ATPase-ATG16L1 axis that initiates xenophagy [J]. Cell, 2019, 178 (3): 552-566.e20.

166 Wang L, Wen M, Cao X, et al. Nuclear hnRNPA2B1 initiates and amplifies the innate immune response to DNA viruses [J]. Science, 2019, 365 (6454): eaav0758.

中国科学技术大学等机构揭示了肠道共生病毒对肠道维持免疫稳态的作用和机制[167]。

疫苗与抗感染方面，中国科学院生物物理研究所等发现了一种新的经干扰素刺激产生的宿主抗病毒因子 Shiftless（SFL）[168]；中国科学院微生物研究所等发现人类新生儿 Fc 受体是多个 B 族肠道病毒（EV-B）的通用脱衣壳受体，并阐释了其分子机制[169]。

肿瘤免疫方面，清华大学等揭示了功能性障碍的 T 细胞不同于效应性和调节性 T 细胞的表观遗传学修饰以及基因表达特征[170]；北京大学等机构合作构建了新型 CAR-T 细胞——CD19-BBz（86）CAR-T[171]；中国科学院北京基因组研究所发现了树突状细胞（DC）通过 RNA 的 m^6A 修饰进行溶酶体蛋白酶翻译效率调控，影响 T 细胞对肿瘤新抗原识别[172]。

7. 监管规范持续完善，推动再生医学临床研究取得系列突破

继我国首个干细胞团体标准《干细胞通用要求》于 2017 年发布之后，2019 年，第二个团体标准《人胚胎干细胞》发布，作为我国首个针对胚胎干细胞的产品标准，对规范和推动我国干细胞的转化应用和行业发展发挥重要作用。日趋规范化的干细胞行业环境促使我国干细胞临床转化进程持续快速推进，截至 2019 年，我国通过备案的干细胞临床研究项目达到 62 项，同时临床研究取得系列突破，部分成果国际领先。例如，南京鼓楼医院等机构开展的利用异体间充质干细胞治疗红斑狼疮的临床试验显示出良好治疗效果，相关技术与成果已

167 Liu L, Gong T, Tao W, et al. Commensal viruses maintain intestinal intraepithelial lymphocytes via noncanonical RIG-I signaling [J]. Nature Immunology, 2019, 20 (12): 1681-1691.

168 Wang X, Xuan Y, Han Y, et al. Regulation of HIV-1 gag-pol expression by shiftless, an inhibitor of programmed-1 ribosomal frameshifting [J]. Cell, 2019, 176 (3): 625-635.e14.

169 Zhao X, Zhang G, Liu S, et al. Human neonatal Fc receptor is the cellular uncoating receptor for Enterovirus B [J]. Cell, 2019, 177 (6): 1553-1565.e16.

170 Liu X, Wang Y, Lu H, et al. Genome-wide analysis identifies NR4A1 as a key mediator of T cell dysfunction [J]. Nature, 2019, 567 (7749): 525-529.

171 Ying Z, Huang X F, Xiang X, et al. A safe and potent anti-CD19 CAR T cell therapy [J]. Nature Medicine, 2019, 25 (6): 947-953.

172 Han D, Liu J, Chen C, et al. Anti-tumour immunity controlled through mRNA m^6A methylation and YTHDF1 in dendritic cells [J]. Nature, 2019, 566 (7743): 270-274.

通过 2019 年国家技术发明奖二等奖初评；北京大学邓宏魁团队首创利用基因编辑造血干细胞治疗艾滋病合并白血病患者技术，邓宏魁也因此入选 "*Nature* 2019 年度十大人物"。

在基础研究方面，我国一直处于国际领先地位，2019 年在重编程技术、单倍体干细胞等我国的优势领域取得进一步突破，如发现了具有更高效率的重编程诱导因子组合[173]；诱导 iPS 细胞实现 T 细胞再生[174]；证明了人类精子可以被重编程为孤雄单倍体胚胎干细胞，并在增殖和分化过程中保持稳定[175] 等。

8. 基因编辑技术不断优化升级，提高其临床应用的可行性

我国也在基因编辑技术的优化升级、新技术开发及应用研究中取得多项重要成果，尤其是在血液疾病治疗、灵长类模式动物开发和疾病模型构建、碱基编辑系统的开发和优化以及基因编辑检测技术和递送系统等方面成果突出。技术优化方面，中国科学院动物研究所发现 4 种新类型 Cas12b 酶可用于哺乳动物基因编辑[176]；中国科学院脑科学与智能技术卓越创新中心 / 神经科学研究所率先建立 GOTI 脱靶检测技术[177]，并对现有单碱基编辑技术进行优化，获得具更高精度的工具[178]，为单碱基编辑技术进入临床应用奠定基础。

同时，我国在新技术开发上取得突破，北京大学开发的新型 RNA 单碱基编辑技术 LEAPER[179]，不需外源核酸酶（如 Cas 酶），而是通过招募细胞内源脱氨

173 Wang B, Wu L, Li D, et al. Induction of pluripotent stem cells from mouse embryonic fibroblasts by Jdp2-Jhdm1b-Mkk6-Glis1-Nanog-Essrb-Sall4 [J]. Cell Reports, 2019, 27 (12): 3473-3485.

174 Guo R, Hu F, Weng Q, et al. Guiding T lymphopoiesis from pluripotent stem cells by defined transcription factors [J]. Cell Research, 2019, 30: 21-33.

175 Zhang X M, Wu K, Zheng Y, et al. *In vitro* expansion of human sperm through nuclear transfer [J]. Cell Research, 2020, 30: 356-359.

176 Teng F, Cui T T, Gao Q Q, et al. Artificial sgRNAs engineered for genome editing with new Cas12b orthologs [J]. Cell Discovery, 2019, 5: 23.

177 Zuo E W, Sun Y D, Wei W, et al. Cytosine base editor generates substantial off-target single nucleotide variants in mouse embryos [J]. Science, 2019, 364 (6437): 289-292.

178 Zhou C Y, Sun Y D, Yan R, et al. Off-target RNA mutation induced by DNA base editing and its elimination by mutagenesis [J]. Nature, 2019, 571: 275-278.

179 Qu L, Yi Z, Zhu S, et al. Programmable RNA editing by recruiting endogenous ADAR using engineered RNAs [J]. Nature Biotechnology, 2019, 37 (9): 1059-1069.

酶即可实现 RNA 编辑。基因编辑技术为灵长类动物模型构建带来了新的发展，中国在该领域走在了前列。

另外，在疾病治疗上，北京大学邓宏魁教授首次利用 CRISPR 基因编辑技术在人体造血干细胞中失活 *CCR5* 基因，并移植到人类免疫缺陷病毒（HIV）感染合并急性淋巴细胞白血病患者体内产生效果[180]。

9. 脑机接口技术发展迅速，取得多项国际认可的创新成果

我国脑机接口研究和技术虽起步较晚，但发展迅速。随着全球脑机接口研究迅速升温，国内开展脑机接口研究的机构也迅速增加，并取得多项国际认可的创新成果，但目前还没有相对成熟的产品公布。清华大学早在 2001 年就实现控制鼠标、控制电视各个按键，其自主开发的稳态视觉诱发电位（SSVEP）脑机接口系统是目前全世界通信速率最高的无创脑机接口系统，被列入国际脑机接口领域三大范式之一；2019 年，该团队利用其 SSVEP 脑机接口系统首次成功使渐冻症患者实现"意念打字"而具表达能力，目前正准备与医院合作推动其临床试验。浙江大学早期研究大白鼠"动物机器人"已于 2012 年实现意念控制实验和猴子大脑信号"遥控"机械手，并完成国内首次患者颅内植入电极、意念控制机械手的实验；2016 年，天津大学神经工程团队负责设计研发的在轨脑－机交互及脑力负荷、视功能等神经工效测试系统在"天宫二号"上进行了国内首次太空脑机交互实验；西安交通大学团队研制的脑控下肢外骨骼系统，于 2017 年实现意念控制、助力患者"站起来"；等等。

10. 新兴 DNA 存储技术未来有望出现突破

我国在 DNA 存储领域也开始布局，在"合成生物学"重点专项 2018 年度项目中支持了"使用合成 DNA 进行数据存储的技术研发"项目，项目总经费达 2203 万人民币。相关研究上，北京大学设计了 DNA 缺刻酶催化和熵驱动

180 Xu L, Wang J, Liu Y L. CRISPR-edited stem cells in a patient with HIV and acute lymphocytic leukemia [J]. New England Journal of Medicine, 2019, 381: 1240-1247.

DNA 链置换双重催化机制，首次构建了自调节可重构 DNA 电路[181]。同时，该研究还构建了多输入双层可重构 DNA 电路以证明其拓展性，为发展新型生物计算和基因编辑技术奠定了基础。DNA 存储数据以其存储密度高、稳定性强的显著优点获得广泛关注，相关领域巨头与初创企业也开始涌现，目前尚处于实验室研究阶段，未来随技术进步有望出现突破。

（二）技术进步

2019 年，我国生物技术不断进步，在医药生物技术、工业生物技术、农业生物技术、环境生物技术、生物安全技术领域均取得多项突破性成果。

1. 医药生物技术领域，我国在新药研发、医疗器械开发等领域取得多项突破

新药研发再创新高，2019 年 NMPA 批准了 14 个由我国自主研发的新药上市，其中 10 个是我国自主研发的 1 类新药，创我国批准 1 类新药上市数量新高；NMPA 有条件批准国家 1 类新药甘露特纳胶囊（GV-971）上市，用于轻、中度 AD，改善患者认知功能，填补了 17 年来抗 AD 领域无新药上市的空白；复旦大学发现了特异性降低亨廷顿病致病蛋白的小分子化合物，为亨廷顿病的治疗提供了新的候选药物。

医疗器械方面，新华医疗研发团队研发的高能医用电子直线加速器获批 NMPA 颁发的医疗器械产品注册证；上海联影医疗科技有限公司研发的 320 排 16 cm 宽体超高端 CT 获批医疗器械产品注册证；广州市妇女儿童医疗中心等合作开发的人工智能（AI）病历阅读技术，能够准确诊断多种儿科常见疾病，对病例的诊断准确率达到 95%；中山大学牵头研发的人工智能糖尿病视网膜病变分析软件通过了中国食品药品检定研究院的检测，成为国内首个通过国家标准库测试检验的产品，并获批 NMPA 三类创新医疗器械特别审查通道，进入注册

---

181 Zhang C, Wang Z Y, Liu Y, et al. Nicking-assisted reactant recycle to implement entropy-driven DNA circuit [J]. J. Am. Chem. Soc., 2019, 141 (43): 17189-17197.

2020 中国生命科学与生物技术发展报告

审批阶段。

2. 工业生物技术领域，生物催化技术、生物制造工艺等方面持续推进

生物催化技术上，上海交通大学开展了关于微生物天然产物中吡喃环形成的酶学机制研究，揭示了协同控制 XimE 催化的 6-endo 成环的多个关键氨基酸残基；北京化工大学等机构合作利用大肠杆菌天然赖氨酸分解代谢途径合成戊二酸；中国科学院上海有机化学研究所生命有机化学国家重点实验室等解析了 S- 腺苷甲硫氨酸（SAM）依赖型多功能周环酶（LepI）与底物或产物的复合物结构，并阐释了 LepI 催化的分子机制；中国科学院青岛生物能源与过程研究所首次成功获得了对丙烷及其他低碳烷烃（C3-C6）具有高羟化活性和选择性的 P450 过加氧酶；浙江大学基础医学院、浙江大学医学院附属第一医院等解析了海洋来源的藤黄紫交替假单胞菌中吲哚霉素的合成途径。

生物制造工艺方面，上海交通大学微生物代谢国家重点实验室首次提出"抗生素共线联产"思想，并以庆大霉素 C1a 为纽带，与我国创新药物依替米星和庆大霉素进行联产工艺创新；浙江大学利用合成生物学技术对生产菌基因组进行靶向、精准、高效的改造，实现了达托霉素和 FK506 的新药创制、优质高产和产业化；清华大学首次将常压室温等离子体（ARTP）应用于微生物诱变育种领域，并开发成功新一代诱变育种仪；广东省生物工程研究所开发右旋糖酐酶、生物絮凝剂等生物助剂和右旋糖酐定量检测单抗试剂盒，应用于糖料与制糖生产，并形成制糖生化清净工艺技术，达到国际先进甚至领先水平。

生物技术工业转化研究方面，杭州师范大学医学院创建了包含 500 多种新型酶的酶库，构建了酶固定化的新技术，建立了绿色环保的技术和方法，生产出了天然番红素、天然叶黄素及胡萝卜素等维生素类药物，并且利用糖苷酶修饰榄香烯，用于开发治疗脑胶质瘤的抗癌新药；浙江工商大学创建了功能性乳酸菌精准筛选新方法，建立了动物模型和人体外肠道菌群模拟系统相结合的功能解析体系，还突破了功能性发酵乳制品产业化生产关键技术，实现从菌剂到发酵乳制品的规模化生产；江南大学创制出不同应用性能的淀粉衍生产品，扩

大淀粉的应用领域，增加淀粉附加值，并实现了技术转移和产业化；江南大学实现了大位阻手性醇基医药中间体的高效、绿色生物合成。

3. 农业生物技术领域，我国分子设计与品种创制、农业生物制剂创制、农产品加工等方面取得了一系列重大进展

农作物的分子设计与品种创制方面，中国科学院遗传与发育生物学研究所揭示水稻单基因编辑中，胞嘧啶碱基编辑器会造成显著的脱靶效应，但是腺嘌呤编辑器不会；该所另一项研究利用两种单碱基编辑器和 nCas9 构建的融合蛋白在水稻中实现定向饱和突变；中国农业科学院作物科学研究所通过精准碱基编辑成功获得抗乙酰乳酸合成酶抑制剂类除草剂的水稻植株，入选"中国农业科学院 2019 年度 10 大科技进展"；同时，我国在植物抗病蛋白研究、植物免疫、玉米耐密植株型调控、水稻赤霉素途径与氮素营养的关系、小麦赤霉素抗性等相关的基础研究领域，以及分子标记辅助选择和基因组设计育种等方面也取得了丰硕的成果。

家畜基因工程育种领域，西北农林科技大学系统揭示了克隆胚成胎率低的成因及其机理，以及牛羊胚胎发生与发育的分子调控规律；华南农业大学培育出唾液腺特异共表达葡聚糖酶－木聚糖酶－植酸酶的环保型转基因猪育种核心群；湖北省农业科学院培育出 MSTN 基因编辑梅山猪和 MSTN 基因编辑大白猪两个育种核心群；中国农业大学培育出乳腺高表达人乳铁蛋白的奶牛育种核心群。

农业生物制剂创制方面，我国 2019 年饲料用酶制剂产量与 2018 年（约16 万 t）基本持平，且饲料用酶的综合性能得到不断提升，中国农业科学院饲料研究所率先研发了多种全新酶产品；饲用微生物添加剂 2019 年进一步增长 20% 以上，我国目前对饲用微生物添加剂的研发十分活跃，涌现了众多的产品、生产厂家；生物农药方面，目前我国共有 102 种有效成分作为微生物农药、生物化学农药、植物源农药等类别进行农药登记，共登记产品 1453 个，涉及生产企业 400 多家；我国现有生物肥料企业 2300 多家，年产能超过 3000万 t，年产值达 400 亿元，已成为我国新型肥料品种中年产量最大（占 70% 以

上）、应用面积最广的品种。

农产品加工上，吉林农业大学在玉米精深加工关键技术取得突破，实现了生产的自动化、智能化；江南大学发明了酶基因挖掘改造新技术、快速合成与高效转运相协调的酶发酵新技术、定向有序和定量可控的淀粉转化新技术；中国肉类食品综合研究中心在"传统特色肉制品现代化加工关键技术及产业化"上有重大突破；湖南省农业科学院在柑橘加工上首创酶法取代碱法脱囊衣关键技术。

4. 环境生物技术领域，我国对其发展重视程度在不断提升，环保政策密集出台，环保力度进一步加大

我国环境生物技术的研发方向主要集中在废水生物处理技术、固体废弃物生物处理技术和生物环保产品开发上，可生物降解材料、酶制剂及微生物制剂等多种生物环保产品得到大力研发和推广。

我国生物降解塑料研发和生产工艺位于世界前列，目前已有大量典型企业。我国大量有氧发酵设备为生物材料聚羟基脂肪酸酯（PHA）发展提供了机遇，因为 PHA 兼具良好的生物相容性能、生物可降解性和塑料的热加工性能，因此可同时作为生物医用材料和生物可降解包装材料，已经成为近年来生物材料领域最为活跃的研究热点之一。

酶制剂领域，中国行业发展前景良好，我国酶制剂行业经过长期不断发展，现阶段已经能够规模化生产的酶制剂种类在 30 种左右，据发酵协会数据，我国酶制剂 2020 年年产量将达到 154.87 t。

微生物菌剂产业，国内专业从事环保用微生物菌剂生产的企业有 35 家左右，其中有 80% 以上的厂家生产的菌剂以由日本引进的 EM 菌以及相关菌剂的复配为主，有 10% 左右的企业与国内科研院所联合开展环保专用菌剂的开发与生产。近年来我国在微生物菌剂对水质净化作用方面的研究也不断取得进展，为了进一步提升制品的处理效果和稳定性，国内的主要研究仍集中在高效菌种的选择和培育上。

5. 生物安全技术领域，我国在病原微生物研究、两用生物技术、生物安全实验室和装备、生物入侵方面取得重要突破

在病原体及传染病防控方面，我国科学家建立了媒介生物和环境病原体筛检及防控技术；研发了 SARS-CoV-2、MERS-CoV、ZIKV、HTNV、CHIKV、MHFV、LASV 等病原体检测方法或产品；中国动物卫生与流行病学中心完成动物卫生数据仓库和疫病传入风险监测预警平台开发；中国医学科学院医学实验动物研究所等通过感染冠状病毒受体人源化的转基因小鼠，率先建立了新冠肺炎的转基因小鼠模型。

在病原体溯源方面，华南农业大学分析表明新冠病毒可能源自穿山甲冠状病毒与蝙蝠冠状病毒 RaTG13 的重组；中国科学院西双版纳热带植物园等通过全基因组数据解析，证实华南海鲜市场并非病毒源头。

在新突发、烈重性传染病治疗药物、疫苗的研制上，我国科学家制备了 HTNV/CHIKV/ 正痘病毒、MERS-CoV/ 正痘病毒、MHFV、LASV 候选疫苗；鼻喷流感减毒活疫苗完成了药品注册；建立了应急抗体快速制备技术；研发了 MERS-CoV、马尔堡、Ebola 候选抗体药物及 MERS-CoV "抗体鸡尾酒" 和丝状病毒交叉保护性抗体；军事科学院军事医学研究院生物工程研究所研发了全球首款进入 II 期人体临床试验的新冠病毒疫苗；另外，西尼罗热疫苗、非洲猪瘟疫苗、埃博拉和拉沙热保护性抗体、乙型脑炎病毒（JEV）中和抗体的研究都取得了突破性进展。

两用生物技术方面，上海市第一人民医院利用状态转移矩阵模型预测新型冠状病毒感染高峰和患者分布；北京工业大学、清华大学等基于经典动力学模型和模型参数自动优化算法预测新冠肺炎疫情发展趋势；中国科学院神经科学研究所等利用生物信息学技术发现 DNA 单碱基编辑工具 CBE 和 ABE 均存在大量的 RNA 脱靶效应。

生物安全实验室和装备方面，我国科学家研发出一批四级实验室关键设备，以及我国首套面向生物安全实验室的设施设备预防性维护管理系统、零配件和备品库存管理系统、四级实验室安全监控平台与系统等，实现了生物安全四级

实验室技术与装备从进口依赖型向自主保障型的跃升。

生物入侵领域，我国科学家在外来生物入侵防控基础研究及其防治技术与产品方面，揭示了入侵生物"可塑性基因驱动"入侵特性和"虫菌共生"入侵机理，建立了上千种外来有害生物的分子检测、DNA 条码自动识别等高通量鉴定技术与检疫产品，构建了基于生物防治和生态修复联防联控的区域性持续治理示范实践新模式；在重要热带病相关入侵媒介生物及其病原传播规律研究上，建立相应的热带病"媒介－病原"风险评估、预警模型、干预措施和调查方法，建立不同入侵阶段的热带病鉴定和溯源技术，揭示热带病病原变异与致病机制，建立入侵媒介及病原的实物标本库、数据库及共享平台。

（三）产业发展

"十二五"以来，生物产业被列为我国重点培育发展的七大战略性新兴产业之一。"健康中国 2030"规划等国家政策陆续出台，各级政府也陆续出台实施了一系列财税、价格、金融等优惠政策。尤其是我国《"十三五"国家战略性新兴产业发展规划》中把生物经济列入我国"十三五"战略性五大新兴产业发展规划目标之一。多重利好消息也促使我国生物产业迅速发展。2019 年，我国生物产业迈入新的发展阶段，肿瘤疫苗、抗体药产品、生物质发电等技术取得新突破，技术创新成为行业发展的驱动力；与此同时，我国多项医药、医保、能源以及环保政策出台，促进产业加速洗牌，创新产品加速上市，产业发展势头迅猛。

1. 代表性领域现状与发展态势

2019 年，我国生物医药产业蓬勃发展，法律法规、监管体系不断完善。①我国生物医药市场规模持续扩大，预计将达 2.5 万亿元，年规模增长率超 10%，跑赢全球（复合年均增长率约 4.40%），成为全球市场增长的主要动力。②国内生物医药市场结构持续分化，生物药占比持续增长，从 2015 年 9.0% 的市场占比扩大到了 2019 年的 12.5%。③生物医药产业研发热情持续高涨，研发创新成果不断涌现，生物医药市场申报数量稳步上升，截至 2019 年 11 月，申报受理号总量超过 7600 例。④生物医药多项政策落地，带量采购、新版医保目录谈判准入、疫苗管理法、新版药品管理法以及重点监控药品目录皆正式推出，对我国生物医药产业发展带来巨大影响。⑤国内生物医药产品创新力度不断加大，疫苗、抗体药、重组蛋白、细胞和基因治疗等多款重磅产品临床申请获批或已上市。

我国生物农业创新能力进一步增强，农产品的国际竞争力不断提高。①生物种业相关利好政策陆续出台，国内种业的市场规模稳步提高，预计 2020 年种子市场规模将超 1500 亿元。②生物农药近年来有着良好的发展成效，但是我国农药行业依旧以化学农药为主，生物农药制剂年产量近 13 万 t，年产值约 30 亿元，分别占整个农药总产量和总产值的 9% 左右；随着我国生态环保监管的加强和对农药行业的监管加深，我国生物农药将迎来良好的发展机遇，在农药行业中的比重将会逐步提升。③国家生物肥料（有机肥）行业政策支持力度加大，生物肥料替代化肥试点在全国范围大规模地展开，促进我国生物肥料行业实现了快速发展，市场规模呈逐年增长趋势，2015 年约为 795 亿元，至 2018 年已达到 910 亿元，同比增长达到 6%。④国内饲料行业产量整体保持着稳定增长的势头，2019 年全国饲料总产量 228.85 百万 t，同比增长 0.48%，其中，酶制剂和微生物制剂等生物饲料产品呈现强劲上升势头。⑤国内兽药制品新注册数量保持平稳，与 2018 年新兽药注册数量持平；兽用生物制品行业整体上呈增长趋势，但市场规模增长放缓，一系列针对性行业监管政策及产业规划的出台保证行业快速、有序地发展。

在生物制造领域，我国十分重视能源结构的调整，注重清洁能源的发展，2018 年生物能源年产能已达到 13 235 MW，约为 2009 年年产能的 3 倍；全国可作为能源利用的农作物秸秆及农产品加工剩余物、林业剩余物和能源作物、生活垃圾与有机废弃物等生物质资源总量丰富，但目前生物质能利用规模尚比较有限，生物质能源未来发展空间巨大；国内生物质发电主要依赖于垃圾焚烧发电，相关项目 401 个，并网装机容量 916.4 万 kW，年发电量为 488.1 亿 kW·h，年处理垃圾量 1.3 亿 t。另外，生物基产业的产品生产趋于专业化和差异化，生物降解塑料将迎来爆发式发展，国内生物降解塑料产业受政策驱动发展，存在巨大的提升空间；乳酸、1,3-丙二醇生物基化学品的生产工艺多以生物法生产，目前国内部分公司开始建设产品中试装置，以期投入大规模生产；生物基纤维材料发展平稳，海洋生物基纤维包括海藻酸盐纤维（利用海藻提纯的海藻酸盐经纺丝而成）和维壳聚糖纤维，在我国有完全自主知识产权，年产能约 2000 t；我国的生物发酵产业通过增强自主创新能力、加快产业结构优化升级、提高国际竞争力，产业规模持续扩大。

我国生物服务产业 2019 年市场规模超千亿，向"研发＋生产"服务转型，CRO 和委托合同生产机构（CMO）市场规模快速增长。2019 年，我国医药外包市场规模超过千亿，拥有较大增量空间，CRO 行业市场规模超过 800 亿元，CMO 行业市场规模超过 400 亿元。药企研发投入持续增长奠定了 CRO 行业成长的需求基础，带动国内 CRO/CMO 公司业务快速增长。2019 年中国 CMO 市场规模达到 441 亿元，占全球 CMO 市场规模的 7.9%，凭借人力资源、基础设施、供应链以及成本优势，中国本土正逐渐接收全球 CMO 产能转移。此外，国内在带量采购冲击下，药企研发投入继续呈高增长趋势。从生物服务产业的整体发展趋势来看，主要表现为：行业集中度进一步提升，竞争加剧；环保安全标准提升，行业洗牌进一步提高行业集中度。

中药行业逐渐向产业化、规范化发展，中药现代化概念逐渐成为中医药发展主流。随着循证医学的兴起，中药在治疗疑难杂症方面发挥了显著的作用，并引起全世界范围内对中医药需求的日益增长，现代中药产业未来潜力巨大。我国中药产业在过去的 20 年间发展较快，预计 2020 年中药市场的销售额将会占整个医药市场的 32.4%；近年来，我国中药产量呈波动趋势。2018 年，我国中成药产量为 261.9 万 t，较 2017 年同比下降 0.97%。2019 年，中国中成药产量为 246.4 万 t，同比下降 5.9%，我国中成药出口数量同样呈现波动起伏趋势。同时，国家出台了一系列政策大力发展中医药产业，未来随着中医药产业的巨大市场空间进一步激发，相关企业也将迎来更大发展机遇。

在健康服务领域，快速发展的人口老龄化创造了一个庞大的消费市场，推动养老机构、康复中心和商业养老保险等老年健康服务产业的发展。中国健康服务产业起步较晚，目前仍处于初始发展阶段，但近年来国家出台了一些扶持政策，市场空间逐渐打开，2018 年，我国老年健康服务市场规模为 22 456 亿元，2004～2018 年的复合年均增长率达到 23%，我国老年健康服务实现跨越式发展。中国人口老龄化程度逐年加深，健康老龄化需求加速老年健康服务产业发展，以老年医疗服务的市场需求规模复合年均增长率 5% 进行保守估计，到2024 年我国老年医疗服务市场需求将达到 6697 亿元。此外，近年国家层面养老相关政策频发，覆盖养老服务、互联网＋养老、社区居家养老、智慧养老、健康养老等方方面面，对加快推动我国老年健康服务的产业化发展起到了重要作用。

2. 中国生命科学投融资与并购形势

2019 年，中国医药及生物科技融资遇冷，整体融资规模锐减。2019 年，中国医疗健康产业共发生 958 起融资事件（其中公开披露金额的事件为 618 起），处于 2015 年以来最低点，对比 2018 年更是几乎腰斩；融资总额为 602.8 亿元人民币，同比下跌 24.6%，但依然处于历史第二高。

从细分领域来看，投资者在医药制造、医疗器械领域投资热度不减，中国2019 年医疗健康投融资市场的整体趋势和 2018 年一致，医疗器械领域融资事件最多，而医药制造领域融资总额最高，其中数字医疗蓬勃发展。

从融资轮次来看，2019 年中国医疗健康行业的融资主要集中于 A、B 两个轮次；科创板和港股助力 IPO 增长，2019 年，中国迎来医疗健康公司的上市浪潮，全年中国共有 34 家医疗健康企业在科创板 / 港股挂牌上市。

2019 年，中国医药行业并购依旧活跃，与 2018 年相比交易数量持平，交易金额增长 12%，达到 221 亿美元，为 2016 年以来最高。中国合作交易总金额的增幅主要来自授权交易，这体现了随着中国生物制药的发展以及国际药厂自身的战略转型，越来越多的长尾资产有出售需求。同时，希望借他山之石满足国内缺口的中国公司也逐渐增多。引进产品的热情也让中国生物制药公司的授权交易价格随之水涨船高。

从单个省市医疗健康投融资规模来看，2019 年中国医疗健康投融资事件发生最为密集的五个区域依次是北京、上海、广东、江苏和浙江。北京累计发生150 起融资事件，筹集资金 224.5 亿元人民币，目前仍然是创业者的首选之地。

从区域集群的发展来看，江浙沪地区近年来在医疗健康产业的影响力日益扩大，预计未来将会形成中国投融资规模最大的医疗健康产业集群。

第二章 生命科学

 一、生命组学与细胞图谱

（一）概述

生命组学研究技术的进步为深入解析作物育种、物种进化、疾病机制等重要生命科学问题铺平道路。在基因组学领域，二代测序和三代测序相结合的基因组分析方法已获得科研工作者们的广泛认可，为获得高质量生物体参考基因组奠定基础。在转录组学领域，空间转录组和单细胞转录组分析技术的进步助力更精确地探索生命发生发展过程以及细胞图谱绘制。在蛋白质组学和代谢组学领域，以质谱技术为代表的蛋白质组和代谢组分析技术通量和精度进一步提升，加速其在临床中的应用，驱动疾病的精准分子分型及新药物靶标发现。此外，多组学联合分析已经成为生命组学研究的大趋势，是系统生物学研究的重要手段。同时，在单个细胞水平综合分析多组学信息已成为新的研究热点，以更准确和全面地识别特定细胞及其功能，因此单细胞多组学分析技术入选 2019 年 *Nature Methods* 年度技术[182]。

---

182 Nature Methods. Method of the year 2019: single-cell multimodal omics [J]. Nature Methods, 2020, 17: 1.

（二）国际重要进展

1. 基因组学

美国密歇根州立大学等机构的研究人员基于二、三代平台联合测序，完成了八倍体栽培种草莓基因组的组装和注释，并揭示了形成这种复杂的异源多倍体的起源和进化过程[183]。该研究所获得的八倍体草莓高质量基因组以及草莓演化和起源信息为提升栽培种草莓品质和抗病育种奠定了重要基础。

英国威康桑格研究所等机构的研究人员完成了迄今最大规模的肺炎球菌基因组普查研究。研究人员对来自多个国家和地区的约 2 万份菌株样本进行基因组分析，共鉴定发现了 621 种不同基因型肺炎球菌菌株，每种菌株都有一种或多种表面抗原类型[184]。该研究对了解不同肺炎球菌菌株的分布和进化有重要意义，可帮助确定未来的疫苗研发方向。

GenomeAsia 100K 项目发布阶段性研究数据成果，包括亚洲 64 个国家或地区 219 个种群组的 1739 名个体的全基因组测序参考数据集。研究人员还进一步分析了遗传变异、种群结构、疾病关联和奠基者效应等相关信息[185]。该研究扩展了遗传数据集中的个体多样性，促进亚洲乃至全球人群的遗传研究。

冰岛 deCODE genetics 公司等机构的研究人员基于全基因组序列数据绘制了人类基因组遗传图谱[186]。该图谱提供了关于人类进化的两个关键驱动基因重组和新发突变发生的位置、频率的细节，并确定其与人类进化和疾病发生的关联。

荷兰 Hartwig 医学基金会等机构的研究人员开展转移性实体瘤的全基因组

183 Edger P P, Poorten T J, Vanburen R, et al. Origin and evolution of the octoploid strawberry genome [J]. Nature Genetics, 2019, 51: 541-547.

184 Stephanie W L, Rebecca A G, Andries J T, et al. Pneumococcal lineages associated with serotype replacement and antibiotic resistance in childhood invasive pneumococcal disease in the post-PCV13 era: an international whole-genome sequencing study [J]. The Lancet Infectious Diseases, 2019, 19 (7): 759-769.

185 GenomeAsia 100K Consortium. The GenomeAsia 100K Project enables genetic discoveries across Asia [J]. Nature, 2019, 576: 106-111.

186 Halldorsson B V, Palsson G, Stefansson O A, et al. Characterizing mutagenic effects of recombination through a sequence-level genetic map [J]. Science, 2019, 363 (6425): eaau1043.

分析，对 2399 名癌症患者的 2520 对肿瘤和正常组织进行了全基因组测序和特征分析，共鉴定出 7000 多万个体细胞突变，并发现不同转移性病变组织的特征性基因突变差异很大，其反映原发性肿瘤的特征[187]。该研究为癌症的精准分型和治疗提供重要数据支撑。

美国哈佛大学－麻省理工学院博德研究所等机构的研究人员开展大规模 2 型糖尿病外显子测序研究。研究人员基于外显子测序，分析了近 5 万人的蛋白质编码基因，鉴定出与 2 型糖尿病相关的新型罕见变异[188]。该研究有助于进一步改进对 2 型糖尿病的特征鉴别和治疗。

国际多发性硬化症遗传学联盟绘制多发性硬化症基因组图谱，研究人员基于 47 429 名多发性硬化症患者和 68 374 名健康个体的样本，通过全基因组分析确定了与多发性硬化症易感性相关的基因位点，并揭示外周免疫细胞和小胶质细胞参与疾病的发生[189]。该研究为多发性硬化症发病的分子机制提供了新的见解。

精神病基因组学联盟跨疾病研究组对神经性厌食症、注意力缺陷／多动障碍、自闭症谱系障碍、双相障碍、抑郁症、强迫症、精神分裂症和 Tourette 综合征等 8 种精神病患者进行大规模全基因组研究，确定了 109 个多效性基因位点，并定义了三组高度遗传相关的疾病[190]。该研究为精神病领域基础研究、药物开发和风险预测提供重要参考。

2. 转录组学

美国斯坦福大学等机构的研究人员利用过氧化物酶 APEX2 对 RNA 进行直接邻近标记，开发了一种名为 APEX-Seq 的 RNA 测序方法，并基于该方法绘

187 Priestley P, Baber J, Lolkema M P, et al. Pan-cancer whole-genome analyses of metastatic solid tumours [J]. Nature, 2019, 575: 210-216.

188 Flannnick J, Mercader J M, Fuchsberger C, et al. Exome sequencing of 20, 791 cases of type 2 diabetes and 24, 440 controls [J]. Nature, 2019, 570 (7759): 71-76.

189 International Multiple Sclerosis Genetics Consortium. Multiple sclerosis genomic map implicates peripheral immune cells and microglia in susceptibility [J]. Science, 2019, 365 (6460): eaav7188.

190 Lee P H, Anttila V, Won H, et al. Genomic relationships, novel loci, and pleiotropic mechanisms across eight psychiatric disorders [J]. Cell, 2019, 179 (7): 1469-1482.

制完成亚细胞 RNA 定位图谱，分辨率达纳米级别[191]。该研究有助于进一步验证 RNA 定位和功能之间关系的假说。

德国海德堡大学等机构的研究人员报道了不同哺乳动物的主要器官在不同发育阶段的完整基因表达谱，并基于相关研究证明了多个有关哺乳动物个体发育和物种进化的假说[192, 193]。该研究提供了横跨多个物种的多个器官的发育转录组信息资源，也极大地启发了发育与进化生物学的研究方向。

美国斯坦福大学等机构的研究人员提出了基于血液转录组测序分析进行罕见病诊断的新思路。研究人员通过优化分析流程，证实在罕见病的遗传诊断中，血液转录组分析可与全外显子 / 全基因组分析优势互补，且有较大的应用潜力，其疾病诊断率达 7.5%[194]。该研究显示转录组分析在疾病诊断中的应用价值，为罕见病遗传诊断提供了一种新的可行的工具。

美国麻省理工学院等机构的研究人员通过对 48 名具有不同病理学特征的 AD 患者前额叶皮质区域的 8 万多个细胞进行单细胞转录组分析，揭示了不同细胞亚型中基因表达差异，并证实髓鞘形成在 AD 的病理生理学中具有关键作用[195]。该研究全面应用单细胞 RNA 测序技术分析了 AD 发展过程，有望为 AD 提供更多新药研发靶点。

美国哈佛大学医学院麻省总医院等机构的研究人员通过单细胞转录组测序技术考察了 25 个髓母细胞瘤样本的肿瘤异质性。研究发现髓母细胞瘤三型和四型的主要差异在于组成中不同类型细胞的比例，并通过计算推测出三型和四型髓母细胞瘤的起源和致癌通路[196]。该研究提供了关于特异性髓母细胞瘤细胞和

191 Fazal F M, Han S, Parker K R, et al. Atlas of subcellular RNA localization revealed by APEX-Seq [J]. Cell, 2019, 178 (2): 473-490.

192 Cardoso-Moreira M, Halbert J, Valloton D, et al. Gene expression across mammalian organ development [J]. Nature, 2019, 571 (7766): 505-509.

193 Sarropoulos I, Marin R, Cardoso-Moreira M, et al. Developmental dynamics of lncRNAs across mammalian organs and species [J]. Nature, 2019, 571 (7766): 510-514.

194 Frésard L, Smail C, Ferraro N M, et al. Identification of rare-disease genes using blood transcriptome sequencing and large control cohorts [J]. Nature Medicine, 2019, 25 (6): 911-919.

195 Mathys H, Davila-Velderrain J, Peng Z, et al. Single-cell transcriptomic analysis of Alzheimer's disease [J]. Nature, 2019, 570 (7761): 332-337.

196 Hovestadt V, Smith K S, Bihannic L, et al. Resolving medulloblastoma cellular architecture by single-cell genomics [J]. Nature, 2019, 572 (7767): 74-79.

发育生物学的新见解，并为靶向药物研发提供了新的思路。

3. 蛋白质组学

以色列特拉维夫大学等机构的研究人员利用蛋白质组学分析的方法找到黑色素瘤患者对癌症免疫治疗响应存在差异性的原因。研究人员通过对接受肿瘤浸润淋巴细胞治疗或抗程序性死亡受体 -1 治疗的晚期黑色素瘤患者的样本进行蛋白质组分析，发现患者对免疫治疗的响应与线粒体脂质代谢有关[197]。该研究揭示了黑色素瘤代谢与免疫治疗响应之间的关系，为找到新方法来改善癌症患者对免疫治疗的响应奠定基础。

美国索尔克生物研究所等机构的研究人员通过整合磷酸化蛋白质组、分泌蛋白质组以及免疫沉淀 - 质谱蛋白质组分析，发现了介导胰腺癌细胞和胰腺星状细胞之间信号传导的关键因子——白血病抑制因子，并系统地验证了其作为胰腺癌治疗靶点和生物标志物的可行性[198]。该研究提出的蛋白质组整合分析策略为更好地理解肿瘤微环境中的细胞间信号传导网络奠定基础，相关研究为探寻胰腺癌治疗和诊断的分子靶标提供了重要的线索。

美国芝加哥大学等机构的研究人员结合激光捕获显微切割与高灵敏度蛋白质组分析方法，对高级别浆液性卵巢癌患者组织样本进行了蛋白质组分析，找到了调控癌相关成纤维细胞表型的关键因子——烟酰胺 *N*- 甲基转移酶[199]。该研究为高级别浆液性卵巢癌的治疗提供了新的干预靶点。

4. 代谢组学

美国 Joslin 糖尿病中心等机构的研究人员利用血浆蛋白质组和代谢组分析鉴定出糖尿病肾病相关生物标志物。研究发现肾小球中参与细胞内游离葡萄糖

---

197 Harel M, Ortenberg R, Varanasi S K, et al. Proteomics of Melanoma Response to Immunotherapy Reveals Mitochondrial Dependence [J]. Cell, 2019, 179 (1): 236-250.

198 Shi Y, Gao W N, Lytle N K, et al. Targeting LIF-mediated paracrine interaction for pancreatic cancer therapy and monitoring [J]. Nature, 2019, 569 (7754): 131-135.

199 Eckert M A, Coscia F, Chryplewicz A, et al. Proteomics reveals NNMT as a master metabolic regulator of cancer-associated fibroblasts [J]. Nature, 2019, 569 (7758): 723-728.

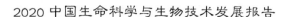
及其代谢产物代谢的酶含量的升高与糖尿病患者的肾功能保护相关[200]。该研究揭示糖酵解酶含量升高以及毒性葡萄糖代谢物含量降低可作为糖尿病患者内源性肾保护因子的生物标志物。

美国加州大学等机构的研究人员利用高通量转录组和代谢组分析方法比较了一天中不同时间的运动对骨骼肌代谢及机体能量稳态的影响，发现早上运动显著增强了糖酵解以及脂质和氨基酸的代谢，揭示了运动对代谢的影响受到生物钟的调控[201]。该研究为个体尤其是代谢紊乱患者运动时间的选择提供了重要参考。

5. 多组学联合

美国约翰斯·霍普金斯大学等机构的研究人员对肾透明细胞癌样本进行了全面的基因组、表观基因组、转录组、蛋白质组和磷酸化蛋白质组表征，深度揭示肾透明细胞癌病理特征。研究人员通过基因组分析确定了与基因组不稳定性相关的不同基因亚群，结合蛋白质组分析识别了基因组改变引起的蛋白质失调[202]。该研究为深入研究肾透明细胞癌发生提供了宝贵的生物信息资源，提出了多组学研究范式。

美国贝勒医学院等机构的研究人员利用外显子组测序、拷贝数微阵列、RNA测序、microRNA测序和蛋白质组学技术，基于蛋白基因组分析发现了新的结肠癌驱动因素、候选标志物以及靶向治疗的潜在途径[203]。该研究为结肠癌新的标志物发现和治疗方法开发积累了丰富的数据。

美国哈佛大学-麻省理工学院博德研究所等机构的研究人员报道了癌细胞系百科全书的重大更新，对上千种癌细胞系开展基因、RNA剪接、DNA甲基化、组蛋白H3修饰、microRNA表达和反相蛋白质阵列等多方面的大规模分析，深

200 Gordin D, Shah H, Shinjo T, et al. Characterization of glycolytic enzymes and pyruvate kinase M2 in type 1 and 2 diabetic nephropathy [J]. Diabetes Care, 2019, 42 (7): 1263-1273.

201 Sato S, Basse A L, Schonke M, et al. Time of exercise specifies the impact on muscle metabolic pathways and systemic energy homeostasis [J]. Cell Metabolism, 2019, 30 (1): 92-110.

202 Clark D J, Dhanasekaran S M, Petralia F, et al. Integrated proteogenomic characterization of clear cell renal cell carcinoma [J]. Cell, 2019, 179 (4): 964-983.

203 Vasaikar S, Huang C, Wang X, et al. Proteogenomic analysis of human colon cancer reveals new therapeutic opportunities [J]. Cell, 2019, 177 (4): 1035-1049. e19.

入研究这些特征与肿瘤对药物治疗的响应等表型之间的关联[204]。该研究提供了对上千种癌细胞系的多组学图谱深度解析，为癌症精准治疗的发展做出了巨大贡献。

6. 细胞图谱

人类细胞图谱绘制工作持续推进，研究人员鉴定获得多种新的细胞亚型，为疾病诊断和治疗奠定基础。德国马克斯·普朗克免疫生物学和表观遗传学研究所等机构的研究人员构建了人类肝脏的完整细胞图谱，为肝脏疾病研究提供参考[205]。英国维康桑格研究所等机构的研究人员绘制了人类肺部细胞图谱，以识别哮喘患者的细胞特征[206]。

英国剑桥大学等机构的研究人员绘制出不同生长发育阶段、肾脏特定区域的免疫细胞图谱[207]。该研究为理解肾脏免疫系统如何运作提供了证据，对预防多种类型的肾脏疾病发生和避免移植排斥反应具有重要意义。

英国纽卡斯尔大学等机构的研究人员首次报道了由胎肝驱动的人胚胎造血和免疫系统发育图谱，揭示了造血干细胞分化为各类血细胞和免疫细胞及迁移至不同器官中发生功能特化的路径[208]。该研究解码胎肝造血功能，为研究儿科血液和免疫疾病提供了蓝图。

（三）国内重要进展

1. 基因组学

福建农林大学等机构的研究人员获得了蓝星睡莲的高质量基因组。研究人

---

204 Ghandi M, Huang F W, Jane-Valbuena J, et al. Next-generation characterization of the cancer cell line encyclopedia [J]. Nature, 2019, 569 (7757): 503-508.

205 Aizarani N, Saviano A, Mailly L, et al. A human liver cell atlas reveals heterogeneity and epithelial progenitors [J]. Nature, 2019, 572 (7768): 199-204.

206 Braga F A V, Kar G, Berg M, et al. A cellular census of human lungs identifies novel cell states in health and in asthma [J]. Nature Medicine, 2019, 25: 1153-1163.

207 Stewart B J, Ferdinand J R, Young M D, et al. Spatiotemporal immune zonation of the human kidney [J]. Science, 2019, 365 (6460): 1461-1466.

208 Popescu D M, Botting R A, Stephenson E, et al. Decoding human fetal liver haematopoiesis [J]. Nature, 2019, 574: 365-371.

员通过对睡莲的基因组分析展示了早期被子植物的进化特点和特征，并进一步解析了花香合成途径以及蓝色花瓣合成关键基因[209]。该研究对揭示被子植物起源和进化具有重大意义，也为园艺植物分子遗传育种提供了重要的目标基因。

西北工业大学等机构的研究人员对反刍动物基因组进行了系统分析研究，揭示了反刍动物部分重要特性的基因密码，相关研究成果以三篇研究论文的形式发表在 *Science* 上。第一篇论文构建了可信度高的反刍动物物种进化树，并深入探讨反刍动物的适应演化机制[210]；第二篇论文对极地动物基因的自然选择进行了更深入和全面的分析[211]；第三篇论文解析了鹿角的再生分子机制及其与抗癌性相关性的基因基础[212]。

上海交通大学医学院等机构的研究人员绘制完成迄今最大规模的黏膜黑色素瘤基因组特征图谱，并证实针对 *CDK4* 基因扩增的黏膜黑色素瘤患者进行帕博西尼靶向用药的可行性[213]。该研究对推动后续黏膜黑色素瘤患者精准治疗的临床应用具有重要意义。

中国科学院生物化学与细胞生物学研究所等机构的研究人员通过整合大规模测序和高通量药物筛选数据，建立了肝癌中基因组变异与药物响应的相关性，发现了新的治疗靶点和分子标志物[214]。该研究绘制了肝癌药物基因组学蓝图。

2. 转录组学

北京大学等机构的研究人员利用单细胞转录组和 DNA 甲基化组图谱重构了人类胚胎着床过程，系统解析了这一关键发育过程中的基因表达调控网络和

209 Zhang L, Chen F, Zhang X, et al. The water lily genome and the early evolution of flowering plants [J]. Nature, 2020, 577 (7788): 1-6.

210 Chen L, Qiu Q, Jiang Y, et al. Large-scale ruminant genome sequencing provides insights into their evolution and distinct traits [J]. Science, 2019, 364 (6446): eaav6202.

211 Lin Z, Chen L, Chen X, et al. Biological adaptations in the Arctic cervid, the reindeer (Rangifer tarandus) [J]. Science, 2019, 364 (6446): eaav6312.

212 Wang Y, Zhang C Z, Wang N N, et al. Genetic basis of ruminant headgear and rapid antler regeneration [J]. Science, 2019, 364 (6446): eaav6335.

213 Zhou R, Shi C, Tao W, et al. Analysis of mucosal melanoma whole-genome landscapes reveals clinically relevant genomic aberrations [J]. Clinical Cancer Research, 2019, 25 (12): 3548-3560.

214 Qiu Z, Li H, Zhang Z, et al. A pharmacogenomic landscape in human liver cancers [J]. Cancer Cell, 2019, 36 (2): 179-193.

DNA甲基化动态变化过程[215]。该研究提供的单细胞分辨率的转录组和DNA甲基化组数据对于研究早期人类胚胎发育研究具有潜在的重要价值。

中国科学院生物化学与细胞生物学研究所等机构的研究人员发布小鼠早期胚胎发育过程中全胚层谱系发生的时空转录组图谱[216]。该研究为理解胚层谱系建立及多能干细胞的命运调控机制提供了翔实数据，将推动早期胚胎发育和干细胞再生医学相关领域的发展。

昆明理工大学和中国科学院动物研究所等机构的研究人员以食蟹猴作为模式动物，首次证明了灵长类动物胚胎可以在体外发育至原肠运动期，并使用单细胞RNA测序分析对胚胎发育中的不同细胞谱系进行了系统研究[217, 218]。该研究为探索灵长类动物早期胚胎发育和原肠运动开辟了崭新研究平台。

陆军军医大学等机构的研究人员结合转录组和表观组分析，鉴定了以转录因子NR4A1为核心的转录调控T细胞耐受及耗竭的新机制[219]。该研究在T细胞功能调控领域取得重要进展，为肿瘤免疫治疗提供了新的靶点。

3. 蛋白质组学

军事科学院军事医学研究院生命组学研究所等机构的研究人员测定了早期肝细胞癌的蛋白质组表达谱和磷酸化蛋白质组图谱，发现胆固醇代谢途径重编程与肝细胞癌之间的直接联系，证实胆固醇酯化酶在肝癌发生中的重要意义[220]。该研究发现了肝细胞癌精准治疗的潜在新靶点，为早期肝细胞癌的分型、预后及靶向治疗奠定基础。

215 Zhou F, Wang R, Yuan P, et al. Reconstituting the transcriptome and DNA methylome landscapes of human implantation [J]. Nature, 2019, 572 (7771): 660-664.

216 Peng G, Suo S, Cui G, et al. Molecular architecture of lineage allocation and tissue organization in early mouse embryo [J]. Nature, 2019, 572 (7770): 528-532.

217 Niu Y Y, Sun N Q, Li C, et al. Dissecting primate early post-implantation development using long-term *in vitro* embryo culture [J]. Science, 2019, 366 (6467): eaaw5754.

218 Ma H X, Zhai J L, Wan H F, et al. *In vitro* culture of cynomolgus monkey embryos beyond early gastrulation [J]. Science, 2019, 366 (6467): eaax7890.

219 Liu X D, Wang Y, Lu H P. Genome-wide analysis identifies NR4A1 as a key mediator of T cell dysfunction [J]. Nature, 2019, 567: 525-529.

220 Jiang Y, Sun A, Zhao Y, et al. Proteomics identifies new therapeutic targets of early-stage hepatocellular carcinoma [J]. Nature, 2019, 567 (7747): 257-261.

解放军总医院第五医学中心等机构的研究人员对 82 个健康人群胃黏膜样本进行了蛋白质组分析，绘制完成胃黏膜蛋白质组参考图谱，并进一步分析了晚期胃癌患者的癌和癌旁组织的黏膜蛋白质组异常[221]。该研究为胃肠道研究提供了丰富的数据资源，发现的癌旁组织的异常蛋白质类型反映了更多疾病相关信息。

4. 代谢组学

中国科学技术大学等机构的研究人员结合环状 RNA 与脂质代谢组分析，发现血清饥饿条件会激活转录因子 c-Jun，使得 *ACC1* 基因更多表达环状 RNA 分子 CircACC1，进而稳定并激活 AMPK 酶，以调节细胞中的脂肪酸 β 氧化和糖酵解[222]。该研究丰富了人们对环形 RNA 参与细胞代谢调控的认识。

西北大学等机构的研究人员基于慢性肾脏病患者和健康人群血清样本，采用非靶向代谢组学研究方法鉴定 5 个和慢性肾脏病进展密切相关的生物标志物，以区分不同阶段的慢性肾脏病，并进一步发现部分生物标志物可作为慢性肾脏病治疗的靶标[223]。该研究为慢性肾脏病进展预测和新治疗靶标的发现提供了重要信息。

北京大学等机构的研究人员利用代谢组学研究方法分析脂肪和血浆中的脂质代谢物水平，发现特异敲除脂肪细胞缺氧诱导因子 2α（*HIF2α*）基因可引起脂肪与血浆中神经酰胺蓄积，加剧动脉粥样硬化[224]。该研究揭示了脂肪细胞 *HIF2α* 通过促进神经酰胺分解改善动脉粥样硬化的代谢机制，为干预动脉粥样硬化提供了新的分子靶点。

中国医学科学院北京协和医学院药物研究所等机构的研究人员建立了基于 AFADESI-MSI 技术的空间分辨代谢组学方法，揭示在食管癌组织中发生的代谢

221 Ni X T, Tan Z L, Ding C, et al. A region-resolved mucosa proteome of the human stomach [J]. Nature Communications, 2019, 10: 39.

222 Li Q, Wang Y, Wu S, et al. CircACC1 regulates assembly and activation of AMPK complex under metabolic stress [J]. Cell Metabolism, 2019, 30 (1): 157-173.

223 Chen D Q, Cao G, Chen H, et al. Identification of serum metabolites associating with chronic kidney disease progression and anti-fibrotic effect of 5-methoxytryptophan [J]. Nature Communications, 2019, 10: 1476.

224 Zhang X, Zhang Y, Wang P, et al. Adipocyte hypoxia-inducible factor 2α suppresses atherosclerosis by promoting adipose ceramide catabolism [J]. Cell Metabolism, 2019, 30 (5): 937-951.

通路及其代谢酶异常[225]。该研究为探索食管癌的发病机制提供了代谢水平的分子依据，并为食管癌的诊疗干预提供了新的潜在靶点。

5. 多组学联合

复旦大学等机构的研究人员通过检测和整合分析基因突变、拷贝数变异、基因表达谱、蛋白质组及磷酸化蛋白质组等多维度数据，全面解析了肝癌分子特征和发生发展机制，为肝癌的精准分型与个体化治疗、疗效监测和预后判断提供了新的思路和策略[226]。该研究产生的高质量大数据将为广大肝癌基础与临床研究者提供支持，从而有力推动肝癌研究领域的发展。

复旦大学等机构的研究人员全面分析了 465 例三阴性乳腺癌样本的临床、基因组和转录组数据，成功绘制出全球最大的三阴性乳腺癌队列多组学图谱，并提出三阴性乳腺癌分子分型基础上的精准治疗策略[227]。该研究有利于发现更多适用于中国三阴性乳腺癌患者的特异靶点，为后续开展针对中国人三阴性乳腺癌的药物研发、临床试验提供支持。

6. 细胞图谱

北京大学等机构的研究人员结合 10X Genomics Chromium 和 SMART-seq2 两种单细胞 RNA 测序技术，对肝癌患者多个组织的免疫细胞做出了系统性的刻画，分析了免疫细胞动态迁移和状态转化的特征，获得高分辨率的跨组织肝癌免疫细胞图谱[228]。该研究为人们系统性分析肝癌和其他疾病中的免疫细胞，以及开发新的临床检测与治疗方案提供新的思路。

北京大学等机构的研究人员绘制人类视网膜高精度发育细胞图谱，解析了

---

225 Sun C L, Li T G, Song X W, et al. Spatially resolved metabolomics to discover tumor-associated metabolic alterations [J]. Proceedings of the National Academy of Sciences of the United States of America, 2019, 116 (1): 52-57.

226 Gao Q, Zhu H, Dong L, et al. Integrated proteogenomic characterization of HBV-related hepatocellular carcinoma [J]. Cell, 2019, 179 (2): 561-577. e22.

227 Jiang Y Z, Ma D, Suo C, et al. Genomic and transcriptomic landscape of triple-negative breast cancers: subtypes and treatment strategies [J]. Cancer Cell, 2019, 35 (3): 428-440.

228 Zhang Q, He Y, Luo N, et al. Landscape and dynamics of single immune cells in hepatocellular carcinoma [J]. Cell, 2019, 179 (4): 829-845. e20.

细胞类型特异的转录因子及其靶标基因参与的发育事件，探索了视网膜神经层与视网膜色素层在发育时期的关键特征，还绘制了胚胎时期视网膜遗传性疾病相关基因的表达谱[229]。该研究为人类视网膜发育的功能性研究和视网膜遗传性疾病的研究提供了重要线索。

（四）前景与展望

生命组学研究范式正在由单一组学研究逐步转向多组学联合分析，通过基因组、转录组、蛋白质组、代谢组等多个层次的组学联合分析，获得高质量的多组学大数据，为系统解析生命发生发展过程提供支撑。同时，随着单细胞技术的快速发展，单细胞组学分析通量、灵敏度和特异性获得进一步提升，单细胞多组学分析将获得更多的应用，助力更准确和全面地识别特定细胞及其功能。

2019年，中国生命组学研究持续推进，获得应用方面的实质性进展。未来，反映中国人群特征的组学研究将进一步取得进展，为解析中国人群发育、疾病发生发展过程奠定基础，也为符合中国人群特点的药物研发提供支持。同时，中国也将进一步发挥其在单细胞测序分析方面的优势，并结合其他组学分析，与全球同步，推进单细胞多组学研究，深入解析细胞异质性和动态变化。

二、脑科学与神经科学

（一）概述

2019年，国际脑计划（International Brain Initiative, IBI）各成员计划之间进一步合作，形成了全球脑研究的创新型合作框架，描述了科学家、相关学会协会、资助机构、企业、政府和社会如何参与到脑科学全球合作和国际脑计划

229 Hu Y, Wang X, Hu B, et al. Dissecting the transcriptome landscape of the human fetal neural retina and retinal pigment epithelium by single-cell RNA-seq analysis [J]. PLoS Biology, 2019, 17 (7): e3000365.

中[230]。IBI 同年还召开了全球神经伦理学峰会，相关成果以专刊形式发布在 2019 年 2 月 6 日的 *Neuron* 杂志，该专刊中，各成员计划都陈述了各自可能带来的伦理问题及应对措施[231]，例如日本 BRAIN/MINDS 计划可能引起并关注的神经伦理问题包括临床数据收集与处理、神经疾病模型对社会群体和个体的影响等[232]；并开展了相关的项目资助招标。

2019 年，各国脑科学计划继续推进实施。美国 BRAIN 计划中，美国国立卫生研究院（NIH）2019 年资助 182 个项目，提供超过 4.24 亿美元的研究经费[233]。NIH 于 2019 年 10 月公布了"BRAIN 计划 2.0：从细胞和回路迈向治愈"（The BRAIN Initiative 2.0: From Cells to Circuits, Toward Cures），其优先领域包括：①发现（细胞类型）多样性；②绘制多尺度的图谱，将解剖结构与功能相关联；③（解析）活动中的大脑；④揭示因果关系；⑤识别基本原则；⑥人类神经科学，了解人脑机制，开发人脑疾病相关疗法与平台；⑦从 BRAIN 计划到大脑（brain）；⑧科学地组织 BRAIN2.0。NIH 提出了若干变革性项目，包括基于特定细胞类型来了解正常和异常大脑功能的装置和技术、人脑细胞图谱、小鼠大脑的连接组、回路治疗等。BRAIN2.0 将更加关注其可能产生的神经伦理学问题及相关影响。

欧盟持续资助脑科学领域。截至 2019 年 6 月，"地平线 2020"已经投入 32 亿欧元[234]，其中欧盟人脑计划（HBP）是投资经费最多的"未来新兴技术"旗舰（FET flagship）计划。HBP 在 2019 年进行了第二阶段的专项资助项目招标，第二阶段欧盟总共资助 8800 万欧元，资助海马等模式动物大脑的建模、不同物种之间的大脑相似性与差异比较、模拟大脑功能（如视觉、情景忘记和意

230 IBI. International Brain Initiative: an innovative framework for coordinated global brain research efforts [J].Neuron, 2020, 105 (2): 212-216.

231 IBI. Neuron: special issue on neuroethics [EB/OL]. http: //www.internationalbraininitiative.org/news/neuron-special-issue-neuroethics [2019-02-06].

232 Sadato N, Morita K, Kasai K, et al. Neuroethical issues of the Brain/MINDS project of Japan [J]. Neuron, 2019, 101(3): 385-389.

233 NIH. New NIH BRAIN Initiative awards accelerate neuroscience discoveries [EB/OL]. https://www.nih.gov/news-events/news-releases/new-nih-brain-initiative-awards-accelerate-neuroscience-discoveries [2019-10-18].

234 CORDIS. How the digital revolution is transforming EU-funded brain research [EB/OL]. https: //cordis.europa.eu/article/id/401587-cordis-results-pack-on-the-brain [2019-06-04].

识等）等研究，并资助相关基础架构和平台建设[235]。此外，欧盟 2020 年启动了"神经退行性疾病联合研究计划"（Neurodegenerative Diseases Joint Programme，JPND）二期计划，该计划是全球神经退行性疾病领域最大规模研究计划之一，其目标包括增进对疾病的科学认识、改善可用于识别和治疗疾病的医疗工具、改善协助患者家庭和医护人员的社会护理结构。该计划优先研究领域包括：①神经退行性疾病的病因和进展；②疾病机制与模型；③诊断、预后和疾病分型；④开发疗法、预防策略、干预措施；⑤健康和社会保健[236]。

加拿大脑科学研究战略（Canadian Brain Research Strategy，CBRS）2019 年 1 月发布了一份路线图，提出该战略的使命是利用加拿大的实力和目前在神经科学方面的投资来改变加拿大人的神经和心理健康；其愿景是通过创新与合作开展大脑研究，推动加拿大乃至世界的政策、社会、健康和经济发展。该战略有 4 大主题：①了解正常大脑如何发育和发挥功能，以及一生如何变化；②致力于将大脑相关基础知识转化为改善加拿大人的大脑健康；③应用新知识来激发其他领域的发现 / 发展，尤其是信息与通信技术、经济学、复杂系统、人类社会行为与教育；④驱动新工具的开发以可视化并测量大脑，开发新的计算技术以理解大脑的复杂性，发展脑启发的技术（包括类脑人工智能技术），以及将其广泛应用于健康、教育等领域[237]。

中国脑科学计划正在推进中，其关键是建立强大的领导核心，做好顶层设计，组织全国脑科学领域的优秀科学家，全力推进"脑计划"的实施。各地方相继实施地方脑计划。2019 年 3 月 23 日，中国科学院深圳先进技术研究院组建的"深港脑科学创新研究院 SIAT-UBC 院士工作站"正式揭牌成立[238]；5 月 15 日，"武汉脑计划 - 武汉脑科学中心"启动揭牌仪式。涵盖脑与类脑基础转

235 CORDIS. Human Brain Project specific grant agreement 2 [EB/OL]. https: //cordis.europa.eu/project/id/785907 [2020-06-05].

236 JPND. JPND research and innovation strategy [EB/OL]. https: //www.neurodegenerationresearch.eu/wp-content/uploads/2019/04/Full-JPND-Research-and-Innovation-Strategy-3.04.pdf [2020-06-05].

237 CBRS. The Canadian Brain Research Strategy transforming the future through brain science [EB/OL]. https: //canadianbrain.ca/wp-content/uploads/2019/02/CBRS.pdf [2020-06-05].

238 中国科学院深圳先进技术研究院 . 深港脑科学创新研究院 SIAT-UBC 院士工作站正式揭牌成立 [EB/OL]. http: //bcbdi.siat.ac.cn/index.php/news/showNews/nid/121.shtml [2019-03-26].

化应用全链条研究的上海市"脑与类脑智能基础转化应用研究"市级科技重大专项于 2019 年 12 月召开 2019 年度工作汇报会，表明该专项进展顺利，并取得重要阶段性成果，相关重大技术设施和研究平台已初步建成，如亚洲规模最大的张江国际脑影像中心投入试运行、张江国际脑库六大队列共入组 1700 余人完成各模态采集累计 5455 人次、国家神经系统疾病临床医学研究中心（复旦华山西院）投入使用等。目前，项目组共有参与研究人员 1200 多位，国际合作参与的专家 70 多位，覆盖国内外近百个大学、科研院所、医院和企业[239]。此外，由上海市投资建设的上海脑科学与类脑研究中心建设已经进入 2.0 时代，该中心是瞄准国际科学前沿，组织和承接国家（上海）脑与智能重大项目核心任务的责任主体。

（二）国际重要进展

脑科学的研究已经从分子、细胞、环路等各个层面对大脑有了初步的了解，目前脑科学重点是理解大脑网络结构的形成与功能，进而理解脑疾病的发病机理，针对机理开展相关疗法研究。2019 年，脑科学领域取得了一系列进展。

1. 基础研究

（1）新型神经元鉴定与神经元操控

美国艾伦脑科学研究所对人类大脑皮层颞中回（middle temporal gyrus of human cortex）中的细胞类型进行了全面研究，鉴定出 75 种兴奋性和抑制性神经元类型，比较了人和小鼠大脑的皮质细胞类型，揭示人和小鼠大脑皮层的保守性特征[240]。

美国华盛顿大学医学院通过将 PhOTseq 技术应用于绘制小鼠信息素敏感神经元之间受体 - 配体配对的图谱，同时结合犁鼻化学感受器的体内异位表达的

---

239 复旦大学. 上海市"脑与类脑智能基础转化应用研究"市级科技重大专项 2019 年度工作汇报会在复旦大学召开 [EB/OL]. https://news.fudan.edu.cn/2019/1226/c5a103675/page.htm [2019-12-26].

240 Hodge R D, Bakken T E, Miller J A, et al. Conserved cell types with divergent features in human versus mouse cortex [J]. Nature, 2019, 573: 61-68.

数据，确定了一组特定配体的完整组合受体的图谱[241]。

美国加州理工学院通过对腹正中丘脑下部（VMHvl）神经元进行分析，首次发现雌雄小鼠拥有不同的稀有脑细胞类型，这些细胞位于控制社会行为的大脑区域[242]。

（2）脑结构解析与脑图谱绘制

快速发展的脑谱图（brain mapping）研究利用成像、免疫组织化学、分子与光遗传学、干细胞和细胞生物学、工程学、神经生理学和纳米技术共同研究大脑解剖学及其功能，功能性和结构性神经成像是脑图谱绘制的核心[243]。美国BRAIN 计划绘制出详细的全脑图和 6 个皮层的表面网格图[244]。

欧盟人脑计划（HBP）发布了 32 个新的人类大脑区域的细胞结构，该细胞结构图谱是 HBP 人脑图谱的关键元素，代表了目前可用的最详细的皮质微结构图谱，对现有的 74 张单独图集进行了全面更新，并向研究人员开放共享[245]。

（3）神经发生与发育

神经元的发育成熟最初是从胚胎开始，然后到达神经系统，但是详细过程却是未知的。美国霍华德·休斯研究所培育了带荧光标记的斑马鱼，然后标记了一个报告神经元活动的分子以及只有细胞具有特定功能时才存在的蛋白质，并通过实时追踪斑马鱼胚胎的神经元的发育过程，以每秒四张 3D 图像的速度捕获所有细胞的运动并跟踪细胞的活动，首次实现了同时跟踪所有神经元的起源、运动和功能活动[246]。

美国加州大学旧金山分校发现混合谱系白血病 1（MLL1）蛋白依赖的表观

241 Lee D, Kume M, Holy T E. Sensory coding mechanisms revealed by optical tagging of physiologically defined neuronal types [J]. Science, 2019, 366 (6471): 1384-1389.

242 Kim D W, Yao Z Z, Graybuck L T, et al. Multimodal analysis of cell types in a hypothalamic node controlling social behavior [J]. Cell, 2019, 179 (3): 713-728.

243 SBMT. What is brain mapping? [EB/OL]. https://www.worldbrainmapping.org/About/What-Is-Brain-Mapping [2020-06-05].

244 HBP. New cytoarchitectonic maps in BigBrain [EB/OL]. https://www.humanbrainproject.eu/en/follow-hbp/news/new-cytoarchitectonic-maps-in-bigbrain [2019-06-03].

245 HBP. Probabilistic cytoarchitectonic maps for 32 new human brain areas released [EB/OL]. https://www.humanbrainproject.eu/en/follow-hbp/news/probabilistic-cytoarchitectonic-maps-for-32-new-human-brain-areas-released [2019-6-1].

246 Wan Y N, Wei Z Q, Looger L L, et al. Single-cell reconstruction of emerging population activity in an entire developing circuit [J]. Cell, 2019, 179: 355-372.

遗传记忆系统对维持神经干细胞的位置特征非常重要。短暂的 MLL1 抑制也会导致腹侧神经干细胞位置特征的持久丧失，从而在体内产生具有背侧神经干细胞特征的神经元，该研究揭示了由形态生成素提供的空间信息转变为表观遗传机制，从而在前脑中维持不同区域的发育程序[247]。美国加州大学圣地亚哥分校研究人员发现当成体脑细胞遭受损伤时会退回到胚胎状态[248]。

德国马克斯·普朗克进化人类学研究所通过多能干细胞的发育过程对人干细胞来源的类脑器官和黑猩猩、猕猴的类脑器官进行研究和比较，发现在相同的发育时间点，人的类脑器官中有更显著的皮质神经元特异性，神经元发育比两种非人灵长类的发育速度更慢[249]。

美国斯坦福大学研究人员选取形成神经的脑室下区 SVZ 作为研究对象，发现 T 细胞在老年鼠大脑中的细胞扩增不同于在血液中，表明它们可能具有特定的抗原，研究还揭示了老年鼠大脑中 T 细胞和神经干细胞之间的相互作用，为对抗与年龄相关的大脑功能衰退提供了潜在的途径[250]。该大学另一组研究人员找到了 20 个调节神经环路连接的关键分子，通过降低这些蛋白质的表达，发现这些蛋白质对大脑神经环路的连接均起到关键作用，都参与了果蝇嗅觉神经环路的构成，首次证实了蛋白质在神经发育中的作用[251]。

（4）脑功能研究

在感知觉方面，西班牙马德里自治大学通过对小鼠丘脑后核细胞轴突的研究发现，其同时参与大脑皮层的运动和感觉区域，并且通过测量和比较同一轴突的突触结构，发现突触结构和其可以传输信号的强度、频率以及轴突在每个

247 Delgado R N, Mansky B, Ahanger S H, et al. Maintenance of neural stem cell positional identity by mixed-lineage leukemia 1 [J]. Science, 2020, 368 (6486): 48-53.

248 Poplawski G H D, Kawaguchi R, Van Niekerk E, et al. Injured adult neurons regress to an embryonic transcriptional growth state [J]. Nature, 2020, 581 (7806): 77-82.

249 Kanton S, Boyle M J, He Z S, et al. Organoid single-cell genomic atlas uncovers human-specific features of brain development [J]. Nature, 2019, 574: 418-422.

250 Dulken B, Buckley M T, Negredo P N, et al. Single-cell analysis reveals T cell infiltration in old neurogenic niches [J]. Nature, 2019, 571: 205-210.

251 Li J F, Han S, Li H J, et al. Cell-surface proteomic profiling in the fly brain uncovers wiring regulators [J]. Cell, 2020, 180 (2): 373-386.

区域的细胞类型直接相关，颠覆了目前的丘脑皮质的回路模型，揭示了大脑回路中意想不到的复杂性[252]。美国加州大学旧金山分校设计了一种神经解码器，可以利用人类皮层活动中编码的运动学和声音来合成可听语音，将神经活动转化为语音对因神经功能障碍而无法交流的人具有革命性的意义[253]。韩国首尔大学发现小鼠表达强啡肽原基因的臂旁核中神经元（PBP^{dyn} 神经元）使用上消化道产生的机械感测信号来监测液体和固体的摄入。PBP^{dyn} 神经元通过颅骨和脊髓通路连接到消化系统周围，抑制 PBP^{dyn} 神经元群体导致小鼠过度消耗，该发现揭示了摄食的机械力感应监测和摄入行为负反馈控制的神经机制[254]。

在脑高级功能方面，德国马克斯·普朗克学会神经生物学研究所首次描述了老鼠的情绪面部表情。通过测量单个神经元的活动并同时记录小鼠情感，研究发现大脑的岛叶皮层（insular cortex）的单个神经元以与小鼠面部表情相同的强度并在相同的时间做出反应，并且每个神经元仅与一种情绪相关。该研究确定了面部表情和小鼠情绪状态与神经元具有相关性，揭示了跨物种的情感过程，暗示了这些行为的进化保守功能[255]。英国剑桥大学将实时神经影像测量与多元统计和计算语言学的最新发展相结合，揭示了大脑具有对实时语言理解的机制[256]。

2. 应用研究

（1）神经发育障碍

神经发育障碍有孤独症、多动症、抽动症等多种，2019 年主要在自闭症谱系障碍（ASD）领域获得重要进展。美国加州大学旧金山分校鉴定了与自闭症

252 Rodriguez-Moreno J, Porrero C, Rollenhagen A, et al. Area-specific synapse structure in branched posterior nucleus axons reveals a new level of complexity in thalamocortical networks [J]. Journal of Neuroscience, 2020, 40 (13): 2663-2679.

253 Anumanchipalli G K, Chartier J, Chang E. Speech synthesis from neural decoding of spoken sentences [J]. Nature, 2019, 568: 493-498.

254 Kim D Y, Heo G, Kim M, et al. A neural circuit mechanism for mechanosensory feedback control of ingestion [J]. Nature, 2020, 580: 376-380.

255 Dolensek N, Gehrlach D A, Klein A S, et al. Facial expressions of emotion states and their neuronal correlates in mice [J]. Science, 2020, 368 (6486): 89-94.

256 Lyu B J, Choi H S, Marslen-Wilson W D, et al. Neural dynamics of semantic composition [J]. Proceedings of the National Academy of Sciences of the United States of America, 2019, 116 (42): 21318-21327.

相关的特定细胞类型转录组学的变化，发现 ASD 会优先影响上层兴奋性神经元的突触信号传导和小胶质细胞的分子状态。此外，皮质投射神经元间特定基因组的失调与自闭症的临床严重程度有关，上层皮层回路中的分子变化与自闭症的行为表现相关[257]。

美国国家神经疾病与中风研究所发现 ASD 在男性中更为普遍，研究发现 X 染色体连锁的突触后细胞黏附分子 NLGN4X 上的许多突变都会导致 ASD 或智力障碍。人类在 X 染色体上有一个 NLGN4X，在 Y 染色体上有一个 NLGN4Y，形成了 X-Y 对。虽然 *NLGN4X* 和 *NLGN4Y* 基因编码着 97% 相同的蛋白质，但 NLGN4Y 蛋白不太会移动到大脑细胞的表面，因此 *NLGN4Y* 无法补偿在 ASD 相关的 *NLGN4X* 突变造成的功能缺陷，揭示了与 *NLGN4X* 相关的 ASD 中男性偏倚的潜在致病机制[258]。

（2）脑肿瘤及创伤性脑损伤

在脑肿瘤领域，美国耶鲁大学发现将血管内皮生长因子（VEGF-C）导入胶质母细胞瘤小鼠的脑脊液中，可以促进引流深颈淋巴结中 CD8 T 细胞的启动增强和迁移到肿瘤，快速清除胶质母细胞瘤和具有持久的抗肿瘤记忆反应，使用表达 VEGF-C 的 mRNA 质粒和免疫检查点抑制剂协同作用，可以清除小鼠脑内的胶质母细胞瘤，显著延长其生存期[259]。

认知功能障碍和反应性小胶质细胞是创伤性脑损伤（TBI）的标志，澳大利亚昆士兰大学发现从小鼠脑部清除小胶质细胞对 TBI 的结果影响不大，但是通过药理或遗传方法诱导这些细胞的更新并产生神经保护性小胶质细胞表型，植入的小胶质细胞对神经系统的修复很大程度是通过可溶性 IL-6 受体（IL-6R）传递的白介素 -6（IL-6）跨信号，来支持成体的神经发生，特别是能够通过直接增加新生神经元的存活率增加大脑的认知功能。该研究揭示了可以操纵哺乳

257 Velmeshev D, Schirmer L, Jung D, et al. Single-cell genomics identifies cell type-specific molecular changes in autism [J]. Science, 2019, 364 (6441): 685-689.

258 Nguyen T A, Wu K W, Pandey S, et al. A cluster of autism-associated variants on X-linked NLGN4X functionally resemble NLGN4Y [J]. Neuron, 2020, 106: 1-10.

259 Song E, Mao T Y, Dong H P, et al. VEGF-C-driven lymphatic drainage enables immunosurveillance of brain tumours [J]. Nature, 2020, 577: 689-694.

动物大脑中的小胶质细胞，以帮助修复和减轻因脑损伤而引起的认知障碍[260]。

（3）神经退行性疾病

1）阿尔茨海默病

在 AD 的发病机制方面，德国波恩大学的研究显示，NLRP3 炎性体功能的丧失通过调节 tau 激酶和磷酸酶降低了 tau 过度磷酸化和聚集。tau 激活了 NLRP3 炎性体，脑内注射含原纤维淀粉样蛋白的脑匀浆以 NLRP3 依赖的方式诱导 tau 蛋白致病性。这些结果确定了小胶质细胞和 NLRP3 炎性小体激活在 taopathies 发病机制中的重要作用，并支持 AD 的淀粉样蛋白级联反应假说[261]。美国南加州大学研究发现 AD 的主要遗传风险因素——载脂蛋白 E4 与血脑屏障的破坏有关[262]。

在 AD 的临床症状及干预方面，美国麻省理工学院证明对小鼠进行特殊的听觉刺激可以改善与 AD 相似的认知和记忆障碍。这种非侵入式的刺激是通过诱导 γ 振荡的脑电波起作用，也大大减少了这些小鼠大脑中与阻碍学习记忆等认知功能相关的淀粉样斑块的数量[263]。日本东京医科大学研发出一种新的生物标记物 pSer46-MARCKS，检测出 AD 在有症状前阶段神经元坏死增加，而有症状阶段后神经元坏死减少，从而量化不同疾病阶段神经元坏死的水平。在 AD 病理学条件下，神经元中的 YAP 蛋白的表达水平显著下降，这是由于 YAP 会影响 TEAD 的活性。之后，通过将表达 YAP 类似物的基因治疗载体直接注射到 AD 小鼠模型的脑脊髓液中，能够预防早期神经元丢失，恢复认知功能并防止 β 淀粉样蛋白斑块的沉积，表明临床前靶向 YAP 依赖性神经元坏死可以成为 AD 治疗的目标[264]。

260 Willis E F, MacDonald K P A, Nguyen Q H, et al. Repopulating microglia promote brain repair in an IL-6-dependent manner [J]. Cell, 2020, 180 (5): 833-846.

261 Ising C, Venegas C, Zhang S S, et al. NLRP3 inflammasome activation drives tau pathology [J]. Nature, 2019, 575: 669-673.

262 Montagne A, Nation D A, Sagare A P, et al. APOE4 leads to blood-brain barrier dysfunction predicting cognitive decline [J]. Nature, 2020, 581: 71-76.

263 Martorell A J, Paulson A L, Suk H J, et al. Multi-sensory gamma stimulation ameliorates Alzheimer's-associated pathology and improves cognition [J]. Cell, 2019, 177 (2): 256-271.

264 Tanaka H, Homma H, Fujita K, et al. YAP-dependent necrosis occurs in early stages of Alzheimer's disease and regulates mouse model pathology [J]. Nature Communications, 2020, 507 (11): 507.

2）帕金森病

在发病机制方面，瑞典斯德哥尔摩卡罗林斯卡研究所发现帕金森病不仅与胆碱能和单胺能神经元（包括多巴胺能神经元）遗传相关，而且与肠神经元和少突胶质细胞遗传相关，揭示了少突胶质细胞在帕金森病中的意外作用[265]。加拿大蒙特利尔大学发现在遭受肠道感染的 *PINK* 基因突变小鼠中，自身反应性的毒性 T 细胞存在于大脑中并且能够攻击培养皿中的健康神经元。某些形式的帕金森病是一种自身免疫性疾病，可能在患者注意到任何运动症状的数年前就开始在肠道内发生[266]。

（4）心理健康 / 精神疾病

1）抑郁症

美国约翰斯·霍普金斯大学对 6595 名美国青少年的研究发现，每天在社交媒体上花费超过 3 小时的青少年可能会面临更大的精神健康风险，提示未来的研究应确定对日常社交媒体设置时间限制[267]。

欧盟委员会批准了美国强生公司旗下的杨森制药研发的抗抑郁药 Spravato（esketamine）鼻喷雾剂，联合一种选择性 5- 羟色胺再摄取抑制剂（SSRI）或 5-羟色胺和去甲肾上腺素再摄取抑制剂（SNRI），用于治疗成年难治性重度抑郁症（TRD）患者，这是欧洲 30 年来批准的首个具有新作用机制的抗抑郁药物[268]。

2）精神分裂症

在精神分裂症的疾病机制方面，美国西奈山医院研究人员用新型机器学习方法对 10 万多人进行研究，在大脑 13 个区域中鉴别出了 413 个与精神分裂症相关的基因，通过对组织中的基因表达情况进行检测分析不仅能帮助研究者鉴别出与

265 Bryois J, Skene N G, Hansen T F, et al. Genetic identification of cell types underlying brain complex traits yields insights into the etiology of Parkinson's disease [J]. Nature Genetics, 2020, 52: 482-493.

266 Matheoud D, Cannon T, Voisin A, et al. Intestinal infection triggers Parkinson's disease-like symptoms in Pink1−/− mice [J]. Nature, 2019, 571: 565-569.

267 Riehm K E, Feder K A, Tormohlen K N, et al. Associations between time spent using social media and internalizing and externalizing problems among US youth [J]. JAMA Psychiatry, 2019, 76 (12): 1266-1273.

268 Business Wire. SPRAVATO® (Esketamine) Nasal spray approved in Europe for adults with treatment-resistant major depressive disorder [EB/OL]. https://www.businesswire.com/news/home/20191219005272/en/SPRAVATO%C2%AE%E2%96%BC-Esketamine-Nasal-Spray-Approved-Europe-Adults [2019-12-19].

精神分裂症相关的基因，还能发现出现异常表达的大脑区域[269]。加拿大多伦多大学研究人员发现胰岛素样生长因子 2（IGF2）增强子的表观遗传激活可能促进与精神分裂症或双相情感障碍等精神疾病相关的多巴胺合成，加剧疾病症状[270]。

在精神分裂症治疗方面，瑞士弗雷德里希米歇尔研究所的研究人员证明了成年 LgDel（＋/－）小鼠（一种精神分裂症的遗传模型）表现出小白蛋白（PV）神经元的募集不足和相关的慢性 PV 神经元可塑性及网络与认知缺陷。这些缺陷都可以通过 PV 神经元的化学生成激活或 D2R 拮抗剂治疗来永久性修复。PV 神经元的改变最初仅限于海马 CA1/ 下托区，在青春期后期它们对治疗产生反应。因此，可以通过在青春期后期的敏感时间窗内对腹侧海马 -mPFC PV 网络功能的治疗修复来预防精神分裂症进一步恶化，研究人员从而提出了预防或延缓精神分裂症发生的治疗策略[271]。2019 年 10 月，美国 FDA 批准久光制药（Hisamitsu Pharmaceutical）旗下的 Noven Pharmaceuticals 公司的透皮给药系统 Secuado（asenapine）上市，用于治疗精神分裂症成人患者，是目前首款、唯一一款用于治疗精神分裂症患者的透皮贴剂（transdermal patch）疗法[272]。FDA 2019 年 12 月还批准了 Intra-Cellular Therapies 公司的 Caplyta（lumateperone），用于治疗精神分裂症成人患者[273]。

3. 技术开发

（1）神经成像

在新型成像技术开发方面，英国伦敦帝国理工学院和伦敦大学学院研究人

269 Huckins L M, Dobbyn A, Ruderfer D M, et al. Gene expression imputation across multiple brain regions provides insights into schizophrenia risk [J]. Nature Genetics, 2019, 51 (3): 659-674.

270 Pai S, Li P P, Killinger B, et al. Differential methylation of enhancer at IGF2 is associated with abnormal dopamine synthesis in major psychosis [J]. Nature Communications, 2019, 10 (1). DOI: 10.1038/s41467-019-09786-7.

271 Mukherjee A, Carvalho F, Eliez S, et al. Long-lasting rescue of network and cognitive dysfunction in a genetic schizophrenia model [J]. Cell, 2019, 178 (6): 1387-1402.

272 FDA. FDA approves Secuado for adults with schizophrenia [EB/OL]. https://www.fdanews.com/articles/193203-fda-approves-secuado-for-adults-with-schizophrenia [2019-10-24].

273 FDA. Intra-Cellular Therapies′ Caplyta approved for schizophrenia [EB/OL]. https://www.fdanews.com/articles/195384-intra-cellular-therapies-caplyta-approved-for-schizophrenia [2020-01-06].

员用全波形反演（full waveform inversion，FWI，一种最初用在地球物理学中的计算技术）成像技术生成亚毫米级分辨率的准确的大脑三维图像。这种方法克服了常规超声神经影像学的常见问题：经颅超声不会被颅骨的强反射所遮盖，低频信号容易以良好的信噪比传输，准确说明波动传播物理原理的精确波动方程，自适应波形反演能够创建头骨的精确模型并正确补偿波前失真。该计算实验模仿了临床应用中预期的渗透率和信噪比（penetration and signal-to-noise ratios）。这种形式的非侵入性神经影像学有望用于快速诊断中风和头部创伤，并可以用于各种神经疾病的日常监测[274]。

在成像技术改进方面，美国约翰斯·霍普金斯大学的研究人员将超紧凑型（外径580 μm）治疗诊断用深脑微针（theranostic deep-brain microneedle）与800 nm激光烧蚀光学相干层析成像（optical coherence tomography imaging）组合，在小鼠深部脑（消融深度约600 μm）中进行体内癌症可视化（成像深度为1.23 mm）和有效的组织消融（以功率为350 mW的1448 nm连续激光），这表明该技术组合具有转化潜力[275]。瑞典Lund大学与法国研究人员合作，使用光学－光热红外（optical photothermal spectroscopy，O-PTIR）显微镜研究了AD病例中的β淀粉样蛋白的聚集，结果发现神经元中β淀粉样蛋白的结构多态性可能为AD的新疗法开发提供新的可能[276]。新加坡国立大学的研究人员用NIR-Ⅱ激发的玻璃体内双光子显微镜用超亮NIR-Ⅰ AIE发光剂区分深部脑和肿瘤血管[277]。

（2）神经元追踪和记录工具的开发

具有遗传编码钙指示剂（GECI）的钙成像通常用于测量完整神经系统的神经活动。美国霍华德·休斯医学研究所和中国西湖大学的研究人员针对不

274 Guasch L, Agudo O C, Tang M X, et al. Full-waveform inversion imaging of the human brain [J]. npj Digital Medicine, 2020, 3: 28.

275 Yuan W, Chen D F, Sarabia-Estrada R, et al. Theranostic OCT microneedle for fast ultrahigh-resolution deep-brain imaging and efficient laser ablation in vivo [J]. Science Advances, 2020, 6 (15): eaaz9664.

276 Klementieva O, Sandt C, Martinsson I, et al. Super-resolution infrared imaging of polymorphic amyloid aggregates directly in neurons [J].Advance Science, 2020, 7 (6): 1903004.

277 Wang S W, Liu J, Goh C C, et al. NIR-II-excited intravital two-photon microscopy distinguishes deep cerebral and tumor vasculatures with an ultrabright NIR-I AIE luminogen [J]. Advanced Materials, 2019, 31 (44): 1904447.

同的体内成像模式优化了基于绿色荧光蛋白的 GECI GCaMP6。由此产生的 jGCaMP7 传感器可改善单个动作电位（jGCaMP7s, f）的检测、神经突触和神经纤维（jGCaMP7b）的成像，并可以使用双光子（jGCaMP7s, f）或宽视场（jGCaMP7c）成像来跟踪更大数量的神经元[278]。

美国加州大学 Santa Cruz 分校的研究人员开发了一种超灵敏、非常明亮的纳米级电场探头，克服了现有光场报告器的低光子计数限制。研究人员开发的电－等离子体纳米天线可对局部电场动力学进行可靠检测，并具有极高的灵敏度和衍射极限光斑的信噪比[279]。

光遗传学技术改进方面，德国波鸿鲁尔大学和柏林洪堡大学的研究人员阐明了通道视紫红质 -2（一个离子通道）的行为模式[280]。中国科学技术大学和美国麻省理工学院麦戈文脑科学研究所的研究人员合作发现了对光线极为敏感的新蛋白 SOUL，并对神经元进行基因编辑，使之产生这种蛋白质，并在小鼠和恒河猴上进行了验证，表明可以从头骨外部施加光刺激来实现神经元监测，实现了微创的光遗传学操作，降低了光遗传学方法的侵入程度[281]。

（3）脑机接口

美国麻省理工学院的研究人员利用自己创建的人工神经网络在实验室成功控制了一只猴子大脑皮层的神经活动[282]。初创公司 Neuralink 研发的脑机接口系统，利用一台神经手术机器人向人脑中植入数十根直径只有 4～6 μm 的"线"以及专有技术芯片和信息条，然后可以直接通过 USB-C 接口读取大脑信号。该

278 Dana H, Sun Y, Mohar B, et al. High-performance calcium sensors for imaging activity in neuronal populations and microcompartments [J].Nature Methods, 2019, 16 (6): 649-657.

279 Habib A, Zhu X C, Can U I, et al. Electro-plasmonic nanoantenna: a nonfluorescent optical probe for ultrasensitive label-free detection of electrophysiological signals [J]. Science Advances, 2019, 5: eaav9786.

280 Kuhne J, Vierock J, Tennigkeit S A, et al. Unifying photocycle model for light adaptation and temporal evolution of cation conductance in channelrhodopsin-2 [J]. Proceedings of the National Academy of Sciences of the United States of America, 2019, 116 (19): 9380-9389.

281 Gong X, Mendoza-Halliday D, Ting J T, et al. An ultra-sensitive step-function opsin for minimally invasive optogenetic stimulation in mice and macaques [J].Neuron, 2020, 107: 1-14.

282 Bashivan P, Kar K, DiCarlo J J, et al. Neural population control via deep image synthesis [J]. Science, 2019, 364 (6439): eaav9436.

技术对大脑的损伤更小，传输的数据更多，或将实现大脑意念控制电脑[283]。美国加州大学旧金山分校的脑机接口技术研究团队证明，可以从大脑活动中提取人类说出某个词汇的深层含义，并将提取内容迅速转换成文本。美国杜克大学、西北大学和纽约大学的科研团队，利用不到 1 μm 厚的二氧化硅电极层，组成 1008 个电极传感器的"神经矩阵"（neural matrix），形成柔性神经接口，植入到大脑皮层上，实现机器与人体大脑长期、直接的交互。该研究的突破在于使用了一种新的材料（二氧化硅）以及感应方式，让设备可在动物体内有效存在几年以上[284]。

（4）类脑智能

英国巴斯大学领导、美国布里斯托尔大学和瑞士苏黎士大学参与开发了一种新型硅芯片，可再现单个海马神经元和呼吸神经元的活动，成功地通过计算机传输海马神经元和呼吸神经元的完整动力学过程。这种方法为修复患病的神经环路提供了新途径，可以通过适应生物反馈的生物医学植入物来模拟其功能[285]。法国 Neurospin 研究所开发 MRI 和 AI 大脑虚拟活检工具，能够快速生成包含不同类型细胞的大脑白质的人体模型，并且可以推广到白质和灰质中的任何细胞类型，为临床医生提供虚拟活检工具的临床研究，并实现最终取代有创外科手术活检[286]。美国纽约州立大学布法罗校区的神经影像研究人员开发了一种人类大脑的计算机模型，比现有方法更真实地模拟实际的大脑损伤模式，可以作为特定神经损伤假设的试验场，从而帮助中风受害者和其他脑损伤患者。该模型由功能连接性和多元模式分析（multivariate pattern analyses，MVPA）2 个部分组成。MVPA 是一种"可教学"的机器学习技术，可以在更全面的水平上进行操作，以评估大脑各个区域的活动方式[287]。

283 The Verge. Elon Musk unveils Neuralink's plans for brain-reading 'threads' and a robot to insert them [EB/OL]. https://www. theverge. com/2019/7/16/20697123/elon-musk-neuralink-brain-reading-thread-robot [2019-07-16].

284 Chiang C H, Won S M, Orsborn A L, et al. Development of a neural interface for high-definition, long-term recording in rodents and nonhuman primates [J]. Science Translational Medicine, 2020, 12 (538): eaay4682.

285 Abu-Hassan K, Taylor J D, Morris P G, et al. Optimal solid state neurons [J]. Nature Communications, 2019, 10: 5309.

286 Ginsburger K, Matuschke F, Poupon F, et al. MEDUSA: A GPU-based tool to create realistic phantoms of the brain microstructure using tiny spheres [J]. NeuroImage, 2019, 193: 10-24.

287 McNorgan C, Smith G J, Edwards E S. Integrating functional connectivity and MVPA through a multiple constraint network analysis [J]. NeuroImage, 2020, 208: 116412.

（三）国内重要进展

1. 基础研究

在大脑的感知觉功能研究方面，中国科学院心理研究所发现了物种间疼痛感知变化的神经指标 γ 高频振荡信号。研究人员首先对受试者进行不同强度的疼痛刺激，发现只有 γ 频域的振荡信号能同时刻画个体间的疼痛敏感性差异；进而通过对人类和啮齿动物进行电生理学采样，随机接受视觉、听觉、触觉 3 种不同的感觉刺激，同时采集心理物理测量和脑电数据；结果发现，γ 高频振荡信号并不能预测由这 3 种刺激所诱发的个体间感觉强度差异，表明它是疼痛的特异性指标[288]。中国科学院神经科学研究所发现在大脑存在的一种表达速激肽的兴奋性神经元，当被激活时引起抓挠行为，进一步揭示了脑内痒觉调控机制[289]。

在脑高级功能研究方面，中国科学院神经科学研究所发现小鼠在学习新的嗅觉任务过程中，其无颗粒岛叶皮层（aAIC）在维护工作记忆信息方面起着主导作用。研究人员通过对 12 个大脑区域的光遗传学筛选，发现抑制 aAIC 活性显著削弱了学习过程中嗅觉工作记忆的维持，证明负责工作记忆的过程中存储信息的神经元是顺时神经元，大脑更倾向于通过顺时编码的神经机制在工作记忆中存储信息[290]。中国科学院神经科学研究所在通过提示触发的运动任务的整个学习过程中，对行为小鼠中相同侧背纹状体（DLS）神经元的活动进行双光子钙成像，发现这两种途径中的 DLS 神经元群体在运动学习后的不同时程中发展出稳定的顺序激发模式，其中直接途径神经元参与学习的运动活动的启动，而间接途径负责抑制错误的运动活动[291]。

288 Hu L, Iannetti G D. Neural indicators of perceptual variability of pain across species [J]. Proceedings of the National Academy of Sciences of the United States of America, 2019, 116 (5): 1782-1791.

289 Gao Z R, Chen W Z, Liu M Z, et al. Tac1-expressing neurons in the periaqueductal gray facilitate the itch-scratching cycle via descending regulation [J]. Neuron, 2019, 101 (2): 45-59.

290 Zhu J, Cheng Q, Chen Y L, et al. Transient delay-period activity of agranular insular cortex controls working memory maintenance in learning novel tasks [J]. Neuron, 2019, 105 (5): 934-946.

291 Sheng M J, Lu D, Shen Z M, et al. Emergence of stable striatal D1R and D2R neuronal ensembles with distinct firing sequence during motor learning [J]. Proceedings of the National Academy of Sciences of the United States of America, 2019, 116 (22): 11038-11047.

2. 应用研究

在神经退行性疾病应用研究方面，中国科学院神经科学研究所发现使用胶质细胞"替补"神经元可以让失明小鼠回复视力。研究人员发现敲低单个 RNA 结合蛋白——多嘧啶束结合蛋白 1（Ptbp1）的表达，会导致 Müller 胶质细胞高效地转化为视网膜神经节细胞（RGC），可减轻与 RGC 丢失有关的疾病症状；当诱导纹状体产生多巴胺能的神经元，可减轻帕金森病小鼠模型中的运动缺陷。因此，由 CasRx 介导的 Ptbp1 代表了一种有前景的体内遗传方法，可用于治疗神经元丢失引起的各种疾病[292]。

在精神疾病应用研究方面，中国科学院心理研究所比较了精神分裂症、抑郁症及双相障碍患者的情绪-行为的关联性，结果显示这三类患者均表现出不同程度的快感缺失和情绪-行为的分离，有助于精神障碍的早期识别以及新的干预方法的发展[293]。中国科学院昆明动物研究所鉴别出 34 个阻碍与转录因子结合的抑郁症风险性遗传变异，并且系统性地研究了这些功能遗传变异调控靶基因的潜在机制，研究结果提示这些基因可能共同影响与转录因子结合，进而调控抑郁症易感基因的表达，最终导致抑郁症发生[294]。杭州师范大学创建了包含来自中国 25 个研究组的 1300 名抑郁症患者和 1128 名正常对照的神经影像学数据的 REST-meta-MDD 联盟，研究发现抑郁症患者的默认模式网络功能连接性下降是由复发性抑郁症患者驱动的，与药物使用相关，与重度抑郁症（MDD）持续时间无关。这些发现表明，默认模式网络功能连通性仍然是理解抑郁症的病理生理学的主要目标，尤其与揭示有效治疗机制有关[295]。山东师范大学的研究

292 Zhou H B, Su J L, Hu X D, et al. Glia-to-neuron conversion by CRISPR-CasRx alleviates symptoms of neurological disease in mice [J]. Cell, 2020, 181 (3): 590-603.

293 Wang Y Y, Ge M H, Zhu G H, et al. Emotion-behavior decoupling in individuals with schizophrenia, bipolar disorder, and major depressive disorder [J]. Journal of Abnormal Psychology, 2020, 129 (4): 331-342.

294 Li S W, Li Y F, Li X Y, et al. Regulatory mechanisms of major depressive disorder risk variants [J]. Molecular Psychiatry, 2020, 3. DOI: 10.1038/s41380-020-0715-7.

295 Yan C G, Chen X, Li L, et al. Reduced default mode network functional connectivity in patients with recurrent major depressive disorder [J]. Proceedings of the National Academy of Sciences of the United States of America, 2019, 116 (18): 9078-9083.

人员利用双光子荧光成像揭示抑郁表型小鼠脑中羟自由基的作用[296]，并利用该技术在小鼠脑中观察应激诱导的抑郁表型中乙酰胆碱酯酶的作用[297]。

3. 技术开发

在神经活动监测技术开发方面，中国科学院脑科学与智能技术卓越创新中心／神经科学研究所、上海脑科学与类脑研究中心、神经科学国家重点实验室等多家机构的研究人员合作开发了一种可用近红外光激发的钾离子荧光纳米探针，并用该探针成功监测了斑马鱼和小鼠脑中伴随神经活动的钾离子浓度的动态变化，为探究神经元中离子活动开辟了实时动态监测的新方法[298]。

在新型光遗传学方法开发方面，北京大学生命科学学院、清华大学－北京大学生命科学联合中心、PKU-IDG／麦戈文脑科学研究所的研究人员合作开发了新型、可基因编码的缝隙连接探针，首次实现了运用完全遗传编码的方法在特异的细胞类型中非侵入地对缝隙连接通信进行成像。它结合了光学的高度的时空操纵性和遗传学的特异性，为研究缝隙连接通信的在体分布、不同生理活动下的功能及调节提供了更多的可能性[299]。北京生命科学研究所利用光纤记录和光遗传学技术构建了一个光学脑－脑接口，用光纤记录系统从鼠脑干未定核神经元中提取运动信息，对神经元活性信号解码，再通过光遗传学刺激传递给另一只鼠的脑干未定核神经元。该研究在两只小鼠间实现了高速率的运动信息传递，从原理上验证了脑－脑接口跨个体精确控制动物运动的可能性[300]。

在成像技术与产品开发方面，2019 年 12 月，NMPA 批准了上海联影医疗

296 Wang X, Li P, Ding Q, et al. Illuminating the function of the hydroxyl radical in the brains of mice with depression phenotypes by two-photon fluorescence imaging [J]. Angewandte Chemie-International Edition, 2019, 58 (14): 4674-4678.

297 Wang X, Li P, Ding Q, et al. Observation of acetylcholinesterase in stress-induced depression phenotypes by two-photon fluorescence imaging in the mouse brain [J]. Journal of the American Chemical Society, 2019, 141 (5): 2061-2068.

298 中国科学院脑科学与智能技术卓越创新中心／神经科学研究所. 研制出近红外激发的纳米探针，监测神经元活动伴随的钾离子的动态变化 [EB/OL]. http://www.cebsit.cas.cn/xwen/kyjz/2020n/202004/t20200416_5547789.html [2020-04-16].

299 Wu L, Dong A, Dong L T, et al. PARIS, an optogenetic method for functionally mapping gap junctions [J]. ELife, 2019, 8: e43366.

300 Lu L H, Wang R Y, Luo M M. An optical brain-to-brain interface supports rapid information transmission for precise locomotion control [J]. Science China Life Sciences, 2020, 63(6). DOI: 10.1007/s11427-020-1675-x.

科技有限公司研制的创新医疗器械"正电子发射及 X 射线计算机断层成像扫描系统"。该产品组合了 PET（正电子发射断层扫描）和 CT（计算机断层扫描）两部分，可提供功能信息和解剖学信息及其融合图像，实现了单床扫描覆盖人体全身器官，在小病灶检测、癌症微转移、全身多器官疾病的诊断中具有显著优势[301]。

在神经刺激技术方面，中国科学院脑科学与智能技术卓越创新中心 / 神经科学研究所和北京大学等机构的研究人员研制了一种基于石墨烯纤维的高度兼容磁共振成像的深部脑刺激（DBS）电极，并在帕金森病大鼠模型上实现了DBS 下整脑范围内完整深部功能磁共振成像脑激活图谱的扫描，发现了 DBS 治疗帕金森病效果与不同脑区激活之间的关联[302]。中国科学院深圳先进技术研究院研发出新型可自适应形变的高密度宽幅柔性神经电极，在近人体体温条件下可由微管状态转变为具有特定预设曲率的展开状态，从而有效贴合曲面组织，有效提升神经电极的信号记录和刺激效率[303]。

在类脑计算方面，清华大学类脑计算研究中心研发出清华"天机"芯片（现已转化到北京灵汐科技有限公司，为清华大学类脑计算研究中心孵化出的高科技企业），是全球首款异构融合类脑芯片。其特点在于既支持神经科学模型，又支持计算机科学模型，同时支持神经科学发现的众多神经回路网络和异构网络的混合建模，具有高计算力、高多任务并行度和较低功耗等优点[304]。

在脑疾病新药研发方面，NMPA 2019 年 11 月 2 日有条件批准中国科学院上海药物研究所、中国海洋大学与上海绿谷制药有限公司接续努力研发成功的原创新药——九期一（甘露特钠，代号：GV-971）的上市申请，"用于轻度至中度 AD，改善患者认知功能"。NMPA 要求申请人上市后继续进行药理机制方

301 中国政府网 . 正电子发射及 X 射线计算机断层成像扫描系统获批上市 [EB/OL]. http: //www.gov.cn/xinwen/ 2019-12/19/content_5462356. htm [2019-12-19].

302 新华网 . 新型电极可"看清"深部脑刺激治疗机理 [EB/OL]. http://www.xinhuanet.com/science/2020-04/16/ c_138980299.htm [2020-04-16].

303 中国科学院深圳先进技术研究院 . 深圳先进院在可自展开智能柔性神经电极研发方面取得进展 [EB/OL]. http://www.siat.ac.cn/kyjz2016/201909/t20190920_5393158.html [2019-09-20].

304 Pei J, Deng L, Song S, et al. Towards artificial general intelligence with hybrid Tianjic chip architecture [J]. Nature, 2019, 572 (7767): 106-111.

面的研究和长期安全性有效性研究，完善寡糖的分析方法，按时提交有关试验数据。九期一通过优先审评审批程序在中国上市，为全球首个上市的靶向脑－肠轴的 AD 治疗新药[305]。

在脑样本库建设方面，科技部、财政部 2019 年 6 月 5 日发布国家科技资源共享服务平台优化调整名单的通知，将中国医学科学院基础医学研究所的"国家发育和功能人脑组织资源库"和浙江大学医学院的"国家健康和疾病人脑组织资源库"列入国家科技资源共享服务平台名单，推进脑样本的研究共享利用[306]，为中国人脑研究提供有效的支持和服务。

（四）前景与展望

未来，随着各国对脑科学与神经科学领域的持续投入，各国脑科学计划顺利实施，脑样本库和相关数据库 / 平台等支撑设施逐步完善，单细胞测序技术、光遗传学技术、神经成像和神经刺激、脑机接口和类脑智能等各类技术的快速发展，人类将实现从宏观、介观等不同尺度认识大脑结构、功能和发育过程，更深入了解各类神经精神疾病的发展机制并开发出相应的新疗法，推动脑健康、脑机接口以及借鉴人脑工作机制的类脑智能等相关产业发展。

未来，在脑科学基础研究领域，随着神经元类型鉴定、脑结构图谱绘制方面的重要突破，研究人员将能更清楚地了解大脑结构，记录相关神经元电、化学活动，从而深入了解大脑的感知觉和学习、记忆、抉择等高级功能的原理，了解不同阶段、不同物种的脑发育机制，更深入地探索"意识是如何产生的"等重要科学问题，进一步探索神经基础。在脑疾病应用研究中，给人类社会带来重要负担的神经退行性疾病、脑发育疾病和精神疾病的发病机制将被进一步研究，基于此科学家将开发早期诊断与干预手段和新型治疗方法。未来将有更多的新疗法、基于神经成像的诊断产品、基于脑刺激技术的脑功能修复产品上市。

305 中国科学院 . 原创治疗阿尔茨海默病新药"九期一"有条件获准上市 [EB/OL]. http://www.cas.cn/syky/201911/t20191103_4722432.shtml [2019-11-03].

306 科技部 . 科技部 财政部关于发布国家科技资源共享服务平台优化调整名单的通知 [EB/OL]. http://www.most.gov.cn/xxgk/xinxifenlei/fdzdgknr/qtwj/qtwj2019/201906/t20190610_147031.html [2019-06-10].

未来，脑科学技术领域的重要发展趋势是各种技术相互融合发展。例如，将整合转录组学、表观基因组学、生理学、形态学和神经连接性等多种技术来鉴定神经元类型普查；成像技术的发展趋势之一也是多种成像技术相互组合，并向超高分辨率方向发展，实现真正的分子级分辨率（约 1 nm）将能允许直接在细胞内部探测分子相互作用和构象。此外，脑科学领域产生的海量图像、科学数据迫切需要运用深度学习等方法来处理，从中提取出有用的信息。目前已有研究人员构建了卷积神经网络（CNN）框架来识别、分割脑成像数据，未来将会设计出一个相对通用的模型，可以应用于来自不同 MRI 扫描仪、成像方式和案例的图像数据库分析。

　　国际研究界已经开始关注脑科学研究和相关技术可能产生的伦理问题。国际脑科学计划已经开展了全球讨论，其联盟计划都开始关注各计划实施过程及成果可能产生的伦理问题，未来各国将更加关注脑科学与神经科学的伦理问题，将陆续推出各种监管措施。可以预见，未来该领域的伦理监管将进一步完善。

三、合成生物学

（一）概述

　　合成生物学的快速发展，开启了可定量、可计算、可预测、工程化的"会聚"研究时代。2019 年，英美等国相继发布了新的未来发展规划。2019 年 6 月，美国工程生物学研究联盟（EBRC）发布的《工程生物学：下一代生物经济的研究路线图》将工程生物学的研究和技术分为工程 DNA、生物分子工程、工程菌、数据科学 4 个技术主题，并阐明了未来 20 年的发展目标；同时，报告还聚焦工业生物技术、健康与医药、食品与农业、环境生物技术、能源 5 个应用领域，从如何解决社会挑战的角度，展示了实际应用中技术成果的范围和可能的影响力。2019 年年底，美国更新了"细胞制造路线图"，围绕细胞处理和自动化，过程监控和质量控制，供应链和运输物流，标准化、监管支持和成本补偿,发展劳动力等 5 个关键领域,提出了未来 10 年对细胞制造业进步最具有潜在影响的活动。英国皇家工程院 2019 年 11 月提出了英国工程生物学 4 个方面的优先发展事项,旨在促进未来的转化和产业应用。

在项目布局方面,美国国防部高级计划研究局(DARPA)2019 年启动了两个合成生物学领域的新项目——"资源再利用"(ReSource)和"利用基因编辑技术进行检测"(DIGET),前者的愿景是通过使用自持的集成系统,将军事废弃物转化为武器和机械的化学润滑剂,甚至转化为食物和水,从而彻底改变关键补给品获取的方式;后者计划通过开发便携式检测设备和建立大规模多重检测平台,实现快速医疗响应,提高部队护理水平并防止传染病传播。此外,俄罗斯 2019 年公布了一项价值约 17 亿美元的计划,旨在开展基因编辑动植物新品种的培育研究,计划 2020 年培育出 10 个基因改良的动植物新品种。中国 2019 年度开展了"合成生物学"重点专项,围绕基因组人工合成与高版本底盘细胞、人工元器件与基因线路、人工细胞合成代谢与复杂生物系统、使能技术体系与生物安全评估等 4 个任务部署了 30 个研究项目,总经费预计约 6 亿元人民币。

在基础设施建设方面,英国工程与自然科学研究理事会(EPSRC)2019 年出资 1028 万英镑建立未来生物制造研究中心(FBRH),由曼彻斯特大学负责并联合其他合作伙伴,开发新的生物技术,通过提高制造流程商业可行性,加速制药、化工和工程材料等领域的技术交付,更有效地满足"清洁增长"的社会需求。2019 年 9 月,美国国防部宣布将建立一个致力于非生物医学应用的新的合成生物制造创新研究所(SynBio MII),目标是通过产业界和学术界互动与合作,扩大关键生物制造规模并提高相关生物技术,从而提供新的产业能力。中国科学技术部也在 2019 年年底批准在天津市建立国家合成生物学技术创新中心核心研发基地,总投资约 20 亿元人民币,重点建设科技基础设施平台、产业前沿关键技术研发平台、孵化转化与服务平台、创新创业中心、国际联合中心、知识产权运营管理中心和科教融合中心。

由于合成生物学巨大的产业前景,全球对合成生物学企业的投资保持持续增长的趋势。仅 2019 年上半年,就有 65 家合成生物学企业筹集到了 19 亿美元的投资。此外，根据福布斯研究报告显示[307]，在过去十年间，合成生物学产业全球融资已经超过了 120 亿美元，主要分布在农业和食品、消费品、材料与化学品、自动化、DNA 读写等 5 个领域。例如，合成生物学正在开辟新的食物选择，植物基肉类公司 Impossible Foods 自 2011 年成立以来已经筹集了超过 5 亿美元；Codexis 公司推出了新的零热量甜味剂，以及在食品、饮料和生物制药行业使用的一系列广泛酶组合，截至 2019 年 7 月，其产品收入增长了 68%。

（二）国际重要进展

2019 年，合成生物学领域的研究中对于生物的工程化改造和设计能力进一步增强，包括在基因线路、元件、合成系统、底盘细胞改造，以及应用研究领域都取得了一些重要进展和突破。

1. 基因线路工程及元件挖掘

美国波士顿大学、莱斯大学等研究人员利用"协调组装"的生化过程，设计出了既能够解码频率相关信号，又可以进行动态信号过滤的基因线路[308]。工程协调组装技术极大地扩展了工程生物对化学、物理和环境变化的程序化反应，使研究人员能够进行细胞复杂的组合信号处理。这是合成生物学的重要突破，利用模数转换器和其他合成基因线路或将可以探索指导免疫和干细胞功能的调控程序，从工程的人类细胞中开发基于细胞的转化疗法。

美国火鸟生物分子科学有限责任公司等的研究人员通过将 4 个合成的核苷酸与在核酸中发现的 4 个天然核苷酸结合起来，创造出了结构和功能都像真的一样的 8 种核苷酸的双链 DNA 分子，甚至证实能够被转录成 mRNA[309]。这种被

---

307 Cumbers J. Synthetic biology has raised $12.4 billion. here are five sectors it will soon disrupt [EB/OL]. https://www.forbes.com/sites/johncumbers/2019/09/04/synthetic-biology-has-raised-124-billion-here-are-five-sectors-it-will-soon-disrupt/#627f797f3a14 [2019-09-04].

308 Bashor C J, Patel N, Choubey S, et al. Complex signal processing in synthetic gene circuits using cooperative regulatory assemblies [J]. Science, 2019, 364 (6440): 593-597.

309 Hoshika S, Leal N A, Kim M J, et al. Hachimoji DNA and RNA: a genetic system with eight building blocks [J]. Science, 2019, 363 (6429): 884-887.

称为"hachimoji"的系统能存储天然核苷酸 2 倍的信息，未来也许能应用到合成生物学等多个领域，这一扩增的遗传密码系统可以为能支持生命的更大、更复杂的分子结构提供新的线索。

近年来，计算方法在基于氨基酸序列预测蛋白质折叠方面取得了重大进展。然而，目前的方法在预测蛋白质的规模和范围方面还受到限制。美国哈佛大学医学院的研究人员利用深度学习来预测基于氨基酸序列的蛋白质的三维结构，其精确度可与目前最先进的方法相媲美，但速度提高了 100 万倍[310]。在预测没有预先存在模板的蛋白质结构方面，该新模型优于所有其他方法，包括使用共同进化数据的方法，但其精确度还需进一步优化才能应用于药物发现或设计。

在蛋白质设计与开发方面，美国陆军研究实验室（ARL）和得克萨斯大学的研究人员开发了"超荷电蛋白质组装"策略，将成对的带相反电荷的合成蛋白质结合起来形成等级有序的对称结构[311]。合成蛋白质单位的表面电荷被人工强化，产生带正电荷或带负电荷的蛋白质单位，形成超荷电蛋白质，这项研究成果将有助于解决如何将蛋白质结构设计成高级材料模板的问题。美国密歇根州立大学和能源部劳伦斯伯克利国家实验室的研究人员利用蛋白质进化原理制造出了一种新的基于天然结构的基因工程蛋白质外壳[312]。研究人员从外壳蛋白进化中得到启示，通过将两个 BMC-H 蛋白融合，创造了一种名为 BMC-H2 的人工蛋白质；这个完全人工合成的外壳由新 BMC-H2 和 BMC-P 两种蛋白质组成，其直径约 25 nm，是天然外壳的一半。美国斯坦福大学的研究人员设计合成了两种蛋白质，第一种合成蛋白质由两种天然蛋白质融合而成，其中一种蛋白质与活跃的 ErbB 受体结合，另一种蛋白质参与特定氨基酸序列切割；第二种合成蛋白质可以与细胞膜内表面结合，并包含一个可定制的"载荷"序列，

310 AlQuraishi M. End-to-end differentiable learning of protein structure [J]. Cell Systems, 2019, 8 (4): 292-301.e3.

311 Simon A J, Zhou Y, Ramasubramani V, et al. Supercharging enables organized assembly of synthetic biomolecules [J]. Nature Chemistry, 2019, 11: 204-212.

312 Sutter M, McGuire S, Ferlez B, et al. Structural characterization of a synthetic tandem-domain bacterial microcompartment shell protein capable of forming icosahedral shell assemblies [J]. ACS Synthetic Biology, 2019, 8 (4): 668-674.

可以在细胞内执行特定任务 [313]。这种被称为"将异常信号重新对接效应子释放（RASER）"的可定制方法，对依赖 ErbB 受体活性的癌细胞具有高度特异性，可以实现对癌细胞的定向杀死。一个由美、英、日等多国组成的研究团队构建了一种"蛋白质笼"（一种纳米级的结构，能够运输药物到身体的特定部位），可以随时组装和拆卸，但是非常耐用，可以承受沸水和其他极端条件 [314]。这项研究成果将为生产具有新结构和新能力的蛋白质笼，特别是其在药物输送方面的潜在应用提供了新思路。

美国哈佛大学的研究团队创建了除"定向进化"和"合理设计"之外的第三种工程化蛋白质设计的方法，该方法利用深度学习直接从蛋白质的氨基酸序列中提取蛋白质的基本特征，而无须其他信息。该方法可稳健地预测天然蛋白质和从头设计蛋白质的功能，并将大量的费力的实验室实验转移到计算机上，与现有方法相比，可将成本降低多达两个数量级 [315]。这种名为 UniRep 的神经网络方法是基于计算机深度学习的、新的蛋白质工程方法，将有很大的潜力能加速合成蛋白质设计，无论是面对治疗、诊断、生物制造、生物催化或任何其他应用，其功能可以根据任何需求而量身定制。

2.　合成系统

双组分系统（TCSs）是存在于细菌内的一种信号传导系统，细菌通过感受外界环境变化、调控生存、毒力因子表达来维持自身生存，是细菌适应选择压力的一种机制。美国莱斯大学破解了细菌感知系统，该系统可用于混合和匹配多种感官输入和遗传输出 [316]。研究证明了反应调节子 DNA 结合域中的两个最大家族可以互换，具有显著的灵活性，使相应的 TCS 能够重新连接合成输出启动

313　Chung H K, Zou Z X, Bajar B T, et al. A compact synthetic pathway rewires cancer signaling to therapeutic effector release [J]. Science, 2019, 364 (6439): eaat6982.

314　Malay A D, Miyazaki N, Biela A, et al. An ultra-stable gold-coordinated protein cage displaying reversible assembly [J]. Nature, 2019, 569: 438-442.

315　Alley E C, Khimulya G, Biswas S, et al. Unified rational protein engineering with sequence-based deep representation learning [J]. Nature Methods, 2019, 16: 1315-1322.

316　Schmidl S R, Ekness F, Sofjan K, et al. Rewiring bacterial two-component systems by modular DNA-binding domain swapping [J]. Nature Chemical Biology, 2019, 15: 690-698.

子。这项工作将加速基础 TCS 研究，并有望设计出具有多种应用的系列基因编码传感器。

美国伊利诺伊大学香槟分校设计了一个使用大肠杆菌的合成生物学系统，实时观察到了活细胞内的跳跃基因活动[317]。研究人员通过编码荧光蛋白的报告基因的表达，与转座子的跳跃活动结合起来，可以使用荧光显微镜直观地记录转座子的活动。这项研究为理解跳跃基因机制提出了新思路。

荷兰格罗宁根大学构建出了合成囊泡[318]。囊泡利用 ATP 来维持其体积和离子强度稳态。如果 ATP 浓度变得太高，它会激活相应的转运蛋白，外源物质的进入会导致细胞体积增大并因此降低离子强度。转运蛋白由 ATP 提供动力，因此可以在囊泡内自主地生产和使用 ATP。研究表明，该系统能够顺利运行 16 h，未来或将可以自下而上建造一个能够自我维持并能够生长和分裂的合成细胞。

美国哥伦比亚大学开发了一种名为 INTEGRATE 的基因编辑新工具，利用细菌转座子可以将任何 DNA 序列准确地插入基因组而不需要切割 DNA，避免了目前 CRISPR-Cas 系统的缺陷，为基因工程和基因治疗提供了一种强有力的新方法[319]。研究人员已经将长达 10 000 个碱基的序列插入细菌基因组中，测序证实有效载荷精确插入，非目标位置没有额外拷贝。INTEGRATE 技术是迄今为止第一个完全可编程的插入系统，将提供更加广泛的基因编辑机会。

3. 底盘细胞的设计与改造

过去，科学家已经可以在活细胞状态下创造聚合物，但主要是作为一种封装方法。因为生成聚合物需要在单体混合物中添加自由基，而细胞中存在自由基清除剂，因此科学家曾认为合成聚合物不能在细胞内发生。而英国爱丁堡大学的研究人员证实在活细胞内可以制造聚合物，并且使用不同的单体可以产生

---

317 Kim N K, Lee G, Sherer N A, et al. Real-time transposable element activity in individual live cells [J]. Proceedings of the National Academy of Sciences of the United States of America, 2019, 113 (26): 7278-7283.

318 Pols T, Sikkema H R, Gaastra B F, et al. A synthetic metabolic network for physicochemical homeostasis [J]. Nature Communications, 2019, 10: 4239.

319 Klompe S E, Vo P L H, Halpin-Healy T S, et al. Transposon-encoded CRISPR-Cas systems direct RNA-guided DNA integration [J]. Nature, 2019, 571: 219-225.

不同的聚合物，甚至是荧光聚合物；一些聚合物变成了纳米颗粒，一些改变了细胞的行为或移动方式[320]。这将激发其他研究者探究细胞合成聚合物的各种可能性，甚至可能开辟一个化学生物学新领域。

英国剑桥大学的研究人员通过在计算机上删除多个冗余 DNA 重新编码大肠杆菌实现了两个目标：第一是在实验室合成大肠杆菌的所有基因组（400 万个核苷酸）；第二是探究去除了一些 DNA 冗余样本的变化。研究人员重新设计所需的基因组，将 DNA 分裂并送至 DNA 合成仪，再将较小的碎片拼接成较长序列放入活的大肠杆菌中[321]。研究表明，未来有可能用其他序列取代此次去除的冗余部分来创造具有特殊功能的细菌，如制造自然界中没有的新型生物聚合物。

美国福赛思研究所的研究人员开发出一种新技术，通过使人造 DNA 绕过细菌防御系统对细菌进行基因工程改造。研究人员没有对人造 DNA 进行伪装，而是去掉了其基因序列中的一个特定组成部分，即模体。细菌的防御系统需借助模体存在来识别外来 DNA 并发动有效反击。人造 DNA 去除模体后，在细菌的防御系统面前基本上就变成隐形了[322]。与现有技术相比，这种新方法需要的时间和资源较少。研究以金黄色葡萄球菌为模型，证实可用来偷偷越过 80%～90% 的目前已知细菌中存在的各种主要防御系统。

4. 应用研究领域

细胞工厂可以被用于创造复杂的分子，但是其试错过程既困难又耗时，还要与细胞的其他产物和过程竞争。美国西北大学的研究人员结合无细胞蛋白质合成和自组装单层解吸电离质谱（SAMDI）两种最先进的研究方法，创建一种快速、有效的方法来设计和分析代谢途径。通过这种方法，研究人员可以在一天内建立数千种潜在混合物生产路径并对其进行全面测试，为合成生物

320 Geng J, Li W S, Zhang Y C, et al. Radical polymerization inside living cells [J]. Nature Chemistry, 2019, 11: 578-586.

321 Fredens J, Wang K H, Torre D, et al. Total synthesis of *Escherichia coli* with a recoded genome [J]. Nature, 2019, 569: 514-518.

322 Johnston C D, Cotton S L, Rittling S R, et al. Systematic evasion of the restriction-modification barrier in bacteria [J]. Proceedings of the National Academy of Sciences of the United States of America, 2019, 116 (23): 11454-11459.

学提供新的见解和设计规则。研究人员通过该方法合成了羟甲基戊二酰辅酶 A（HMG-CoA）[323]。

萜类化合物具有很好的药理活性，是中药和天然植物药的主要有效成分。然而，萜类化合物合成受限于碳源、能源及其在代谢中的调控作用，高效而高产量的异戊二烯生物合成工程一直是一个挑战。美国南佛罗里达大学的研究人员开发了一种替代的合成途径——类异戊二烯醇（IPA）途径，其核心是 IPA 的合成和随后的磷酸化[324]。研究人员首先建立一条 IPA 后通路，将 IPA 磷酸化，产生大于 2 g/L 的柠檬烯、法尼醇、番茄红素和香叶醇等产物；然后设计了从中心碳代谢物以超过 2 g/L 的速率合成异戊烯醇的 IPA 前通路；最后在整合后实现从甘油作为唯一碳源产生近 0.6 g/L 的总单萜类化合物。该研究为异戊二烯类化合物提供了一种比天然途径更节能的替代方案，可作为生产异戊二烯类化合物的平台，应用于高价值的药物、商品化学品和燃料等领域。

合成生物学研究的新兴领域之一是开发用于诊断和治疗体内各种疾病的工程细菌。例如，研究人员可以利用基因工程工具给细胞编程，使其执行各种复杂任务。然而，缺乏生理学相关的以快速筛选细菌疗法的体外测试环境限制了合成生物学研究在临床应用中的开发。美国哥伦比亚大学的研究人员开发出一种系统，能够在一个培养皿中的微型组织内研究数十到数百个工程细菌，将研究时间从几个月缩短到几天[325]。研究人员使用肿瘤球体（tumor spheroids）的微型肿瘤来测试抗肿瘤工程细菌，这种被称为细菌球体共培养技术（BSCC）允许细菌在肿瘤球体内稳定生长，从而能够进行长期研究，未来或将帮助人们在体外创建患者的个性化癌症医疗环境，快速确定针对特定个体的最佳疗法。

以色列魏茨曼科学研究所的研究人员创造了一种全新的大肠杆菌菌株，以消耗 CO_2 作为碳源，利用新陈代谢重分配和实验室进化，将大肠杆菌转化为自

323 O'Kane P T, Dudley Q M, McMillan A K, et al. High-throughput mapping of CoA metabolites by SAMDI-MS to optimize the cell-free biosynthesis of HMG-CoA [J]. Science Advances, 2019, 5 (6): eaaw9180.

324 Clomburg J M, Qian S, Tan Z G, et al. The isoprenoid alcohol pathway, a synthetic route for isoprenoid biosynthesis [J]. Proceedings of the National Academy of Sciences of the United States of America, 2019, 116 (26): 12810-12815.

325 Harimoto T, Singer Z S, Velazquez O S, et al. Rapid screening of engineered microbial therapies in a 3D multicellular model [J]. Proceedings of the National Academy of Sciences of the United States of America, 2019, 116 (18): 9002-9007.

养生物[326]。这项研究首次描述了细菌生长方式的成功转化，不仅展示了细菌新陈代谢的惊人可塑性，也为利用工程细菌将废弃物转化为燃料、食品，以及解决 CO_2 排放引起的全球变暖挑战等开辟了新思路。

（三）国内重要进展

2019 年，我国合成生物学领域在基础研究和应用研究等方面也取得了一系列成果，包括基因组设计与合成、基因编辑、天然产物合成等。

1. 基因线路工程及元件挖掘

"细菌如何控制自身细胞周期"这个基本科学问题一直是未解之谜。中国科学院深圳先进技术研究院的研究人员在细菌细胞周期同步化的方法上获得了新突破，他们利用合成生物学方法构建了一个人造磁细菌，为大肠杆菌的一端添加了人工合成的磁纳米颗粒，使其具有趋磁性。在此基础上，研究人员以微流控芯片为载体，使用磁铁将该人造磁细菌的一端吸附在微流控通道的表面，使母细胞在持续流通的新鲜培养基中进行正常的生长分裂。由于新分裂的子细胞不具有磁纳米颗粒，因此会随培养基流出同步化芯片。在短时间内收集得到的细胞都是刚分裂结束产生的新生子细胞，在接种到新鲜培养基后，可以维持 2~3 个周期的同步化生长[327]。该方法不仅克服了传统方法的局限性，提高了细菌同步化的质量，并且对不同菌株具有较为广泛的适用性。这一研究将合成生物学应用于细菌生理学研究，为合成生物学在基础生物学研究中的应用提供了新的思路。

中国科学院深圳先进技术研究院与美国加州大学圣地亚哥分校合作，将空间定植、实验性进化与合成生物技术结合起来，研究物种空间定植的最优策略[328]。研究发现对于空间定植，并不是迁移速率越快的种群越有优势，过快的

326 Gleizer S, Ben-Nissan R, Bar-On Y M, et al. Conversion of *Escherichia coli* to generate all biomass carbon from CO_2[J]. Cell, 2019, 179 (6): 1255-1263.e12.

327 Chang Z G, Shen Y, Lang Q, et al. Microfluidic synchronizer using a synthetic nanoparticle-capped bacterium [J]. ACS Synthetic Biology, 2019, 8 (5): 962-967.

328 Liu W R, Cremer J, Li D J, et al. An evolutionarily stable strategy to colonize spatially extended habitats [J]. Nature, 2019, 575: 664-668.

迁移速率会使种群变得不稳定，容易被迁移速率小的种群所入侵，种群在不同大小生境的定植，都对应着一个最优的迁徙和生长策略。研究团队通过一个简单的数学关系，总结了细菌通过平衡生长和运动的进化策略来实现空间上的分布多样性规律，该成果对于构建稳定的合成多细胞系统、解释均质环境下如何维持生物多样性或预测物种迁移定植的最优策略等问题提供了理论指导。

氧化偶氮键是高含能材料中一种非常重要的合成组件，但其生物合成机制迄今尚不明确。浙江大学的研究人员解析了天然产物中氧化偶氮键生物合成分子机制，首次揭示了由 N- 氧化酶催化的四电子转移氧化反应以及由 N- 自由基偶联的非酶促反应组成的生物合成途径[329]。研究人员利用隐性基因簇激活技术，从恰塔努加链霉菌（*Streptomyces chattanoogensis*）中挖掘到一类全新的天然产物氧化偶氮霉素，揭示了其生物合成途径，发现其中一个关键酶 AzoC 是氧化偶氮键的生物合成关键元件，并通过进一步进行体外时序及单分子转化实验，重构了氧化偶氮键生物合成过程。研究结果为偶氮类新型高含能材料的合成生物学开发奠定了重要理论基础。

2. 蛋白质设计与合成

当细菌以生物被膜的形式存在时，其在极端环境的耐受性大大增强，其中重要的是一种 CsgA 纳米纤维。上海科技大学的研究人员利用细菌生物被膜淀粉样蛋白的鲁棒性和可基因编程的特征，开发出了新一代的多功能蛋白质材料图案化布阵技术[330]。研究人员利用了六氟异丙醇（HFIP）作为极性溶剂对其进行溶解，并将富含蛋白质单体的 HFIP 溶液作为墨水，利用软刻蚀进行图案化加工，再结合甲醇进行蛋白质的原位复性，最后得到结构稳定的蛋白质图案。此外，研究团队还设计并加工了基于基因工程改造的功能化 CsgA 纳米纤维图案，

329 Guo Y Y, Li Z H, Xia T Y, et al. Molecular mechanism of azoxy bond formation for azoxymycins biosynthesis [J]. Nature Communications, 2019, 10: 4420.

330 Li Y F, Li K, Wang X Y, et al. Patterned amyloid materials integrating robustness and genetically programmable functionality [J]. Nano Letters, 2019, 19 (12): 8399-8408.

并证实所得图案化材料在经过一系列加工步骤后，其短肽和蛋白质功能域的功能都得以保留。基于这样的特点，蛋白质图案被赋予特定功能，从而获得了若干的特殊应用。这项基于超稳定淀粉样蛋白的图案化加工技术可推动生物纳米、生物材料、生物制造等多领域的创新。

精准绘制蛋白质功能图谱对于研究蛋白质的作用机制十分重要，但目前的方法受限于覆盖程度及位点精度，而且均不适用于隐性遗传突变类型。北京大学的研究人员开发了名为 PASTMUS 的新方法，通过 CRISPR-Cas 介导的覆瓦式突变首先对目标基因产生覆盖度高、种类丰富的突变体文库，结合功能性筛选和对目标基因碎片化后深度测序，再利用全新的生物信息学分析方法对数据进行多重过滤，最终实现了对蛋白质功能相关位点的精确定位[331]。研究人员分别对三种毒素受体蛋白和三种抗癌药物靶标蛋白进行了功能性扫描，实现了单氨基酸精度的蛋白质功能图谱绘制。

虽然现代的蛋白质生产已具备成熟的工艺流程，但是其生产模式严重缺乏机动性与灵活性。中国科学院深圳先进技术研究院和美国杜克大学的研究人员合作，提出了一个全新的设计：通过建立工程细菌与智能材料的双向响应，实现集成的蛋白质表达、释放、分离与运输[332]。该研究通过利用智能微胶囊（MSB）包裹植入基因线路的大肠杆菌，一方面，细菌在胶囊中生长达到一定密度后，感知到胶囊的物理空间局限从而自主裂解，释放出体内表达的蛋白质（来自工程细菌的针对材料的响应）；另一方面，细菌的生长改变了环境的 pH、离子强度等，促使智能微胶囊实现从溶胀到收缩的转换（来自智能微胶囊的针对细菌的响应）。然后，系统通过培养基的置换重置到起始状态，此时胶囊恢复溶胀，细菌从低密度开始生长，从而实现持续的蛋白质生产。该研究采用一种全新的思路，集成蛋白质表达下游处理中的关键步骤，对解决蛋白质生产中机动性与灵活性问题具有重要意义。

331 Zhang X Y, Yue D, Wang Y N, et al. PASTMUS: mapping functional elements at single amino acid resolution in human cells [J]. Genome Biology, 2019, 20: 279.

332 Dai Z J, Lee A J, Roberts S, et al. Versatile biomanufacturing through stimulus-responsive cell-material feedback [J]. Nature Chemical Biology, 2019, 15: 1017-1024.

3. 应用研究领域

植物天然产物合成是合成生物学的重点研究方向之一。中国科学院分子植物科学卓越创新中心的研究人员用 7 个不同物种来源的 11 个基因构建了一种能定向合成黄芩素或野黄芩素的大肠杆菌，只需提供苯丙氨酸或酪氨酸两种不同的前体，就可以获得黄芩素和野黄芩素这两种重要的黄酮化合物；最终在大肠杆菌中实现了摇瓶水平黄芩素 23.6 mg/L 和野黄芩素 106.5 mg/L 的产量，为黄芩素和野黄芩素的规模化开发和制造提供了一个不依赖于植物提取的替代方案，也为其他黄酮类化合物的合成生物学制造提供了可借鉴的策略[333]。另外，该研究团队还通过叶绿体分区工程化策略，将紫杉二烯 -5α- 羟化酶及细胞色素 P450 还原酶进行叶绿体定位改造，成功实现了 5α- 羟基紫杉二烯的合成，产量为 0.9 μg/g 鲜重叶片，并通过进一步改进实验，将 5α- 羟基紫杉二烯的产量提高至 1.3 μg/g 鲜重水平[334]。研究为复杂天然产物的异源合成提供了一种基于植物底盘的成功案例，所建立的工程化烟草体系，为进一步解析紫杉醇的未知合成途径提供了可能。

生物制造是我国绿色低碳循环经济的重要组成部分。华东理工大学联合中国科学院微生物研究所、中国农业科学院植物保护研究所，在长期对链霉菌聚酮类药物生物制造研究的基础上，首次在代谢水平上清晰阐明链霉菌初级代谢到次级代谢的代谢转换机制并进行工程应用。研究团队首次发现，链霉菌胞内甘油三酯（TAGs）在衔接初级代谢和聚酮合成过程中起着关键作用，并提出了一个精准动态控制内源 TAGs 水平以提高聚酮产量的工程策略，实现了若干 I 型聚酮类药物（阿维菌素、米尔贝霉素）和 II 型聚酮类药物（土霉素、杰多霉素）的链霉菌高产菌株构建[335]。中国科学院天津工业生物研究所的研究人员基于

333 Lia J H, Tian C F, Xia Y H, et al. Production of plant-specific flavones baicalein and scutellarein in an engineered E. coli from available phenylalanine and tyrosine [J]. Metabolic Engineering, 2019, 52: 124-133.

334 Li J H, Mutanda I, Wang K B, et al. Chloroplastic metabolic engineering coupled with isoprenoid pool enhancement for committed taxanes biosynthesis in Nicotiana benthamiana [J]. Nature Communications, 2019, 10: 4850.

335 Wang W S, Li S S, Li Z L, et al. Harnessing the intracellular triacylglycerols for titer improvement of polyketides in Streptomyces [J]. Nature Biotechnology, 2019, 38: 76-82.

化学合成原理，从头设计了羟基乙醛合酶和乙酰磷酸合酶，创建了一条从甲醛经 3 步反应合成乙酰辅酶 A 的非天然途径（SACA 途径），证明 SACA 途径无论在体外还是体内，都可以有效地将一碳转化成乙酰辅酶 A[336]。人工设计的 SACA 途径突破了生物体固有代谢网络限制，具有化学驱动力大、不需要能量输入、与中心代谢正交和没有碳损失等优点，是第一条乙酰辅酶 A 的人工生物合成途径，也是迄今为止最短的乙酰辅酶 A 生物合成途径，具有重大的科学意义和实用价值。

　　在医学领域，有越来越多的研究利用合成生物学技术改造基因线路等以达到治疗的目的。例如，溶瘤腺病毒是一种新兴的肿瘤免疫治疗方法。清华大学的研究人员构建了模块化的合成基因线路，调控溶瘤腺病毒在肿瘤细胞中选择性复制，从而特异性杀伤肿瘤细胞，刺激抗肿瘤免疫[337]。此外，研究人员将不同免疫效应因子基因克隆到腺病毒载体中，结果显示，可表达释放免疫因子的溶瘤腺病毒可提高肿瘤免疫微环境的调控能力，帮助杀伤性 T 细胞在肿瘤部位富集，进一步增强抗肿瘤免疫反应。研究成果为溶瘤腺病毒的精准工程化改造提供了新型解决方案，提高了溶瘤腺病毒靶向肿瘤免疫治疗的效果和安全性。华东师范大学的研究人员开发出绿茶次级代谢物原儿茶酸（PCA）调控的基因表达精准控制装置，利用 PCA 将来自一种链霉菌（*Streptomyces coelicolor*）中响应 PCA 的转录阻遏蛋白、操纵子和转录抑制子等生物分子元器件进行设计重编程，构建了 PCA 调控的基因表达控制开关[338]。以"喝茶"这种便捷的生活方式作为控制器在时空上干预或调控治疗药物的可控表达释放，为目前人工定制化细胞疗法转化为临床应用提供了一种新的理念和策略。

　　中国科学院大连化学物理研究所的研究人员开发了新型光催化剂 Ru-ZnIn2S4，能够在可见光下直接高活性催化生物质衍生的分子，同时产生氢气和

336 Lu X, Liu Y, Yang Y, et al. Constructing a synthetic pathway for acetyl-coenzyme A from one-carbon through enzyme design [J]. Nature Communications, 2019, 10: 1378.

337 Huang H Y, Liu Y Q, Liao W X, et al. Oncolytic adenovirus programmed by synthetic gene circuit for cancer immunotherapy [J]. Nature Communications, 2019, 10: 4801.

338 Yin J L, Yang L F, Mou L H, et al. A green tea-triggered genetic control system for treating diabetes in mice and monkeys [J]. Science Translational Medicine, 2019, 11 (515): eaav8826.

柴油前驱体。2, 5- 二甲基呋喃（2, 5-DMF）和 2- 甲基呋喃（2-MF）可以分别选择性地从含有己聚糖和戊聚糖的木质纤维素获得，是非常有前景的生产柴油前驱体的原料。研究人员发现，2, 5-DMF 和 2-MF（单独反应或混合反应）都可以被无氧脱氢偶联，产生柴油组分碳数的含氧化合物。加氢脱氧反应后，得到了包含很大比例支链烷烃（约 32%）的组分非常丰富的烷烃混合物。研究证实，Ru 的掺杂提高了 ZnIn2S4 的电荷分离效率，进而促进 C—H 键的活化而同时得到氢气和柴油前驱体。这项工作引入了一种利用太阳能和地球表面存在的可持续碳源来产生清洁能源的新方法。

（四）前景与展望

Nature 杂志在 2019 年年底预测了未来一年值得关注的科学事件，其中就包括"合成酵母"[339]，并指出合成生物学家将会在 2020 年完成重建酵母（*Saccharomyces cerevisiae*）计划。如今研究人员已经能够完全取代许多简单生物的遗传密码，比如丝状支原体等，但因具有较高的复杂性，在酵母中进行这项工作对于科学家们而言更具挑战性。这项名为"合成酵母 2.0"的工作由来自 4 大洲 15 个实验室的科学家们完成，如今研究人员已经能利用合成的 DNA 片段来替代酿酒酵母 16 条染色体中的片段了，同时研究人员还尝试对这些染色体进行重组和编辑来更好地理解酵母的进化机制以及其如何应对突变，或许未来，改造的酵母将会为制造生物燃料到药物等大量产品提供更为有效和灵活的方法。

此外，合成生物学的快速发展，其所包含的多学科"融合"已不仅仅是原先意义上的"交叉"，而是科学、技术、工程乃至自然科学与社会科学、管理科学的"会聚"。2019 年，美国国家科学、工程和医学院发布报告《在研究中培养会聚文化》，指出了会聚研究不仅使传统的、以学科为特征的研究模式面临巨大挑战，也代表着组织管理与文化建设的重大变革，并建议构建与会聚研究能力相适应的生态系统，这样的"会聚"生态系统涉及科研、教育、管理、

---

339 Castelvecchi D. The science events to watch for in 2020 [J]. Nature, 2020, 577(7788): 15-16.

合作以及资助等各方面[340]。

四、表观遗传学

（一）概述

表观遗传学的研究重点是深入了解 DNA 甲基化、组蛋白修饰、非编码 RNA 等非基因组修饰开启和关闭基因表达的过程。人类发育的各个阶段、生活和饮食习惯、生活环境的化学物质暴露等因素都可能导致表观遗传变化。研究人员认为，部分表观遗传变异可能代代相传。

美国国立卫生研究院（NIH）资助的"表观遗传学蓝图计划"（Roadmap Epigenomics Program）于 2018 年年底结束。这个项目首次聚焦于人类组织和细胞而非动物细胞和动物模型，关注全基因组水平而非部分基因位点，注重发现新的表观修饰标志物。最终"表观遗传学蓝图计划"形成了一套参考表观遗传组；联合国际人类表观遗传学合作组织（IHEC），提高不同数据的兼容性和互用性；创建 MethyIC-seq、质谱法纯化染色质、表观修饰催化酶的活体影像学、CRISPR-Cas9 乙酰基转移酶等创新型技术[341]。随着全球各国高质量表观基因组数据的迅速增长，表观组学数据的访问和安全共享成为全球关注的挑战。2019 年 2 月，IHEC 和"DNA 元件百科全书项目"（ENCODE）发起 EpiShare 项目，旨在增强表观基因组数据集的可访问性，开发使用轻松、安全的存储、访问和浏览工具，以推动进一步发现和整合分析。

中国研究机构在表观遗传学领域长期保持较高的研究活力。2019 年国家自然科学基金项目在表观遗传学领域资助 48 个"增强子"相关项目（比 2018

340 National Academies of Sciences, Engineering, and Medicine. Fostering the culture of convergence in research: proceedings of a workshop [M]. Washington, D. C.: The National Academies Press, 2019.

341 Satterlee J S, Chadwick L H, Tyson F L, et al. The NIH Common Fund/Roadmap Epigenomics Program: successes of a comprehensive consortium [J]. Sci. Adv., 2019, 5 (7): eaaw6507.

年增加 21 个），金额达 2154.5 万元；资助 176 个"RNA 修饰"相关项目（比 2018 年增加 111 个），金额达 7998.5 万元，重点关注 m^6A 甲基化修饰；资助 "细胞外囊泡/外泌体"相关项目 526 个（比 2018 年增加 67 个），金额超过 2 亿元，临床应用研究成为这一领域的新资助方向。

随着高通量、单细胞等检测和操控技术的发展，表观遗传学的研究规模和精度得以发展，研究人员开始探索操控和改变表观组学的技术方法而非仅观察表观基因组。应用研究成为全球关注的热点，除疾病研究外，社会表观遗传学的提出将应用范围扩展至所有人群的全生命周期。

（二）国际重要进展

1. DNA 修饰

DNA 修饰是指在 DNA 合成后，通过一系列化学加工使其结构和功能发生改变的过程，如（去）甲基化、（去）乙酰化、（去）糖基化等。针对 DNA 片段的表观遗传修饰能够改变或关闭基因转录过程，调节基因表达和分子途径。

表观遗传研究的技术不断更新和突破。英国牛津大学 Ludwig 癌症研究所的研究人员开发了一种改良的检测 DNA 化学修饰的方法，这种名为 TET 辅助吡啶硼烷测序（TET-assisted pyridine borane sequencing，TAPS）的方法比亚硫酸氢盐测序方法损伤更小、效率更高[342]。TAPS 包含两个步骤，首先使用 TET 酶将 5 mC 和 5 hmC 转化为 5- 羧基胞嘧啶（5caC），其次将 5caC 转化为胸腺嘧啶。配合相应的数据计算方法，TAPS 能够快速处理测序数据并保留更多原始样本（如用于肿瘤患者的血液无细胞 DNA 分析）。

美国加州大学洛杉矶分校的研究人员在拟南芥中实现了表观遗传学编辑。通过连接 RdDM 蛋白与人工锌指蛋白，构成的 ZF-RdDM 能够在特异位点建立 DNA 甲基化并控制基因表达[343]。研究人员靶向 siRNA 合成通路中的 RNA 聚合

342 Liu Y B, Siejka-Zielińska P, Velikova G, et al. Bisulfite-free direct detection of 5-methylcytosine and 5-hydroxymethylcytosine at base resolution [J]. Nat. Biotechnol., 2019, 37 (4): 424-429.

343 Javier G B, Wanlu L, Peggy H K, et al. Co-targeting RNA polymerases IV and V promotes efficient de novo DNA methylation in Arabidopsis [J].Cell, 2019, 176 (5): 1068-1082.

酶 IV/V，能够显著提高 DNA 甲基化。美国北卡罗来纳大学的研究人员则基于 CRISPR-Cas9 系统，利用化学表观遗传修饰因子（CEM）在无须使用外源的转录调控蛋白的条件下实现基因表达的激活[344]。这个系统包含带有 FK506 结合蛋白（FKBP）的催化失活 Cas9，以及招募内源的转录调控因子的 CEM。这个系统能够使细胞内源位点的基因表达上调 20 多倍。

芬兰奥卢大学和美国哈佛大学的研究人员发现氧气能够影响染色质调节因子并操控细胞命运，其中组蛋白去甲基化酶 KDM6A 发挥重要的作用[345]。KDM6A 对氧气敏感，缺氧状态将导致细胞内 KMD6A 水平降低，H3K27 去甲基化受到抑制，细胞分化过程被阻断。由于肿瘤组织中普遍出现缺氧且 KMD6A 水平降低的特征，这一现象可能解释了肿瘤组织发生的原因。

美国纪念斯隆凯特琳癌症中心的研究人员发现组蛋白糖化后修饰对于染色质结构的影响及其在疾病中的潜在调控作用[346]。肿瘤细胞中的 MGO 含量远远高于正常细胞，研究人员提出了无氧糖酵解的重要旁支产物甲基乙二醛（MGO）对于染色质结构影响的"双阶段模型"。低 MGO 浓度时，MGO 能够封闭组蛋白精氨酸和赖氨酸残基上的正电荷，导致染色质结构松散并激活大量基因的转录，有利于癌细胞增殖；高 MGO 浓度时，MGO 导致组蛋白 -DNA 的交叉偶联，封闭基因的转录并引起细胞凋亡。研究人员还找到了能够擦除组蛋白糖化后修饰的酶 DJ-1，后者在乳腺癌肿瘤细胞中显著过表达。

美国哥伦比亚大学的研究人员首次发现反义 lncRNA 的转录可以影响 DNA 甲基化，改变染色体结构，促进增强子与启动子的结合，调控 $Pcdh\alpha$ 基因表达[347]。神经发育过程中，神经细胞表面独特的识别蛋白（如哺乳动物的原钙黏附蛋白 Pcdh）将单个细胞与其他神经元区分。每个 $Pcdh\alpha$ 可变外显子的反义链都

344 Chiarella A M, Butler K V, Gryder B E, et al. Dose-dependent activation of gene expression is achieved using CRISPR and small molecules that recruit endogenous chromatin machinery [J]. Nat. Biotechnol., 2020, 38 (1): 50-55.

345 Chakraborty A A, Laukka T, Myllykoski M, et al. Histone demethylase KDM6A directly senses oxygen to control chromatin and cell fate [J]. Science, 2019, 363 (6432): 1217-1222.

346 Zheng Q F, Omans N D, Leicher R, et al. Reversible histone glycation is associated with disease-related changes in chromatin architecture [J]. Nat. Commun., 2019, 10 (1): 1289.

347 Canzio D, Nwakeze C L, Horta A, et al. Antisense lncRNA transcription mediates DNA demethylation to drive stochastic protocadherin α promoter choice [J]. Cell, 2019, 177 (3): 639-653.

存在一个保守的反义 lncRNA。反义 lncRNA 的转录会造成该位点 DNA 去甲基化，从而使远端增强子靠近该外显子的启动子，促进其表达。

表观遗传学调控或能解释"脑肠轴"的分子机制。美国得克萨斯大学西南医学院的研究人员发现肠道微生物群可能通过组蛋白脱乙酰基酶 3（HDAC3）控制小鼠的昼夜代谢节律[348]。HDAC3 可协同激活如雌激素相关受体 α，诱导脂质转运蛋白 CD36 进行菌群依赖的节律性转录，促进脂质的吸收和饮食诱导的肥胖。这或许能够解释遭受光污染的人群为何发生体重增加的情况。美国贝勒医学院的研究则发现，Dnmt3a 导致的神经元中甲基化水平降低导致小鼠的自发跑动距离减少，意味着 Dnmt3a 的表观遗传修饰可能是生物缺乏运动意愿的原因之一[349]。

2. RNA 修饰

RNA 的化学修饰种类丰富，根据 MODOMIC 网站统计，已鉴定的 RNA 修饰超过 170 种（http: //modomics.genesilico.pl）。在分子层面上，RNA 修饰和结合蛋白调节了 RNA 代谢的各个环节，也参与 RNA 的结构形成。常见 RNA 修饰包括 mRNA 的 m^6A、m^5C、m^1A，以及 tRNA 的 34、37、58 位修饰等[350]。

美国康奈尔大学的研究人员发现 m^6A 修饰的 mRNA 显著增强了结合蛋白 YTHDF 的相分离（phase separation）作用。相分离是细胞质内维持代谢稳定的重要手段[351]。m^6A 标记可导致 mRNA 储存在液滴状区室（droplet-like compartment）中，阻断 mRNA 翻译。m^6A 丰度提高能够增强 YTHDF 的相分离功能，而 YTHDF-m^6A-mRNA 复合物又能够反过来调控 m^6A 修饰的 mRNA 翻译效率和稳定性。

---

348 Kuang Z, Wang Y H, Li Y, et al. The intestinal microbiota programs diurnal rhythms in host metabolism through histone deacetylase 3 [J]. Science, 2019, 365 (6460): 1428-1434.

349 Mackay H, Scott C A, Duryea J D, et al. DNA methylation in AgRP neurons regulates voluntary exercise behavior in mice [J]. Nat. Commun., 2019, 10 (1): 5364.

350 段洪超，张弛，贾桂芳. RNA 修饰的生物学功能 ［J］. 生命科学，2018，30（4）：414-423.

351 Ries R J, Zaccara S, Klein P, et al. m^6A enhances the phase separation potential of mRNA [J]. Nature, 2019, 571 (7765): 424-428.

美国芝加哥大学的研究人员报道了一种检测 mRNA 中单碱基精度 m^7G 的测序方法，并开展甲基化转移酶 METTL1 的功能研究[352]。mRNA 5′ 端的 m^7G 以共转录甲基化的方式参与 mRNA 5′ 端结构形成，可提高 mRNA 稳定性并调控相关生物学过程。研究人员对 m^7G 甲基转移酶 METTL1 敲除处理前后的细胞系进行 MeRIP-seq 分析，发现几千个受到 m^7G 影响的位点中，超过 75% 位点的 m^7G 富集程度显著下降。

美国剑桥大学的研究人员发现甲基化酶 METTL1 介导了 miRNA 的 m^7G 修饰并参与肺癌的进程[353]。研究人员通过 m^7G MeRIP-seq 筛选出 A549 肺癌细胞系中发生 m^7G 修饰的 miRNA，随后发现 METTL1 介导 m^7G 破坏 G- 四连体并影响 miRNA 基因座茎环结构的稳定性，促进 pri-miRNA 向 pre-miRNA 的剪切，最终导致 miRNA 成熟。其中受 METTL1 影响的 let-7 通过调节其下游 *HMGA2* 靶基因表达，发挥抑制肺癌细胞迁移的作用。

以色列特拉维夫大学牵头的联合团队在线虫中发现，神经元中双链 RNA 结合蛋白 RDE-4 通过调控 siRNA 的生物合成来控制趋化行为的代际间传递，这从表观遗传的角度揭示了记忆遗传的潜在机制。RDE-4 通过与生殖细胞中的 AGO 蛋白质 HRDE-1 结合来调控后代（至少三代）的驱化行为[354]。*Saeg-2* 是受 RDE-4 调控的 siRNA 的靶基因之一，siRNA 介导的 *Saeg-2* 沉默是线虫趋化行为所必需的。美国普林斯顿大学的研究人员开展了类似的研究，发现线虫可以将躲避有毒环境的学习记忆遗传给子代，这种记忆遗传机制则是通过神经元 TGF-β 信号通路和 Piwi Argonaute 小 RNA 通路实现的[355]。

美国梅奥诊所的研究人员发现异染色质异常和双链 RNA 积累可能是导致额

352 Zhang L S, Liu C, Ma H H, et al. Transcriptome-wide mapping of internal N^7-methylguanosine methylome in mammalian mRNA [J]. Mol. Cell, 2019, 74 (6): 1304-1316.

353 Pandolfini L, Barbieri I, Bannister A J, et al. METTL1 promotes let-7 microRNA processing via m7G methylation [J]. Mol. Cell, 2019, 74 (6): 1278-1290.

354 Posner R, Toker I Λ, Antonova O, et al. Neuronal small RNAs control behavior transgenerationally [J]. Cell, 2019, 177 (7): 1814-1826.

355 Moore R S, Kaletsky R, Murphy C T. Piwi/PRG-1 argonaute and TGF-β mediate transgenerational learned pathogenic avoidance [J]. Cell, 2019, 177 (7): 1827-1841.

颞叶痴呆（FTD）和肌萎缩性侧索硬化症（ALS）的生物学机制[356]。FTD 和 ALS 与 9 号染色体开放阅读框 72（C9orf72）中六核苷酸 GGGGCC（G4C2）重复序列扩增相关。研究人员建立了 poly（PR）蛋白（G4C2 重复序列扩增的产物）表达较高的小鼠模型，发现 poly（PR）能够与异染色质的 DNA 结合并改变 H3K27me3 和 H3K4me3 修饰，引起核纤层蛋白内线，破坏并降低 HP1α 表达。poly（PR）还能引起双链 RNA 积累的显著上调，这可能成为 FTD 和 ALS 等神经退行性疾病的生物标志物之一。

3. 细胞外囊泡

细胞外囊泡（extracellular vesicles，EV）是指在生理和病理状态下，机体内细胞通过胞吞作用形成多泡小体后，通过细胞膜融合分泌到细胞外环境中的微小囊泡，进一步分类可分为外泌体、微囊泡等。除了用于清除不必要的大分子外，EV 被认为是细胞间信号通信的载体[357]。EV 中可能携带 mRNA、miRNA、蛋白质等生物标志物，EV 异常可能意味着细胞也出现基因表达异常。由于 EV 在体液中稳定且半衰期长，其在疾病诊断和临床应用中具有较大潜力。

美国加州大学圣地亚哥分校等机构发现大量致癌基因并不位于细胞染色体上，而是从染色体上脱落下来，形成一种名为染色体外 DNA（ecDNA）的小型 DNA[358]。由于其环状的结构，ecDNA 能驱动大量癌基因（*EGFR*、*MYC*、*CDK4* 和 *MDM2* 等）表达，甚至促进超远距离的染色质相互作用。

芬兰赫尔辛基大学医院的研究人员发现骨肉瘤（OS）衍生的细胞外囊泡可能影响间充质干细胞（MSC）的转化[359]。研究人员使用 OS 的细胞外囊泡（OS-EV）处理 MSC 和前成骨细胞，随后评估其表观遗传特征。OS-EV 介导了 MSC

356 Zhang Y J, Guo L, Gonzales P K, et al. Heterochromatin anomalies and double-stranded RNA accumulation underlie C9orf72 poly (PR) toxicity [J]. Science, 2019, 363 (6428).

357 Shao H L, Im H, Castro C M, et al. New technologies for analysis of extracellular vesicles [J].Chemical Reviews, 2018, 118(4): 1917-1950.

358 Wu S H, Turner K M, Nguyen N, et al. Circular ecDNA promotes accessible chromatin and high oncogene expression [J]. Nature, 2019, 575 (7784): 699-703.

359 Mannerström B, Kornilov R, Abu-Shahba A G, et al. Epigenetic alterations in mesenchymal stem cells by osteosarcoma-derived extracellular vesicles [J]. Epigenetics, 2019, 14 (4): 352-364.

中 *LINE-1* 的低甲基化修饰，而前成骨细胞中则出现相反的效应。OS-EV 可能通过表观遗传调控来控制骨肉瘤形成、骨微环境重塑等分子途径，这可能是 OS 发展过程中 MSC 转化的早期标志。

肿瘤来源的细胞外囊泡（TEV）可能影响健康细胞的异常分化。美国宾夕法尼亚大学的研究人员解释了其中的分子机制[360]。黑色素瘤 TEV 可能下调 I 型干扰素（IFN）受体和 IFN 诱导胆固醇 25- 羟化酶（CH25H）的表达，而 CH25H 产生的 25- 羟基胆固醇则能够抑制健康细胞对 TEV 的摄取。黑色素瘤患者体内 CH25H 水平较低。在小鼠体内恢复 CH25H 表达则能逆转黑色素瘤转移的表型。研究人员还发现，抗血压药利血平能够抑制 TEV 摄取并抑制黑色素瘤转移瘤的形成。

美国加州大学旧金山分校的研究人员从外泌体的角度揭示了抗 PD-L1 疗法失效的分子机制[361]。研究人员发现部分肿瘤细胞的外泌体中检测出 PD-L1，外泌体中的 PD-L1 可能抑制淋巴 T 细胞活性，反而促进肿瘤细胞的生长。抑制肿瘤细胞产生外泌体 PD-L1 能够消除机体对抗肿瘤免疫反应的抑制。研究人员提出一种缺乏外泌体的肿瘤细胞疫苗，通过基因编辑技术构建无法产生外泌体的肿瘤细胞，注入小鼠体内并诱导小鼠形成对肿瘤细胞的免疫记忆，该方法能够使小鼠生命延长 90 d。

美国哥伦比亚大学的研究人员提出，脂肪细胞通过释放衍生外泌体（AdExos）来与脂肪组织巨噬细胞（adipose tissue macrophages，ATM）通信[362]。研究人员发现，ATM 会吸收含有甘油三酯的 AdExos。AdExos 似乎能够控制免疫细胞的发育，诱导骨髓细胞发育成消化和回收脂质的 ATM。在喂食和禁食期间，肥胖小鼠脂肪细胞产生的 AdExos 急剧上升和下降，而较瘦的小鼠则一直维持在较高的水平。这或能解释肥胖人群易患代谢性疾病的原因，因为肥胖人

360 Ortiz A, Gui J, Zahedi F, et al. An interferon-driven oxysterol-based defense against tumor-derived extracellular vesicles [J]. Cancer Cell, 2019, 35 (1): 33-45.

361 Poggio M, Hu T Y, Pai C C, et al. Suppression of exosomal PD-L1 induces systemic anti-tumor immunity and memory [J]. Cell, 2019, 177 (2): 414-427.

362 Flaherty 3rd S E, Grijalva A, Xu X Y, et al. A lipase-independent pathway of lipid release and immune modulation by adipocytes [J]. Science, 2019, 363 (6430): 989-993.

群脂肪组织中 ATM 大量增加而导致慢性低水平炎症。

（三）国内重要进展

1. DNA 修饰

中国研究人员在表观遗传检测技术方面均取得较大的突破。北京大学分子医学研究所、清华大学－北京大学生命科学联合中心联合团队开发两种具有普适性、操作简单的单细胞 ChIP-seq 技术，可适应于不同研究需要，解析发育与疾病状态下细胞命运决定调控机制。itChIP（simultaneous indexing and tagmentation-based ChIP-seq）可用于解析早期胚层和器官发育中细胞命运的选择决定机制[363]。研究团队用其解析了小鼠胚胎干细胞退出全能性，向三个胚层分化过程中的表观调控时空规律。CoBATCH 技术是通过融合蛋白 PAT（protein A-Tn5）识别和切割抗体结合的特定基因组区域，并结合组合条形码标记单细胞技术，实现了高通量的单细胞捕获[364]。研究人员用 CoBATCH 单细胞技术解析了小鼠胚胎 10 个不同器官的内皮细胞谱系发育、分化和功能的异质性。

清华大学、上海交通大学、中国科学院动物研究所的研究团队阐明了卵子表观基因组的建立机制以及表观遗传修饰对早期胚胎发育的影响[365]。组蛋白甲基转移酶 SETD2 在其中扮演重要角色。SETD2 能够建立组蛋白 H3 第 36 位赖氨酸的三个甲基化修饰（H3K36me3），后者通常出现在转录活跃区域。研究人员发现小鼠卵母细胞中 H3K36me3 与 DNA 甲基化呈现较强的正相关性。在小鼠卵母细胞中特异性敲除 SETD2 后，H3K36me3 在全基因组基本丢失；全基因组的 DNA 甲基化高度异常；母源基因印记完全丢失。

中国复旦大学医学院、美国布莱根妇女医院等机构的研究人员通过对 AD

---

363 Ai S S, Xiong H Q, Li C C, et al. Profiling chromatin states using single-cell itChIP-seq [J]. Nat. Cell Biol., 2019, 21 (9): 1164-1172.

364 Wang Q H, Xiong H Q, Ai S S, et al. CoBATCH for high-throughput single-cell epigenomic profiling [J]. Mol. Cell, 2019, 76 (1): 206-216.

365 Xu Q H, Xiang Y L, Wang Q J, et al. SETD2 regulates the maternal epigenome, genomic imprinting and embryonic development [J]. Nat. Genet., 2019, 51 (5): 844-856.

患者诱导多能干细胞（iPSC）培养物的分析，鉴定其表观遗传学标志物[366]。研究发现，在无病患者中，iPSC 的 5fC / 5caC 水平较低；当分化为神经前体细胞（NPC）后，5fC/5caC 水平到达峰值，而在神经元中再次下降。在比较无病患者和 AD 患者时，发现 27 个基因座特定区域和 39 个 GpG 位点的表观遗传修饰存在差异，而这些区域与神经元功能基因直接相关。

华东科技大学和美国密歇根大学的研究人员发现生命早期经历的氧化应激会增加生命后期的抗逆性。通常情况下，活性氧（reactive oxygen species，ROS）引起的氧化损伤是导致衰老的主要原因[367]。然而新研究发现，秀丽隐杆线虫亚群早期发育阶段，自然发生的 ROS 短暂增加改善机体氧化还原稳态，降低组蛋白 H3K4 三甲基化水平，促进应激抵抗能力，延长机体寿命。其中，ROS 上调的幼虫中与缺失了 *ASH-2* 基因的幼虫有 26 个转录组变化重合。*ASH-2* 是组蛋白甲基化复合物 COMPASS 的组成部分，能够诱导 H3K4me3 水平提高。

中国科学院分子植物科学卓越创新中心揭示了 DNA 甲基化在柑橘果实成熟过程中的调控作用[368]。研究团队整合分析五个成熟期柑橘的转录组数据，发现柑橘成熟过程中 DNA 甲基化明显上升，DNA 甲基化酶表达下调，这与番茄完全相反。受 DNA 甲基化调控的基因中，1113 个基因上调，950 个基因下调。GO 功能分析发现，受甲基化调控的差异表达基因对果实成熟十分重要，它们参与了光合作用等关键生理过程。

2. RNA 修饰

清华大学和美国斯坦福大学的研究人员通过整合亚细胞分离技术与高通量

---

366 Fetahu I S, Ma D, Rabidou K, et al. Epigenetic signatures of methylated DNA cytosine in Alzheimer's disease [J]. Sci. Adv., 2019, 5 (8): eaaw2880.

367 Bazopoulou D, Knoefler D, Zheng Y X, et al. Developmental ROS individualizes organismal stress resistance and lifespan [J]. Nature, 2019, 576 (7786): 301-305.

368 Huang H, Liu R, Niu Q, et al. Global increase in DNA methylation during orange fruit development and ripening [J]. Proc. Natl. Acad. Sci. USA, 2019, 116 (4): 1430-1436.

RNA 探测技术 icSHAPE，绘制了不同细胞组分的 RNA 结构图谱[369]。通过关联研究，研究人员系统性分析了不同类型 RNA 修饰对 RNA 结构的影响，突出了 RNA 结构的动态变化特性，及其在基因调控中的功能意义。基于 RNA 的结构变化，研究人员将 RNA 的 N6- 甲基腺苷修饰（m^6A）的阅读器蛋白分成直接/间接阅读器蛋白以及拮抗阅读蛋白，并对新发现的 m^6A 拮抗阅读蛋白 LIN28A 进行检测。

中山大学和美国芝加哥大学的联合团队开发了一种高通量的 m^6A 鉴定方法（m^6A-sensitive RNA-Endoribonuclease-Facilitated sequencing，m^6A-REF-seq）[370]。新方法基于 RNA 内切酶对 m^6A 的敏感性，能以单碱基分辨率量化甲基化修饰水平，实现全基因组 m^6A 的精准检测。新方法无须使用抗体标记，克服了传统 m^6A 鉴定方法的局限性。利用 m^6A-REF-seq 技术，研究人员对 HEK293T 细胞系的 m^6A 修饰进行了鉴定，共获得 4260 个高置信度的 m^6A 位点，结果与 MeRIP-seq 测序相似。

中国科学院北京基因组研究所、清华大学和美国芝加哥大学合作发现 RNA m^6A 修饰通过调控树突状细胞的溶酶体组织蛋白酶翻译效率，影响肿瘤抗原特异性的 T 细胞免疫应答机制[371]。在小鼠体内敲除 YTHDF1，能够提高其特异性 $CD8^+$ T 细胞应答。分析转录组学数据发现，多个树突状细胞溶酶体组织蛋白酶的转录本的 m^6A 修饰能够被 YTHDF1 识别，翻译效率提高。此外，敲除 YTHDF1 小鼠的肿瘤中 PD-L1 表达上调，PD-L1 的阻断疗法效果也相应提升。

中山大学的研究人员发现肿瘤细胞的上皮间质化（EMT）过程中，mRNA 的 m^6A 显著上调，进而促进 EMT 关键转录因子 Snail 翻译和肿瘤侵袭转移[372]。肿瘤组织中，METTL3 和 YTHDF1 表达量更高。敲除低甲基转移酶 METTL3

369 Sun L, Fazal F M, Li P, et al. RNA structure maps across mammalian cellular compartments [J]. Nat. Struct. Mol. Biol., 2019, 26 (4): 322-330.

370 Zhang Z, Chen L Q, Zhao Y L, et al. Single-base mapping of m^6A by an antibody-independent method [J]. Sci. Adv., 2019, 5 (7): eaax0250.

371 Han D L, Liu J, Chen C Y, et al. Anti-tumour immunity controlled through mRNA m^6A methylation and YTHDF1 in dendritic cells [J]. Nature, 2019, 566 (7743): 270-274.

372 Lin X Y, Chai G S, Wu Y M, et al. RNA m^6A methylation regulates the epithelial mesenchymal transition of cancer cells and translation of snail [J]. Nat. Commun., 2019, 10 (1): 2065.

能够抑制肿瘤细胞的迁移、侵袭和 EMT。受 m⁶A 动态调节的 Snail 能够逆转 METTL3 缺失导致的 EMT 抑制。m⁶A 修饰发生在 Snail mRNA 的 CDS 区域，可以与 YTHDF1 和 eEF-2 相互作用而触发其翻译延伸。

中国科学院北京基因组研究所、中山大学肿瘤医院、中国科学院生物化学与细胞生物学研究所的联合团队，发现胞嘧啶羟基化（m⁵C）能够通过 NSUN2 和 YBX1 调控 mRNA 稳定性，进而控制膀胱癌的增殖和转移。研究人员发现随着肿瘤分级、淋巴结转移等进展，原癌基因 mRNA 的 m⁵C 甲基化水平逐渐升高[373]。m⁵C 甲基转移酶 NSUN2 和结合蛋白 YBX1 在膀胱癌组织中高度表达。小鼠成瘤和转移实验证实，NSUN2 和 YBX1 以 m⁵C 依赖的方式促进肝癌衍化生长因子（HDGF）mRNA 的稳定性，促进肿瘤增殖和转移。

3. 细胞外囊泡 / 外泌体相关修饰

复旦大学附属肿瘤医院揭示了胰腺导管腺癌（PDAC）血浆细胞外囊泡长链 RNA（exLR）的表达谱，并鉴定了 8 个可用于 PDAC 诊断的 exLR[374]。研究人员通过对 100 名慢性胰腺炎患者和 284 名 PDAC 患者进行 exLR 分析，结合 KEGG 分析筛选出 8 个 exLR（FGA、KRT19、HIST1H2BK、ITIH2、MARCH2、CLDN1、MAL2、TIMP1），并采用支持向量机算法构建了 PDAC 诊断模型和 exLR d-signature 参数。研究人员通过机器训练确定，exLR d-signature 不受性别、年龄、肿瘤负荷的影响，能够诊断出早期负荷较小的 PDAC。

中国科学院上海营养与健康研究所的研究人员发现肺部微生物 *Bacteroides* 和 *Prevotella* 通过分泌外膜囊泡（outer membrane vesicles，OMVs）调控白介素 -17B（IL-17B）引发肺纤维化[375]。OMVs 通过其携带的脂多糖和脂蛋白作用于肺泡巨噬细胞的 TLR2 和 TLR4 受体，激活下游 Myd88 信号通路并促进 IL-

373 Chen X, Li A, Sun B F, et al. 5-methylcytosine promotes pathogenesis of bladder cancer through stabilizing mRNAs [J]. Nat. Cell Biol., 2019, 21 (8): 978-990.

374 Yu S L, Li Y C, Liao Z, et al. Plasma extracellular vesicle long RNA profiling identifies a diagnostic signature for the detection of pancreatic ductal adenocarcinoma [J]. Gut, 2020, 69 (3): 540-550.

375 Yang D P, Chen X, Wang J J, et al. Dysregulated lung commensal bacteria drive interleukin-17B production to promote pulmonary fibrosis through their outer membrane vesicles [J]. Immunity, 2019, 50 (3): 692-706.

17B 表达。而 IL-17B 能够直接作用于肺部上皮细胞并促进中心粒细胞招募和 Th17 细胞分化，最终促进肺纤维化发生。

上海交通大学医学院发现脂毒性肝细胞分泌的外泌体 miR-192-5p 能够激活巨噬细胞并引起非酒精性脂肪肝疾病（NAFLD）[376]。研究发现 NAFLD 患者的血清 miR-192-5p 水平与肝炎性活动评分和疾病进展呈正相关。脂毒性肝细胞能够释放出更多含 miR-192-5p 的外泌体，诱导 M1 巨噬细胞（CD11b[+]，CD86[+]）活化，提高 iNOS、IL-6 和 TNF-α 的表达。此外，肝细胞的外泌体 miR-192-5p 抑制了 Rictor 的蛋白质表达，从而抑制了 Akt 和 FoxO1 的磷酸化水平，诱导 FoxO1 激活和关联的炎症反应。

基因疗法具有治疗多种疾病的巨大潜力，相较于病毒载体和纳米材料，自体细胞分泌的外泌体载体可能具有更大的临床应用潜力[377]。吉林大学和美国俄亥俄州立大学的研究人员发明了一种细胞纳米穿孔（cell nanoporation，CNP）芯片，能够大幅提高外泌体生产和核酸包载效率，大幅提高靶向性和疗效。研究人员在密布直径 500 nm 孔道的芯片上培养单层细胞，给予定向电流后，细胞膜受到损伤。随后细胞开始修复并将目标质粒转录为 mRNA，同时大量分泌外泌体。与传统的电穿孔技术相比，CNP 可将 mRNA 的载药量提高 1000 倍。

中国科学院上海营养与健康研究所和美国加州大学洛杉矶分校开发了可拆卸的微针贴片介导的药物递送系统，由头发衍生的角蛋白制成，能够与间充质干细胞（MSC）衍生的外泌体和小分子药物 UK5099 结合，持续递送毛囊干细胞活化剂[378]。小鼠实验显示，经过两轮用药，新装置能够在 6 d 内促进色素沉着和毛发再生。与皮下注射和局部使用 UK5099 相比，这种基于微针的头皮药物递送方式效果更佳。

376 Liu X L, Pan Q, Cao H X, et al. Lipotoxic hepatocyte-derived exosomal microRNA 192-5p activates macrophages through rictor/akt/forkhead box transcription factor O1 signaling in nonalcoholic fatty liver disease [J]. Hepatology, 2019, 72 (2): 454-469.

377 Yang Z G, Shi J F, Xie J, et al. Large-scale generation of functional mRNA-encapsulating exosomes via cellular nanoporation [J]. Nat. Biomed. Eng., 2020, 4 (1): 69-83.

378 Yang G, Chen Q, Wen D, et al. A therapeutic microneedle patch made from hair-derived keratin for promoting hair regrowth [J]. ACS Nano, 2019, 13 (4): 4354-4360.

（四）前景与展望

随着癌症、遗传性疾病、炎症感染、神经系统疾病、免疫系统疾病的患病人数不断增长，DNA 制造和病毒载体市场正不断扩张。根据市场咨询公司 Research and Market 预测，全球表观遗传学市场规模将从 2018 年的 9.8 亿美元增至 2025 年的 15.7 亿美元，在 2019～2025 年的预测期内，复合年均增长率达到 14.38%。表观遗传学技术将进一步满足流行病和慢性病患者的临床需求，推动重大疾病的早期诊断，以应对老龄人口增加所带来的挑战。

表观遗传学市场中，试剂盒以其易于使用和灵活的功能在全球表观遗传学领域占主导地位。然而随着测序技术和生物信息学的快速发展，表观遗传学正从检测向操控转变，不断涌现的新研究开始探索调控和改变表观基因组的技术方法及其应用前景。DNA 甲基化将成为表观遗传学市场最大的技术领域，而组蛋白修饰可能成为增长最快的技术领域。随着 RNA 修饰和细胞外囊泡研究的不断深入，表观遗传学领域将迎来更大的变革。

我国正在不断加强针对表观遗传学研究的支持力度。m^6A 成为 RNA 修饰领域的"明星分子"，细胞外囊泡研究规模持续增长。未来的表观遗传学研究将扩展至其他表观修饰，鼓励结合单细胞测序等新兴技术，开展面向疾病诊断、治疗、预防、康复的应用研究。

五、结构生物学

（一）概述

结构生物学通过结合分子生物学、生物化学和生物物理学的原理，利用 X 射线晶体衍射、核磁共振、冷冻电镜（Cryo-EM）成像等技术，开展对生物大分子（尤其是蛋白质和核酸）的分子结构和动力学，及其结构变化如何影响其功能的研究。尤其是冷冻电镜技术，近年来已经成为破译大分子结构最强大的

工具。尽管该技术在样品制备方面仍存在瓶颈，极大影响分析效率，但目前已有多种手段[379]尝试去解决该问题，形成"更好的冷冻电镜样本制备技术"，并成为 *Nature* 期刊 2020 年的关注技术[380]（Technologies to watch in 2020）。

通过对蛋白质、核酸等生物大分子三维结构及它们彼此间相互作用机制的精确解析，结构生物学能够在原子层面上获得对生命过程机制的深入认识。随着技术的不断进步和多学科交叉融合的不断深入，结构生物学研究将沿着生物大分子的动态构象变化、在其生理环境中的三维结构、三维结构的转化应用等方向进一步深入[381]。

（二）国际重要进展

1. 新技术与新方法及基础生物学新见解

美国哈佛医学院和西班牙巴塞罗那理工学院等机构的研究人员利用一种名为深度突变扫描（deep-mutational scanning）的方法，通过高通量测序合成各种基因突变，并确定突变对蛋白质功能的影响[382]。该研究证明通过评估实验室制造的基因突变对蛋白质功能的影响，能够确定基因的三维结构。尽管不能取代 X 射线晶体学或核磁共振作为衍生三维结构的方法，但该成果有助于更好地理解生物大分子结构，了解其工作原理。

美国加州理工学院等机构的研究人员开发了一种名为"声学报告基因"（acoustic reporter genes）的气体囊泡工具[383]，能够利用超声波穿透组织深处，监测生物体内深层细胞的遗传活性。该成果的推广有望使用超声波研究模型生物，分析自然生物学环境中的细胞，并在未来能够利用超声波来监测患者情况。

---

379 Liu N, Zhang J, Chen Y, et al. Bioactive functionalized monolayer graphene for high-resolution cryo-electron microscopy [J]. Journal of the American Chemical Society, 2019, 141 (9): 4016-4025.

380 Landhuis E . Technologies to watch in 2020 [J]. Nature, 2020, 577 (7791): 585-587.

381 杨帆，杨巍. 结构生物学研究热点［J］. 浙江大学学报（医学版），2019, 48 (1): 1-4.

382 Rollins N J, Brock K P, Poelwijk F J, et al. Inferring protein 3D structure from deep mutation scans [J]. Nature Genetics, 2019, 51 (7): 1170.

383 Farhadi A, Ho G H, Sawyer D P, et al. Ultrasound imaging of gene expression in mammalian cells [J]. Science, 2019, 365 (6460): 1469-1475.

瑞士苏黎世理工大学和德国图宾根大学等机构的研究人员开发出一种制备 Cryo-EM 样品的方法，并对 *Anabaena* 属的细胞间连接的结构和功能展开详细解析[384]。该研究获得了对复杂的生命形式进化的深入理解，强调了多细胞生物监测物质在其单个细胞间运输的重要性。

丹麦奥胡斯大学、德国马克斯·普朗克生物物理研究所和法国细胞综合生物学研究所等机构的研究人员解析出一种名为 Drs2p-Cdc50p 的 P4-ATP 酶（Type 4 P-type ATPase，P4-ATPase）的三种 Cryo-EM 结构[385]，分别代表其处于自我抑制状态、中间状态和完全激活状态下的结构。该成果揭示了 P4-ATP 酶的特异性特征，以及自身抑制和被脂质磷脂酰肌醇 -4- 磷酸（phosphatidylinositol-4-phosphate，PI4P）依赖性激活的位点。

美国国立卫生研究院等机构的研究人员利用 Cryo-EM 技术，研究模式生物 T7 噬菌体的 DNA 复制机制，获得了首个复制体复制 DNA 的三维结构，并捕捉到了复制体（尤其是螺旋酶）在复制过程中的多个分子构象，揭示了 DNA 复制的动态过程[386]。该研究支撑了许多此前已发表的成果，并为人们理解 DNA 复制、重组和修复等过程之间的协调提供了基础。

2. 遗传物质的结构与功能解析

美国加州大学等机构的研究人员通过整合超微结构电子显微镜、远程光学作图、全基因组测序、计算机分析等技术，首次解析肿瘤染色体外 DNA（extrachromosomal DNA，ecDNA）的结构和功能[387]。该成果对理解癌症生物学和临床影响极具重要意义，为研究混乱癌症基因组和表观基因组的三维结构带来新希望，同时也有助于了解特定肿瘤细胞更具侵袭性的生物机制。

---

384 Weiss G L, Kieninger A, Maldener I, et al. Structure and function of a bacterial gap junction analog [J]. Cell, 2019, 178 (2): 374-384.

385 Timcenko M, Lyons J A, Januliene D, et al. Structure and autoregulation of a P4-ATPase lipid flippase [J]. Nature, 2019, 571 (7765): 1-5.

386 Gao Y, Cui Y, Fox T, et al. Structures and operating principles of the replisome [J]. Science, 2019, 363 (6429): eaav7003.

387 Wu S, Turner K M, Nguyen N D, et al. Circular ecDNA promotes accessible chromatin and high oncogene expression. [J]. Nature, 2019, 575 (7784): 699-703.

瑞典查尔默斯理工大学等机构研究人员提出关于 DNA 组装机制的新理论[388]，证明水分子是 DNA 维持螺旋结构的关键，疏水力使得 DNA 结构更加稳定。该研究为医学和生命科学领域提供了新的认知，有助于科学家进一步理解 DNA 及其修复方法。

欧洲分子生物学实验室（EMBL）等机构的研究人员发现染色质结构域（TADs）的改变未必能够预测基因表达的改变，阐明了三维基因组结构与基因表达之间的解偶联机制[389]。该成果有望助力研究人员在正反两面阐明染色质拓扑学结构的多种影响。

冰岛基因解码（deCODE Genetics）公司利用牛津纳米孔技术（Oxford Nanopore Technologies）公司的 GridION 和 PromethION 测序仪，生成 1817 名冰岛人的长读长测序数据，首次展示了纳米孔测序技术在群体规模上的应用[390]。该研究强调了长读长测序（LRS）在结构变异鉴定中的作用，有望进一步理解结构变异在健康和疾病中发挥的作用。

人类基因组结构变异联盟（HGSV）的研究人员综合使用短读长和长读长测序、链特异性测序和光学作图方法以及多种算法，来鉴定汉族人、波多黎各人和尼日利亚约鲁巴人等三个 trios 家系的结构变异[391]。该成果表明通过不同算法和数据类型的结合与互补，能够最大限度地检测出更多的基因组结构变异信息。

3. 蛋白质大分子结构与功能解析

美国洛克菲勒大学等机构的科研人员使用 Cryo-EM，解析附着在不同药物上的囊性纤维化跨膜电导调节因子（CFTR）的结构，在原子分辨率下首次描述

388 Feng B, Sosa R P, Martensson A K, et al. Hydrophobic catalysis and a potential biological role of DNA unstacking induced by environment effects [J]. Proceedings of the National Academy of Sciences of the United States of America, 2019, 116 (35): 17169-17174.

389 Ghavihelm Y, Jankowski A, Meiers S, et al. Highly rearranged chromosomes reveal uncoupling between genome topology and gene expression [J]. Nature Genetics, 2019, 51 (8): 1272-1282.

390 Beyter D, Ingimundardottir H, Eggertsson H P, et al. Long read sequencing of 1817 Icelanders provides insight into the role of structural variants in human disease [J]. bioRxiv, 2019. DOI: doi.org/10.1101/848366.

391 Chaisson M J P, Sanders A D, Zhao X, et al. Multi-platform discovery of haplotype-resolved structural variation in human genomes [J]. Nature Communications, 2019, 10 (1): 1784.

增强剂与其所针对蛋白质之间的相互作用[392]。该研究揭示了一种名为铰链状蛋白的结合位点结构，为后续治疗囊性纤维化带来新思路。

德国乌尔姆大学和图宾根大学等研究机构的研究人员从 AD 和脑淀粉样血管病患者脑组织中分离出 β 淀粉样蛋白原纤维，并利用 Cryo-EM 技术分析其结构[393]。该成果有助于理解 AD 所导致的突变对 β 淀粉样蛋白的影响，为开发防止这类原纤维形成的药物奠定了结构生物学基础。

英国利兹大学和美国宾夕法尼亚大学等机构的研究人员利用 Cryo-EM 技术，发现一种新的、有助于控制人体对抗感染反应的内部调节器[394]，并揭示其结构及其在细胞中的协同工作机制。该研究揭示了代谢与免疫反应之间的分子基础交流，为自身免疫性疾病的新药研发提供重要依据。

美国犹他大学等机构的研究人员采用 Cryo-EM 技术，解析出 Cdc48 的关键结构，从而能够在其解折叠蛋白时通过可视化的手段观察其发生的动态变化[395]。该成果有助于针对癌症、肌萎缩侧索硬化症和腓骨肌萎缩症 2Y 型等疾病开发出更为有效的抑制剂与治疗试剂。

美国能源部劳伦斯伯克利国家实验室等机构的研究人员利用配备了直接电子探测器的先进 Cryo-TEM 成像设备，对蓝藻中名为 NADH 脱氢酶样复合物（NDH）的蛋白质复合体进行观察[396]。该研究重新诠释了植物固定二氧化碳转化为糖的过程，为设计可持续生物制品（如生物燃料）开启了新方向。

比利时 VIB-UGent 炎症研究中心等机构的研究人员使用全面的结构生物学方法，得到了不同状态下的高分辨率 ATP 柠檬酸裂解酶（ACLY）结构，并揭

392 Liu F, Zhang Z, Levit A, et al. Structural identification of a hotspot on CFTR for potentiation [J]. Science, 2019, 364 (6446): 1184-1188.

393 Kollmer M, Close W, Funk L, et al. Cryo-EM structure and polymorphism of Aβ amyloid fibrils purified from Alzheimer's brain tissue [J]. Nature Communications, 2019, 10 (1): 4760.

394 Walden M, Tian L, Ross R L, et al. Metabolic control of BRISC-SHMT2 assembly regulates immune signalling [J]. Nature, 2019, 570 (7760): 194-199.

395 Cooney I, Han H, Stewart M G, et al. Structure of the Cdc48 segregase in the act of unfolding an authentic substrate [J]. Science, 2019, 365 (6452): 502-505.

396 Laughlin T G, Bayne A N, Trempe J F, et al. Structure of the complex I-like molecule NDH of oxygenic photosynthesis [J]. Nature, 2019, 566 (7744): 411-414.

示其分子机制[397]。该发现从根本上改变了科学家对细胞呼吸起源的理解，为更好地治疗癌症和动脉粥样硬化等代谢疾病提供了有价值的参考信息。

美国哥伦比亚大学等机构的研究人员利用 Cryo-EM 技术，在高分辨率下对 ACLY 的完整结构进行了分析[398]。该成果解析了其在人类癌细胞的增殖与其他细胞过程中所扮演的关键角色，通过深入理解该酶的功能，有望助力研究者开发治疗癌症和代谢性疾病的新型药物。

美国俄勒冈健康与科学大学、能源部西北太平洋国家实验室与霍华德·休斯医学研究所等机构的研究人员使用 Cryo-EM 和质谱技术，揭示了啮齿类动物 AMPA 受体（α- 氨基 -3 羟基 -5 甲基 -4 异噁唑受体）的结构和亚基排列[399]。该研究有助于找到健康人群 AMPA 受体和神经退行性疾病患者 AMPA 受体之间的结构和组成差异，从而为开发相关疾病的新疗法提供新见解。

4. 重大传染病与抗微生物耐药性机制研究

德国歌德大学和马克斯·普朗克生物物理研究所等机构的研究人员利用 Cryo-EM，在 2.8 Å 的分辨率下对 ABC 转运体结构进行成像分析，并首次发现转运过程的中间阶段[400]。该成果几乎能够在原子分辨率下显示细胞机器的所有运动状态，可能会带来结构生物学的范式转变，并有望解决 ABC 转运体对抗生素或化疗的耐药性问题，因此被选为当期 *Nature* 的封面文章。

德国维尔茨堡大学[401] 和马克斯·普朗克生物物理化学研究所[402] 等机构的研究人员首次在原子分辨率下解析出牛痘病毒 RNA 聚合酶（Vaccinia RNA

397 Verschueren K H G, Blanchet C, Felix J, et al. Structure of ATP citrate lyase and the origin of citrate synthase in the Krebs cycle [J]. Nature, 2019, 568 (7753): 571-575.

398 Wei J, Leit S, Kuai J, et al. An allosteric mechanism for potent inhibition of human ATP-citrate lyase [J]. Nature, 2019, 568 (7753): 566-570.

399 Zhao Y, Chen S, Swensen A C, et al. Architecture and subunit arrangement of native AMPA receptors elucidated by cryo-EM [J]. Science, 2019, 364 (6438): 355-362.

400 Hofmann S, Januliene D, Mehdipour A R, et al. Conformation space of a heterodimeric ABC exporter under turnover conditions [J]. Nature, 2019, 571 (7766): 580-583.

401 Grimm C, Hillen H S, Bedenk K, et al. Structural basis of Poxvirus transcription: Vaccinia RNA polymerase complexes [J]. Cell, 2019, 179 (7): 1537-1550. e19.

402 Hillen H S, Bartuli J, Grimm C, et al. Structural basis of poxvirus transcription: transcribing and capping vaccinia complexes [J]. Cell, 2019, 179 (7): 1525-1536. e12.

polymerase，vRNAP）的三维结构，从结构生物学的角度了解病毒增殖的整个过程。该研究有助于影响病毒增殖周期的抑制剂和调节剂的研发，还为抗癌溶瘤病毒疗法的开发提供了重要信息。

西班牙癌症研究中心等机构的科研人员通过解析结核分枝杆菌Ⅶ型分泌系统的分子结构，对其功能产生更为深入的理解[403]。该成果增进了科学家对于肺结核主要致病菌抵御宿主免疫防御机制的认知，为开发针对Ⅶ型分泌系统的新型抗生素提供了重要的结构生物学基础。

美国冷泉港实验室等机构的研究人员利用 Cryo-EM 技术，揭示出 4 种诺如病毒（noroviruses）毒株的高分辨率结构[404]。科研人员通过高清视角观察病毒外壳的复杂结构，发现每种诺如病毒都会以不同的方式与宿主细胞相互作用。该研究有助于深入理解诺如病毒的衣壳结构，有望助力新型疫苗的开发与设计。

美国华盛顿大学等机构的研究人员使用 Cryo-EM 技术，解析基孔肯雅病毒（chikungunya virus）与 Mxra8 蛋白结合在一起时的高分辨率结构[405]。该成果在原子水平上详细地展示了基孔肯雅病毒和这种细胞表面蛋白的结合机制与过程，助力加速设计药物和疫苗，以预防或治疗这种病毒及相关病毒所引起的关节炎等疾病。

美国加州理工学院与华盛顿大学等机构的研究人员首次揭示军团菌中Ⅳ型分泌系统（T4SS）的整体结构[406]，并对细菌基因进行精准突变，以研究 T4SS 的突变形式，从而揭示此类复杂大分子机器的组织和组装机制。该研究使得开发精确靶向军团病等危险性疾病的抗生素成为可能。

美国哈佛大学等机构的科研人员利用分辨率为 3.9 Å 的 Cryo-EM，观察在可

---

403 Famelis N, Rivera-Calzada A, Degliesposti G, et al. Architecture of the mycobacterial type VII secretion system [J]. Nature, 2019, 576 (7786): 321-325.

404 Jung J, Grant T, Thomas D R, et al. High-resolution cryo-EM structures of outbreak strain human norovirus shells reveal size variations [J]. Proceedings of the National Academy of Sciences, 2019, 116 (26): 12828-12832.

405 Basore K, Kim A S, Nelson C A, et al. Cryo-EM structure of Chikungunya virus in complex with the Mxra8 receptor [J]. Cell, 2019, 177 (7): 1725-1737. e16.

406 Ghosal D, Jeong K C, Chang Y W, et al. Molecular architecture, polar targeting and biogenesis of the Legionella Dot/Icm T4SS [J]. Nature Microbiology, 2019, 4 (7): 1173-1182.

溶性 CD4 和未修饰的人 CCR5 复合物中全长 gp120 的结构[407]。通过对 HIV-1 包膜糖蛋白（envelope glycoprotein，Env）识别辅助受体结构基础的解析，该成果加深了科学家对 HIV-1 进入宿主细胞过程的理解，从而为 HIV 疫苗设计提供潜在的新靶标，有望为 HIV 药物开发提供可能的研发路径。

德国吉森大学等机构的研究人员使用天然产物研究中的经典筛选方法，对昆虫病原线虫的细菌共生体提取物进行测试，并分离出一种名为 Darobactin 的肽，对其结构和作用部位进行解析[408]。该研究发现此类物质能够对抗革兰氏阴性菌的耐药性，从而为开发新型抗生素提供了极具前景的先导物质。

瑞士苏黎世大学等机构的研究人员研发出一种由天然产物衍生的合成抗生素，这种嵌合抗生素结构使其能够通过结合脂多糖和 BamA 实现杀菌作用[409]。该成果展示出此类合成抗生素对多重耐药性细菌的杀伤作用，有望推进解决革兰氏阴性菌所引起的感染问题，从而解决系列医疗需求。

（三）国内重要进展

1. 新技术与新方法及基础生物学新见解

中国科学院上海有机化学研究所等机构的研究人员开发出一种基于代谢反应网络的代谢物结构鉴定算法 MetDNA[410]（metabolite identification and dysregulated network analysis，MetDNA），创新性地克服了代谢物结构鉴定对于代谢物标准 MS/MS 谱图库的依赖，极大地提高了代谢物结构鉴定的效率和准确度。该研究应对代谢物标准 MS/MS 谱图数目缺乏对代谢物结构鉴定和代谢组学应用所带来的巨大挑战，为代谢物结构鉴定提供了一个不依赖于平台且较为通

407 Shaik M M, Peng H, Lu J, et al. Structural basis of coreceptor recognition by HIV-1 envelope spike [J]. Nature, 2019, 565 (7739): 318-323.

408 Imai Y, Meyer K J, Iinishi A, et al. A new antibiotic selectively kills gram-negative pathogens [J]. Nature, 2019, 576 (7787): 459-464.

409 Luther A, Urfer M, Zahn M, et al. Chimeric peptidomimetic antibiotics against Gram-negative bacteria [J]. Nature, 2019, 576 (7787): 452-458.

410 Shen X, Wang R, Xiong X, et al. Metabolic reaction network-based recursive metabolite annotation for untargeted metabolomics. [J]. Nature Communications, 2019, 10 (1): 1516.

用的算法和工具。

中国科学技术大学等机构的研究人员利用 Cryo-EM，首次解析出人类疱疹病毒基因组包装的关键机制以及病毒的 DNA 基因组结构[411]。该研究揭示了疱症病毒完整的非对称结构，获得首个真核生物病毒的 DNA 通道原子模型，并首次探测到 DNA 在通道里的扭曲形态。此成果有助于预防和控制疱疹病毒所引发多种疾病，并有望改造疱疹病毒，将其用于靶向治疗。

中国科学院分子细胞科学卓越创新中心（原中国科学院生物化学与细胞生物学研究所）、中国科学院上海营养与健康研究所（原中国科学院－马普学会计算生物学伙伴研究所）和上海交通大学等机构的研究人员首次揭示了环形 RNA 的降解途径及其特殊二级结构特征[412]，并表明环形 RNA 可以通过形成双链茎环结构来发挥免疫调控的新功能。该研究为环形 RNA 代谢和功能研究奠定了重要基础，同时为红斑狼疮等自身免疫性疾病的临床诊断与治疗提供了新思路。

中山大学等机构的研究人员开发出全新计算方法，增加了 m^5C 检测的精确度[413]，揭示出 m^5C 修饰在哺乳动物细胞系与组织的 mRNA 中的精确定位和动态变化，并表明 mRNA 上的 m^5C 具有独特的序列和结构特征，获得同期 *Nature Structural & Molecular Biology* 文章评论[414]。该成果为 mRNA m^5C 的研究提供了新工具，同时为发现 mRNA 上 m^5C 修饰的调控和功能奠定了坚实基础。

2. 动物蛋白质分子的动态构象变化

清华大学等机构的研究人员解析出 3.0 Å 分辨率下的人源电压门控钠离子通道 $Na_v1.2$ 与其特异性阻断毒素 μ- 芋螺毒素 KⅢA 复合物[415]，以及 3.2 Å 分辨率

411 Liu Y, Jih J, Dai X, et al. Cryo-EM structures of herpes simplex virus type 1 portal vertex and packaged genome. [J]. Nature, 2019, 570 (7760): 257-261.

412 Liu C, Li X, Nan F, et al. Structure and degradation of circular RNAs regulate PKR activation in innate immunity [J]. Cell, 2019, 177 (4): 865-880.

413 Huang T, Chen W, Liu J, et al. Genome-wide identification of mRNA 5-methylcytosine in mammals. [J]. Nature Structural & Molecular Biology, 2019, 26 (5): 380-388.

414 Trixl L, Lusser A. Getting a hold on cytosine methylation in mRNA [J]. Nature Structural & Molecular Biology, 2019, 26 (5): 339-340.

415 Pan X, Li Z, Huang X, et al. Molecular basis for pore blockade of human Na$^+$ channel Na$_v$1.2 by the μ-conotoxin KⅢA [J]. Science, 2019, 363 (6433): 1309-1313.

下的人源钠通道 $Na_v1.7$ 与其特异性调节毒素 ProTx- Ⅱ 或 Huwentoxin- Ⅳ 复合物的 Cryo-EM 结构[416]。该研究为深入理解钠通道工作机理、疾病突变致病机理和特异性毒素与其相互作用机理提供了分子基础，并为针对钠通道的多肽类药物研发提供了可靠模板。

清华大学等机构的研究人员获得了兔源 $Ca_v1.1$ 结合不同拮抗剂和激动剂的 Cryo-EM 高分辨率结构[417]，以及 RyR2 的 8 个 Cryo-EM 结构[418]。上述成果进一步在原子水平阐述了 $rCa_v1.1$ 的分子基础，以及三种临床应用的拮抗剂和原型激动剂在原子水平上识别和调节 L 型 Ca_v 通道的分子基础，为临床研究、新药开发等奠定了基础。

上海科技大学等机构的科研人员揭示了人类 2 型大麻素受体（CB2）的晶体结构[419]，通过其与此前发现的 1 型大麻素受体结构比较发现，激活其中一种受体的物质实际上能够减缓或抑制另外一种受体的功能。该研究有望开发出治疗炎症、神经变性等疾病的新型药物。

清华大学等机构的研究人员解析出分辨率为 2.6 Å 的 γ- 分泌酶结合淀粉样前体蛋白（APP）的 Cryo-EM 结构[420]，通过分析结合底物后 γ- 分泌酶发生的构象变化，对其功能展开生化研究。该成果为理解 γ- 分泌酶特异性识别及切割底物的分子机制提供了重要基础，并为研发与癌症、AD 相关的药物提供了重要的结构信息。

北京大学等机构的研究人员利用 Cryo-EM 技术，以 3.8 Å 的分辨率解析人源 NLRP3-NEK7 复合物的结构[421]，通过 NLRP3 或 NEK7 突变体的体外和细胞

416 Shen H, Liu D, Wu K, et al. Structures of human $Na_v1.7$ channel in complex with auxiliary subunits and animal toxins. [J]. Science, 2019, 363 (6433): 1303-1308.

417 Xiao Y, Stegmann M, Han Z, et al. Mechanisms of RALF peptide perception by a heterotypic receptor complex. [J]. Nature, 2019, 572 (7768): 270-274.

418 Zhao Y, Huang G, Wu J, et al. Molecular basis for ligand modulation of a mammalian voltage-gated Ca^{2+} channel [J]. Cell, 2019, 177 (6): 1495-1506.e12.

419 Li X, Hua T, Vemuri K, et al. Crystal structure of the human cannabinoid receptor CB2 [J]. Cell, 2019, 176 (3): 459-467. e13.

420 Zhou R, Yang G, Guo X, et al. Recognition of the amyloid precursor protein by human γ-secretase [J]. Science, 2019, 363 (6428): eaaw0930.

421 Sharif H, Wang L, Wang W L, et al. Structural mechanism for NEK7-licensed activation of NLRP3 inflammasome [J]. Nature, 2019, 570 (7761): 338-343.

功能研究，系统揭示了 NEK7 与 NLRP3 亚基的多界面相互作用，以及其介导 NLRP3 炎症小体激活的分子机制，获得同期 *Nature* 文章的特约评论[422]。该研究为进一步研究 NLRP3 炎症小体激活的分子机制提供了重要基础，为相关疾病的分子医学研究提供了必备的分子依据和药物治疗候选靶点。

清华大学等机构的研究人员利用分子生化、单颗粒冷冻电镜技术、电生理膜片钳等多学科研究手段，首次解析了赋予人类自身触觉感知能力的机械力分子受体 Piezo2 离子通道的高分辨率 Cryo-EM 三维结构和工作机制[423]，获得同期 *Nature* 文章评论。该成果有力地推动了科研人员对 Piezo 通道家族的结构基础和分子机制的理解，并为基于 Piezo 通道的药物研发奠定了坚实基础。

中国科学院、浙江大学、复旦大学等机构的研究人员利用 Cryo-EM 技术，解析人甲状旁腺激素受体 -1（parathyroid hormone receptor-1，PTH1R）的结构[424]。该研究揭示了 PTH1R 长效激活状态下的分子动力学机制，为治疗骨质疏松症、甲状旁腺功能减退症和恶病质等疾病的新药创制奠定了坚实基础。

清华大学和中国科学院物理研究所等机构的研究人员利用 Cryo-EM 技术，解析了不同核苷酸状态下 Snf2- 核小体复合物的 Cryo-EM 结构，揭示了 Snf2 介导的染色质重塑中 DNA 滑移的机理[425]。该成果将在染色质研究领域产生广泛影响。

北京大学和清华大学等机构的研究人员采用 Cryo-EM 技术，展示了 ADP-BeFx 和 ADP 两种状态下染色质重塑蛋白 ISWI 与其底物核小体结合的高分辨率结构[426]。这一结构发现揭示了核小体激活 ISWI 的机理，展示出染色质重塑过程中"DNA 波"的具体存在形式。该研究为理解 ISWI 发挥重塑功能的分子机制

422 Nozaki K, Miao E A. A licence to kill during inflammation. [J]. Nature, 2019, 570 (7761): 316-317.

423 Wang L, Zhou H, Zhang M, et al. Structure and mechanogating of the mammalian tactile channel PIEZO2 [J]. Nature, 2019, 573 (7773): 225-229.

424 Zhao L, Ma S, Sutkeviciute I, et al. Structure and dynamics of the active human parathyroid hormone receptor-1 [J]. Science, 2019, 364 (6436): 148-153.

425 Li M, Xia X, Tian Y, et al. Mechanism of DNA translocation underlying chromatin remodelling by Snf2. [J]. Nature, 2019, 567 (7748): 409-413.

426 Yan L, Wu H, Li X, et al. Structures of the ISWI-nucleosome complex reveal a conserved mechanism of chromatin remodeling. [J]. Nature Structural & Molecular Biology, 2019, 26 (4): 258-266.

提供了结构生物学基础。

西湖大学和清华大学等机构的研究人员利用 Cryo-EM 技术，首次解析了人源异源多聚体氨基酸转运家族代表成员 LAT1-4F2hc 复合物在 3.3 Å 和 3.5 Å 分辨率下的结构，以及在无底物结合状态和抑制剂 BCH 结合状态下的不同构象 [427]。该成果为进一步理解此类家族转运蛋白的工作机理、抑制剂的作用机制奠定了结构生物学基础，为抗癌抑制剂的开发提供了重要依据。

清华大学等机构的研究人员展示了迁移体在斑马鱼原肠运动过程中提供区域信号调节器官的形态发生 [428]，以及微米级四次跨膜蛋白结构域的组装调节迁移体的形成 [429]，首次揭示了迁移体的生理功能及其产生机制。该研究通过全新视角更好地理解胚胎发育的过程，为胚胎发育研究提供了新思路；同时为迁移体的后续研究奠定了基础，为生物膜力学特性相关的研究开拓了新方向，因此被选为当期 *Nature Cell Biology* 的封面文章。

哈尔滨工业大学和北京大学等机构的研究人员成功利用单粒子冷冻电镜技术，首次在 3.7 Å 的分辨率下解析了人类 T 细胞受体（TCR）的结构 [430]。通过对该复合物在原子水平的结构分析，揭示了 TCR 和 CD3 亚基在膜外侧以及膜内识别、组装成功能复合物的分子机制。该研究回答了免疫领域关于 T 细胞受体结构的基础科学问题，对解析 T 细胞活化的分子机制具有重要的科学意义，同时也为开发基于 T 细胞受体的免疫疗法提供关键结构基础。

3. 植物与微生物相关的蛋白质结构研究

中国科学院生物物理研究所、中国农业科学院、上海科技大学、清华大学等机构的研究人员先后利用 Cryo-EM 技术，首次解析了非洲猪瘟（African

427 Yan R, Zhao X, Lei J, et al. Structure of the human LAT1-4F2hc heteromeric amino acid transporter complex. [J]. Nature, 2019, 568 (7750): 127-130.

428 Jiang D, Jiang Z, Lu D, et al. Migrasomes provide regional cues for organ morphogenesis during zebrafish gastrulation [J]. Nature Cell Biology, 2019, 21 (8): 966-977.

429 Huang Y, Zucker B, Zhang S, et al. Migrasome formation is mediated by assembly of micron-scale tetraspanin macrodomains. [J]. Nature Cell Biology, 2019, 21 (8): 991-1002.

430 Dong D, Zheng L, Lin J, et al. Structural basis of assembly of the human T cell receptor-CD3 complex. [J]. Nature, 2019, 573 (7775): 546-552.

swine fever，ASF）病毒衣壳蛋白 p72 的高分辨率结构[431]，研究新鉴定出的非洲猪瘟病毒多种结构蛋白，搭建了主要衣壳蛋白 p72 等原子模型[432]。上述成果揭示了非洲猪瘟病毒衣壳可能的组装机制，为揭示非洲猪瘟病毒入侵宿主细胞以及逃避和对抗宿主抗病毒免疫的机制提供了重要线索，有助于 ASF 疫苗干预新策略的开发，因此入选"2019 年度中国科学十大进展"。

中国科学院生物物理研究所等机构的研究人员利用单颗粒冷冻电镜技术，首次展示了莱茵衣藻光系统 I- 捕光复合物 I（PSI-LHCI）超级复合物的高分辨率冷冻电镜结构，提供了精确的衣藻 PSI-LHCI 结构模型[433]。该研究揭示了 PSI-LHCI 各亚基的组装和色素排布方式，及其高效的光能捕获和能量传递的分子机制，对于在分子水平上理解光系统 I 超级复合物中的光能捕获和传递的分子机制具有重要意义。

中国科学院植物研究所、济南大学、清华大学等机构的科研人员合作揭示了假根羽藻的重要光合膜蛋白超级复合物 PSI-LHCI 在 3.49 Å 分辨率下的结构[434]。该成果进一步完善了对光合生物进化过程中光系统结构变化趋势的理解，为人工模拟光合作用机理、指导设计作物与提高植物的光能利用效率提供了新的理论依据和策略思路。

中国科学院植物研究所与清华大学等机构的研究人员利用单颗粒冷冻电镜技术，解析了一种中心纲硅藻（*Chaetoceros gracilis*）的 PS Ⅱ -FCP Ⅱ 超级复合体在 3.0 Å 分辨率下的三维结构，在国际上首次展示了硅藻光系统 - 捕光天线超级复合体的结构[435]，获得同期 *Science* 文章评论[436]。该研究为 PS Ⅱ 的超快动力

431 Liu Q, Ma B, Qian N, et al. Structure of the African swine fever virus major capsid protein p72. [J]. Cell Research, 2019, 29 (11): 953-955.

432 Wang N, Zhao D, Wang J B, et al. Architecture of African swine fever virus and implications for viral assembly [J]. Science, 2019, 366 (6465): 640-644.

433 Su X, Ma J, Pan X, et al. Antenna arrangement and energy transfer pathways of a green algal photosystem-I-LHCI supercomplex. [J]. Nature Plants, 2019, 5 (3): 273-281.

434 Qin X, Pi X, Wang W, et al. Structure of a green algal photosystem I in complex with a large number of light-harvesting complex I subunits. [J]. Nature Plants, 2019, 5 (3): 263-272.

435 Pi X, Zhao S, Wang W, et al. The pigment-protein network of a diatom photosystem Ⅱ -light-harvesting antenna supercomplex [J]. Science, 2019, 365 (6452): eaax4406.

436 Buchel C. How diatoms harvest light [J]. Science, 2019, 365 (6452): 447-448.

学、理论计算和人工模拟光合作用研究提供了新的理论依据，同时为后续指导设计新型作物、提高作物的捕光和光保护效率提供了新思路，因此入选 2019 年度"中国生命科学十大进展"。

清华大学与中国科学院遗传与发育生物学研究所等机构的研究人员完成了植物抗病小体 NLR 蛋白复合物的组装、结构和功能分析，揭示了其发挥作用的关键分子机制与结构模板[437]，以及其激活免疫反应的机制[438]，获得同期 *Science* 文章评论。上述研究为植物如何控制细胞死亡和免疫提供了线索，显著推进了科研人员对植物免疫机制的认识，拓展了多个研究方向，因此入选 2019 年度"中国生命科学十大进展"。

（四）前景与展望

结构生物学旨在以眼见为实的方式展现生命现象的精密过程，同时和不同学科进行交叉合作，为疾病机制解析和药物研发提供理论基础[439]。

以 Cryo-EM 为代表的成像技术持续为结构生物学领域释放新的活力。据 *Nature* 期刊报道，近年来由于全世界实验室 Cryo-EM 数量的爆发式增长，欧洲生物信息研究所（EBI）建立的电子显微镜数据库（EMDB）所收录的数据呈指数级增长。据 2017 年诺贝尔化学奖获得者理查德·亨德森（Richard Henderson）预测，到 2024 年，利用冷冻电镜技术测定的蛋白质结构数量将超过 X 射线晶体衍射法[440]。此外，最近的研究已开始将单颗粒分析应用于异质混合物，进一步揭示了结合质谱和电子显微镜功能的结构组学（structural-omics）方法的潜力，并有助于结构组学方法扩展到结构生物学的细胞水平模型[441]。

---

437 Wang J, Hu M, Wu S L, et al. Ligand-triggered allosteric ADP release primes a plant NLR complex [J]. Science, 2019, 364 (6435): eaav5868.

438 Wang J, Hu M, Wang J, et al. Reconstitution and structure of a plant NLR resistosome conferring immunity [J]. Science, 2019, 364 (6435): eaav5870.

439 吴苡婷. "与你谈科学"课程第一季完美收官［N］. 上海科技报，2020-05-05（A3）.

440 吴玉. 冷冻电镜技术"接管"结构生物学［J］. 自然杂志，2020，42（02）：90.

441 Mccafferty C L, Verbeke E J, Marcotte E M, et al. Structural biology in the multi-omics era [J]. Journal of Chemical Information and Modeling, 2020, 60 (5): 2424-2429.

六、免疫学

（一）概述

　　免疫学是研究免疫系统结构和功能的科学，主要探讨免疫系统识别抗原后发生免疫应答及清除抗原的规律，并致力于阐明免疫功能异常所致疾病的病理过程及其机制。免疫学研究在人类与传染病的斗争中萌发，随着微生物学、分子生物学的发展不断取得重大理论和关键科学问题的突破。当今，免疫学与生命科学及医学广泛交叉融合，并广泛服务于临床诊疗和高科技产业，理论体系更加完善，社会效益日益突出[442]。特别是近年来肿瘤免疫疗法高速发展，从基础研究走向临床应用，已被成功应用于前列腺癌、黑色素瘤、白血病、肺癌多种肿瘤的治疗，显著提高患者的生存质量，被视为肿瘤治疗的新希望。2013 年，肿瘤免疫疗法被《科学》（*Science*）杂志评为十大突破；2016 年《麻省理工科技评论》（*MIT Technology Review*）又将应用免疫工程治疗疾病评为年度十大突破技术。2019 年，国内外在免疫器官、细胞和分子再认识和新发现，免疫识别、应答与调节规律与机制认识，疫苗与抗感染，以及肿瘤免疫等方面取得了突出成果。

（二）国际重要进展

1. 免疫器官、细胞和分子的再认识和新发现

　　德国马克斯－德尔布吕克分子医学中心的研究人员发现 B1 细胞的典型 B 细胞受体（B cell receptor，BCR）可将成熟的 B2 细胞重编程分化为 B1 细胞，表明 B 细胞表面特殊的 BCR 可以指导 B 细胞分化[443]。该研究进一步深化了对 B

---

442 刘娟，曹雪涛. 2019 年国内外免疫学研究重要进展［J］. 中国免疫学杂志，2020, 36 (1): 1-9.

443 Graf R, Seagal J, Otipoby K L, et al. BCR-dependent lineage plasticity in mature B cells [J]. Science, 2019, 363 (6428): 748-753.

细胞起源分化的理解。

BCR 的免疫活化是启动体液免疫的关键步骤。BCR 在机体内具有复杂的多样性，导致 B 细胞受体库的构建困难。美国范德比尔特大学等机构的研究人员对成人和婴儿中的 BCR 进行了全面测序，构建了 B 细胞受体库，并测定了不同个体之间的序列共享程度。研究发现不同个体之间的抗体序列共享程度很高，即多样性与共享性并存[444]。B 细胞受体库为免疫系统的深入研究提供了更加便捷的工具，了解不同人群 BCR 的共性和差异，为研发跨人群的疫苗和药物提供了重要参考。

美国斯坦福大学的研究人员利用单细胞 RNA 测序技术对不同年龄小鼠的侧脑室脑下区（SVZ）进行分析，发现老年小鼠 SVZ 中存在显著增加的 T 细胞，这些 T 细胞通过释放 γ 干扰素（IFN-γ）直接干扰神经干细胞的增殖[445]。该研究揭示了衰老大脑中 T 细胞和神经干细胞之间的相互作用，为针对免疫系统来开发对抗全身与衰老相关的干细胞功能障碍新疗法提供了新可能。

比利时列日大学的研究人员使用单细胞 RNA 测序技术发现在小鼠肺部存在两个功能不同的间质巨噬细胞亚群 CD206$^+$IM 和 CD206$^-$IM，并揭示了 CD206$^-$IM 的成因途径[446]。该研究有助于进一步了解肺免疫系统的调控和开发巨噬细胞相关疗法。

美国约翰斯·霍普金斯大学的研究人员发现了一种新型的可同时表达 T 细胞受体（T cell receptor，TCR）和 BCR 的免疫细胞 DEs（dual expressers），DEs 分泌的一种称为 x-Id 的独特肽通过与抗原呈递细胞（APC）结合，可有效刺激 1 型糖尿病患者自身反应性 CD4 T 细胞，进而导致自身免疫性疾病[447]。该研究为开发针对 DEs 的免疫疗法奠定基础，为糖尿病的精准治疗提供更多研究思路。

444 Soto C, Bombardi R G, Branchizio A, et al. High frequency of shared clonotypes in human B cell receptor repertoires [J]. Nature, 2019, 566 (7744): 398-402.

445 Dulken B W, Buckley M T, Negredo P N, et al. Single-cell analysis reveals T cell infiltration in old neurogenic niches [J]. Nature, 2019, 571 (7764): 205-210.

446 Schyns J, Bai Q, Ruscitti C, et al. Non-classical tissue monocytes and two functionally distinct populations of interstitial macrophages populate the mouse lung [J]. Nature Communications, 2019, 10 (1): 3964.

447 Ahmed R, Omidian Z, Giwa A, et al. A public BCR present in a unique dual-receptor-expressing lymphocyte from type 1 diabetes patients encodes a potent T cell autoantigen [J]. Cell, 2019, 177 (6): 1583-1599.

2. 免疫识别、应答、调节的规律与机制

法国居里研究所等机构的研究人员证明了肠道菌群所产生的维生素 B 衍生物 5-OP-RU 可以进入胸腺，通过激活 TCR 信号诱导胸腺黏膜相关永久性 T 细胞（MAIT）尤其是 MAIT17 的成熟[448]。该研究探讨了 MAIT 的发育机制，进一步加深了对 MAIT 细胞的认识。

美国耶鲁大学等机构的研究人员通过小鼠实验发现周期性的静水压（cyclical hydrostatic pressure，CHP）可通过免疫细胞的机械力门控离子通道 PIEZO1 激活免疫细胞产生内皮素 1（endothelin-1，Edn1），促进缺氧诱导因子 1α（hypoxia-inducible factor 1α，HIF1α）水平上升和促炎性基因表达，从而启动先天免疫反应[449]。该研究阐述了 PIEZO1 介导的机械压力促炎的分子机制，为疾病进展提供新的机制性见解，并最终为治疗方法带来新的途径。

美国宾夕法尼亚大学[450]、德国慕尼黑工业大学[451]以及美国纪念斯隆 - 凯特琳癌症中心[452]的三组研究人员分别对胸腺细胞选择相关 HMG 盒蛋白（thymocyte selection-associated HMG box protein，TOX）在调节 T 细胞分化中的作用进行研究，发现 TOX 蛋白在慢性感染和肿瘤中是耗竭性 T 细胞（exhausted CD8[+] T cells，T_{ex}）分化的重要调节分子。持续的抗原刺激通过诱发 TOX 的表达促进表观遗传和基因表达变化，进而驱动 CD8[+] T 细胞分化为 T_{ex}。这些研究为 T 细胞分化的基本机制提出了新的见解，为设计更有效、更持久的抗肿瘤免疫疗法提供了重要参考[453]。

448 Legoux F, Bellet D, Daviaud C, et al. Microbial metabolites control the thymic development of mucosal-associated invariant T cells [J]. Science, 2019, 366 (6464): 494-499.

449 Solis A G, Bielecki P, Steach H R, et al. Mechanosensation of cyclical force by PIEZO1 is essential for innate immunity [J]. Nature, 2019, 573 (7772): 69-74.

450 Khan O F, Giles J R, Mcdonald S, et al. TOX transcriptionally and epigenetically programs CD8[+] T cell exhaustion [J]. Nature, 2019, 571 (7764): 211-218.

451 Alfei F, Kanev K, Hofmann M, et al. TOX reinforces the phenotype and longevity of exhausted T cells in chronic viral infection [J]. Nature, 2019, 571 (7764): 265-269.

452 Scott A C, Dundar F, Zumbo P, et al. TOX is a critical regulator of tumour-specific T cell differentiation [J]. Nature, 2019, 571 (7764): 270-274.

453 Mann T H, Kaech S M. Tick-TOX, it's time for T cell exhaustion [J]. Nature Immunology, 2019, 20 (9): 1092-1094.

美国加州大学伯克利分校[454]、美国纪念斯隆－凯特琳癌症中心[455]的两组研究人员分别研究了 NLPR1 炎性复合体的活化机制，研究发现病原体致死因子（lethal factor，LF）通过降解 NLPR1 的 N 端肽段，诱导其 N 端结构域的蛋白酶体降解，并释放出含有 CARD（caspase activation and recruitment domain）结构域的活性 C 端，激活 caspase-1，促进炎症小体组装和下游信号活化。该研究首次揭示了 NLPR1 的功能降解，为免疫信号活化研究提供重要启示。

3. 疫苗与抗感染

美国范德比尔特大学的研究人员在具有广泛流感疫苗接种史的健康人体中发现了一种天然抗体 FluA-20，该抗体识别血凝素（hemagglutinin，HA）头部结构域上的保守位点并破坏 HA 三聚体的完整性，可防止感染人类的所有 A 型流感病毒[456]。该研究为未来通用型疫苗的研发带来了新的希望。

美国哈佛大学等机构的研究人员对靶向恶性疟原虫蛋白 PfRH5（plasmodium falciparum reticulocyte-binding protein homolog 5）的单克隆抗体进行研究，并在其中鉴别出了一种非中和性抗体，该抗体可通过减缓 PfRH5 与红细胞的结合速度协同增强其他靶向 PfRH5 中和抗体发挥作用。该研究为设计出新型高效的疟疾疫苗提供了重要参考[457]。

美国霍华德·休斯医学研究所等机构的研究人员使用 VirScan 血液测试技术对麻疹病毒自然感染前后以及麻疹疫苗接种前后儿童的抗体库进行分析，发现麻疹病毒导致了体内 11%～73% 的不同抗体的清除，从而导致易被其他病原体感染，而在接种疫苗的儿童中未发现对免疫系统的不利影响[458]。这项研究揭示

454 Sandstrom A, Mitchell P S, Goers L, et al. Functional degradation: a mechanism of NLRP1 inflammasome activation by diverse pathogen enzymes [J]. Science, 2019, 364 (6435): eaau1330.

455 Chui A J, Okondo M C, Rao S D, et al. N-terminal degradation activates the NLRP1B inflammasome. [J]. Science, 2019, 364 (6435): 82-85.

456 Bangaru S, Lang S, Schotsaert M, et al. A site of vulnerability on the influenza virus hemagglutinin head domain trimer interface [J]. Cell, 2019, 177 (5): 1136-1152.e18.

457 Alanine D G, Quinkert D, Kumarasingha R, et al. Human antibodies that slow erythrocyte invasion potentiate malaria-neutralizing antibodies [J]. Cell, 2019, 178 (1): 216-228.e21.

458 Mina M J, Kula T, Leng Y, et al. Measles virus infection diminishes preexisting antibodies that offer protection from other pathogens [J]. Science, 2019, 366 (6465): 599-606.

了麻疹病毒对免疫系统的影响，以及接种麻疹疫苗的重要性。

骨髓移植（BMT）后，由于受体免疫系统被清除未及时重建，易导致巨细胞病毒（CMV）感染和再激活。澳大利亚 QIMR Berghofer 医学研究所等机构的研究人员开发了 BMT 后 CMV 重新激活的临床前小鼠模型，发现往小鼠中输入含 CMV 特异性抗体的血清可以防止 CMV 的重新激活[459]。该研究为开发出简便有效的防止 CMV 感染的方法奠定了基础。

加拿大拉瓦尔大学等机构的研究人员通过对 14 个国家 6000 万人接种人乳头瘤病毒（human papillomavirus，HPV）疫苗后的 8 年随访数据进行系统回顾和荟萃分析，发现 HPV 疫苗的接种大大降低了女孩和妇女的 HPV 感染率和宫颈上皮内瘤样变 2[+]（CIN2[+]）发生率，以及女孩、妇女、男孩和男性生殖器官疾病的发病率，且多剂量疫苗接种计划和疫苗接种的高覆盖率带来了更积极的直接影响和群体效应[460]。该研究为进一步扩大 HPV 疫苗接种覆盖率提供了支持。

4. 肿瘤免疫

法国 Cellectis 公司的研究人员利用 TALEN 基因编辑技术设计出能够适应肿瘤微环境变化的"智能"CAR-T 细胞，使得 CAR-T 细胞能调节性表达细胞因子白介素 -12（IL-12），延长了荷瘤小鼠的生存期[461]，为改善 CAR-T 治疗中的肿瘤微环境免疫抑制带来了可能的新方案。

美国拉霍亚免疫学研究所等机构的研究人员发现 NR4A 转录因子可调节 T 细胞衰竭，并在小鼠肿瘤模型中证明缺乏 NR4A 转录因子可使 CAR-T 细胞活力增强[462]。该研究不仅更加深入地阐明了 T 细胞抗肿瘤作用机制，而且为解决

459 Martins J P, Andoniou C E, Fleming P, et al. Strain-specific antibody therapy prevents cytomegalovirus reactivation after transplantation [J]. Science, 2019, 363 (6424): 288-293.

460 Drolet M, Benard E, Perez N, et al. Population-level impact and herd effects following the introduction of human papillomavirus vaccination programmes: updated systematic review and meta-analysis [J]. The Lancet, 2019, 394 (10197): 497-509.

461 Sachdeva M, Busser B W, Temburni S, et al. Repurposing endogenous immune pathways to tailor and control chimeric antigen receptor T cell functionality [J]. Nature Communications, 2019, 10 (1): 5100.

462 Chen J, Lopezmoyado I F, Seo H, et al. NR4A transcription factors limit CAR T cell function in solid tumours [J]. Nature, 2019, 567 (7749): 530-534.

CAT-T 细胞疗法中的 T 细胞衰竭这个难题带来了曙光。

美国斯坦福大学的研究人员发现 *c-Jun* 基因的功能缺陷是 T 细胞耗竭的关键原因，过表达 *c-Jun* 的 CAR-T 细胞可以抵抗 T 细胞衰竭，增强小鼠抗肿瘤应答[463]，该研究为解决 CAR-T 在体内衰竭的问题提供了思路。

美国国家癌症研究所的研究人员发现肿瘤微环境内高浓度钾离子会限制 T 细胞营养吸收，抑制其效应功能，与此同时，又引发了 T 细胞代谢重编程，诱导 T 细胞干性。研究人员利用这一特性，将钾离子处理过的 T 细胞回输入黑色素瘤小鼠模型体内，结果显示这类"干性" T 细胞可以在体内发育成熟为杀伤性 T 细胞，进而对抗癌症[464]。该研究为改善免疫疗法疗效带来了新策略。

美国耶鲁大学发现了新的免疫检查点 Siglec-15[465]，Siglec-15 抗体的抗癌作用是 PD-1/PD-L1 抗体的有效补充，相关临床试验正在进行，有望成为继 CTLA-4 和 PD-1/PD-L1 后的一个新的爆发点。

美国麻省总医院的研究人员发现，通过将调节性 T 细胞（T_{reg}）重编程为分泌 IFN-γ 的炎症细胞，可大大增强 PD-1 抗体免疫疗法的抗肿瘤疗效，让原本无响应的肿瘤对治疗变得高度敏感[466]。通过重编程 T_{reg} 细胞改善患者对免疫检查点抑制的响应能力，将有助于进一步扩大这种免疫疗法的受众。

美国约翰斯·霍普金斯大学的研究人员发现了一种阻断谷氨酰胺代谢的化合物 JHU083，可破坏肿瘤细胞代谢及其对肿瘤微环境的影响，并重新编程 T 细胞的代谢方式，促进 T 细胞的活化与增殖，显著抑制肿瘤生长[467]。该研究展现了"代谢检查点"应用于肿瘤免疫治疗中的潜力。

463 Lynn R C, Weber E W, Sotillo E, et al. c-Jun overexpression in CAR T cells induces exhaustion resistance [J]. Nature, 2019: 1-8.

464 Vodnala S K, Eil R, Kishton R J, et al. T cell stemness and dysfunction in tumors are triggered by a common mechanism [J]. Science, 2019, 363 (6434): eaau0135.

465 Wang J, Sun J, Liu L N, et al. Siglec-15 as an immune suppressor and potential target for normalization cancer immunotherapy [J]. Nature Medicine, 2019, 25 (4): 656-666.

466 Pilato M D, Kim E Y, Cadilha B L, et al. Targeting the CBM complex causes treg cells to prime tumours for immune checkpoint therapy [J]. Nature, 2019, 570 (7759): 112-116.

467 Leone R, Zhao L, Englert J, et al. Glutamine blockade induces divergent metabolic programs to overcome tumor immune evasion [J]. Science, 2019, 366 (6468): 1013-1021.

（三）国内重要进展

1. 免疫器官、细胞和分子的再认识和新发现

北京大学等机构的研究人员使用测序技术对肝癌患者多个组织的 CD45$^+$ 免疫细胞进行单细胞转录组分析，获得了高分辨率的肝癌免疫图谱，详细描绘了肝癌微环境的免疫组分和状态及肿瘤浸润免疫细胞跨组织的动态过程[468]。该研究为在肝癌或其他疾病免疫细胞的研究以及新的临床检测与治疗方法的开发提供了新思路。

中国人民解放军海军军医大学等机构的研究人员对趋化因子受体 CCR7 介导的树突状细胞（DC）迁移和炎症反应机制进行研究，发现长链非编码 RNA lnc-Dpf3 可通过直接抑制 HIF1α 依赖性糖酵解来抑制 CCR7 介导的 DC 迁移，其中 CCR7 通过 lnc-Dpf3 RNA 的去 m^{6}A 修饰上调 lnc-Dpf3 表达[469]。该研究揭示了表观遗传修饰与代谢的交叉调控在天然免疫应答及炎症中的重要作用，有助于解释与 DC 迁移相关的炎症性疾病的发生机制，为设计和探索疾病新型免疫治疗方法提供了新思路和新依据。

上海交通大学等机构的研究人员使用单细胞测序技术对骨髓中单核细胞和 DC 前体进行分析，基于单核细胞前体中发现的特异性表达基因 *Ms4a3*，构建了单核和粒细胞示踪模型，并通过该模型详细阐述了单核细胞在骨髓中的发育过程以及成体组织巨噬细胞的更新过程[470]。该研究对以单核和巨噬细胞为靶点的治疗方案具有重要的指导意义。

2. 免疫识别、应答、调节的规律与机制

浙江大学等机构的研究人员发现 NLR 家族的两个重要受体蛋白 NOD1 和

468 Zhang Q, He Y, Luo N, et al. Landscape and dynamics of single immune cells in hepatocellular carcinoma [J]. Cell, 2019, 179 (4): 829-845.e20.

469 Liu J, Zhang X, Chen K, et al. CCR7 chemokine receptor-inducible lnc-Dpf3 restrains dendritic cell migration by inhibiting HIF-1α-mediated glycolysis [J]. Immunity, 2019, 50 (3): 600-615.e15.

470 Liu Z, Gu Y, Chakarov S, et al. Fate mapping via Ms4a3-expression history traces monocyte-derived cells [J]. Cell, 2019, 178 (6): 1509-1525.e19.

NOD2 能够在棕榈酰转移酶 ZDHHC5 的作用下发生棕榈酰化修饰，从而介导细菌性炎症信号通路的发生[471]。该研究为阐明克罗恩病、炎症性肠病等相关疾病的致病机理及相应疗法的开发提供理论基础。

北京生命科学研究所等机构的研究人员通过对沙门菌进行研究，发现宿主细胞利用 V-ATP 酶（V-ATPase）感应到细菌感染造成的膜泡损伤，进而通过招募自噬蛋白 ATG16L1 来启动异源自噬，而沙门菌分泌的效应蛋白 SopF 可以通过抑制 V-ATPase-ATG16L1 的结合进而特异抑制异源自噬[472]。该研究揭示了胞内病原体的自噬识别的分子机制，为其他选择性自噬通路的研究提供新思路。

南开大学等机构的研究人员发现在病毒感染过程中，一种异质性细胞核核糖蛋白 A2B1（heterogeneous nuclear ribonucleoprotein A2B1，hnRNPA2B1）能在细胞核内特异性地识别病毒 DNA，随后发生同型二聚化及 Arg226 的去甲基化，并转移至细胞质中，通过激活 TBK1-IRF3 天然免疫信号通路诱导干扰素产生，此外 hnRNPA2B1 还可增强细胞质 DNA 免疫受体介导的天然免疫分子信号[473]。该研究为天然免疫与炎症研究提供了新方向。

中国科学技术大学等机构的研究人员发现共生病毒对于维持肠道上皮内淋巴细胞的稳态发挥重要作用，其产生的 RNA 可被肠道内的抗原呈递细胞表达的固有免疫受体 RIG-I 识别，并进一步通过诱导抗原呈递细胞产生 IL-15，维持肠道上皮内淋巴细胞存活和增殖[474]。该项研究揭示了肠道共生病毒对肠道维持免疫稳态的作用，并阐明了机制。

中国科学院生物化学与细胞生物学研究所 / 中国科学院分子细胞科学卓越创新中心等机构的研究人员通过对环形 RNA（circRNA）进行结构解析发

---

471 Lu Y, Zheng Y, Coyaud E, et al. Palmitoylation of NOD1 and NOD2 is required for bacterial sensing [J]. Science, 2019, 366 (6464): 460-467.

472 Xu Y, Zhou P, Cheng S, et al. A bacterial effector reveals the V-ATPase-ATG16L1 axis that initiates xenophagy [J]. Cell, 2019, 178 (3): 552-566.e20.

473 Wang L, Wen M, Cao X, et al. Nuclear hnRNPA2B1 initiates and amplifies the innate immune response to DNA viruses [J]. Science, 2019, 365 (6454): eaav0758.

474 Liu L, Gong T, Tao W, et al. Commensal viruses maintain intestinal intraepithelial lymphocytes via noncanonical RIG-I signaling [J]. Nature Immunology, 2019, 20 (12): 1681-1691.

现，circRNA 通常以双链 RNA 茎环结构存在，并与双链 RNA 依赖性蛋白激酶（PKR）结合，抑制 PKR 活性。在细胞受到病毒感染时，circRNA 会被核糖核酸酶 L（RNase L）降解并激活 PKR，进而激活下游免疫信号通路，在红斑狼疮患者中也发现了 circRNA 的减少和 PKR 的过度激活[475]。该研究为 circRNA 在天然免疫中的重要功能研究奠定基础，并为自身免疫病的临床诊断和治疗提供了新思路。

中国科学院营养与健康研究所[476]、清华大学[477]的两组研究人员分别对受体相互作用蛋白激酶 1（RIPK1）调控胚胎发育和炎症性疾病的机制进行研究，发现 RIPK1 蛋白上的重要泛素连接位点 Lys376 可以通过连接 K63 泛素链招募下游 IκB 激酶（IKK）复合体，进而激活 NF-κB 信号通路。这两项研究加深了对 RIPK1 在相关疾病中的功能和机制的了解，为今后寻找药物靶点提供了新思路。

3. 疫苗与抗感染

病毒在基因组表达过程中常使用一种名为"-1 位程序性核糖体移码"（programmed -1 ribosomal frameshifting, -1PRF）的蛋白质合成重编码机制，来扩展其携带遗传信息的利用率。中国科学院生物物理研究所等机构的研究人员发现了一种新的经干扰素刺激产生的宿主抗病毒因子 Shiftless（SFL），可以抑制 HIV 蛋白质翻译过程中的 -1PRF，从而抑制病毒在细胞内复制[478]。该研究为 -1PRF 的深入研究提供了有效工具，也为研发抗艾滋病药物提供潜在新途径。

中国科学院微生物研究所等机构的研究人员发现人类新生儿 Fc 受体

475 Liu C X, Li X, Nan F, et al. Structure and degradation of circular RNAs regulate PKR activation in innate immunity [J]. Cell, 2019, 177 (4): 865-880.e21.

476 Zhang X, Zhang H, Xu C, et al. Ubiquitination of RIPK1 suppresses programmed cell death by regulating RIPK1 kinase activation during embryogenesis [J]. Nature Communications, 2019, 10 (1): 4158.

477 Tang Y, Tu H, Zhang J, et al. K63-linked ubiquitination regulates RIPK1 kinase activity to prevent cell death during embryogenesis and inflammation [J]. Nature Communications, 2019, 10 (1): 4157.

478 Wang X, Xuan Y, Han Y, et al. Regulation of HIV-1 Gag-Pol expression by Shiftless, an inhibitor of programmed-1 ribosomal frameshifting [J]. Cell, 2019, 176 (3): 625-635.e14.

（human neonatal Fc receptor，FcRn）是多个 B 族肠道病毒（EV-B）的通用脱衣壳受体，并从分子水平上解释了 EV-B 与受体分子的作用机制[479]。该研究对 EV-B 致病机理研究及药物设计具有重要指导意义。

中国医学科学院等机构的研究人员通过一系列的体外功能筛选与体内实验，发现宿主细胞被病毒感染后会抑制 RNA N6- 甲基腺苷（m^6A）去甲基化酶 ALKBH5 的活性，并通过增加 α- 酮戊二酸脱氢酶（OGDH）mRNA 的 m^6A 甲基化，降低 OGDH 的稳定性，从而降低了病毒复制所需的代谢物衣康酸产生，最终抑制了病毒复制[480]。该研究揭示了宿主细胞主动应对病毒感染、通过表观修饰与代谢重塑交叉调控抑制病毒复制的机制。

4. 肿瘤免疫

清华大学等机构的研究人员揭示了功能性障碍的 T 细胞不同于效应性和调节性 T 细胞的表观遗传学修饰以及基因表达特征，鉴定了以 NR4A1 为核心的转录调控 T 细胞耐受及耗竭新机制[481]。该研究成果提示 NR4A1 可以成为逆转 T 细胞功能性障碍，在肿瘤以及慢性感染过程中增强 T 细胞功能的潜在治疗靶点。

北京大学与美国南加州大学等机构合作构建了新型 CAR-T 细胞——CD19-BBz（86）CAR-T，并在早期临床试验中验证了其治疗 B 细胞淋巴瘤的安全性和有效性。研究表明 CD19-BBz（86）CAR-T 细胞与肿瘤细胞作用时，产生细胞因子的能力大幅降低，而抗肿瘤效果却并没有被削弱[482]。该研究为开发低细胞因子风暴风险的 CAR-T 疗法奠定了基础。

中国科学院北京基因组研究所发现了树突状细胞（DC）通过 RNA 的 m^6A

479 Zhao X, Zhang G, Liu S, et al. Human neonatal Fc receptor is the cellular uncoating receptor for Enterovirus B [J]. Cell, 2019, 177 (6): 1553-1565.e16.

480 Liu Y, You Y, Lu Z, et al. N6-methyladenosine RNA modification-mediated cellular metabolism rewiring inhibits viral replication [J]. Science, 2019, 365 (6458): 1171-1176.

481 Liu X, Wang Y, Lu H, et al. Genome-wide analysis identifies NR4A1 as a key mediator of T cell dysfunction [J]. Nature, 2019, 567 (7749): 525-529.

482 Ying Z, Huang X F, Xiang X, et al. A safe and potent anti-CD19 CAR T cell therapy [J]. Nat. Med., 2019, 25 (6): 947-953.

修饰进行溶酶体蛋白酶翻译效率调控，影响 T 细胞对肿瘤新抗原识别，并在动物实验中验证了 *YTHDF1* 基因敲除（RNA m⁶A 的一种识别蛋白），可以使 PD-L1 抗体免疫治疗效果大幅改善[483]。该研究为免疫检查点阻断疗法提供新的联合治疗策略、潜在靶点和理论支持。

中国科学技术大学等机构的研究人员发现肝癌中浸润的自然杀伤细胞（natural killer cells，NK cells）线粒体发生断裂，进一步研究发现肿瘤微环境的低氧状态通过持续激活 NK 细胞的雷帕霉素－线粒体动力相关蛋白（mTOR-Drp1）信号，引发 NK 细胞的线粒体过度分裂，进而引起 NK 细胞活性降低和清除肿瘤能力减弱[484]。该研究揭示了一种肿瘤免疫逃逸的新机制，为基于 NK 细胞的肿瘤免疫治疗提供了新思路与新靶标。

（四）前景与展望

随着单细胞测序技术、质谱流式细胞技术、活体成像技术、基因编辑技术等新技术的快速发展，人类探索和利用免疫系统的深度和广度大幅提升。面对免疫系统的复杂性，传统的单维度、单因素分割式研究难以揭示各种免疫机制的全貌，开展多维度和系统性研究将成为未来研发的主要趋势。免疫学机制研究的深入，为免疫相关疾病的预防和治疗研发带来了新的机遇。近年来，国内外爆发的 SARS、MERS、埃博拉、新型冠状病毒等疫情，给人类健康造成了严重威胁，并带来巨大的社会经济损失，国内外免疫学领域积极探索并持续关注相关病原体感染机制、疫苗以及治疗药物研究。与此同时，肿瘤免疫疗法也正快速发展，随着技术的进步，其有效性、安全性正不断提升，适应证也逐步扩展，成本日益降低，市场前景广泛。

483 Han D, Liu J, Chen C, et al. Anti-tumour immunity controlled through mRNA m⁶A methylation and YTHDF1 in dendritic cells [J]. Nature, 2019, 566 (7743): 270-274.

484 Zheng X, Qian Y, Fu B, et al. Mitochondrial fragmentation limits NK cell-based tumor immunosurveillance [J]. Nature Immunology, 2019, 20 (12): 1656-1667.

七、再生医学

（一）概述

再生医学的发展为一系列重大慢性疾病的治愈带来希望，同时也为器官移植中缺乏器官来源的问题找到潜在解决方案。近年来，学科交叉对再生医学领域发展的推进作用逐渐显现，如在干细胞治疗技术研发中，单细胞技术助力更加广泛、深入地了解干细胞的特性及异质性，为干细胞的稳定分化奠定基础；基因编辑技术的应用助力干细胞疗法在疾病治疗中发挥更好的效果；3D 生物打印技术与组织工程技术的不断深入融合，促进了更多类型、更加精细化的组织器官的制造，为组织器官的修复带来了新希望；器官芯片是工程技术与生物技术融合的典型，在芯片上"再造"器官为药物筛选提供了更接近人体的模型，助力加速药物研发的进程。

再生医学的巨大发展潜力使其成为各国多年来持续关注的重点研究领域，近年来，各国对再生医学的支持重心逐渐向临床转化过渡。例如，2019 年，澳大利亚政府发布了《干细胞治疗使命计划路线图》，制定了未来 10 年全面面向干细胞疗法研发的发展路径；美国细胞治疗制造业联盟（NCMC）也发布新版的《细胞制造路线图》，对 2016 年的版本进行了更新，进一步将细胞疗法相关的细胞制造向下游推进。

（二）国际重要进展

1. 干细胞

（1）干细胞单细胞图谱的绘制促进更深入了解干细胞的特性

单细胞技术使分析单个干细胞的特性成为可能，解决了干细胞异质性在干细胞疗法应用中可能带来的不良后果，同时为干细胞及再生医学基础研究提供了丰富的细节基础，助力干细胞治疗技术的研发与优化。

美国加州大学戴维斯分校等机构的研究人员利用单细胞 RNA 测序技术分析了水螅体内的干细胞、祖细胞和终末分化细胞的转录特征，基于这些数据建立了所有细胞系的分化轨迹，并建立了高分辨率的水螅干细胞发育谱系图，揭示了水螅再生神经系统的过程，助力了解在进化早期形成的调控基因网络，这些基因网络在包括人类在内的许多动物中是共享的[485]。

美国麻省理工学院－哈佛大学博德研究所等机构的科研人员对小鼠成纤维细胞重编程为诱导多能干细胞（iPSC）过程中各个阶段（每隔 6～12h 收集一次样品）的细胞进行了单细胞 RNA 测序，建立了细胞重编程领域迄今最大规模的单细胞图谱，进而借助基于"最优传输理论"（optimal transport）建立的Waddington-OT 框架，分析了重编程过程中不同细胞状态之间转变的路径，为细胞重编程技术的优化提供了有力支撑[486]。

美国哈佛大学与霍华德·休斯医学研究所等机构的科研人员对干细胞分化为胰腺 β 细胞的过程中，不同的时间点超过 10 万个细胞进行了单细胞 RNA 测序，追踪了细胞随时间发生的谱系变化，建立了 β 细胞体外分化过程的细胞谱系模型，为后续利用干细胞生成胰岛 β 细胞治疗糖尿病奠定了基础[487]。

（2）干细胞领域基础性新发现频现，助力解决干细胞研究瓶颈

干细胞基础研究领域的突破性发现不断出现，一方面拓宽了干细胞领域的发展道路，另一方面也有助于解决干细胞发展的瓶颈问题。

丹麦哥本哈根大学等机构的科研人员发现，小鼠胎儿肠道中的所有位置、所有 LGR5 表达模式的上皮细胞都有可能在完全成熟的器官中发育成为成体肠道干细胞，来自细胞周围的信号能够决定这些细胞的发育命运，因此，未来通

---

485 Siebert S, Farrell J A, Cazet J F, et al. Stem cell differentiation trajectories in Hydra resolved at single-cell resolution [J]. Science, 2019, 365 (6451): eaav9314.

486 Schiebınger G, Shu J, Tabaka M, et al. Optimal-transport analysis of single-cell gene expression identifies developmental trajectories in reprogramming [J]. Cell, 2019, 176 (4): 928-943.

487 Veres A, Faust A L, Bushnell H L, et al. Charting cellular identity during human *in vitro* β-cell differentiation [J]. Nature, 2019, 569: 368-373.

过识别这些信号，将为操纵未成熟细胞发育为干细胞奠定基础[488]。

美国加州大学旧金山分校等机构的科研人员发现，在诱导生成 iPSC 及其后续长期培养和分化为特定类型细胞的过程中，线粒体 DNA 会大量发生突变，这些突变会编码新抗原，并激发高度特异性的免疫应答，导致小鼠和人类对 iPSC 发生免疫排斥。该成果为解决干细胞移植中的免疫排斥问题提供了新的思路[489]。

美国麻省理工学院等机构的科研人员以涡虫为模式生物研究了再生的过程，发现一段非编码 DNA 能够调控一种"主控基因"——"早期生长反应"（early growth response，EGR），当 EGR 被激活时，就可以通过调控其他基因来控制许多生理过程。研究人员也证实人类和其他物种中同样存在这一调控机制。这一再生调控机制的发现将为人类组织器官再生的研究提供新的思路[490]。

（3）干细胞定向分化及转分化技术的不断扩展和优化助力干细胞疗法研发

干细胞稳定的定向分化是干细胞疗法发挥疗效的基础，近年来，科研人员实现了干细胞向更多类型体细胞的分化，并提高了分化的稳定性，为更多类型疾病的治疗带来了希望。

瑞士巴塞尔大学等机构的科研人员利用癌细胞的可塑性特征，强制上皮 - 间质转化获得的乳腺癌细胞转化为功能性的脂肪细胞。在阐明这一转变过程分子通路的基础上，研究人员开发出一种联合使用 MEK 抑制剂和抗糖尿病药物罗格列酮治疗小鼠和人类乳腺癌的方法。在小鼠模型中，这种联合治疗方法能够将具有侵袭性和散播性的乳腺癌细胞转分化为具有正常功能的棕色脂肪细胞，而且不会变回癌细胞，从而有效抑制原发肿瘤形成浸润和转移。该成果有望成为治疗乳腺癌的新方法[491]。

488 Guiu J, Hannezo E, Yui S, et al. Tracing the origin of adult intestinal stem cells [J]. Nature, 2019, 570: 107-111.

489 Deuse T, Hu X, Agbor-Enoh S, et al. De novo mutations in mitochondrial DNA of iPSCs produce immunogenic neoepitopes in mice and humans [J]. Nature Biotechnology, 2019, 37: 1137-1144.

490 Gehrke A R, Neverett E, Luo Y J, et al. Acoel genome reveals the regulatory landscape of whole-body regeneration [J]. Science, 2019, 363: 1191.

491 Ishay-Ronen D, Diepenbruck M, Kalathur R K, et al. Gain fat—lose metastasis: converting invasive breast cancer cells into adipocytes inhibits cancer metastasis [J]. Cancer Cell, 2019, 35 (1): 17-32.

瑞士日内瓦大学等机构的科研人员首次利用两种转录因子，将人类非 β 细胞（生成胰高血糖素的 α 细胞及生成胰多肽的 γ 细胞）诱导成为能够对葡萄糖产生应答、分泌胰岛素的细胞。研究人员将这种诱导细胞移植入糖尿病小鼠体内，由 α 细胞诱导而来的细胞尽管始终表达 α 细胞的标志物，却能够逆转糖尿病的症状，并在 6 个月内持续产生胰岛素。这项研究为了解细胞可塑性，并在此基础上开发糖尿病及其他退行性疾病的疗法奠定了理论基础[492]。

（4）干细胞的体外稳定培养是干细胞疗法开发的重要保障

美国斯坦福大学医学院与日本东京大学等机构的科研人员建立了一种无蛋白的培养系统，利用高水平的血小板生成素与低水平的干细胞因子和纤维连接蛋白协同作用，结合利用聚乙烯醇作为血清白蛋白替代品，实现了造血干细胞在体外长时间的自我更新，1 个月内扩增 236～899 倍。该培养系统既符合 GMP 的要求，又降低了成本并减少了使用血清可能带来的污染问题，有望实现临床级造血干细胞的规模化生产[493]。

（5）干细胞治疗技术展现出更加广阔的发展前景

干细胞治疗技术在疾病治疗中的研究不断获得突破，其治疗疾病的应用前景愈发明朗。全球干细胞治疗技术相关临床试验数量逐年增长，截至 2020 年 4 月已接近 8000 例[494]。

美国西奈山伊坎医学院的科研人员利用小鼠模型，证实来自胎盘的一种名为 Cdx2 的干细胞能够定向归巢，并在小鼠体内持续增殖，分化成为受损心脏的心肌细胞和血管细胞，显著改善心脏功能。Cdx2 细胞具有多能性和较弱的免疫原性，且具有能够选择性定位到受损部位的特性，这些特点为心脏疾病的异基因干细胞治疗开辟了道路[495]。

---

492 Furuyama K, Chera S, Gurp L, et al. Diabetes relief in mice by glucose-sensing insulin-secreting human α-cells [J]. Nature, 2019, 567 (7746): 43-48.

493 Wilkinson A C, Ishida R, Kikuchi M, et al. Long-term ex vivo haematopoietic-stem-cell expansion allows nonconditioned transplantation [J]. Nature, 2019, 571: 117-121.

494 利用 Clinical trial 数据库进行检索。

495 Vadakke-Madathi S, LaRocca G, Raedschelders K, et al. lMultipotent fetal-derived Cdx2 cells from placenta regenerate the heart [J]. PNAS, 2019, 116 (24): 11786-11795.

美国哥伦比亚大学欧文医疗中心等机构的研究人员通过条件性囊胚互补（CBC）的方法，利用移植的干细胞在基因缺陷的小鼠胚胎中生长出功能齐全的肺，通过这种技术治疗的小鼠能够存活到成年，其肺的功能与健康个体基本相同。这项研究为在大型动物中生成肺的新策略开发铺平了道路，使人类肺部疾病的建模以及基于细胞的治疗干预成为可能[496]。

英国伦敦大学学院等机构的科研人员为一位感染 HIV 同时患有霍奇金淋巴瘤的患者移植了携带有 *CCR5* 突变的造血干细胞，并于移植后 16 个月中断了抗逆转录病毒治疗，在接下来的 18 个月中，其血液中的 HIV 已经降低到无法检测的水平。该成果为艾滋病的治疗带来了新希望[497]。

2. 体外组织器官模拟与构建

（1）3D 生物打印技术持续优化，推动更加精细化的组织器官构建

3D 生物打印技术与组织工程技术的结合，为更多类型、更加精细的组织器官的构建提供了新途径。近年来，3D 生物打印技术不断优化，距离临床应用的距离也不断缩短。

美国莱斯大学等机构的研究人员开发了一种新型 3D 打印系统，将复杂的 3D 结构分解为连续多层 2D 图像，以添加了食品染料的光聚合水凝胶为材料进行打印，基于投影立体光刻技术，利用一种特殊的蓝光使材料逐层固化，实现在几分钟内打印出包含 3D 流体混合器（3D fluid mixers）和功能性二尖瓣的复杂血管组织。研究人员进一步利用该 3D 打印系统构建出功能性肺和肝组织，构建的肺组织能够像正常的肺一样向周围的血管输送氧气，肝组织中 3D 打印血管能为肝细胞提供营养，使其在小鼠体内存活。该成果攻克了 3D 打印器官面临的无法构建用于氧气和营养成分输送的复杂管道系统的难题，将有望为 3D

496 Mori M, Furuhashi K, Danielsson J A, et al. Generation of functional lungs via conditional blastocyst complementation using pluripotent stem cells [J]. Nature Medicine, 2019, 25 (11): 1691.

497 Gupta R K, Abdul-Jawad S, Mccoy L E, et al. HIV-1 remission following CCR5 Δ 32/Δ 32 haematopoietic stem-cell transplantation [J]. Nature, 2019, 568 : 244-248.

打印器官移植领域带来革命性的变化[498]。

美国卡耐基梅隆大学的科研人员开发出一种新型 3D 生物打印技术，以胶原蛋白为生物墨水，构建了人类心脏的功能性部件（血管、瓣膜），该 3D 生物打印心脏能够准确复制患者的特定解剖结构，且心室能够显示出同步收缩，实现了前所未有的分辨率和保真度[499]。

（2）类器官作为疾病研究模型展现巨大发展潜力

类器官技术不断优化，多种组织器官的类器官不断涌现，不仅作为药物筛选和疾病研究模型的应用范围越来越广泛，同时也孕育了作为人类器官移植潜在来源的新希望。

美国加州大学洛杉矶分校等机构的研究人员借助 3D 胸腺类器官，实现了两种多能干细胞（胚胎干细胞和 iPSC）经由造血干细胞，最终生成成熟的 T 细胞，且这种诱导生成的 T 细胞具有与天然存在的 T 细胞相似的特性。该研究同时也证实，通过对多能干细胞进行基因改造，使其表达一种靶向癌症的 T 细胞受体，借助胸腺类器官，这些多能干细胞能够分化成为具有靶向和杀死肿瘤细胞功能的 T 细胞。该成果将为通用 T 细胞疗法的开发奠定基础[500]。

美国斯坦福大学等机构的科研人员利用气液交互（ALI）类器官培养技术，在体外培养了来自 100 个患者、14 个不同组织位点、28 种不同疾病亚型的肿瘤组织，建立了癌症患者的肿瘤免疫微环境的类器官模型，并证实该类器官保留了原肿瘤组织中的各类细胞，具有稳定的免疫表征；同时，还原了 T 细胞受体库，并功能性模拟了 PD-1/PD-L1 依赖的免疫检查点。该成果为免疫疗法的开发提供了有效的模型[501]。

奥地利科学院分子生物技术研究所和加拿大英属哥伦比亚大学等机构的科

498 Fredens J, Wang K H, de la Torre D, et al. Total synthesis of *Escherichia coli* with a recoded genomes [J]. Nature, 2019, 569: 514-518.

499 Leer A, Hudson A R, Shiwarski D J et al. 3D bioprinting of collagen to rebuild components of the human heart [J]. Science, 2019, 365 (6452): 482-487.

500 Montel-Hagen A, Seet C S, Li S, et al. Organoid-induced differentiation of conventional T cells from human pluripotent stem cells [J]. Cell Stem Cell, 2019, 24 (3): 376-389.

501 Neal J T, Li X, Zhu J, et al. Organoid modeling of the tumor immune microenvironment [J]. Cell, 2019, 175 (7): 1972-1988.

研人员首次利用多能干细胞在实验中成功培养出人类血管类器官。这些血管类器官包含了血管内皮细胞和周细胞，将该类器官移植入小鼠体内，其发育成为完善的血管网络；体外暴露于高血糖和炎症细胞因子，可导致血管基底膜增厚；在小鼠体内暴露于糖尿病环境中也发生了糖尿病患者相关的微血管变化。该血管类器官忠实地反映了人类血管的结构和功能，是模拟和识别糖尿病血管病变调节因子的可靠系统[502]。

美国哈佛大学和美国麻省理工学院－哈佛大学博德研究所利用干细胞建立了大脑类器官，该类器官能够产生大脑皮层中各类细胞类型，再对 21 个类器官中分离出的 166 242 个细胞进行单细胞 RNA 测序，结果显示 95% 的类器官均能产生相同的细胞谱系，且遵循相似的发育轨迹，与正常大脑类似。同时，来自不同干细胞系的类器官在不同细胞类型的再生中也表现出一致性。该成果为开展大脑相关研究提供了有效的模型[503]。

美国辛辛那提儿童医院等机构的科研人员利用人类 iPSC 建立了模拟人类肝脏、胆道和胰腺多器官发生的类器官模型。研究人员首先利用人 iPSC 分别诱导分化出前肠、中肠，再将其联结起来，随后在前肠、中肠的边界区域分化出肝脏、胆管和胰脏前体细胞，最终培养出分别约 0.5 mm 长的 3 种"迷你"器官。该成果为研究人类内胚层器官早期形成提供了一个易于处理、易于操作、易于获得的模型，并为人类器官发生和疾病研究提供了能够产生相互联系的多器官模型[504]。

（3）器官芯片用于药物测试展现良好应用效果

器官芯片为药物筛选和药效评估提供了有望替代动物的模型，其技术发展正逐渐从单器官芯片向多器官芯片转化，同时部分器官芯片已经开始实现了应用。

美国 Emulate 公司等机构的研究人员开发了一种肝脏芯片，其含有多层肝

502 Wimmer R A, Leopoldi A, Aichinger M, et al. Human blood vessel organoids as a model of diabetic vasculopathy [J]. Nature, 2019, 565: 505-510.

503 Velasco S, Kedaigle A J, Simmons S K, et al. Individual brain organoids reproducibly form cell diversity of the human cerebral cortex [J]. Nature, 2019, 570: 523-527.

504 Koike H, Iwasawa K, Ouchi R, et al. Modelling human hepato-biliary-pancreatic organogenesis from the foregut-midgut boundary [J]. Nature, 2019, 574: 112-116.

脏细胞结构。通过该芯片，研究人员能够检测出肝脏毒性的不同表型，包括肝细胞损伤、脂肪变性、胆汁淤积、纤维化等。该器官芯片可作为预测肝脏毒性的平台，以了解动物研究中检测到的肝脏毒性对人体可能的影响[505]。

（三）国内重要进展

我国干细胞与再生医学研究水平始终位居国际前列，2019年在重编程技术、单倍体干细胞等我国的优势领域取得进一步突破。同时，在我国首个干细胞团体标准《干细胞通用要求》于2017年发布之后，在2019年，第二个团体标准《人胚胎干细胞》发布，作为我国首个针对胚胎干细胞的产品标准，对规范和推动我国干细胞的转化应用和行业发展将发挥重要作用。日趋规范化的干细胞行业环境推动我国干细胞临床转化进程持续快速推进，截至2019年，我国通过备案的干细胞临床研究项目达到62项，同时临床研究取得系列突破，部分成果国际领先。

1. 干细胞

（1）基础研究

中国科学院广州生物医药与健康研究院裴端卿课题组开发了一种7因子高效重编程技术，与经典重编程技术相比，其能够将重编程效率从小于0.1%提高到10%左右；在重编程速度上，只需要重编程4 d，即可获得足够生成嵌合小鼠的iPSC。短期快速获得高质量iPSC有助于缩短细胞治疗过程，加速推进干细胞与再生医学走向临床[506]。

中国科学院广州生物医药与健康研究院王金勇课题组和中国人民解放军总医院第五医学中心的刘兵课题组首次实现了利用两种转录因子Runx1和Hoxa9协同表达，高效诱导多能干细胞定向分化产生T细胞的种子细胞，将其移植到

505 Jand K J, Otieno M A, Ronxhi J, et al. Reproducing human and cross-species drug toxicities using a liver-chip [J]. Science Translational Medicine, 2019, 11 (517): eaax5516.

506 Wang B, Wu L, Li D, et al. Induction of pluripotent stem cells from mouse embryonic fibroblasts by Jdp2-Jhdm1b-Mkk6-Glis1-Nanog-Essrb-Sall4 [J]. Cell Reports, 2019, 27 (12): 3473-3485.

免疫缺陷小鼠体内后，能够重建其免疫系统，恢复其 T 细胞的免疫监视功能。研究人员进一步对 iPSC 进行基因编辑，使之携带肿瘤相关抗原特异性 TCR，进而成功实现了体内再生肿瘤特异性 TCR-T 细胞，在实体瘤小鼠模型中有效遏制了肿瘤的生长。该成果为 T 细胞相关免疫缺陷（如艾滋病）和 T 细胞抗肿瘤等转化研究提供了新的技术借鉴[507]。

中国科学院生物化学与细胞生物学研究所李劲松课题组、山东大学陈子江课题组及北京大学汤富酬课题组联合通过优化的胚胎构建策略和单倍体胚胎干细胞低氧建系策略首次建立了人类精子来源的孤雄单倍体胚胎干细胞系（hAG-haESCs），证明了人类精子可以被重编程为孤雄单倍体胚胎干细胞，并发现人孤雄单倍体胚胎干细胞系（hAG-haESC）可以稳定维持父源印记基因的特异性甲基化修饰模式，可以在增殖和分化过程中保持单倍体倍性的稳定，因而可以作为父源遗传物质的替代物用于研究人类着床前胚胎发育的调控机制[508]。

暨南大学基础医学院兰雨课题组、中国医学科学院基础医学研究所余佳课题组、解放军总医院第五医学中心刘兵课题组合作，在国际上首次描绘出造血干细胞（HSC）发育全程的单细胞长链非编码 RNA（lncRNA）动态表达图谱，并鉴定出 HSC 发育过程中全新未注释的 lncRNA 分子，系统阐述了 lncRNA-H19 在胚胎 HSC 发生与成体 HSC 稳态维持中完全不同的功能以及调控方式。该成果将为全面理解 lncRNA 调控重要生物学过程的机制提供重要启示，HSC 发育全程的单细胞 lncRNA 图谱也将为 HSC 发育和再生机制研究提供重要参考[509]。

（2）疗法开发

北京大学邓宏魁课题组首次将利用 CRISPR 技术敲除 *CCR5* 的造血干细胞和祖细胞移植到一名艾滋病合并急性淋巴细胞白血病患者体内，经过长达 19

507 Guo R, Hu F, Weng Q, et al. Guiding T lymphopoiesis from pluripotent stem cells by defined transcription factors [J]. Cell Research, 2019, 30: 21-33.

508 Zhang X M, Wu K, Zheng Y, et al. In vitro expansion of human sperm through nuclear transfer [J]. Cell Research, 2019, 30: 356-359.

509 Zhou J, Xu J, Zhang L, et al. Combined single-cell profiling of lncRNAs and functional screening reveals H19 is pivotal for embryonic hematopoietic stem cell development [J]. Cell Stem Cell, 2019, 24 (2): 285-298.

个月的随访发现，患者的急性淋巴细胞白血病得到完全缓解，骨髓细胞中能够持续检测到 *CCR5* 基因敲除，且未发生基因编辑相关的不良事件。此外，在抗逆转录病毒治疗中断期间，*CCR5* 敲除的 CD4$^+$ 细胞百分比略有增加，表现出一定的抵御 HIV 的能力。该研究证实了基因编辑成体造血干细胞体内移植的可行性和安全性，对于基因编辑技术的临床研究具有重要参考价值，未来经过进一步优化，该技术还有望为艾滋病的治疗带来希望[510]。邓宏魁也因此成果入选 "*Nature* 2019 年度十大人物"。

中国科学院生物物理研究所刘光慧课题组、北京大学汤富酬课题组和中国科学院动物研究所曲静课题组首次揭示，表观遗传调节蛋白 CBX4 具有稳定人间充质干细胞核仁异染色质结构、维持细胞年轻化的作用。更为重要的是，基于该蛋白质过表达的基因治疗可在小鼠中缓解骨关节炎的症状。该研究从概念上证明了通过基因导入干细胞 "年轻因子" 治疗骨关节炎的可行性，为衰老相关疾病的干预提供了全新的解决方案，在老年医学和再生医学中具有广阔的应用前景[511]。

南京鼓楼医院等机构开展的 "异体间充质干细胞治疗难治性红斑狼疮的关键技术创新与临床应用" 项目获得 2019 年国家技术发明奖二等奖。该研究利用异体间充质干细胞治疗红斑狼疮的临床试验显示出良好治疗效果，目前，项目组已完成 1132 例难治性自身免疫病的异体间充质干细胞移植治疗，为国际开展最早、例数最多、随访时间最长，并结合临床研究数据为难治性红斑狼疮患者制订了最适宜临床治疗方案。

2. 组织器官体外模拟和构建

北京大学第三医院运动医学研究所江东课题组和余家阔课题组以聚己内酯（PCL）作为基质材料，利用 3D 打印技术结合骨髓间充质干细胞构建了半月板细胞–支架复合体。研究人员利用自主研发的可控动态应力加压装置结合细胞因子

510 Xu L, Wang J, Liu Y L, et al. CRISPR-edited stem cells in a patient with HIV and acute lymphocytic leukemia [J]. The New England Journal of Medicine, 2019, 381 (13): 1240-1247.

511 Ren X, Hu B, Song M, et al. Maintenance of nucleolar homeostasis by CBX4 alleviates senescence and osteoarthritis [J]. Cell Reports, 2019, 26 (13): 3643-3656.

实现了干细胞的体外区域性诱导分化。在将该半月板复合体植入动物体内 24 周后，再生半月板接近正常半月板的结构和力学强度，有效预防了半月板切除后的关节软骨退变。该研究提出了一种新的仿生组织构建模式，利用支架结构、力学和生长因子微环境的协同作用，调控干细胞在支架不同部位的差异性分化，从而实现了组织工程半月板的构建和对关节软骨的保护，为其临床转化奠定了基础[512]。

中国科学技术大学赵刚课题组与美国密歇根大学的研究人员合作构建了人体神经管 3D 培养系统，利用该 3D 培养系统生成的类神经管组织能高度模拟胚胎神经管的发育，概括了多个神经管发育事件，包括神经板形成、神经管沿背腹轴的模式化和脊髓运动神经元的生成。该成果有助于进一步了解胚胎四周后神经管发育的分子调控机理，为科研人员进行神经药物毒性和有效性检测以及神经系统疾病等研究提供了非常有利的实验平台，对于预防和早期诊断神经管畸形等神经系统出生缺陷具有重要意义[513]。

中国科学院大连化学物理研究所秦建华课题组利用 iPSC 作为细胞来源，构建了胰岛器官芯片，实现了 iPSC 的内胚层定向诱导分化、3D 动态培养，进而实现了胰岛组织形成，该胰岛器官芯片能够在体外模拟胰岛发育的过程，获得了具有胰岛生理结构与功能特点的胰岛类器官。经鉴定，芯片上培育的胰岛类器官具有良好的胰岛素分泌和糖刺激响应功能。该成果通过芯片多功能集成和组织微环境精确模拟，建立更符合生理特点的 3D 类器官模型，为生命科学研究和组织器官制造等提供了一种新的思路和平台[514]。

（四）前景与展望

在干细胞研究方面，单细胞、基因编辑、成像技术等使能技术与干细胞的进一步深度融合，将大幅度拓展干细胞研究的深度和广度，促进对干细胞调控

512 Zhang Z Z, Chen Y R, Wang S J, et al. Orchestrated biomechanical, structural, and biochemical stimuli for engineering anisotropic meniscus [J]. Science Translational Medicine, 2019, 11 (487): eaao0750.

513 Zhang Y, Xue X, Resto-Irizarry A M, et al. Dorsal-ventral patterned neural cyst from human pluripotent stem cells in a neurogenic niche [J]. Science Advances, 2019, 5(12): eaax5933.

514 Tao T, Wang Y, Chen W, et al. Engineering human islet organoids from iPSCs using an organ-on-chip platform [J]. Lab on a Chip, 2019, 19: 948-958.

机制等细节更深入的认识，推动干细胞疗法的临床转化进程。同时，随着这一进程的推进，干细胞疗法产业化发展正在逐渐成为各国干细胞领域关注的焦点，作为产业化发展的基础，美国等国家已经开始对干细胞的规模化、自动化生产体系的建设进行系统化布局。这预示着，一方面，由于规模化生产只适用于异体（同种异基因）干细胞疗法，而异体干细胞疗法的研发也是实现干细胞疗法广泛应用的前提，因此，异体干细胞疗法的研发热度将进一步提升；另一方面，上述生产体系的建设涉及一系列技术、工艺、标准、流程，其中很多方面仍然存在空白，提供了潜在发展空间。

在组织器官体外模拟与制造研究方面，3D 生物打印技术在组织工程领域的持续渗透，以及 3D 生物打印技术的不断升级，将进一步加快组织工程领域的发展和转化进程。利用类器官和器官芯片技术模拟的组织器官逐渐朝着复杂化、精细化的方向发展，作为人体模型在疾病研究、药物筛选和测试中的应用潜力将不断提升，助力提高药物研发效率。此外，类器官技术已经展现了作为人体组织器官移植供体的可能性，未来该技术的进一步成熟，还将孕育在临床治疗领域的巨大应用前景。

未来，随着干细胞与再生医学研究的临床转化进程不断加快，在各国政府持续支持和科研人员的不懈攻关下，干细胞与再生医学技术将在多种难治性疾病的治疗中发挥巨大作用。

八、新兴与交叉技术

（一）基因编辑技术

1. 概述

自 2013 年首次报道 CRISPR-Cas9 系统在哺乳动物基因编辑中的应用以来，以 CRISPR 为代表的基因组编辑技术受到了源源不断的高度关注。"魔剪" CRISPR 以其廉价、快捷、便利的优势，迅速席卷全球各地实验室，被认为是遗传研究领域的革命性技术，也是生命科技领域的颠覆性技术。基因编辑技术及相关技术成果分别在 2012 年、2013 年、2015 年和 2017 年四次入选 *Science* 评选的"十大突破"。麻省理工学院张锋教授也因首次将 CRISPR 技术用于哺乳动物细胞的基因组编辑，被评选为"*Nature* 2013 年度十大人物"；哈佛大学科学家 Jennifer Doudna 和马普学会的 Emmanuelle Charpentier 因发现 CRISPR-Cas9 系统获得了 2015 年度被喻为"豪华版诺贝尔奖"的生命科学突破奖[515]，并于 2015 年 4 月入选美国《时代周刊》发布的 2015 年全球最具影响力 100 人名单；中国科学家黄军就因首次利用 CRISPR 技术编辑人类胚胎入选"*Nature* 2015 年度十大人物"[516]；哈佛大学 David Liu 教授因基于 CRISPR-Cas9 技术发明的单碱基编辑器入选了"*Nature* 2017 年度十大人物"；北京大学邓宏魁教授因将 CRISPR 基因编辑技术应用于成年艾滋病患者治疗入选"*Nature* 2019 年度十大人物"。2019 年，国内外在基因编辑技术用于多种疾病治疗以及新型编辑工具的开发和优化方面均取得多项突破性进展。

2. 国际重要进展

（1）基因编辑技术用于多种重大疾病研究

从基因编辑技术问世开始，科学家们便开始探索其在疾病治疗领域的应用，并在单基因遗传性疾病治疗方面进展迅速，已经有多项相关基因疗法进入临床。2019 年，基因编辑技术用于艾滋病、先天性黑矇、镰状细胞病和 β- 地中海贫血等多种疾病中的应用均取得突破。

美国天普大学和内布拉斯加大学医学中心等机构的研究人员利用 CRISPR-Cas9 疗法和 LASER（long-acting slow-effecting release）ART 疗法，首次成功消灭了活体人源化小鼠体内的 HIV，为艾滋病的治疗提供了新的思路[517]。

515 Breakthrough Prize. 2015 Breakthrough Prize Ceremony [EB/OL]. https: //breakthroughprize.org/Ceremonies/3 [2015-05-20].

516 Nature. Nature's 10: ten people who mattered this year [J]. Nature, 2015, 528: 459-467.

517 Dash P K, Kaminski R, Bella R, et al. Sequential LASER ART and CRISPR treatments eliminate HIV-1 in a subset of infected humanized mice [J]. Nature Communications, 2019, 1010: 2753.

美国哈佛医学院和波士顿儿童医院的科学家利用改进基因编辑方法，使其能够更精准地识别贝多芬小鼠[518]的 Tmcl 基因并进行修复，挽救遗传性听力受损小鼠，并且没有检测到任何明显的脱靶，为治疗遗传性听力障碍带来了希望[519]。

美国格莱斯顿研究所和加州大学旧金山分校的研究人员利用 CRISPR 基因编辑技术对完整家族的基因组进行测序，发现小儿先天性心脏病可能是由来自父母的 MKL2、MYH7 和 NKX2-5 基因突变组合引发。该研究提示了一种多基因遗传性疾病的诊断方法[520]。

美国弗雷德哈钦森癌症研究中心等机构的研究人员利用 CRISPR-Cas9 技术对造血干细胞进行编辑，从而改善了包括镰状细胞病和 β- 地中海贫血在内的几种血液疾病临床症状。这是科学家们首次对成体造血干细胞中的一个特定亚群基因进行特异性基因编辑[521]。

美国达纳法伯癌症研究所、波士顿儿童医院和马萨诸塞大学医学院等机构的研究人员，将 CRISPR-Cas12a 基因编辑技术应用于 β- 地中海贫血患者自体造血干细胞中，修复了患者血细胞中的 β- 珠蛋白编码基因。研究表明，将基因编辑技术与自体干细胞移植结合，可能是一种治疗镰状细胞病、β- 地中海贫血和其他血液疾病的方法[522]。

不过，基因编辑技术应用于人体还有较长的路要走。除了脱靶效应以外，CRISPR-Cas9 系统可能导致的致癌风险提高、人体免疫反应等多种不安全因素还有待进一步的研究。美国斯坦福大学的研究人员使用酶联免疫吸附试验探测人血清中抗 Cas9 抗体，并在 78% 和 58% 的供体中检测到针对 SaCas9 和 SpCas9 的抗体，表明人类存在针对 Cas9 的适应性免疫应答系统，因此将

518 携带有 TMC1 基因缺陷的小鼠。

519 Gyorgy B, Nist-Lund C, Pan B F, et al. Allele-specific gene editing prevents deafness in a model of dominant progressive hearing loss [J]. Nature Medicine, 2019, 25 (7): 1123-1130.

520 Gifford C A, Ranade S S, Samarakoon R, et al. Oligogenic inheritance of a human heart disease involving a genetic modifier [J]. Science, 2019, 364 (6443): 865-870.

521 Humbert O, Radtke S, Samuelson C, et al. Therapeutically relevant engraftment of a CRISPR/Cas9-edited HSC-enriched population with HbF reactivation in nonhuman primates [J]. Science Translational Medicine, 2019, 11 (503): eaaw3768.

522 Xu S Q, Luk K, Yao Q M, et al. Editing aberrant splice sites efficiently restores β-globin expression in β-thalassemia [J]. Blood, 2019, 133: 2255-2262.

CRISPR-Cas9 系统用于人类疾病治疗时，应该谨慎考虑免疫因素[523]。

（2）基因编辑技术的优化与改进

"脱靶效应"一直是阻碍 CRISPR 技术应用的关键障碍之一。科学家们通过各方面的努力来尽可能地减少 CRISPR 技术的脱靶效应，包括设计构建定位更准确的酶、寻找 CRISPR 技术的精确控制手段、发明更灵敏更精确的脱靶检测技术等。

美国麻省理工学院、博德研究所和美国国家卫生院的研究人员将一种被称为 Tn7 的转座子与 Cas12 酶相结合在一起，对细菌基因组进行编辑。研究人员利用 CRISPR 将 Tn7 转座子引导至细菌基因组中的目标位置上，将自身插入基因组中而无须切割目标基因组，有效减少了意外突变，且编辑成功率超过 80%，提高了基因编辑技术的特异性[524]。

CRISPR 系统中两类效应蛋白家族 Cas9 和 Cas12a 已被成功改造成哺乳动物及其他模式生物的基因组编辑工具。除此之外，科学家还一直将目标锁定在 V 型 CRISPR 效应蛋白 Cas12b 上，该蛋白质比 Cas9 或 Cas12a 更小，更容易通过病毒载体实现细胞间递送，但一直未被成功应用于基因组编辑，主要原因在于其嗜高温的特性。美国麻省理工学院等机构的研究人员对 CRISPR-Cas12b 系统进行重新设计改造，使其在哺乳动物和人体中（37℃）能够进行有效的基因编辑，突破了 Cas12b 嗜高温局限性[525]。

美国加州大学伯克利分校的研究人员利用一种称为循环排列（circular permutation）的技术，构建出一套称为 Cas9-CP 的新型 Cas9 变体，将 Cas9 分子转变为能够被蛋白酶感应的 Cas9（protease-sensing Cas9, ProCas9），能够更好地控制它的活性并为融合蛋白构建更优化的 DNA 结合，从而减少脱靶效应，

523 Charlesworth C T, Deshpande P S, Dever D P, et al. Identification of preexisting adaptive immunity to Cas9 proteins in humans [J]. Nature Medicine, 2019, 25 (2): 249-254.

524 Strecker J, Ladha A, Gardner Z, et al. RNA-guided DNA insertion with CRISPR-associated transposases [J]. Science, 2019, 365 (6448): 48-53.

525 Strecker J, Jones S, Koopal B, et al. Engineering of CRISPR/Cas12b for human genome [J]. Nature Communications, 2019, 10: 212.

提高组织或器官特异性的基因组编辑效率[526]。

美国加州大学伯克利分校的研究人员发现了一种名为 CasX 的新型 Cas 蛋白，其功能与 Cas9 类似，能快速并准确地切割和拼接 DNA，但结构比 Cas9 小得多，且更容易被人类机体免疫系统接纳，因而在用作基因编辑工具时具有更高的免疫原性、传递效率和特异性，有望用于多种人类疾病的治疗[527]。

韩国 IBS 基因组工程中心的研究人员利用 Digenome-seq 技术，确定了基于 CRISPR 靶向腺嘌呤碱基编辑工具（ABE）ABE7.10 的错误率，以及受 ABE7.10 影响的人类基因组位置。研究发现，使用 ABE7.10 在整个人类基因组中产生平均 60 个脱靶错误。研究人员还提出了一些抑制脱靶的策略，如在介导 RNA 末尾添加几个 G、使用不同类型的 Cas9、使用预装配的核糖核蛋白等[528]。

（3）新型基因编辑技术的探索和应用

CRISPR-Cas9 虽然比以往的技术更简单、更价廉及更通用，但仍有其局限性。因此，研究人员一直没有停止对新基因编辑系统或技术工具的追求[529]。

美国哥伦比亚大学等机构的研究人员在霍乱弧菌（*Vibrio cholerae*）中发现一种独特的转座子，可以在基因组中插入较大的 DNA 片段而不引入 DNA 断裂。基于此，他们开发出一种被称为 INTEGRATE（insert transposable elements by guide RNA-assisted targeting）的新型基因编辑工具，并利用低温电镜技术获得 INTEGRATE 系统的原子分辨率结构模型。这种新型 INTEGRATE 系统可以准确地插入较大的 DNA 序列，而无须依靠细胞的分子机器来修复断裂的 DNA 链。因此，相比于目前广泛使用的原始 CRISPR-Cas 系统，INTEGRATE 将是一种更准确、更有效的基因修饰方法，并有望在 DNA 修复活性有限的细胞类型

526 Oakes B L, Fellmann C, Rishi H, et al. CRISPR/Cas9 circular permutants as programmable scaffolds for genome modification [J]. Cell, 2019, 176 (1-2): 254-267.

527 Liu J J, Orlova N, Oakes B L, et al. CasX enzymes comprise a distinct family of RNA-guided genome editors [J]. Nature, 2019, 566 (7743): 218-223.

528 Kim D, Kim D E, Lee G, et al. Genome-wide target specificity of CRISPR RNA-guided adenine base editors [J]. Nature Biotechnology, 2019, 37, 430-435.

529 Ledford H. Beyond CRISPR: a guide to the many other ways to edit a genome [J]. Nature, 2016, 536 (7615): 136-137.

（如神经元）中进行基因编辑[530]。

美国博德研究所等机构的研究人员开发了一种名为"prime editing"的新CRISPR基因组编辑方法，通过将Cas9与逆转录酶融合表达，并利用prime editing guide RNA（pegRNA）最终实现靶位点的基因编辑。同时，研究人员证明了prime editing技术能够通过基因编辑的方式准确校正导致镰状细胞性贫血的基因变异。该方法可以实现包括12种碱基替换、小片段碱基插入和缺失等的不同编辑用途，将在基础和临床研究领域获得广泛地应用[531]。

美国麻省理工学院、哈佛大学和博德研究所等机构的研究人员将Cas13的抗病毒活性及其诊断能力相结合，构建出一种被称为CARVER（Cas13-assisted restriction of viral expression and readout）的快速可编程的诊断和抗病毒系统，可能用于多种RNA病毒的快速诊断和检测[532]。

韩国科学技术研究院和韩国世宗大学的研究人员开发出一种新的基因编辑系统，允许在没有外部载体的情况下将基因转移到淋巴瘤细胞中，同时实现多个基因的校正，可同时抑制淋巴瘤细胞表面上干扰免疫系统的蛋白质和激活细胞毒性T淋巴细胞，有望用于抗癌免疫治疗中[533]。

美国马萨诸塞大学医学院的研究人员开发出一种微同源介导的末端连接（microhomology-mediated end joining, MMEJ）途径介导的基因编辑策略，可以有效修复微重复（microduplication）相关的基因突变，从而有望用于肢带肌营养不良、赫曼斯基-普德拉克综合征和家族黑矇性白痴病等多种由于基因微重复而导致的疾病的治疗[534]。

────────────

530 Klompe S E, Vo P L H, Halpin-Healy T S, et al. Transposon-encoded CRISPR/Cas systems direct RNA-guided DNA integration [J].Nature, 2019, 571: 219-225.

531 Anzalone A V, Randolph P B, Davis J R, et al. Search-and-replace genome editing without double-strand breaks or donor DNA [J]. Nature, 2019, 576 (7785): 149-157.

532 Freije C A, Myhrvold C, Boehm C K, et al. Programmable inhibition and detection of RNA viruses using Cas13 [J]. Molecular Cell, 2019, 76: 826-837.

533 Ju A, Lee S W, Lee Y E, et al. A carrier-free multiplexed gene editing system applicable for suspension cells [J]. Biomaterials, 2019, 217: 119298.

534 Iyer S, Suresh S, Guo D, et al. Precise therapeutic gene correction by a simple nuclease-induced double-stranded break [J]. Nature, 2019, 568 (7753): 561-565.

3. 国内重要进展

我国近两年在基因编辑技术领域取得多项重大进展，尤其是在血液疾病治疗、灵长类模式动物开发和疾病模型构建、碱基编辑系统的开发和优化以及基因编辑检测技术和递送系统等方面成果突出。

（1）基因编辑技术用于人类疾病治疗

北京大学、307 医院以及北京佑安医院等机构的研究人员，合作报道了首例利用 CRISPR-Cas9 技术在祖细胞（HSPCs）中编辑 *CCR5* 基因并成功移植到罹患 HIV 和急性淋巴细胞白血病的患者案例，移植治疗使病人的急性淋巴细胞白血病得到完全缓解，携带 *CCR5* 突变的供体细胞能够在受体体内存活达 19 个月。该研究初步探索了该方法的可行性和安全性。研究成果于 2019 年 9 月发表在 *New England Journal of Medicine*（*NEJM*）上 [535]。*NEJM* 同期发表了美国科学院院士、宾夕法尼亚大学终身教授 Carl H. June 撰写的题为 "Emerging Use of CRISPR Technology—Chasing the Elusive HIV Cure" 的评论，认为 "该研究对相关领域来说非常好，而且没有引发伦理上的担忧"。该临床试验报告将会推动全球范围内基于 CRISPR 基因编辑技术的临床治疗应用，其意义不言而喻。

中国科学院生物物理研究所、北京大学和中国科学院动物研究所等机构的研究人员合作，利用辅助病毒依赖的腺病毒载体（HDAdV）介导的基因编辑技术，通过靶向编辑单个长寿基因 *FOXO3* 获得首例遗传增强的人类血管细胞。这些血管细胞与野生型血管细胞相比，不但能更高效地促进血管修复与再生，而且能有效抵抗细胞的致瘤性转化。遗传增强人类血管细胞的成功获得为开展安全有效的临床细胞治疗提供了重要解决途径 [536]。

中国科学院分子细胞科学卓越创新中心 / 生物化学与细胞生物学研究所的研究人员利用 CRISPR-Cas9 系统在一种新构建的家族性高胆固醇血症模型小鼠

535 Xu L, Wang J, Liu Y L. CRISPR-edited stem cells in a patient with HIV and acute lymphocytic leukemia [J]. New England Journal of Medicine, 2019, 381: 1240-1247.

536 Yan P Z, Li Q Q, Wang L X, et al. FOXO3-engineered human ESC-derived vascular cells promote vascular protection and regeneration [J]. Cell Stem Cell, 2019, 24 (3): 447-461.

体内部分修复 *LDLR* 基因突变和蛋白质表达，改善动脉粥样硬化等表型。该研究揭示了使用 CRISPR-Cas9 系统靶向和纠正家族性高胆固醇血症致病基因、改善动脉粥样硬化等相关表型的有效性[537]。不过，尽管在小鼠体内的工作显示了积极结果，研究人员表示在进行临床试验前还必须进行更多的安全性有效性验证。

（2）基因编辑技术用于非人灵长类疾病模型构建

基因编辑技术为灵长类动物模型构建带来了新的发展。在这一方面，中国走在了前列。2013 年，世界首只经过基因靶向修饰的猴问世，验证了 CRISPR 基因编辑技术在灵长类动物上的有效性[538]。2018 年，体细胞克隆猴"中中""华华"的诞生，标志着中国率先开启了以体细胞克隆猴作为实验动物模型的新时代[539]。

中国科学院神经科学研究所的研究人员利用 CRISPR-Cas9 技术成功构建世界首批核心节律基因 *BMAL1* 敲除猕猴模型，并通过一只症状最明显的公猴的体细胞克隆出 5 只生物节律核心基因 *BMAL1* 敲除的克隆猴，在国际上首次成功构建一批遗传背景一致的生物节律紊乱猕猴模型[540,541]。

中国科学院深圳先进技术研究院、中山大学、华南农业大学及美国麻省理工学院的研究人员，合作利用 CRISPR 基因组编辑技术，成功构建携带与抑郁症高度相关的 *SHANK3* 基因突变的猕猴。研究发现，携带 *SHANK3* 基因突变的猕猴表现出与自闭症患者相似的行为特征，如睡眠紊乱、重复性刻板行为增加以及社会交互减少等。在社会性刺激时，突变猴呈现异常的眼睛运动模式以及长潜伏期的瞳孔反应，这些表现与自闭症患者高度一致。新型转基因自闭症灵

---

537 Zhao H, Li Y, He L J, et al. In Vivo AAV-CRISPR/Cas9-mediated gene editing ameliorates atherosclerosis in familial hypercholesterolemia [J]. Circulation, 2019, 141 (1): 67-79.

538 Niu Y, Shen B, Cui Y, et al. Generation of gene-modified cynomolgus monkey via Cas9/RNA-mediated gene targeting in one-cell embryos [J]. Cell, 2014, 156 (4): 836-843.

539 Liu Z, Cai W J, Wang Y, et al. Cloning of macaque monkeys by somatic cell nuclear transfer [J]. Cell, 2018, 172 (4): 881-887.

540 Liu Z, Cai Y J, Liao Z D, et al. Cloning of a gene-edited macaque monkey by somatic cell nuclear transfer [J]. National Science Review, 2019, 6 (1): 101-108.

541 Qiu P Y, Jiang J, Liu Z, et al. BMAL1 knockout macaque monkeys display reduced sleep and psychiatric disorders [J]. National Science Review, 2019, 6 (1): 87-100.

长类动物模型的成功建立，为更加深入地理解自闭症的神经生物学机制并开发更具转化价值的治疗手段奠定了基础[542]。

（3）单碱基编辑系统的开发和优化

中国科学院遗传与发育生物学研究所的研究人员在水稻中对两种胞嘧啶编辑器（cytosine base editor，CBE）BE3 和 HF1-BE3，以及一种腺嘌呤编辑器（adenine base editor，ABE）的特异性进行了全基因组水平评估，发现 ABE 编辑器能够精准实现水稻的单碱基编辑，但 BE3 和 HF1-BE3 的胞嘧啶编辑器在全基因组范围都存在脱靶，原因很可能是所用的胞嘧啶脱氨酶或 UGI 引起基因组随机变异。该研究首次利用全基因组测序技术全面分析和比较了单碱基编辑系统在水稻基因组水平上的脱靶效应，对单碱基编辑工具的应用和下一步改造具有重要指导意义。未来，如何降低或消除胞嘧啶单碱基编辑工具的脱靶，将是单碱基基因编辑技术优化的一个重要方向[543]。

中国科学院神经科学研究所、中国科学院－马普学会计算生物学伙伴研究所、美国斯坦福大学遗传学系以及中国农业科学院深圳农业基因组研究所的研究人员合作开发了一种名为 GOTI 的技术，能够准确、灵敏地检测到基因编辑方法是否会产生脱靶效应，展现出强大的灵敏性，对数量极少的基因编辑脱靶也可感知。此外，研究人员使用 GOTI 技术发现第三代单碱基编辑器（BE3）会产生大量脱靶突变。这一发现使人们重新审视原本认为"特别安全、几乎不会有脱靶"的单碱基突变技术，并为基因编辑工具的安全性评估带来了突破性的新技术[544]。

此后，中国科学院神经科学研究所等机构合作研究，将脱靶检测范围扩展到了 RNA 水平，首次证明常用的三种单碱基编辑技术 BE3、BE3-hA3A 和 ABE7.10 均存在大量的 RNA 脱靶，并且发现 ABE7.10 高频率地发生在癌基因

542 Zhou Y, Sharma J, Ke Q, et al. Atypical behaviour and connectivity in SHANK3-mutant macaques [J]. Nature, 2019, 570: 326-331.

543 Jin S, Zong Y, Gao Q, et al. Cytosine, but not adenine, base editors induce genome-wide off-target mutations in rice [J]. Science, 2019, 364 (6437): 292-295.

544 Zuo E W, Sun Y D, Wei W, et al. Cytosine base editor generates substantial off-target single-nucleotide variants in mouse embryos [J]. Science, 364 (6437): 289-292.

和抑癌基因上，具有较强的致癌风险。在此基础上，研究人员开发了 ABE 突变体（F148A），能够缩小编辑窗口，实现更加精准的 DNA 编辑，在特异性和精确性上超越了 ABE7.10，未来有望成为更安全、更精准、可用于临床治疗的基因编辑工具[545]。

北京大学生命科学学院的研究人员首次报道了名为 LEAPER（leveraging endogenous ADAR for programmable editing on RNA）的新型 RNA 单碱基编辑技术。与传统的核酸编辑技术需要向细胞同时递送编辑酶（如 Cas 蛋白）及向导 RNA 不同，LEAPER 系统仅需要在细胞中表达向导 RNA 即可招募细胞内源脱氨酶实现靶向目标 RNA 的编辑。研究人员利用该技术在一系列疾病相关基因转录本中实现了高效精准的编辑，并成功修复了源于 Hurler 综合征病人的 α-L-艾杜糖醛酸酶缺陷细胞。该技术为生命科学基础研究和疾病治疗提供了全新的工具[546]。

中国科学院神经科学研究所 / 脑科学与智能技术卓越创新中心 / 神经科学研究所的研究人员，以多种新的胞苷脱氨酶为基础构建出多种新型的 CBE 工具。研究者对 2018 年新发现的数十种七鳃鳗来源的胞苷脱氨酶进行系统性筛选，探索其作为 CBE 系统核心酶的活性，发现以此为基础构建的新型 CBE 系统的活性窗口更加多样化，且编辑范围明显增加。新型 CBE 系统在编辑窗口和特异性上的改善为单碱基编辑技术的应用提供了更多选择，新的胞苷脱氨酶也为未来单碱基编辑工具的开发和改善奠定了基础[547]。

（4）基因编辑系统递送系统

根据来源，基因载体可以分成 5 大类，分别是质粒载体、噬菌体载体、病毒载体、非病毒载体和微环 DNA。其中病毒载体是目前最流行的 CRISPR-Cas9 系统向细胞的递送方式。逆转录病毒、腺病毒和腺相关病毒（AAV）这三大类

545 Zhou C, Sun Y, Yan R, et al. Off-target RNA mutation induced by DNA base editing and its elimination by mutagenesis [J]. Nature. 2019, 571: 275-278.

546 Qu L, Yi Z Y, Zhu S Y, et.al. Programmable RNA editing by recruiting endogenous ADAR using engineered RNAs [J]. Nature Biotechnology, 2019, 37 (9): 1059-1069.

547 Cheng T L, Li S, Yuan B, et al. Expanding C-T base editing toolkit with diversified cytidine deaminases [J]. Nature Communications, 2019, 10: 3612.

病毒，已经在提供遗传物质的治疗方面进行了广泛的应用。然而，构建病毒载体是一个艰苦而且高成本的过程，并且运用这些病毒载体递送并不能做到万无一失。研究表明，利用病毒类载体递送 CRISPR-Cas9 系统存在着固有缺点，包括致癌风险、插入大小限制以及会在人体内产生免疫反应。

南京大学、厦门大学和南京工业大学的科研人员开发出一种名为"上转换纳米粒子"的新型非病毒载体，可以通过近红外光控制基因的编辑方式，实现体内时间和空间上的基因编辑的可控。该方法的有效性已在体外细胞和小鼠活体肿瘤实验中得到验证，未来在癌症等重大疾病治疗方面具有广阔的应用前景[548]。

4. 前景与展望

基因编辑技术已经展现出越来越广泛的应用潜力，科学家们已经开始尝试将其用于纠正疾病基因、消除致病微生物，甚至复活灭绝物种、根除害虫等。未来，CRISPR 基因编辑技术将继续在生物技术、科学、人类健康、伦理安全等方面实现颠覆性意义。

A. 基因编辑技术正在朝着更精确的方向发展。基因编辑技术的应用过程中，"脱靶效应"是影响其安全性的最大阻碍。在减少脱靶效应、提高基因编辑安全性方面，科学家们已经取得了诸多成就。"关闭开关"和"anti-CRISPR"的发现，为 CRISPR 技术的精确控制提供了新的手段；eSpCas9、xCas9、Cas12a、Cas12b 等相关酶和效应蛋白的发现和改进，极大地提高了 CRISPR 系统的灵敏性、安全性，扩大了应用范围；碱基编辑器、CRISPR-X、CRISPRi、Meganuclease、CAPTURE 等新的编辑系统的构建，也为基因编辑技术应用提供了更多选择。同时，GOTI 等灵敏精确的脱靶检测技术也为提高基因编辑技术的精确度和安全性提供了重要基础。未来，基因编辑技术将向更准确、更安全、更具特异性的方向发展。

548 Pan Y C, Yang J J, Luan X W, et al. Near-infrared upconversion-activated CRISPR/Cas9 system: a remote-controlled gene editing platform [J]. Science Advances, 2019, 5 (4): eaav7199.

B．基因编辑技术临床应用的未来日益明朗。对体细胞或者干细胞基因编辑，已经有一些研究成果走向临床。根据 clinicaltrials.gov 登记的数据，全球有超过 20 个基因编辑技术相关临床试验正在开展。

在血红蛋白疾病方面，数项治疗镰状细胞贫血（SCD）和 β- 地中海贫血的基因编辑项目已经进入临床研究阶段。例如，Sangamo 和赛诺菲联合开发的 ST-400/BIVV003 使用 ZFN 基因编辑系统对从患者体内获得的造血干细胞和祖细胞进行基因编辑，通过对 *BCL11A* 基因的编辑让细胞能够重新表达血红蛋白；CRISPR Therapeutics 和 Vertex 公司联合开发的 CTX001 使用 CRISPR 系统同样靶向 *BCL11A* 基因，在一名严重镰状细胞贫血患者和一名 β- 地中海贫血患者中表现出良好的疗效。

在癌症免疫疗法方面，基因编辑技术提供了一种改进的 CAR-T 疗法策略，CRISPR Therapeutics 公司基于 CRISPR-Cas9 开发的癌症免疫疗法 CTX120，用于多发性骨髓瘤，已进入 1/2 期临床试验。宾夕法尼亚大学和 Parker 研究所等机构基于 CRISPR-Cas12a 技术开发的 NYCE T 细胞疗法用于多发性骨髓瘤，也进入 1 期临床。

在体内基因编辑疗法方面，Editas Medicine 与 Allergan 公司联合开发的 EDIT 101，用于治疗 Leber 先天性黑矇 10 的 1/2 期临床试验已开始患者招募。未来，这一系列基于基因编辑技术的基因疗法临床研究结果会相继公布，更多临床研究会陆续展开，基因编辑技术在基因治疗应用中将发挥更重要的作用。

C．基因编辑技术在胚胎水平的应用研究将逐步发展。利用 CRISPR-Cas9进行胚胎基因编辑，大多数停留在模式动物阶段，也出现少量的人类胚胎研究。胚胎水平的基因编辑主要用于研究生命早期发育相关机制以及遗传疾病的基因修复。目前，已经有多项研究显示出在人类胚胎上使用基因编辑技术来揭示人类胚胎发育过程的优势和必要性。未来可能会有更多利用人类胚胎基因编辑研究早期发育机制的报道，如探索辅助生殖存在的体外受精囊胚发育率较低的原因、解决胚外组织发育异常导致的流产问题等。对于遗传疾病的基因修复，目前已经有较多利用小鼠、猴子等模式动物的胚胎基因编辑研究，如白内障、酪氨酸血症、肌营养不良等疾病都在小鼠模型中成功实现了治疗性胚胎基因编辑。虽然也有少量在人类胚胎上开展基因编辑用于疾病治疗的研究，但均引起国际社会强烈反响，其研究的必要性和安全性都受到颇多质疑。

虽然理论上基因编辑技术能够修复任何细胞的任何基因突变，从而达到治疗疾病的效果，但在真正广泛地应用于人类疾病治疗之前，还有大量的研究工作要做。攻克技术本身固有的脱靶效应，避免致命的人体免疫应答，确保不增加新的疾病风险，提高脱靶检测的灵敏度和准确率等都是基因编辑技术应用于人体的难点和重点。多国科学院、医学和相关科学学会、第二届人类基因编辑峰会的组织者以及负责任的基因组编辑研究和创新联盟等组织均呼吁，应当在现有的监管框架下，积极制定基因编辑技术人体应用的临床前体外和动物研究路线图，研究确定用于评估人类生殖系基因编辑的技术路线和工具等。

（二）脑机接口

1. 概述

脑机接口（brain machine interface，BCI）是在人或动物脑（或者脑细胞的培养物）与计算机或其他电子设备之间建立的不依赖于常规大脑信息输出通路（外周神经和肌肉组织）的一种全新通信和控制技术，是神经科学和工程技术学科交叉产生的一项创新性技术。脑机接口是一项门槛高、要求复杂的系统性工程，不仅涉及神经科学、认知科学、神经工程等核心学科，还涉及材料科学、电子工程、人工智能等多学科领域的知识支撑。1924 年，德国精神科医生汉斯·贝格尔发现了脑电波，人们发现意识可以转化成电子信号被读取，此后，针对脑机接口技术的研究开始出现。直到 20 世纪 70 年代左右，脑机接口技术才开始成形，美国国防高级研究计划局（DARPA）也开始布局脑机接口技术研究；2005 年，Cyberkinetics 公司获美国 FDA 批准，开展了脑机接口 BrainGate 的运动皮层临床试验，首次利用植入式脑机接口患者实现了通过运动意图来完成机械臂控制、电脑光标控制等。近 10 年来，脑机接口技术取得了长足进步和飞速发展，将是未来推动社会发展的一项极为重要的关键技术，*The Economist* 杂志认为该领域将是下一个前沿。

脑机接口作为当前神经工程领域中最活跃的研究方向之一，在生物医学、神经康复和智能机器人等领域具有重要的研究意义和巨大的应用潜力。从神经科学研究的角度看，脑机接口为揭示大脑奥秘提供了强有力的平台，为理解大脑的工作机制、改进和提高人工智能系统的信息处理能力提供可能；从医疗与康复领域的需求看，脊髓损伤、脑瘫、肌萎缩等患者丧失了生活自理能力，脑机接口技术通过直接解读大脑命令，可帮助残疾人建立大脑与外部世界直接交流的渠道，实现某种程度上的生活自理。这些需求都为脑机接口研究提供了巨大动力。

按信号采集的方式，脑机接口技术大致可分为植入式和非植入式两类。目前，植入式脑机接口技术是指通过手术等方式直接将电极植入到大脑皮层，可获得高质量的神经信号，但却存在着较高的安全风险和成本；另外，由于异物侵入，可能会引发免疫反应和愈伤组织（疤痕组织），导致电极信号质量衰退甚至消失，伤口也易出现难以愈合及炎症反应。因此，"植入式"脑机接口技术的研究在动物实验中取得了诸多进展，但在人体中应用难度更大。美国在人用研究方面已实现了突破，处于行业前列，荷兰科学家也取得了举世瞩目的成果。非植入式脑机接口技术因其操作相对简便而受到更多研发团队的青睐，典型的系统有脑电图 EEG、脑磁图 MEG、近红外光谱 NIRS、功能磁共振成像 fMRI 等，一些商用脑机交互产品已经出现在市场上。例如，日本本田公司生产了意念控制机器人，操作者可以通过想象自己的肢体运动来控制身边机器人进行相应的动作；美国加州旧金山的神经科技公司 Emotiv 则开发出一款脑电波编译设备——Emotiv Insight，能够帮助残障人士控制轮椅或电脑。

"科学狂人"埃隆·马斯克（Elon Musk）创立的 Neuralink 是植入式脑机接口技术的一面旗帜，Facebook 和 BrainCo 则是非植入式脑机接口技术的两座高峰。2019 年，Neuralink 公司发布脑机接口系统"植入式大脑缝纫机"；Facebook 资助的"语音解码器"项目出现重大突破，脑机接口进入"技术爆发期"。

我国脑机接口研究和技术虽起步较晚，但发展迅速，开始在该领域有所建树。我国国家自然基金委员会在 10 多年前就开始支持脑机接口相关研究，"多模态信息的协同计算与脑-机接口"是"视听觉信息的认知计算"重大研究计划的 4 大核心研究工作之一。在此支持下，清华大学等在国内率先开展脑机接口的研究，早在 2001 年就实现控制鼠标、控制电视各个按键。随着全球脑机接口研究迅速升温，国内开展脑机接口研究的机构也迅速增加，并取得多项国际认可的创新成果。近几年，国内也出现了一些从事脑机接口技术研究的机构，但从技术水平和成果质量来看，主要研究成果集中在各大高校，目前还没有相对成熟的产品公布。

2. 国际重要进展

（1）植入式脑机接口

美国神经科技公司 Neuralink 发布了其首款产品"植入式大脑缝纫机"，即"脑后插管"的脑机接口芯片植入技术。Neuralink 公司开发的脑机接口系统利用一台神经手术机器人在脑部 28 mm² 的面积上，植入 96 根直径只有 4～6 μm 的"线"，总共包含 3072 个电极，然后可以直接通过 USB-C 接口读取大脑信号。与以前的技术相比，新技术对大脑的损伤更小，传输的数据也更多，可高效实现脑机接口。2020 年 7 月，Neuralink 最新版的脑机接口系统 LINK V0.9 已获得美国 FDA 的"突破性设备认定"，有望获得加速审批并进入临床试验。

美国 Synchron 公司开发的仅通过静脉即可植入大脑的微创植入神经接口技术 Stentrode，获批进入临床测试阶段。Stentrode 是唯一一种无须进行开放式脑部手术，仅通过静脉即可植入大脑的脑机接口技术。该技术的实现依赖于大脑控制平台 BrainOS，该平台将脑活动转化为标准化数字信号，控制肢体活动进行沟通交流。Stentrode 技术旨在帮助瘫痪患者利用辅助技术实现直接的大脑控制，有望最终实现对复杂人体的可控性操作。美国 FDA 已批准 Stentrode 技术进行首次临床测试，且第一批参与者的安全性和有效性数据将被 FDA 用于评估美国市场销售支持方案，目前已成功完成 Stentrode 的首次脑植入。

（2）非植入式脑机接口

语言能力是人类执行的最复杂的活动之一，目前已实现从大脑信号中解码语言。Facebook 长期资助美国加州大学旧金山分校致力于开发"语音解码器"，通过分析大脑信号来确定人们试图说出的内容。2019 年 3 月，美国加州大学旧金山分校[549] 开发的一款脑电波 AI 解码器，能够将大脑活动信号直接转化为句子文本。研究人员首先通过电极记录受试者说话时的神经活动信号，并用特定语句和神经信号特征之间的关联数据训练 AI 算法，试验证明，训练后的机器翻译算法能够准确地解码受试者的神经活动，并将其接近实时地翻译为句子文本，错误率低至 3%。

美国加州大学旧金山分校[550] 于 4 月份的另一项研究成果实现了将大脑信号解码转换为合成语音。新开发的脑机接口技术可利用深度学习算法分两步解码大脑信号，将其转换为合成语音。研究人员设计了一种循环神经网络（RNN），首先可将大脑语音相关区域的神经信号转化为虚拟声道运动，然后通过进一步解码将声道运动转化为合成语音，通过两步解码合成的语音明显优于直接解码大脑信号形成的合成语音，为帮助无法说话的患者实现发声交流完成了有力的概念验证。目前，依赖测量头部或眼睛的残余非语言运动的脑机接口技术仅可打出 8 个单词，而该方式有望让丧失语言沟通能力的患者每分钟输出 150 个单词，堪称现实版读心术。此项研究首次表明可依据大脑活动生成完整的语言表达，且相关技术已成熟，有望推向临床应用。

美国加州大学旧金山分校 7 月份发表的一项研究成果首次证明可以从大脑活动中提取人类说出某个词汇的深层含义，并将提取内容迅速转换成文本。医生在癫痫患者大脑上直接放置一小块微型电极，之后要求每个志愿者回答 9 个固定问题、阅读 24 个可能的回答，并用电极记录其大脑活动，随后，利用此数据对计算机模型进行训练。该模型几乎能立即识别患者听到的问题和做出的反应，且仅凭大脑信号就能完成，准确率分别为 76% 和 61%。目前，该大脑阅读软件只适用于训练过的一些语句，但为未来开发能实时解码大脑信号的更强

549 Makin J G, Moses D A, Chang E F. Machine translation of cortical activity to text with an encoder-decoder framework [J]. Nature Neuroscience, 2020, 23: 575-582.

550 Anumanchipalli G K, Chartier J, Chang E F. Speech synthesis from neural decoding of spoken sentences [J]. Nature, 2019, 568: 493-498.

大系统奠定了良好基础，希望可研发出使瘫痪者能够更流畅地交流的产品。

美国加州大学劳伦斯伯克利国家实验室（LBNL）开发了稳定、安全、实时的"人脑 / 云接口系统（B/CI）"[551]，可以将纳米机器植入人体，实现与网络的实时连接。人脑 / 云接口系统由神经纳米机器人技术调节，可使个体有能力在云端即刻获取人类积累的一切知识，从而大幅提高人类的学习能力和智力。神经纳米机器人设备可以在人类的脉管系统中识别方向，跨越血脑屏障，在脑细胞之间甚至脑细胞内部精确地自动定位，然后让加密信息在人脑和基于云的超级计算机网络之间无线传输，实时监控大脑状态并提取数据。虽然还未进入大规模人类试验阶段，但这项新生技术已在较小规模上取得了成功，未来神经纳米机器人技术将有望促进对影响人类大脑的约 400 种疾病进行精确诊断和最终治疗。

美国哥伦比亚大学神经工程学院[552] 模拟人脑过滤无效声音信息，揭示了听觉皮层运行机制，并基于此开发了脑机接口助听器。解码声音分两步，当外部世界杂乱的声波通过内耳向大脑传递信号时，大脑听觉皮层便能准确地从杂乱的声音中挑出有意义地信息传递给大脑。研究揭示了这种现象背后的大脑运行机制：听觉皮层是有层次的，每一层都会对声音进行不同程度的解码，其中两个层次结构是颞横回（HG）和颞上回（STG）。来自内耳的信息首先到达颞横回，然后到达颞上回，通过权衡颞横回发出的信号，颞上回区域会过滤掉一些声音，留下一种频率的声音进行放大。此外，研究团队还在此基础上开发出一款使用脑机接口（BCI）的新型助听器，可在语音合成器的帮助下将脑波模式转换为语音。

美国哈佛大学创新实验室成果孵化企业 BrainCo 公司推出了包括赋思头环（Focus）、智能假手（BrainRobotics）以及冥想头环（Focus Fit）多款基于脑机接口技术的落地产品。Focus 是全球首款监测与提升注意力的头环，这款产品

551 Martins N R B, Angelica A, Chakravarthy K, et al. Human brain/cloud interface [J]. Frontiers in Neuroscience, 2019. DOI: 10.3389/fnins.2019.00112.

552 O'Sullivan J, Herrero J, Smith E, et al. Hierarchical encoding of attended auditory objects in multi-talker speech perception [J]. Neuron, 2019, 104 (6): 1195-1209.e3.

能够采集佩戴者的脑电波信号，并把这些脑电波信号转化成注意力指数，可以实时跟踪学习者注意力情况；BrainRobotics 是一款供残疾人使用的智能假手，使用者可以通过肌肉神经信号直接控制假手做出各种动作，这是目前世界上操作最精准、实现度和活动维度最多的智能假手，其售价只是同类产品价格二十分之一；Focus Fit 是一款把提升注意力与运动结合的头环产品，可通过辅助完成运动前冥想环节，最大限度地提升体育训练的效果。

3. 国内重要进展

澳门大学与香港大学合作研发的脑机接口算法，应用了先进的机器学习方法及自适应优化策略。基于该算法，普通人利用脑电波打字的速度可以达到每分钟 200～300 bit，即 20 多个汉字。"BCI 脑控机器人大赛暨第三届中国脑机接口比赛"的参赛选手以每分钟超过 691.55 bit 的脑控打字速度创造了新纪录，超过了普通人用触屏手机的打字速度。

清华大学神经工程实验室利用其自主开发的稳态视觉诱发电位（SSVEP）脑机接口系统，首次成功使渐冻症患者实现"意念打字"而具表达能力。利用脑机接口技术，渐冻症患者可以头戴与屏幕连线的"脑电帽"，无须发出声音，也不用动手指，就能实现在屏幕上"意念打字"，即运动障碍患者可通过大脑来控制屏幕光标，进而打字以获得交流能力。SSVEP 范式是目前全世界通信速率最高的无创脑机接口系统，与美国提出的 P300 范式和欧洲提出的运动想象范式并列为国际脑机接口领域三大范式，使中国在国际脑机接口领域占有了一席之地。目前实验室正准备与医院合作，让渐冻症患者尝试使用这套系统。

4. 前景与展望

自各国"脑计划"启动以来，美国、欧洲、日本、韩国等陆续参与"脑科技"竞赛。目前，随着政府与民间资本的推动，脑机接口技术踏上了高速发展的道路，并被誉为"人工智能的下一代技术"。脑机接口技术已越过第一阶段科学幻想阶段、第二阶段科学论证阶段，进入第三阶段，即主要聚焦用什么技术路径来实现脑机接口技术，这代表着将出现各种各样的技术方法，也就是所谓的"技术爆发期"。

脑机接口领域科学研究与应用技术的不断突破，尤其是 AI 算法的加持，为许多当前仍无法解答的难题提供了更好的探索工具，不仅能够帮助人类进一步了解自己的大脑，更重要的是为诊断、治疗脑部及其他严重疾病提供了解决方案，甚至广泛应用于睡眠管理、智能生活和残疾人康复等领域。目前在医疗领域，脑机接口技术已开始进入临床应用阶段，并往商业化角度发力；教育和娱乐领域也有一些相关应用。毫无疑问，脑机接口技术将是未来推动社会发展的一项极为重要的关键技术，随着未来脑机接口的技术革新，更多应用场景落地，将真正实现把科幻场景搬入现实。

（三）DNA 存储

1. 概述

互联网时代的兴起，加之相关技术和平台导致了数字化数据的飞速增加。目前，对数字化数据存储的需求已经超过了现有的储存能力，并且随着数据的指数增长，这种差距将越来越大。现代数据信息储存技术主要依赖硅制的微电子，如闪存。有分析指出，预计到 2040 年全球数据储存将需要超过 1000 kg 的晶圆级硅，但是 2040 年硅单晶片供应量预计仅有 108 kg[553]，因此迫切需要新型、可持续材料以支持世界信息技术基础和数字化数据存储。因此，越来越多的研发企业和科研机构开始探索利用 DNA 进行数据存储的可能性。与传统介质相比，DNA 存储数据具有两个主要优点，一方面是存储密度，DNA 信息存储密度的数量级是已知任何储存技术的若干倍；另一方面是稳定性，传统的数据存储方式都受限于其材料本身会随着时间降解，而 DNA 是一种非常稳定的分子，半衰期超过 500 年[554]。

553 Zhirnov V, Zadegan R, Sandhu G, et al. Nucleic acid memory [J]. Nature Materials, 2016, 15: 366-370.

554 Molecular Information Systems Lab. Home page [EB/OL]. http://misl.cs.washington.edu/[2020-06-05].

美国在 DNA 存储领域的布局和研究都相对领先，不仅发布了"半导体合成生物学路线图"，而且联邦机构也布局了相关研究项目。例如，美国国防高级研究计划局（DARPA）2017 年就启动了分子信息学项目，旨在创造通过编码分子进行数据存储、检索和处理的新范例，并提供约 1500 万美元资助哈佛大学、布朗大学、伊利诺伊州大学和华盛顿大学进行相关研发。美国国家情报高级研究计划局（IARPA）分子信息存储技术（MIST）项目旨在开发利用 DNA 每天可以编写 1 TB 数据、读取 10 TB 数据的技术，项目 2018 年年底开始实施，并计划制定 10 年内实现商业化的可行途径。美国国家科学基金（NSF）也在 2018 年、2019 年连续两年资助支持 DNA 信息存储研究项目。

我国在"合成生物学"重点专项 2018 年度项目中也有"使用合成 DNA 进行数据存储的技术研发"的项目布局，项目总经费达 2203 万元人民币。

此外，半导体研究联盟（SRC）等行业联合会也参与到该领域的研发活动中。SRC 主要发展替代性存储技术如 DNA 存储、5D 光学储存、磁存储和低温等技术的推进和应用；微软研究院与华盛顿大学合作，也在推动 DNA 数据存储能力的发展。近几年，DNA 存储领域涌现了许多初创公司。例如，总部位于波士顿的 Catalog 公司，利用将大量数据编码到 DNA 中的预处理分子，把大约 1 KB 数据存储到 DNA 中；2018 年 6 月筹集了 900 万美元，推动商业化 DNA 数据存储服务。此外，Catalog 与英国剑桥咨询公司达成合作，将共同建造世界首个 DNA 存储库设备。

2. 重要进展

从 20 世纪 80 年代后期首次证明了在 DNA 中存储数据的能力，近年来该领域的研究获得了显著的进展。2017 年，数据储存量（400 MB）取得巨大进步，也实现了存储密度的最大化，不过使用 DNA 存储数据仍然更多地局限于实验室科学领域。2019 年，科研人员在 DNA 合成、计算编程等方面也取得了重要的成果。

美国麻省理工学院和亚利桑那州立大学的研究人员设计了一个计算机程序，

允许用户将任何形状的绘图转换成由 DNA 构成[555]。这些尺寸在 10～100 nm 的图形，可以悬浮在缓冲溶液中稳定保存数周甚至数月。这种电路将来可以用来进行量子传感和基本计算，未来或许可以实现在室温下工作的量子计算电路。

美国哈佛大学与 Bio-Rad 实验室的研究人员合作，开发了一种单细胞快速测序的新平台。这种新工具利用微流体技术和新型软件，扩展了单细胞 ATAC-seq 技术，之前的方法中每次反应可以分析 100 个细胞，而新方法可以将这个数字扩大到了 50 000 个[556]。扩展后的技术可以帮助研究人员在更短的时间完成更多的目标。

新加坡 - 麻省理工学院研究与技术联盟（SMART）中心和新加坡国立大学的研究人员开发出一种新技术，使用标准化和可重复使用的部件，与最流行的 DNA 组装方法结合，更快、更便宜、更准确地构建近乎无疤痕的质粒结构。这种新的鸟嘌呤/胸腺嘧啶（GT）DNA 组装技术使基因工程师能够重复利用遗传物质，提供了一种将生物部分定义为标准 DNA 组件简单方法[557]。

美国弗吉尼亚大学、耶鲁大学和加州大学的研究人员发现，细菌通过一种前所未见的生物结构实现导电。利用低温电子显微镜技术，研究人员在原子水平上解析了硫还原杆菌（*Geobacter sulfurreducens*）的纤维结构，发现其是通过这些特殊蛋白质制成的整齐有序的纤维来传输电能，就像包着金属线的电线一样[558]。这种微小而整齐的结构，有望被用于利用生物能源、清理污染、制造生物传感器等方面的研究开发。

瑞士苏黎世联邦理工学院的研究人员开发出一种采用生物元件构造灵活的中央处理器（CPU）的方法，这种 CPU 可以接受不同类型的编程[559]。这种处理器

---

555 Jun H, Zhang F, Shepherd T, et al. Autonomously designed free-form 2D DNA origami [J]. Science Advances, 2019, 5 (1): eaav0655.

556 Lareau C A, Duarte F M, Chew J G, et al. Droplet-based combinatorial indexing for massive-scale single-cell chromatin accessibility [J]. Nature Biotechnology, 2019, 37 (8): 916-924.

557 Ma X Q, Liang H, Cui X Y, et al. A standard for near-scarless plasmid construction using reusable DNA parts [J]. Nature Communications, 2019, 10: 3294.

558 Wang F B, Gu Y Q, O'Brien J P, et al. Structure of microbial nanowires reveals stacked hemes that transport electrons over micrometer [J]. Cell, 2019, 177 (2): 361-369.

559 Venetz J E, Medico L D, Wölfle A, et al. Chemical synthesis rewriting of a bacterial genome to achieve design flexibility and biological functionality [J]. Proceedings of the National Academy of Sciences of the United States of America, 2019, 116 (16): 8070-8079.

基于一种改进的 CRISPR-Cas9 系统，基本上可支持多个 RNA 分子形式的输入。研究人员采用了来自两个不同细菌的 CRISPR-Cas9 成分，创造出了首个具有双核处理器的细胞计算机。这种生物计算机不仅极小，而且从理论上说这种"计算器官"可远远超过数字超级计算机的运算能力，且消耗的能量很少。

中国北京大学的研究人员设计了 DNA 缺刻酶催化和熵驱动 DNA 链置换双重催化机制，首次构建了自调节可重构 DNA 电路。和硅基电路只消耗电信号相似，只要持续输入 DNA "燃料"信号，两个反应环路就会相互衔接，可重构 DNA 电路就会持续输出信号，并保持电路的完整[560]。同时，研究人员还构建了多输入双层可重构 DNA 电路以证明其拓展性，为发展新型生物计算和基因编辑技术奠定了基础，提供了新思路。

3. 前景与展望

研究已经证实 DNA 可以提供可扩展、随机存取、无差错的数据存储系统，而 DNA 编码和读取数据的技术进步降低了 DNA 合成成本，但是 DNA 数据存储的研究目前还是主要在学术实验室进行，以政府机构支持和资助为主。主要原因在于 DNA 合成价格过高，目前仍依赖于几十年前基于化学的方法。另一个原因是缺乏专门的 DNA 数据存储技术，必须使用生命科学 DNA 技术用于数据存储。近几年也开始涌现出提供 DNA 存储服务的初创企业，此外，微软、谷歌等也在进行相关的研发活动。

DNA 数据存储的最初用途是将不经常使用的数据，或是必须进行远距离物理传输的大量数据进行"冷"存档存储。未来，该领域有望为更广泛的计算机科学领域带来创新。2019 年 7 月，世界经济论坛（WEF）发布的"2019 年十大新兴技术"，DNA 数据存储就是其中之一[561]。美国国家情报高级研究计划局（IARPA）分子信息存储技术（MIST）项目等已经在倡议开发支持 DNA 数据存

---

560 Zhang C, Wang Z Y, Liu Y, et al. Nicking-assisted reactant recycle to implement entropy-driven DNA circuit [J]. J. Am. Chem. Soc., 2019, 141 (43): 17189-17197.

561 WEF. Top 10 emerging technologies 2019 [EB/OL]. https://www.scientificamerican.com/report/the-top-10-emerging-technologies-of-2019/[2020-06-05].

储的新技术。这些技术包括比现有 DNA 测序仪更快的 DNA 阅读装置，使用新型分子方法扫描 DNA 序列随机访问检索的方式，可以专门用于 DNA 存储设备的操作软件等。随着这些技术的发展，DNA 数据存储或将整合合成生物学和半导体工业，建立更广泛的新型计算机技术生态系统[562]。

---

562 Potomac Institute for Policy Studies. The future of DNA data storage [EB/OL]. https://potomacinstitute.org/images/studies/Future_of_DNA_Data_Storage.pdf [2020-06-05].

第三章 生物技术

 一、医药生物技术

（一）新药研发

2019 年，NMPA 批准了 11 个由我国自主研发的新药上市，包括 7 个化学药、2 个生物制品和 2 个中药（表 3-1）。其中，有 9 个是我国自主研发的 1 类创新药。

表 3-1　2019 年 NMPA 批准上市的我国自主创制的 1 类创新药及中药新药

序号	通用名	商品名	上市许可持有人 / 生产单位	适应证	注册分类
1	聚乙二醇洛塞那肽注射液	孚来美	江苏豪森药业集团有限公司	2 型糖尿病	化学药 1 类
2	本维莫德乳膏	欣比克	广东中昊药业有限公司	成人轻至中度稳定性寻常型银屑病	化学药 1 类
3	可利霉素片	必特	上海同联制药有限公司	敏感细菌引起的急性气管 - 支气管炎、急性鼻窦炎	化学药 1 类
4	甘露特钠胶囊	九期一	上海绿谷制药有限公司	轻度至中度 AD，改善患者认知功能	化学药 1 类
5	甲磺酸氟马替尼片	豪森昕福	江苏豪森药业集团有限公司	费城染色体阳性的慢性髓性白血病	化学药 1 类
6	注射用甲苯磺酸瑞马唑仑	瑞倍宁	江苏恒瑞医药股份有限公司	常规胃镜检查的镇静	化学药 1 类
7	甲苯磺酸尼拉帕利胶囊	则乐	再鼎医药（上海）有限公司	铂敏感的复发性上皮性卵巢癌、输卵管癌或原发性腹膜癌的维持治疗	化学药 1 类

续表

序号	通用名	商品名	上市许可持有人 / 生产单位	适应证	注册分类
8	注射用卡瑞利珠单抗	艾瑞卡	苏州盛迪亚生物医药有限公司	经一线系统化疗的复发或难治性经典型霍奇金淋巴瘤	生物制品 1 类
9	替雷利珠单抗注射液	百泽安	百济神州（上海）生物科技有限公司	经一线系统化疗的复发或难治性经典型霍奇金淋巴瘤	生物制品 1 类
10	小儿荆杏止咳颗粒		湖南方盛制药股份有限公司	小儿外感风寒化热的轻度支气管炎	中药 6 类
11	芍麻止痉颗粒		天士力医药集团股份有限公司	抽动 - 秽语综合征（Tourette 综合征）及慢性抽动障碍，中医辨证属肝亢风动、痰火内扰	中药 6 类

1. 新化学药

2019 年，NMPA 批准了 7 个我国自主研发的 1 类新化学药。

A．聚乙二醇洛塞那肽注射液，商品名"孚来美"，上市许可持有人为江苏豪森药业集团有限公司，2019 年 5 月 5 日获批上市。该药为长效 GLP-1 受体激动剂，可促进葡萄糖依赖的胰岛素分泌，配合饮食控制和运动，单药或与二甲双胍联合。该药用于改善成人 2 型糖尿病患者的血糖控制。

B．本维莫德乳膏，商品名"欣比克"，上市许可持有人为广东中昊药业有限公司，2019 年 5 月 29 日获批上市。该药为一种酪氨酸蛋白激酶抑制剂，可通过抑制 T 细胞酪氨酸蛋白激酶，干扰 / 阻断细胞因子和炎症介质的释放、T 细胞迁移以及皮肤细胞的活化等发挥治疗作用。该药用于局部治疗成人轻至中度稳定性寻常型银屑病。

C．可利霉素片，商品名"必特"，生产单位为上海同联制药有限公司，2019 年 6 月 24 日获批上市。该药用于治疗敏感细菌引起的急性气管 - 支气管炎、急性鼻窦炎。

D．甘露特钠胶囊，商品名"九期一"，上市许可持有人为上海绿谷制药有限公司，2019 年 11 月 2 日获批上市。该药用于轻度至中度 AD，改善患者认知功能。

E. 甲磺酸氟马替尼片，商品名"豪森昕福"，生产单位为江苏豪森药业集团有限公司，2019年11月22日获批上市。该药为小分子蛋白酪氨酸激酶（PTK）抑制剂。通过抑制 Bcr-Abl 酪氨酸激酶活性，抑制费城染色体阳性的 CML 和部分急性淋巴细胞性白血病患者的瘤细胞增殖，诱导肿瘤细胞凋亡。该药用于治疗费城染色体阳性的慢性髓性白血病（Ph＋CML）慢性期成人患者。

F. 注射用甲苯磺酸瑞马唑仑，商品名"瑞倍宁"，生产单位为江苏恒瑞医药股份有限公司，2019年12月26日获批上市。该药为苯二氮䓬类药物，作用于 GABAA 受体。用于常规胃镜检查的镇静。

G. 甲苯磺酸尼拉帕利胶囊，商品名"则乐"，上市许可持有人为再鼎医药（上海）有限公司，2019年12月26日获批上市。尼拉帕利是一种多聚 ADP-核糖聚合酶（PARP）PARP-1 和 PARP-2 的抑制剂。该药用于铂敏感的复发性上皮性卵巢癌、输卵管癌或原发性腹膜癌成人患者在含铂化疗达到完全缓解或部分缓解后的维持治疗。

2. 新生物制品

2019年，NMPA 批准了2个我国自主研发的生物制品。

A. 注射用卡瑞利珠单抗，商品名"艾瑞卡"，生产单位为苏州盛迪亚生物医药有限公司，2019年5月29日获批上市。该药用于经一线系统化疗的复发或难治性经典型霍奇金淋巴瘤患者的治疗。

B. 替雷利珠单抗注射液，商品名"百泽安"，上市许可持有人为百济神州（上海）生物科技有限公司，2019年12月26日获批上市。该药用于经一线系统化疗的复发或难治性经典型霍奇金淋巴瘤患者的治疗。

3. 新中药

2019年，NMPA 批准了2个中药新药上市。

A. 小儿荆杏止咳颗粒，生产单位为湖南方盛制药股份有限公司，2019年12月16日获批上市。该药主要用于治疗小儿外感风寒化热的轻度支气管炎。

B. 芍麻止痉颗粒，生产单位为天士力医药集团股份有限公司，2019年12

月 18 日获批上市。该药适应证为抽动 – 秽语综合征（Tourette 综合征）及慢性抽动障碍。

（二）医疗器械

2019 年 2 月，广州市妇女儿童医疗中心、美国加州大学圣地亚哥分校和康睿智能公司等多个单位共同合作开发出的人工智能（AI）病历阅读技术，能够准确诊断多种儿科常见疾病，对病例的诊断准确率达到 95%。研究人员将该 AI 诊断系统与不同年资的儿科医生进行对比，结果显示该系统可媲美年轻儿科医生的水平。该 AI 诊断系统在临床应用中有重要意义，有了 AI 快速分诊的辅助，不但可以减少患者的等待时间，让病情危急的患儿及时得到诊治，还可以让有限的医疗服务资源得到最大程度的应用。相关成果发表于《自然》子刊 *Nature Medicine*。

2019 年 3 月，新华医疗研发团队研发的高能医用电子直线加速器获批 NMPA 颁发的产品注册证。该产品具有 6 MV、10 MV 和 15 MV 三挡 X 射线，以及 6～22 MeV 多挡电子线，使生产企业具有低能、中能、高能全线产品布局。团队攻克了新型高性能加速管技术、加速器数字化实时控制技术、动态多叶准直器、VMAT 等系列关键技术。基于高度集成的数字化技术平台，高能医用电子直线加速器具有多线程多任务工作模式，可多轴同步联动、剂量率伺服。该产品配置最小分辨率可达 0.5 cm 的内置高速动态多叶准直器，可实现 VMAT 等主流照射。

2019 年 5 月，由上海联影医疗科技有限公司研发的 320 排 16 cm 宽体超高端 CT 获批医疗器械产品注册证。该设备突破了 16 cm 高性能宽体探测器、超高机架旋转速度及精准同步控制系统，大锥角成像校正和重建等一系列技术难关，是继 GE 和 Canon 之后，我国研发出的首台 320 排 16 cm 宽体超高端 CT，填补了我国超高端 CT 产品的空白。

2019 年 6 月，由中山大学牵头研发的人工智能糖尿病视网膜病变分析软件通过了中国食品药品检定研究院的检测，成为国内首个通过国家标准库测试检验的产品，并获批 NMPA 三类创新医疗器械特别审查通道，完成多中心前瞻性 1000 例临床试验，进入注册审批阶段。该软件已在广东地区被用于完成约 2000 余例患者糖尿病视网膜病变早期筛查。

2019 年 8 月，北京航空航天大学牵头研发的超 100 通道的近红外脑功能成像医疗器械产品获批医疗器械注册证。该产品采用近红外脑功能成像技术，通过波长范围在 650～900 nm 的近红外光谱监测脑皮层激活带来的血流和血氧参数变化，实现脑活动的无创成像。近红外脑功能成像技术具有时空分辨率高、抗运动干扰、抗电磁干扰等诸多优点，为无约束、自由场景的脑功能研究、诊断评价等提供了脑影像平台。

北京积水潭医院牵头针对临床骨科中的典型疾病和精准手术的需求，制定国际首套以通用型骨科手术机器人为核心的骨科精准治疗解决方案，以及 4 项基于循证评价的骨科机器人临床应用指南，为骨科机器人技术的规范化应用和推广奠定基础。截至 2019 年年底，该方案通过建立多医疗中心协作模式，在不同层级医疗机构完成骨科精准治疗解决方案应用和临床验证；通过骨科机器人临床应用大数据平台建设，纳入医院共 307 家，采集病例逾 5800 例，为应用规范制定和技术迭代研发提供持续支撑；通过开展 5G 骨科机器人多中心远程手术应用，已在全国 6 家医院完成 14 例骨科机器人远程手术研究，实现国际领先的 5G 通信和机器人技术融合的应用与推广。

中国科学院苏州生物医学工程技术研究所联合长春奥普、长春亚泰、宁波舜宇等公司，开发了结构光照明荧光玻片扫描仪、双光子 STED 荧光玻片扫描仪等超分辨显微成像产品，并将超分辨显微成像技术在病理诊断中开展应用；攻克了大数值孔径、长工作距离物镜、大面阵 CMOS、高灵敏度弱光探测 EMCCD 等难关，打破了国外相关产品对我国的垄断。结构光照明荧光玻片扫描仪 2019 年 9 月通过了医疗器械优先审批申请，进入注册办证阶段。双光子 STED 荧光玻片扫描仪在 2019 年年底完成型式检验，已提交注册办证申请。

中国科学院深圳先进技术研究院联合广州中科新知科技有限公司，采用零/低负荷生理信号监测技术研发了基于压电传感原理的非接触式心率呼吸记录仪，可监测睡眠期间的心率、呼吸率、体动次数等数据。设备测量精度达到了医疗应用标准，并部署于武汉市金银潭医院、深圳市疾控中心，实现对受试患者睡眠期间心肺功能指数的实时监测，有利于评估受试患者心肺功能所受的影响，填补了患者愈后跟踪随访与健康管理的技术不足，支撑了出院患者后期康复管理的业务需求。

二、工业生物技术

（一）生物催化技术

2019 年 5 月，上海交通大学系统生物医学研究院徐岷涓副研究员、赵一雷教授和郑舰艇教授合作开展了关于微生物天然产物中吡喃环形成的酶学机制研究。苯并吡喃环是众多具有生物学活性天然产物的核心骨架，主要分布在伞形科、金丝桃科等传统药用植物中。研究人员首次从厦门链霉菌 318 中分离到一系列苯并吡喃类化合物，发现其为具有抗纤维化活性的药物候选物，将其命名为厦门霉素（xiamenmycin）。研究人员基于环化酶（XimE）以及蛋白 - 小分子复合体在 1.77 Å 下的晶体结构，并结合定点突变实验和过渡态计算，揭示了协同控制 XimE 催化的 6-endo 成环的多个关键氨基酸残基。厦门霉素生物合成基因簇中的 FAD- 依赖的单加氧酶（XimD）和 XimE 的组合不仅能合成天然的苯并吡喃和苯并呋喃骨架，还可合成线型和角型的吡喃、呋喃香豆素等植物天然产物。研究结果发表于 *ACS Catalysis*。

2019 年 7 月，北京化工大学生命科学与技术学院、化工资源有效利用国家重点实验室袁其朋教授与孙新晓副教授合作利用大肠杆菌天然赖氨酸分解代谢途径合成戊二酸。该研究利用大肠杆菌天然赖氨酸分解代谢机制生物合成戊二酸，在不引入外源基因的情况下，通过谷氨酸和 NAD(P)H 的循环再生、解除赖氨酸反馈抑制、增加前体草酰乙酸的供应，产生强大的代谢驱动力，大幅增加流向目标产物的碳通量。另外，该研究通过转运蛋白的筛选表达，解决了中间体戊二胺和 5- 氨基戊酸的胞外积累问题。最终，在补料分批条件下，戊二酸的产量和产率分别达到 54.5 g/L 和 0.54 mol/mol。该研究为其他长途径化学品的高

效合成提供了一种有效策略。研究成果发表于 *Nature Communications*。

2019 年 7 月，上海有机化学研究所生命有机化学国家重点实验室周佳海研究员课题组和美国加州大学洛杉矶分校（UCLA）唐奕教授课题组合作，解析了 *S*- 腺苷甲硫氨酸（SAM）依赖型多功能周环酶（LepI）与底物或产物的复合物结构，并通过与 UCLA 的 Kendall Houk 课题组合作开展理论计算工作，系统地阐释了 LepI 催化的分子机制。研究结果发表于 *Nature Chemistry*。

2019 年 7 月，中国科学院青岛生物能源与过程研究所丛志奇研究员课题组通过对活性口袋关键位点的叠加突变研究，首次成功获得了对丙烷及其他低碳烷烃（C3～C6）具有高羟化活性和选择性的 P450 过加氧酶，其反应总转化数可以和已知的唯一可利用过氧化氢氧化烷烃的天然过加氧酶 AaeUPO 相媲美，产物生成速率与已报道的 NADPH 依赖 P450 工程酶高效体系相当。这项研究为开发烷烃小分子碳—氢键选择性羟化的工程酶提供了新思路。此外，该人工过加氧酶体系还呈现出了与已报道的 NADPH 依赖 P450 酶不同的性质，比如对中等链长烷烃的区域选择性差异、对天然酶实现催化功能不可或缺高度保守位点的突变反而有助于催化活性的改善，这些结果表明该人工 P450 过加氧酶体系在生物催化领域有着更广阔的潜在应用。研究结果发表于 *ACS Catalysis*。

2019 年 8 月，浙江大学基础医学院、浙江大学医学院附属第一医院杜艺岭研究员课题组与加拿大英属哥伦比亚大学化学系 Katherine S.Ryan 教授课题组合作，通过体外生化反应重构、蛋白质晶体结构解析和合成生物学等多种技术手段，对一株海洋来源的藤黄紫交替假单胞菌中吲哚霉素的合成途径进行了解析。此外，研究人员通过整合三株不同细菌中的生物合成酶，构建出了一条更为高效的吲哚霉素人工合成途径。这项工作不仅揭示了一种独特的微生物天然药物生物合成过程的趋同进化现象，而且也为通过合成生物学技术实现药物优质高产提供了新的思路。研究成果发表于 *Nature Chemical Biology*。

2019 年 9 月，中国科学院昆明植物研究所黄胜雄研究员课题组和上海生命科学研究院植物生理生态研究所张余研究员课题组合作解析了托烷类生物碱合成途径中 *N*- 甲基吡咯啉和丙二酰辅酶 A 单元的酶促连接机制。研究人员表征了 AaPYKS、DsPYKS 和 AbPYKS 三种吡咯烷酮合酶（pyrrolidine ketide synthases, PYKS），它们分别来自三种不同的产莨菪碱和东莨菪碱的植物。通过对 AaPYKS 的晶体结构分析和生化活性验证，研究人员发现反应机理涉及 PYKS 介导的丙二酰辅酶 A 缩合生成 3- 氧代 - 戊二酸中间体，并与 *N*- 甲基吡咯啉进行非酶促 Mannich 样缩合，得到外消旋的 4-（1- 甲基 -2- 吡咯烷基）-3- 氧代丁酸。至此，该研究提供了备受关注的 *N*- 甲基吡咯啉和乙酸酯单元之间的缩合机制，更重要的是，鉴定了一种不同寻常的植物Ⅲ型聚酮合酶，其仅催化一轮丙二酰辅酶 A 缩合反应。研究成果发表于 *Nature Communications*。

2019 年 9 月，江南大学许正宏教授课题组构建重组谷氨酸棒杆菌高产 γ 聚谷氨酸。研究人员在生产 L- 谷氨酸的谷氨酸棒杆菌 ATCC 13032 中使用诱导型启动子 Ptac 表达来自枯草芽孢杆菌（*pgsB*、*pgsC* 和 *pgsA*）或地衣芽孢杆菌（*capB*、*capC* 和 *capA*）的编码 γ-PGA 合酶复合物（聚合谷氨酸）的基因，使得谷氨酸棒杆菌 ATCC 13032 可以利用葡萄糖直接生产 γ-PGA。由于不补充 L- 谷氨酸，γ-PGA 产量较低。因此，该研究使用具有强 L- 谷氨酸生产能力的谷氨酸棒杆菌 F343 表达 *capBCA* 和 *pgsBCA*。表达 *capBCA* 的谷氨酸棒杆菌 F343 可产高达 11.4 g/L 的 γ-PGA，高于表达 *pgsBCA* 的谷氨酸棒杆菌 F343。之后，通过表达不同强度枯草芽孢杆菌谷氨酸消旋酶基因 *racE*，γ-PGA 中 L- 谷氨酸单位比例可以从 97.1% 降至 36.9%，γ-PGA 的分子量（Mw）范围为 2000～4000 kDa。该菌株在最佳初始葡萄糖浓度下，γ-PGA 滴度达到 21.3 g/L，为 γ-PGA 的最高产量。这项工作为持续和经济地在谷氨酸棒杆菌中利用葡萄糖从头生产具有定量比例 L- 谷氨酸的 γ-PGA 的开发奠定了基础。研究成果发表于 *Metabolic Engineering*。

2019 年 9 月，清华大学化学工程系于慧敏教授课题组以基因规模代谢模型 iCW773 为基础，通过系统设计和代谢工程，在谷氨酸棒杆菌中构建了一个合成高效价透明质酸（HA）的优良细胞工厂。研究人员采用 OptForceMUST 算法对 iCW773 进行通量平衡分析，确定遗传干预措施；预测了 HA 生物合成途径增强、糖酵解途径减弱、磷酸戊糖途径基因敲除和丙酮酸脱氢活性减弱作为基因调控的靶点；采用了各种遗传策略，包括额外的启动子 PdapB 驱动 hasB 表达、asRNA 介导的 fba 衰减、zwf 缺失和乳酸 / 醋酸途径基因敲除。获得的工程菌株在 5 L 发酵罐分批培养中获得了 28.7 g/L HA 的效价，这是有史以来报道的最高值，且其主要分子量为 0.21 MDa。研究成果发表于 *Metabolic Engineering*。

2019 年 10 月，浙江大学药物生物技术研究所李永泉教授课题组前期利用基因簇激活策略从 *Streptomyces chattanoogensis* 中挖掘到一类全新的天然产物氧化偶氮霉素（azoxymycins）及其基因簇，其中双核铁酶 AzoC 对氧化偶氮键的生物合成很关键。进一步的研究发现 AzoC 能够将芳胺中间体转变为氧化偶氮霉素，证实了氧化偶氮的形成是 AzoC 催化氧化和非酶自由基途径相耦合的串联反应：第一步，AzoC 通过非经典的［2＋2］电子氧化将芳胺转变为对应的亚硝基中间体；第二步，氧化还原辅酶对（NADH/NAD$^+$）引发亚硝基与羟胺的相互转化，单电子转移过程中产生的亚硝基自由基与羟胺自由基中间体相互二聚化，最终形成偶氮键。研究结果表明亚硝基是氧化偶氮键合成的重要合成子，为偶氮类新型高含能材料的合成生物学开发奠定了重要理论基础。研究成果发表于 *Nature Communications*。

2019 年 10 月，中国科学院天津工业生物技术研究所研究员朱敦明、吴洽庆与西班牙教授 Sílvia Osuna 合作开展了酶法去对称还原合成药物中间体（13*R*, 17*S*）-ethyl secol 及其类似物的研究。研究人员首先以前手性化合物 ethyl secodione 作为底物，筛选并获得了来源于 *Ralstonia* sp. 的羰基还原酶 RasADH。研究人员以该酶作为模板，利用结构指导的定向进化策略，经过数轮的改造，筛选获得了能够高效催化底物 ethyl secodione 的突变酶 RasADH F12，催化活力提高了 183 倍，目标产物的比例由 37.3% 提高至 ＞99.5%，双羰基还原产物比例由 18.8% 降低至 ＜0.1%，并且实现了千克级底物的转化，为工业化应用奠定了基础。获得的突变酶具有较好的底物谱，能够应用于多种 2, 2- 双取代 -1, 3- 环戊二酮的去对称性还原，从而解决了该类化合物合成过程中立体选择性差、转化效率低、产物复杂的难题。研究成果发表于 *Nature Catalysis*。

2019 年 12 月，华东理工大学生物工程学院生物反应器工程国家重点实验室许建和教授、郑高伟教授与英国曼彻斯特大学 Nicholas J. Turner 教授合作开展了酶法不对称合成手性邻位氨基醇的研究。通过对野生型亮氨酸脱氢酶的分子改造，研究团队首次开发出对 α- 羟基酮底物具有还原胺化活力的胺脱氢酶，

实现了一系列 α- 羟基酮底物的还原胺化过程，合成了光学纯的（S）- 邻位氨基醇产物，对映体过量值 ee 均大于 99%。研究人员利用所开发的胺脱氢酶进行还原胺化反应，实现了（S）-2- 氨基 -1- 己醇和抗结核病药物乙胺丁醇手性前体化合物（S）-2- 氨基 - 丁醇的酶法制备。研究结果发表于 *ACS Catalysis*。

2020 年 1 月，湖北大学杨世辉教授课题组通过代谢工程策略改造运动发酵单胞菌，使其高产异丁醇。研究人员首先通过整合编码 2- 酮异戊酸脱羧酶的异源基因，如乳酸乳球菌的 *kdcA*，来改善运动发酵单胞菌中的异丁醇生产情况。当重组菌中的 *kdcA* 用四环素诱导型启动子 Ptet 进行驱动时，异丁醇的产量从几乎为零增加到了 100～150 mg/L。此外，研究人员进一步过表达了与缬氨酸代谢相关的 *als* 基因和两个内源基因（*ilvC* 和 *ilvD*），从而有利于异丁醇的生物合成。研究成果发表于 *Biotechnology for Biofuels*。

2020 年 1 月，北京大学药学院天然药物及仿生药物国家重点实验室叶敏教授课题组从药用植物光果甘草的转录组中挖掘获得了一种新颖的双 C—糖基转移酶 GgCGT。该酶能够高效催化含有弗洛丙酮结构单元的化合物发生连续两步 C—糖基化反应，生成相应的双碳苷产物。研究人员解析了 GgCGT 与不同底物及糖基供体的一系列复合物晶体结构，证明了碱性氨基酸残基 His27 辅助底物脱质子化，从而起到催化作用。在底物结合区，Gly389 附近有一处较大空间，可用于容纳单碳苷化合物，进行第二步 C—糖基化反应，在双 C—糖基化活性中起到重要作用。这项工作为开发具有药用价值的 C—糖苷类化合物提供了高效的生物催化剂。研究成果发表于 *Journal of the American Chemical Society*。

2020 年 2 月，中国科学院天津工业生物技术研究所孙媛霞研究员通过蛋白质工程对 UGT74AC1 糖基转移酶进行了分子改造，获得了一系列突变体，使得该酶对不同种类三萜类化合物的催化效率提高了 100～10 000 倍。研究人员随后利用优势突变体的体外催化功能合成了一系列新的三萜皂苷化合物。该研究通过该酶的晶体结构解析与分子动力学模拟研究，揭示了酶分子与底物之间的作用机制，为植物源糖基转移酶的定向改造提供了可借鉴的理论依据。该研究证明了植物来源糖基转移酶在合成天然产物中具有重要的应用潜力。研究成果发表于 *ACS Catalysis*。

2020 年 3 月，上海交通大学生命科学技术学院、微生物代谢国家重点实验室白林泉团队深入解析了抗糖尿病药物阿卡波糖生物合成机制，通过有效的代谢工程策略进一步提高了阿卡波糖产量。研究人员在发酵液中鉴定出两种大量积累的来自阿卡波糖合成途径的分流产物。通过对这些分流产物形成方式的系统深入研究，明确了环醇脱水酶 AcbL 和 NADPH 依赖性氧化还原酶 AcbN 的功能，修正了阿卡波糖的生物合成途径。研究人员同时通过比较转录组分析，发现氨基脱氧己糖部分的低效生物合成是引起分流产物形成的主要原因之一。在此基础上，研究人员以"开源截流"策略为指导，采用多种代谢工程与合成生物学手段，一方面通过多基因敲除最大限度地减少分流产物的积累，另一方面通过异源高效氨基脱氧己糖合成基因的引入来提高其合成能力，促进 C7- 环醇中间体的有效利用，最终使阿卡波糖产量提高了 1.2 倍，达到 7.4 g/L。研究成果发表于 *Nature Communications*。

2020 年 4 月，湖北大学李爱涛教授联合德国马普煤炭研究所 Manfred T. Reetz 教授、中国科学院上海有机化学研究所周佳海研究员以及西班牙赫罗纳大学 Silvia Osuna 教授通过对细胞色素 P450 酶进行酶分子工程改造，获得的 P450 人工酶突变体可以实现一系列甾体底物的 C7β 的定向羟基化反应，并表现出了较高的活性和区域 / 立体选择性。研究人员通过对获得的 P450 酶突变体进行晶体结构解析与分子动力学模拟，成功地阐明了其高活性、高区域 / 立体选择性的分子催化机制。研究成果发表于 *Angewandte Chemie International Edition*。

2020 年 5 月，北京大学化学与分子工程学院雷晓光教授课题组首次解析了 Aspergillomarasmine A（AMA）在米曲霉体内的完整生物合成途径，揭示了 AMA 是以乙酰丝氨酸 / 磷酸丝氨酸和 L- 天冬氨酸为底物，在 AMA 合酶（AMA synthase）的催化下连续构造出两个 C—N 键而生成的产物。在此基础上，研究人员利用 AMA 合酶制备了一系列结构新颖的 AMA 类似物，并通过对该酶的分子改造进一步扩大了底物识别范围。该研究为 AMA 的大量制备以及新型 β- 内酰胺类抗生素佐剂的开发奠定了基础，同时也进一步拓展了 C—N 键合成酶在生物催化中的应用前景。研究成果发表于 *ACS Catalysis*。

（二）生物制造工艺

开发高效、绿色的生物制造关键技术和装备，大力推动绿色生物制造工艺在轻工业、食品加工、化工制药等过程的应用，可显著降低物耗、能耗、工业固体废弃物产生和环境污染物的排放，促进生物制造产业规模化全面发展。

2019 年 11 月，清华大学邢新会教授牵头完成的"常压室温等离子体（ARTP）诱变育种技术与装备研制及其应用"项目成果荣获 2019 年度中国轻工业联合会技术发明一等奖。研究团队首次将 ARTP 应用于微生物诱变育种领域，并开发成新一代诱变育种仪。该诱变育种仪具有突变率高、处理快速、操作简便、环境友好、对操作者安全无辐射等特点，所获得突变株遗传稳定性良好，已成功应用于包括细菌、真菌、酵母、微藻等在内的近 60 种生物的诱变育种。ARTP 作为新兴的高效育种手段，因其独特的优势将在生物育种领域发挥更大的作用。

2019 年 11 月，广东省生物工程研究所梁达奉研究员牵头完成的"绿色制糖关键技术开发及应用"项目成果荣获 2019 年度中国轻工业联合会科技进步奖一等奖。该项目针对传统制糖工艺的缺陷，通过与厦门大学、广西糖业集团和中诺生物科技公司产学研联合攻关，运用生物技术、免疫技术和制糖技术融合创新，开发右旋糖酐酶、生物絮凝剂等生物助剂和右旋糖酐定量检测单抗试剂盒，应用于糖料与制糖生产，并形成制糖生化清净工艺技术，解决了绿色制糖的关键技术难题，促进糖业提质增效与节能减排。项目整体技术达到国际先进水平，其中右旋糖酐定量检测单抗试剂盒及相应快速测定技术达到国际领先水平。

2019 年 11 月，江南大学毛健教授牵头完成的"基于组学技术的黄酒酿造关键技术与装备的创新及应用"项目成果荣获 2019 年度中国轻工业联合会科技进步奖一等奖。高级醇和生物胺是造成黄酒易上头深醉、舒适性差的关键物质。江南大学与浙江古越龙山绍兴酒股份有限公司合作成立联合实验室，采用微生物代谢调控技术，降低了这两种物质的含量，同时科学设计酒体，黄酒饮后舒适度大大提升。"不上头"黄酒的成功研发，是现代黄酒科技的一大突破，

是传承中的创新，意义重大。

2019 年 11 月，江南大学徐岩教授牵头完成的"基于微生物组的白酒高品质关键生产技术及应用"项目成果荣获 2019 年度中国轻工业联合会科技进步一等奖。该项目形成了具有自主知识产权的白酒酿造微生物组研究方法学体系；开发了风味微生物强化技术，实现了特征风味的定向可控、异味物质的控制与消减，解决了白酒安全风味控制的难题，保障了白酒优质与安全生产。该项目实现了从关键微生物种类研究到酿造功能应用的跨越，形成的理论与实践为进一步科学解析酿造微生物奥秘奠定了基础，对于提升各大香型白酒品质、开发风格多元产品，具有重要的借鉴意义。

2019 年 12 月，浙江大学李永泉教授牵头完成的"放线菌药物高效生物合成关键技术及其产业应用"项目成果荣获 2019 年度中国石油和化学工业联合会技术发明一等奖。项目组在 863 计划、国家和省级重大专项资助下，针对聚酮和非核糖体肽两类药物，以抗多重耐药革兰氏阳性菌新药达托霉素、临床首选免疫抑制剂他克莫司为模式对象，利用合成生物学技术对其生产菌基因组进行靶向、精准、高效的理性改造，变革了传统育种技术，原料药总杂显著降低，发酵水平超过美国和日本原研药企，实现了达托霉素和 FK506 的新药创制、优质高产和产业化，近三年累计销售逾 13.1 亿元、利税逾 5.7 亿元。

2020 年 1 月，江南大学吴敬教授牵头完成的"淀粉加工关键酶制剂的创制及工业化应用技术"成果荣获国家技术发明奖二等奖。淀粉加工用酶是食品工业用量最大的酶制剂。此项成果发明了智能精算与区域重构相结合的快捷精准酶基因挖掘改造新技术，破解酶制备源头性难题；发明了快速合成与高效转运相协调的酶发酵新技术，攻克了酶高效制备瓶颈；发明了定向有序和定量可控的淀粉转化新技术，提升了淀粉加工产品产率。三年新增产值 72.1 亿元，利税 11.1 亿元。此项成果扭转了我国长期依赖进口酶导致的淀粉加工技术优势不足的局面，对我国食品工业的可持续发展具有重要意义。

2020 年 1 月，上海交通大学微生物代谢国家重点实验室陈代杰教授牵头的"依替米星和庆大霉素联产的绿色、高效关键技术创新及产业化"项目成果荣获 2019 年国家科技进步二等奖。该项目由陈代杰教授团队与上海医药工业研究院（现整合为中国医药工业研究总院）、常州方圆制药、江苏省食品药品监督检验研究院等多家单位近十年联合攻关，首次提出"抗生素共线联产"思想，并以庆大霉素 C1a 为纽带，将我国创新药物依替米星和庆大霉素进行联产工艺创新。项目的实施大幅提升了产品的收率和质量，降低了制造成本和"三废"的排放，产品累计销售逾 19 亿元，取得了显著的经济和社会效益。

（三）生物技术工业转化研究

2019 年 11 月，中国科学院天津工业生物技术研究所张学礼研究员主持完成的"厌氧发酵法生产 L- 丙氨酸关键技术与产业化"项目成果荣获 2019 年度中国轻工业联合会技术发明一等奖。项目团队通过 L- 丙氨酸最优途径设计、合成途径重建、合成途径精确调控和细胞性能优化，构建出将葡萄糖高效转化为 L- 丙氨酸的细胞工厂。该技术指标达国际最高水平，并且利用该技术建成年产 3 万 t L- 丙氨酸的生产线，在国际上首次实现发酵法 L- 丙氨酸的产业化，生产成本比传统技术降低 52%。

2019 年 11 月，东北农业大学江连洲教授主持完成的"植物油料高值化生物加工与利用关键技术"项目成果荣获 2019 年度中国轻工业联合会技术发明一等奖。江连洲教授及其团队在国家 863 计划、国家科技支撑等项目支持下，以现代生物技术为手段，突破植物油料生物解离关键技术为核心，组合发明生物解离产物及油脂的高值化利用成套技术，形成了植物油料全产业链新一代加工技术体系。项目成果在 11 家国内知名企业应用，近三年新增销售额 93 256.09 万元，新增利润 10 533.41 万元，出口创汇 450.43 万美元。

2019 年 11 月，华东理工大学魏东芝教授牵头完成的"甾体发酵菌种及绿色制造工艺关键技术"成果荣获 2019 年度中国轻工业联合会技术发明一等奖。此项成果首次在国际上运用系统代谢工程手段，研发成功可以生产雄甾烯酮、孕甾烯酮和 A- 降解物等系列甾体医药中间体的甾醇发酵转化菌株和配套生产工艺，生产指标国际领先，可以完全取代以薯蓣皂素为原料的工业路线，用于几乎所有甾体药物的生产。该项目产业化应用三年新增产值 26.4 亿元，利税 4.5 亿元。此成果成功推动了相关甾体制药企业对"薯蓣皂素半合成"路线的全面升级改造，显著提高了我国甾体制药行业的生产水平和国际竞争力，为我国甾体制药工业的健康发展提供了重要保障。

2019 年 11 月，天津科技大学王正祥教授主持完成的"功能性低聚糖规模化高效制造技术创新及应用"项目成果荣获 2019 年度中国轻工业联合会科技进步一等奖。相关成果酶制剂制造技术和功能性低聚糖高效制造技术全部实现了工业化生产与应用。核心酶制剂实现国产化，功能性低聚糖制造技术得到深度革新，生产成本降低 20% 以上，低聚异麦芽糖和低聚麦芽糖实现了"中国制造"。该项目产业化应用近 3 年累计获得直接经济效益 10.65 亿元，利税 4.85 亿元，出口创汇 3300 余万美元，对我国功能性低聚糖产业发展具有重要示范与带动作用。

2019 年 12 月，江南大学顾正彪教授牵头完成的"淀粉结构精准设计及其产品创制"项目成果荣获 2019 年度教育部技术发明一等奖。该项目在国家及省部级等资金资助下，聚焦分子结构的精准设计和技术创新，立足于调控淀粉消化性、包埋性和益生性，创制出不同应用性能的淀粉衍生产品，扩大淀粉的应用领域，提高应用领域产品的质量，增加淀粉附加值，满足了应用行业对淀粉结构和使用性能的要求，并获得系列发明成果，实现了技术转移和产业化，近三年总计新增销售收入 42.63 亿元，新增利润 2.92 亿元，产生了显著的经济效益；该项目同时带动了淀粉深加工以及食品、医药等相关行业的技术进步和节能减排，具有较好的社会效益。

2019 年 12 月，江南大学倪晔教授牵头完成的"生物还原制备大位阻手性醇基医药中间体的关键技术及应用"项目成果荣获 2019 年度教育部科学技术进步二等奖。在国家及省部级科技计划资助下，项目组从发展高立体选择性的生物不对称还原体系入手，开发了针对高效羰基还原酶的快速筛选平台和立体选择性羰基还原酶的精准改造技术，建立和优化了生物不对称还原合成大位阻手性醇的新型技术路线，实现了大位阻手性醇基医药中间体的高效、绿色生物合成。研究成果已在多家企业实现了产业化应用，新增产值近 10.57 亿元，利税 2.67 亿元。

2020 年 1 月，杭州师范大学医学院谢恬教授团队牵头完成的"新型稀缺酶资源研发体系创建及其在医药领域应用"项目成果荣获 2019 年度国家科学技术进步奖二等奖。在国家自然科学基金及浙江省和杭州市重大科技专项等 12 项科研项目支持下，该项目创建了包含 500 多种新型酶的酶库，构建了酶固定化的新技术，建立了绿色环保的技术和方法，生产出了天然番红素、天然叶黄素及胡萝卜素等维生素类药物，并且利用糖苷酶修饰榄香烯，用于开发治疗脑胶质瘤的抗癌新药。在近五年的时间里，该项目团队与浙江医药股份新昌制药厂等单位合作，成果转化应用后使销售额增加了 64 亿元，新增利税 3 亿多元。

2020 年 1 月，浙江工商大学顾青教授领衔的"功能性乳酸菌靶向筛选及产业化应用关键技术"项目成果荣获 2019 年度国家科学技术进步奖二等奖。在国家自然科学基金、国家国际科技合作等项目支持下，项目团队创建了功能性乳酸菌精准筛选新方法，获得功能因子明确的优质菌种；建立了动物模型和人体外肠道菌群模拟系统相结合的功能解析体系，阐明乳酸菌的特定功能，还突破了功能性发酵乳制品产业化生产关键技术，实现从菌剂到发酵乳制品的规模化生产。相关技术在各企业中实现产业化应用，解决了规模化生产中存在的技术瓶颈。

三、农业生物技术

（一）分子设计与品种创制

1. 农作物分子设计与品种创制

功能基因组学、生物组学、合成生物学等前沿学科领域快速发展，不断推动作物基因组编辑、全基因组选择、智能设计等生物技术变革。2019 年以来，我国在水稻、小麦、玉米、大豆、蔬菜等作物的基础研究、分子设计与品种创制等方面取得了一系列重大进展。

（1）基因编辑技术

基于 CRISPR 的基因编辑技术由于操作简便、编辑效率高、编辑方式灵活等优势，目前成为生物技术领域最热门研究方向之一。2019 年以来，我国在基因编辑领域的相关研究继续保持活跃，基因组单碱基的精准编辑逐渐成为基因编辑技术领域全世界都在积极争夺的制高点，我国科学家在世界顶级学术期刊上多次发表相关研究成果。

2019 年 2 月，*Science* 杂志在线发表了中国科学院遗传与发育生物学研究所对单碱基编辑工具在水稻中脱靶效应的研究。研究团队将三种广泛使用的碱基编辑器即胞嘧啶碱基编辑器 BE3 和 HF1-BE3 以及腺嘌呤碱基编辑器 ABE 通过农杆菌转化方法转化到水稻，然后利用全基因组测序对 BE3、HF1-BE3 或 ABE 编辑的再生水稻进行脱靶效应分析。研究发现，与未发生编辑的对照相比，三种单碱基编辑器不会造成插入或删除变异类型的显著增加。但是，胞嘧啶碱基编辑器 BE3 和 HF1-BE3 相对于 ABE 和对照显著增加了单核苷酸变异。该研究结果揭示胞嘧啶碱基编辑器会造成显著的脱靶效应，但是腺嘌呤碱基编辑器不会。

2019 年 3 月，*Nature Biotechnology* 杂志在线发表了中国农业科学院作物科学研究所与美国加州大学圣地亚哥分校的两个研究团队的合作研究。该研究使用 RNA 作为同源重组修复的供体模板，利用具有 RNA/DNA 双重切割能力的 CRISPR/Cpf1 基因编辑系统，对水稻乙酰乳酸合成酶基因片段进行精准替换，从而通过精准碱基编辑成功获得抗乙酰乳酸合成酶抑制剂类除草剂的水稻植株。他们的研究还发现，与仅提供 RNA 修复模板相比，同时提供 DNA 和 RNA 修复模板时的同源导向的 DNA 修复效率更高。因此，在构建表达载体时研究人员有意在修复模板的 DNA 序列两侧添加 CRISPR/Cpf1 识别的靶点序列，在表达载体转化水稻后利用 CRISPR/Cpf1 的 RNA/DNA 双重切割功能同时产生 DNA 和 RNA 修复模板，从而提高同源导向的 DNA 修复效率。该研究成果入选了"中国农业科学院 2019 年度 10 大科技进展"。

2020 年 1 月，*Nature Biotechnology* 杂志在线发表了中国科学院遗传与发育生物学研究所的研究成果，即利用两种单碱基编辑器和 nCas9 构建的融合蛋白在水稻中实现定向饱和突变。研究人员将胞嘧啶脱氨酶 APOBEC3A 和腺嘌呤脱氨酶 ecTadA-ecTadA7.10 同时融合在 nCas9（D10A）的 N 端，并将尿嘧啶糖基化酶抑制子 UGI 融合 nCas9（D10A）的 C 端，构建成饱和靶向内源基因突变编辑器 STEME，STEME 可在一个 sgRNA 的引导下实现靶位点 DNA 的两类碱基变异（C → T 或 A → G 转换）。研究人员进一步将 STEME 中的 nCas9（D10A）替换为识别靶点范围更广的 nCas9-NG（D10A），从而构建应用范围更大的 STEME-NG。研究人员利用 STEME-NG 和 20 个 sgRNA，在水稻原生质体中实现了对水稻乙酰辅酶 A 羧化酶中的 56 个氨基酸区域的近似饱和（73.21%）的突变。

2020 年 3 月，*Nature Biotechnology* 杂志在线报道了中国科学院遗传与发育生物学研究所在作物中引入适合植物的引导编辑系统的研究。该研究团队利用植物引导编辑系统在水稻和小麦的原生质体中实现了 16 个内源位点的精准编辑，包括全部 12 种类型的单碱基替换、多碱基替换、小片段精准插入或删除，编辑效率最高达 19.2%。另外，该团队还成功获得了单碱基突变、多碱基突变及精准删除的水稻突变体植株，编辑效率最高达 21.8%。引导编辑介导的 DNA 精确编辑效率高于同源重组修复，又能克服单碱基编辑器某些缺点，具有更高的灵活性，进一步扩展了基因组编辑应用的范畴。

（2）重要农艺性状的基础研究

2019 年以来，我国科学家在植物抗病蛋白研究、植物免疫、玉米耐密植株型调控、水稻赤霉素途径与氮素营养的关系、小麦赤霉素抗性等相关的基础研究领域获得了突破性的研究进展。

杂交水稻目前在我国的年种植面积超过 2.4 亿亩*，占水稻总种植面积的 57%。但是由于杂交种子后代会发生遗传分离，无法保持其杂种优势，因此需要不断地人工制种，花费大量的人力物力。2019 年 1 月，*Nature Biotechnology* 杂志在线发表了中国水稻研究所的研究成果，他们利用 CRISPR-Cas9 基因编辑技术在杂交水稻品种'春优 84'中同时敲除了 4 个生殖相关基因 *PAIR1*、

---

　　* 1 亩≈666.7m^2。

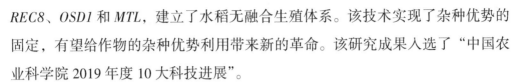

REC8、*OSD1* 和 *MTL*，建立了水稻无融合生殖体系。该技术实现了杂种优势的固定，有望给作物的杂种优势利用带来新的革命。该研究成果入选了"中国农业科学院 2019 年度 10 大科技进展"。

虽然植物的抗病基因被发现已经有 20 多年，但其抗病机制一直不甚清楚。植物中大约 70% 的抗病基因编码蛋白为含核苷酸结合结构域和亮氨酸富集重复区的受体类蛋白（nucleotide-binding domain and leucine-rich repeat receptors，NLRs）。2019 年 4 月，*Science* 杂志在线"背靠背"发表了清华大学、中国科学院遗传与发育生物学研究所等三个研究团队的两篇重要研究论文。三个研究团队以拟南芥来源的 NLR 抗病蛋白 ZAR1 为研究对象，首次揭示了植物抗病小体（resistosome）的存在，深入解析了植物抗病蛋白的作用机制。在第一篇研究论文 "Ligand-triggered allosteric ADP release primes a plant NLR complex" 中，研究人员重建了 ZAR1-RKS1 和 ZAR1-RKS1-PBL2UMP 复合物，并通过冷冻电子显微镜确定了两个蛋白复合物的结构，揭示了 ZAR1-RKS1 识别 PBL2UMP 和 PBL2UMP 激活 ZAR1 的机制。在第二篇研究论文 "Reconstitution and structure of a plant NLR resistosome conferring immunity" 中，研究人员向 ZAR1-RKS1-PBL2UMP 中添加 dATP 后，该蛋白复合体进一步形成漏斗状结构的五聚体。研究人员推测这一结构可能在细胞膜上制造孔洞，协助 ZAR1 行使抗病功能。该研究结果受到国内外同行的高度关注，被认为是植物免疫研究领域的里程碑事件，也为设计广谱、持久的新型抗病蛋白、发展绿色农业奠定了关键理论基础。该研究成果入选了"2019 年度中国生命科学十大进展"。

2019 年 8 月，*Science* 杂志在线发表了中国农业大学在玉米紧凑株型性状调控分子机理方面取得的突破性研究进展。该研究团队利用玉米自交系 W22 与玉米祖先大刍草（CIMMT8759）杂交衍生的重组自交系群体，定位并克隆了两个控制玉米直立株型的主效基因 *UPA1* 和 *UPA2*。研究发现，大刍草的 *UPA2* 基因相对于玉米自交系 W22 中的等位基因多了 2 bp 的核苷酸插入，因而其 DNA 序列与 DRL1 蛋白具有更强的结合能力，而 DRL1 可与 LG1 蛋白互作抑制 LG1 对 *ZmRAVL1* 转录因子基因（在玉米基因组上位于 *UPA2* 基因下游 9.5 kb 处）的表达激活作用，导致下游受 *ZmRAVL1* 激活的油菜素内酯合成基因 *brd1*（该基因

即 *UPA1*）的表达下调，降低了叶环处内源油菜素内酯水平，最终导致叶夹角减小和紧凑株型。该研究为玉米理想株型分子育种、培育密植高产品种提供了理论和实践基础。

氮素营养是植物生长发育及作物产量最重要的限制因素之一。2020 年 2 月，*Science* 杂志以封面文章在线发表了中国科学院遗传与发育生物学研究所在水稻赤霉素与氮素响应方面取得的重要进展。该团队利用一个氮营养不敏感的水稻 EMS 化学诱变突变体，克隆了一个控制氮响应的 APETALA2 结构域转录因子基因 *NGR5*。*NGR5* 可以通过对水稻抑制分蘖基因（如植物激素独脚金内酯的受体蛋白 D14 和 OsSPL14 转录因子等）DNA 位点的组蛋白甲基化修饰（H3K27me3）抑制这些基因的表达，从而促进水稻分蘖。该研究首次发现组蛋白修饰 H3K27me3 参与氮营养促进的分蘖过程，同时还阐明了赤霉素信号通路与氮素分配利用交叉的关键分子机制，为降低氮肥施用的同时提高水稻产量提供了一种新策略。

小麦赤霉病是一种由禾谷镰刀菌引起的世界性病害，被称为小麦"癌症"。2020 年 4 月，*Science* 杂志在线发表了山东农业大学关于小麦赤霉病抗性的研究成果。该团队经过 20 年的持续研究，成功克隆了长穗偃麦草来源的赤霉病抗性主效基因 *Fhb7*，并揭示了该基因产生抗性的分子机理。研究发现，*Fhb7* 编码一种谷胱甘肽 S- 转移酶（GST）蛋白，可以打开赤霉病菌产生的脱氧雪腐镰刀菌烯醇毒素的环氧基团，并催化其形成谷胱甘肽加合物，从而实现解毒功能。该文章是我国小麦研究领域首篇发表于 *Science* 杂志的论文。

（3）分子标记辅助选择和基因组设计育种

2019 年，我国利用分子标记技术在玉米、小麦、棉花和茄果蔬菜育种等方面也取得了丰硕的成果。中国农业科学院作物科学研究所历经 23 年完成的"耐密高产广适玉米新品种'中单 808'和'中单 909'培育与应用"科技成果荣获 2019 年国家科技进步二等奖。该成果以"三高三抗"（高密度、高穗粒重、高结实率、抗倒伏、抗病、抗旱）为核心指标，结合分子标记辅助选择，选育出株型紧凑、长穗粗穗、耐瘠薄玉米自交系 NG5 和根系发达、耐旱、抗病性好自交系 CL11，组配育成耐密高产、广适全国的主导品种'中单 808'。该品种高产耐密，是西南国家区试品种中比对照增产幅度最高的玉米新品种。此外该品种适宜区域广，通过国家和 5 个省市审（认）定，适宜 10 个省市推广种植。该项目团队还针对我国黄淮海种植区玉米品种耐密性与抗倒性及结实性矛盾等问题，以"三高三抗"为核心指标，结合分子标记辅助选择，选育出耐密、抗倒、结实性好的玉米自交系 HD568，并选育出全国农业主导品种'中单 909'。'中单 909'的主要特性有高产、耐密抗倒、广适抗逆，通过国家黄淮海和北方 3 省（自治区）审（认）定，适宜在 11 个省（自治区）推广种植。两品种累计推广超过 1 亿亩，增收粮食 53.1 亿 kg，取得显著的社会经济效益。

黄淮南部麦区是我国第一大麦区，其产量占全国小麦总产量的 42%。针对该小麦产区不同年份冬春气温、湿度变化剧烈并且多种小麦病害常发、重发等特点，西北农林科技大学完成的"优质早熟抗寒抗赤霉病小麦新品种'西农979'的选育与应用"科技成果荣获 2019 年国家科技进步二等奖。该团队历时 15 年育成的小麦新品种'西农 979'已成为我国优质强筋小麦的主导品种。该成果累计种植 1.42 亿亩，生产优质小麦 505 亿 kg。

针对我国小麦高产品种广适性和抗倒伏能力较差、稳产性易受影响的问题，山东省农业科学院完成的"广适高产稳产小麦新品种'鲁原 502'的选育与应用"科技成果荣获 2019 年国家科技进步二等奖。该成果以"两稳两增"的育种新思路，创新集成了目标突变体创制与杂交选育相结合的育种技术体系，培育的广适高产稳产小麦新品种'鲁原 502'通过国家和 4 省（自治区）审（认）定，产量突破 800 kg/ 亩，年推广面积超 1500 万亩，成为我国三大主推小麦品种之一。'鲁原 502'累计推广 7700.5 万亩，新增经济效益 91.83 亿元，为山东省乃至黄淮麦区小麦产业发展发挥了重要作用。

棉花是重要的天然纺织纤维，在我国国民经济中占据重要地位。河北农业大学完成的"多抗优质高产'农大棉'新品种选育与应用"科技成果荣获 2019 年国家科学技术进步二等奖。该成果多维度精准鉴定了棉花种质资源，利用基因芯片解析了重点资源的分子关系，发掘了优质、高产等重要性状 SNP 标记和基因；育成了'农大棉 7 号''农大棉 8 号''农大 601'等 7 个多抗、优质、高产'农大棉'系列新品种，推动了主产棉区棉花品种更新换代和棉花产业的提质增效。

茄果类蔬菜是我国重要的蔬菜作物，其中番茄和辣椒在我国的栽培面积分别为 2041.5 万亩和 3209.4 万亩。华中农业大学完成的"茄果类蔬菜分子育种技术创新及新品种选育"科技成果荣获 2019 年国家科技进步二等奖。该研究率先创建了茄果类蔬菜最高效的分子标记辅助育种技术体系，克隆和鉴定了抗性和品质性状调控基因 65 个，研发原创性的分子标记 22 个。该研究在国内率先开发出一套番茄实用分子标记 59 个，首创番茄高通量分子标记基因分型系统，可提高茄果类蔬菜育种效率 3 倍以上，缩短育种周期 3 年。育成的兼抗青枯病和黄化曲叶病毒病的大果番茄品种'华番 12'平均单果重 230 g，亩产7500～10 000 kg，是国产抗黄化曲叶病毒病番茄品种中推广时间最长、种植面积最大的品种。育成的辣椒品种'佳美 2 号'早熟、耐低温、抗病抗逆性强、丰产、口感好，为华中地区春秋季及高山种植面积最大的薄皮辣椒品种。育成的番茄和辣椒新品种在我国累计推广面积 1230 万亩，新增产值 165.7 亿元。

2. 家畜基因工程育种

以转基因和基因组编辑为核心的动物基因工程育种技术正在引发畜牧业领域的一场革命。其主要标志有两点：一是以其特有的敲除和插入功能推动了农业动物基因功能研究的深入；二是以自然诱变根本无法实现的高速度、高频率和准确预期，创制了一批家畜新种质。众多生物学家和育种学家认为，动物基因工程育种技术必将成为推动畜牧种业革命的新引擎，给发展中国家带来迎头赶超的新机遇。当前，我国已建立起完整的家畜基因工程育种技术体系，为提升我国家畜种质创新水平奠定了理论和技术基础，同时在新种质创制上取得突破性进展，培育出大批具有重大产业化前景的家畜新品系和育种新材料。

（1）家畜基因工程育种技术体系

转基因技术是动物基因工程育种的关键技术。但常用的动物转基因技术插入位点和拷贝数不可控，易引入非预定突变；通过胚胎注射生产转基因家畜的成功率低，且易产生嵌合体。为解决上述问题，我国科学家开展了猪、牛、羊体细胞基因组编辑研究。针对用锌指、TALEN 和 Cas9 等技术编辑牛、羊基因极易在非靶向位点引入突变产生脱靶的难题，西北农林科技大学先后发明了锌指切口酶、TALEN 切口酶和 CRISPR-Cas9 切口酶介导的牛、羊基因编辑技术，有效规避了脱靶，显著提高了同源重组效率；同时，研发出牛基因编辑的安全位点筛选软件，构建了共享数据库，解决了牛、羊基因编辑安全位点的筛选难题。为提高奶牛乳腺表达外源目的蛋白的效率，中国农业大学创建了牛的人工染色体转基因技术，解决了大片段基因转入的技术难点，外源基因在乳腺的表达效率得到大幅度提升。

体细胞克隆技术是家畜基因工程育种的关键技术。针对牛、羊克隆效率极低的国际难题，西北农林科技大学系统揭示了克隆胚成胎率低的成因及其机理，发现了一批关键调控分子，通过作用相应的靶标，可有效纠正克隆胚的表观修饰异常，成倍提高牛、羊克隆效率，创建了牛、羊高效克隆技术，使基因编辑牛、羊体细胞克隆胚的受体妊娠率稳定在 20% 以上，推动了牛、羊基因工程育种的创新和发展。

胚胎体外规模化生产技术是家畜新种质快速扩繁的关键技术，但胚胎生产效率低制约了该技术的应用。制约胚胎生产效率的关键是体外胚胎发育能力差。西北农林科技大学系统揭示了牛、羊胚胎发生与发育的分子调控规律，发现牛、羊体外胚发育能力差的成因和提高胚胎生产效率的关键调控分子，建立了体外胚胎规模化生产技术，为加快基因编辑牛、羊的繁殖奠定了基础。

（2）家畜新品系和育种新材料

针对集约化养猪环保压力日趋增大的难题，华南农业大学创建了高效稳定的多基因共表达技术，培育出唾液腺特异共表达葡聚糖酶 - 木聚糖酶 - 植酸酶的环保型转基因猪育种核心群，粪磷和粪氮排放分别下降 24% 和 44%，料肉比下降 9%，日增重提高 15%，真正达到"环保 - 节粮 - 高产"的效果。

为提高猪的产肉性能，湖北省农业科学院创建基因编辑猪育种技术，先后

培育出 *MSTN* 基因编辑梅山猪和 *MSTN* 基因编辑大白猪两个育种核心群，瘦肉率提高 5%～16%，多不饱和脂肪酸的含量提高 9%～15%，料重比降低 5%～12%，日增重提高 10%～19%，真正达到"节粮－高瘦肉率－保健"的效果。

猪瘟和蓝耳病严重威胁养猪业。针对这两大疾病，吉林大学创建猪抗病育种技术体系，先后培育出突变 *LamR* 基因的抗猪瘟种猪核心群和 *CD163* 基因编辑抗蓝耳病种猪核心群。其中突变 *LamR* 基因的种猪对猪瘟的抗病力提高 50% 以上，*CD163* 基因编辑种猪对蓝耳病表现出完全的抗性。

乳铁蛋白具有广谱抗菌、抗氧化、抗癌、调节免疫系统等强大生物功能，被认为是一种新型抗菌、抗癌药物和极具开发潜力的食品添加剂。中国农业大学采用牛的人工染色体转基因技术，培育出乳腺高表达人乳铁蛋白的奶牛育种核心群，人乳铁蛋白表达量平均大于 1 g/L。

我国黄牛遗传资源丰富，但肉牛良种全部依赖进口。为提高本土品种的产肉性能，内蒙古大学创建了肉牛基因工程育种技术体系，培育出 *MSTN* 基因编辑鲁西黄牛和 *MSTN* 基因编辑蒙古牛两个育种群体，产肉量提高 9%～18%，多不饱和脂肪酸的含量提高 8%～17%，为培育我国具有自主知识产权的肉牛新品种奠定了基础。

乳腺炎和结核病是严重影响奶牛养殖业发展的两大疾病，威胁奶产品安全和人类健康。为提升高产奶牛对乳腺炎和结核病的先天抗性，西北农林科技大学创建了奶牛基因工程抗病育种技术体系，培育出人溶菌酶基因编辑奶牛、溶葡萄球菌素基因编辑奶牛、人 β- 防御素 -3 定点整合奶牛等抗乳腺炎奶牛育种核心群和 *SP110* 基因编辑抗结核病奶牛核心群。抗乳腺炎奶牛群对乳腺炎的抗病能力提高 50%～80%，年均奶产量 10 t 以上；抗结核病奶牛群对结核病的抗病能力提高 60% 以上，年均奶产量 10 t 以上。该成果实现了既抗病又高产的预期目标。

我国毛纺业每年大量进口羊毛，我国细毛羊的产量和质量已不能满足产业发展的需求。以新疆细毛羊和军垦细毛羊为基础，新疆农垦科学院创建了细毛羊基因工程育种技术体系，先后培育出 *IGF1* 转基因羊、*β-catenin* 转基因羊、*FGF5* 基因编辑羊和 *FecB* 基因编辑羊等细毛羊育种核心群，产毛量提高 20% 左右，羊毛平均长度增长 20% 左右，产毛性能得到显著提高，为培育我国具有自主知识产权的细毛羊新品种奠定了基础。

（二）农业生物制剂创制

1. 生物饲料及添加剂

生物饲料及添加剂主要包括饲用的酶制剂、氨基酸和维生素、微生物制剂、寡糖、植物天然提取物、生物活性寡肽等，可提高动物生长性能、改善动物健康水平、缓解饲料资源短缺、减轻环境污染等。随着对食品安全和环境问题的日益关注、贸易战持续、疫病扰乱以及药物性饲用添加剂退出，生物饲料及添加剂，尤其是饲料用酶和饲用微生物制剂的使用得到快速的发展。

（1）饲用酶制剂

饲料用酶从 20 世纪 90 年代开始在我国使用，随着结构生物学、化学生物学、生物信息学、基因编辑技术等生物技术发展，我国饲用酶制剂的品种不断丰富、性能不断改善、生产成本不断降低、产量不断提高、应用范围不断拓展。目前在饲料中应用的酶制剂有 20 余种，全部实现了国产化，主要包括以提高饲料消化利用率、补充内源消化酶不足、消除抗营养因子、降低环境污染等为目的的营养性酶，如植酸酶、木聚糖酶、葡聚糖酶、甘露聚糖酶、α- 半乳糖苷酶、果胶酶、纤维素酶、蛋白酶、淀粉酶、脂肪酶等。其中，植酸酶是我国利用生物反应器大规模、低成本生产的第一个饲料用酶，是我国饲料用酶国产化的起点，并实现了生产技术和产品的出口。2018 年，我国饲用酶制剂产量约 16 万 t，较 2017 年（10 万 t）增长 50% 以上；2019 年，饲用酶制剂产量与 2018 年基本持平，其中植酸酶产量为 5 万 t。

近年来，以缓解养殖业抗生素大量使用、拓展饲料资源等为目标，中国农业科学院饲料研究所率先研发了多种全新酶产品，主要包括葡萄糖氧化酶、淬灭酶、黄酮游离酶、霉菌毒素脱毒酶等，可实现减抗、替抗及提高饲料安全性；以及棉酚降解酶、木质纤维素酶、角蛋白酶、单宁酶等，可有效拓展饲料资源、缓解饲料粮短缺。这些酶在实际应用中已初步显示出良好效果。

在饲料用酶的品种不断推陈出新、满足饲料中不同需求的同时，酶的综合性能得到不断提升。研究人员陆续开发了无须包被即可经受饲料制粒高温的耐热饲料用酶、超耐热饲料用酶，并实现了酶多种性能的协同改良。2019 年，中国农业科学院饲料研究所采用蛋白质理性与非理性设计技术，结合二硫键、底物口袋的优化、α 螺旋偶极子的固定、疏水作用力等多种策略，通过迭代突变，获得了耐热、催化性能提升的葡萄糖氧化酶，满足了饲料工业的需求。通过包括酵母、芽孢杆菌以及丝状真菌等多种表达系统及表达技术的发展，饲料用酶的表达量达到 $10\sim50$ g/L 的水平，有效解决了饲料用酶生产成本高的问题。

（2）饲用微生物制剂

饲用微生物制剂包括活菌及其代谢产物，是一种新兴的绿色饲料添加剂。其具有维持畜禽肠道微生态平衡、促进肠道内有益菌的代谢与繁殖、降低肠道有害微生物的危害以及调节免疫系统、增加抗病能力、促进生长发育等诸多功效。美国 FDA 早在 1989 年公布了可用作饲料添加剂的微生物种类共有 42 种。我国微生物制剂在饲料中使用始于 20 世纪 70 年代，我国在 2000 年农业部第 105 号公告公布的允许使用饲料级微生物添加剂有 12 种，2013 年第 2045 号公告公布的饲料级微生物添加剂增加到 35 种。其中包括乳酸菌 22 种，均为动物肠道原籍型乳酸菌，其他 13 株菌分别为芽孢类菌、光合细菌、酵母和霉菌。

我国 2018 年饲用微生物添加剂总产量为 14.6 万 t，较 2017 年增长 36.9%。其中，饲料添加剂中微生物 5.0 万 t，混合型饲料添加剂中微生物 9.6 万 t，2019 年进一步增长 20% 以上。随着微生物学及动物营养学技术的发展、养殖规模的扩大，我国饲用微生物添加剂的种类和用量将会不断增加。目前，我国对饲用微生物添加剂的研发十分活跃，涌现了众多的产品、生产厂家。但当前生产中仍存在一些问题，主要表现为产品功能良莠不齐，产品质量不够稳定，微生物发酵饲料缺乏标准化的生产技术与工艺，需要尽快制定功能微生物制剂和生物发酵饲料等的标准，保证产品的质量安全。

2. 生物农药

生物农药具有自然降解快、对病虫害选择性强、对人畜毒性低等特点，被广泛应用于农业生产中病虫害防治，特别是在无公害和有机农业生产领域，已成为保障人类健康和农业可持续发展的重要手段。截至目前，我国共有 102 种有效成分作为微生物农药、生物化学农药、植物源农药等类别进行农药登记，共登记产品 1453 个，涉及生产企业 400 多家，登记作物包括水稻、小麦、棉花、果树（苹果、柑橘等）、十字花科蔬菜等。另有 13 种农用抗生素类农药登记（如阿维菌素、井冈霉素、春雷霉素等），涉及生产企业 700 多家，登记产品 3319 个。包括农用抗生素类农药在内，生物源农药登记有效成分占登记有效成分总数的 16.9%，登记产品数占总数的 11.5%。

（1）杀菌微生物农药

活体微生物杀菌剂应用较多的微生物是芽孢杆菌属和假单胞菌属的拮抗细菌，以及木霉属的一些种。我国已经登记了 18 个芽孢杆菌杀菌剂、3 个荧光假单胞菌杀菌剂和 5 个木霉菌杀菌剂产品。枯草芽孢杆菌先后被美国 FDA 和我国农业农村部列为对人畜安全的微生物。美国已登记并投放市场使用的枯草芽孢杆菌制剂有 4 种，分别为 Gustafson 公司的 GB03（商品名为 Kodiak）、Microbio Ltd 公司的 MB1600（商品名为 Subtilex）、Agraquest 公司的 QST2808（商品名为 Sonata AS）和 QST713（商品名为 Serenade）。我国以枯草芽孢杆菌为主要成分的生物农药，如百抗、纹曲宁、麦丰宁等能有效防治水稻、小麦等作物上的病害，在农业生产上应用广泛。

高效抗逆微生物生防菌剂的研发与应用将是未来生物农药研发的一个重要方向。华东理工大学从高原极地等特殊环境分离鉴定一批新的芽孢杆菌资源，发现了新的促生、抗病和抗逆功能基因，揭示了抗菌代谢物合成调控机制和生物功能，并研发了芽孢杆菌高效发酵工艺及其干悬浮剂和微胶囊剂等新剂型。

假单胞菌抗逆研究方面，华东理工大学利用组学技术揭示了生防假单胞菌 SN15-2（*Pseudomonas protegens* SN15-2；CGMCC NO: 17211）的抗逆分子机理，建立了高渗协同化学伴侣的规模化发酵高抗逆性细胞的培养技术，创制了货架期长、水溶性好、释放率高、生物基的微胶囊制剂制备技术，制备的假单胞菌微胶囊剂货架期延长到 1 年以上，达到了生物农药登记的要求。该技术解决了微生物农药细胞在加工和贮藏期间死亡率高、货架期短、水溶性差等微生物农药产业化的国际性瓶颈问题。利用该微胶囊技术创制的 1 亿 CFU/g 解淀粉芽孢杆菌微胶囊剂已进入新农药登记程序。

木霉菌生物农药是国际上研发和应用最普遍的植物土传病害生物防治制剂。针对木霉菌生防制剂在应用中存在的孢子产品货架期短、防效不稳定等问题，中国农业科学院植物保护研究所等单位开发了全基因组高通量筛选与评价拮抗菌株技术，建立了特异诱导木霉菌抗逆性厚垣孢子形成相关基因组和 velA/lae1 调控基因高效表达的发酵工艺、温敏性分生孢子的多糖保护技术与常温干燥富集孢子技术，抗逆孢子含量达到 5 亿 CFU/g，货架期超过一年。研究人员建立了木霉菌－芽孢杆菌亲和性共培养发酵技术，特异诱导出与单一菌株培养不同的新型拮抗性和促生物质；创制了木霉菌－芽孢杆菌共生型生物农药，丰富了生防产品种类，填补了国际空白。

微生物源农用抗生素的研究处于世界先进水平。我国是世界上生物农药井冈霉素和生物调节剂赤霉素的最大生产国，年产值均超过 1 亿元。宁南霉素、多抗霉素、中生霉素等已成为我国防治植物病虫害生物农药产业的中坚力量。我国目前在抗生素生物合成相关基因的克隆、基因代谢调控方面及发酵工艺等方面取得了显著的研究进展，对进一步提高抗生素产量起到了积极的推动作用。

（2）杀虫微生物农药

苏云金芽孢杆菌（Bt 农药）杀虫剂应用广泛，目前登记的 Bt 产品有 240 个。Bt 工程菌 G033A（登记证号 PD20171726）由中国农业科学院植物保护研究所研制、武汉科诺生物科技股份有限公司登记生产。该产品同时表达对鳞翅目与鞘翅目害虫高效的杀虫蛋白，对菜蛾科、夜蛾科、螟蛾科、麦蛾科、灯蛾科、叶甲科害虫均具有很好的防治效果，是国内获批登记的第一个 Bt 工程菌，也是第一个对鞘翅目害虫高效的 Bt 产品。该产品在北京、新疆、吉林、广东等全国 19 个省（自治区、直辖市）的玉米、水稻、马铃薯、花生、油菜、菜心、甘蓝、白菜、萝卜、辣椒、番茄等作物进行了小菜蛾、黏虫、草地贪夜蛾、甜菜夜蛾、棉铃虫、玉米螟、二化螟、番茄潜叶蛾等鳞翅目害虫和马铃薯甲虫、黄曲条跳甲等叶甲科害虫的防治示范与应用，多数害虫防治效果超过 80%。苏云金杆菌（NBIV-330）（登记证号 PD20183691）由湖北省生物农药工程研究中心研制、湖北康欣农用药业有限公司生产。该产品针对抗性小菜蛾研发的高毒力高含量苏云金杆菌，用于防治抗性小菜蛾、二化螟、稻纵卷叶螟等鳞翅目害虫，药后 3 d 防治效果达到 85% 以上。该产品可以与化学农药轮换使用，减少化学农药使用量。该产品在广东、上海、湖北、四川、黑龙江等的蔬菜和水稻生产基地进行应用，防治效果超过 80%。

我国在虫生真菌生防产品的研发和应用方面取得新进展，已登记用于二化螟、蚜虫、叶甲等农业害虫防治的白僵菌、绿僵菌制剂及原药有 40 个。金龟子绿僵菌 CQMa421（登记证号 PD20171745、PD20182111、PD20190001）由重庆大学基因工程研究中心研制、重庆聚立信生物工程有限公司生产，其可分散油悬浮剂应用于全国 18 个省（自治区、直辖市）的水稻，对二化螟、稻纵卷叶螟和稻飞虱的防效普遍达到 70% 以上，与传统化学农药无显著差异。此外，该产品用于全国 20 多个省（自治区、直辖市）的茶叶、蔬菜、玉米、马铃薯、小麦、油菜、柑橘、花椒、甘蔗等十余种作物，颗粒剂在蛴螬、地老虎、金针虫、蝼蛄、跳甲等地下害虫的防治上表现优越，不仅能持续控害，还能抑病促长，被全国农业技术推广服务中心列为水稻 3 大主要害虫防治主推产品。球孢白僵菌可湿性粉剂（登记证号 PD20183086）研发单位为中国农业科学院植物保护研究所，生产企业为北京中保绿农科技集团有限公司。研究人员将 150 亿 /g 可湿性粉剂与 100 亿 /g 白僵菌复合菌剂联合应用，在北京、河北、山东、四川、湖南等省（直辖市）对彩椒、韭菜和菜豆等作物上的蓟马类害虫进行立体防治，最佳防效可达 90%，持效期 2~4 个月。

昆虫病毒目前有 74 个产品登记。甘蓝夜蛾核型多角体病毒（登记证号 PD20150817）研发单位为中国科学院武汉病毒研究所，生产企业为江西新龙生物科技股份有限公司。该昆虫病毒是广谱性杀虫剂，可感染 32 种鳞翅目昆虫，对草地贪夜蛾、稻纵卷叶螟、小菜蛾、棉铃虫、茶尺蠖、烟青虫、黄地老虎等一些重大农业害虫有理想的杀虫活性。上海、江西、浙江、四川等省（自治区、直辖市）对玉米、水稻、茶叶、蔬菜及多种城市绿化植物，进行了草地贪夜蛾、稻纵卷叶螟、小菜蛾、茶尺蠖、玉米螟、甜菜夜蛾、棉铃虫等多种害虫的防治实验与示范，防治效果超过 85%。

在植物源农药研发方面，我国成功研发了除虫菊素、印楝素、鱼藤酮等多种生物农药，已登记有效成分近 20 种，产品数量 260 多个。0.4% 蛇床子素可溶液剂（登记证号 PD20182812）由西北农林科技大学研制、杨凌馥稷生物科技有限公司生产。该产品是从中药材蛇床子种子内提取的杀虫活性物质，具有杀虫抑菌活性，产品为 0.4% 可溶液剂，作用于害虫神经系统，产品低毒，在自然界中易分解，推荐使用条件下对人畜及环境相对安全。江苏、内蒙古、青海、云南等全国 15 个省（自治区、直辖市）对玉米、水稻、茶叶、高粱、枸杞、菜心、甘蓝、白菜、辣椒、番茄等作物进行了小菜蛾、黏虫、甜菜夜蛾、棉铃虫、螟虫、蚜虫、茶叶毛股沟臀叶甲、黄曲条跳甲等叶甲科害虫的防治示范与应用，表明该产品对鳞翅目、半翅目和鞘翅目害虫均具有很好的防治效果。

嗜硫小红卵菌 HNI-1（登记证号 PD2019002）由湖南省植物保护研究所研制、长沙艾格里生物科技有限公司生产，是一款全国独家登记的杀线虫药剂，杀灭线虫的机理主要来自寄生，然后产生代谢物杀灭线虫。杀灭线虫过程对作物无任何伤害，极其安全，真正达到杀线不伤根的防治目的。该产品用于防治番茄的根结线虫、花叶病和水稻的稻曲病。

3. 生物肥料

生物肥料在土壤培肥改良、作物提质增产、化肥减施增效和资源化循环利用等方面发挥着至关重要的作用。在国家绿色农业发展和乡村振兴计划等战略中，生物肥料的基础研究、应用创新和产业发展已成为新时期的重点发展目标。与 10 年前相比，我国生物肥料企业数量、产值和推广面积均翻了一番。我国现有生物肥料企业 2300 多家，年产能超过 3000 万 t，年产值达 400 亿

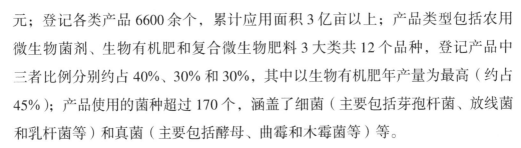

元；登记各类产品 6600 余个，累计应用面积 3 亿亩以上；产品类型包括农用微生物菌剂、生物有机肥和复合微生物肥料 3 大类共 12 个品种，登记产品中三者比例分别约占 40%、30% 和 30%，其中以生物有机肥年产量为最高（约占 45%）；产品使用的菌种超过 170 个，涵盖了细菌（主要包括芽孢杆菌、放线菌和乳杆菌等）和真菌（主要包括酵母、曲霉和木霉菌等）等。

2019 年，Web of Science 数据库中全球共发表超过 2400 篇生物肥料相关的研究论文。中国发文量位居第一位，占该领域总发文量的 40% 以上。其中多篇论文发表在 *Soil Biology and Biochemistry*、*Biology and Fertility of Soils* 和 *Plant and Soil* 等土壤与肥料领域的代表性高水平杂志上。

2019 年，美国国家科学院等发布报告，描述了美国科学家眼中农业领域亟待突破的五大研究方向，认为微生物组技术对认知和理解农业系统运行至关重要，有望在未来 10 年实现突破性进展。在生物肥料研发上，获取对不同作物发挥各种有益功能的微生物组，开发基于微生物组技术的对不同作物发挥特定功能的高效微生物肥料，成为当前重要的研究热点。

值得一提的是，我国学者 2019 年在微生物肥料的重大基础科学问题研究中取得了突破性进展。中国科学院遗传与发育生物学研究所在 *Nature Biotechnology* 杂志发表文章，报道籼稻根际相比粳稻富集了更多与氮循环相关的微生物类群，从而具有更加活跃的氮转化环境；同时发现接种籼稻根系富集的可培养细菌资源库，相比于粳稻富集菌群能更好地促进水稻在有机氮条件下的生长。该研究从根际微生态角度揭示了籼稻氮肥利用效率高于粳稻的机制，并且建立了氮素转化微生物菌种资源库，为开发相关生物肥料提供了菌种资源和理论依据。

南京农业大学在 *Nature Biotechnology* 杂志上发表了有关利用土壤噬菌体组合防控番茄土传青枯病的突破性研究成果。该研究构建了 4 株田间分离得到的短尾噬菌体的组合，在温室和大田试验中发现其能猎杀和致弱土传病原菌，使之丧失竞争能力和致病能力，进而恢复和提升了根际土壤微生物抵御病原菌入侵的能力，有效控制土传病害的发生（防病率 80%）。该研究不仅揭示了噬菌体组合抑制土传病原菌的生态学机制，更为开发专一性强、效果优良、安全无毒的噬菌体新型生物肥料奠定了理论基础和研发策略。

生物肥料现已成为我国新型肥料品种中年产量最大（占 70% 以上）、应用面积最广的品种，但是与欧美等发达国家和地区相比，在技术含量和总肥料产品占比上仍有发展空间。目前我国生物肥料还以传统的提供养分为主。随着生物技术的快速发展，基于前沿技术和创新理论的新型生物肥料产品不断出现，产品功能已经不再局限于为作物提供氮磷钾养分，增强作物抗旱保水、盐碱胁迫耐受、土壤调理等新型功能的微生物肥料研发将成为重要方向。同时，随着微生物组及合成菌群理论的发展，生物肥料研发和生产逐渐由单一菌种转向生态稳定的合成菌群。

（三）农产品加工

农产品加工业是实现乡村振兴的战略高地，技术创新是实现工业转型升级的唯一引擎，先进生物技术的研究与应用是改善我国农产品加工技术相对落后这一现状的必然选择。随着科学技术的快速发展，农产品加工所涉及的生物技术已不仅仅局限于传统的酶转化、微生物发酵等技术，已延伸到新兴的以基因编辑、合成生物学等现代生物技术为基础的食品功能因子、食品添加剂、食品组分的生物制造以及动植物细胞培养等领域。生物技术将引领农产品加工向科学化、精细化、绿色化和智能化方向发展，是现代以及未来食品制造的核心驱动力。

我国是玉米的主要生产国之一，据《中国统计年鉴 2019》统计，2018 年我国的玉米栽培面积为 4213 万 hm^2，总产量达 25 717 万 t。玉米的精深加工与相关产品开发是延伸玉米产业链、提高玉米产值的关键因素，吉林农业大学牵头完成的"玉米精深加工关键技术创新与应用"项目，突破了鲜食玉米供应链、玉米主食化加工与品质控制、玉米淀粉绿色生产及其深加工、玉米蛋白生物转化等关键技术，研制了核心装备和质量控制平台，实现了生产的自动化、智能化，推进了玉米主食工业化和资源高效利用。

淀粉广泛存在于玉米、小麦、燕麦、马铃薯等农产品中，是重要的高分子多糖，淀粉加工用酶也是食品工业用量最大的酶制剂。江南大学以淀粉加工用酶为核心研究对象，发明了智能精算与区域重构相结合的快捷精准酶基因挖掘改造新技术，破解了酶制备源头性难题；发明了快速合成与高效转运相协调的酶发酵新技术，攻克了酶高效制备瓶颈；发明了定向有序和定量可控的淀粉转化新技术，提升了淀粉加工产品产率。此项成果扭转了我国长期依赖进口酶导致的淀粉加工技术优势不足的局面，对我国食品及农产品加工业的可持续发展具有重要意义。

传统肉制品也称中式肉制品，是三千多年以来人们为了便于贮藏、改善风味等发展的特色肉制品，以其色、香、味俱佳而备受消费者欢迎。中国肉类食品综合研究中心牵头完成的"传统特色肉制品现代化加工关键技术及产业化"项目经过 12 年的联合攻关，突破了中式香肠的乳酸菌发酵等风味、质构定量调控技术，以形成独特风味物质，使香肠更营养更美味；集成先进的技术和工艺，有效去除了传统腌腊肉制品加工过程中可能产生的苯并芘等多环芳烃类有害物质，使腊肉产品更安全、更放心；突破了现代加工技术，研制了烘干成熟一体化、自然气候模拟等装备，用大规模生产替代传统的作坊式生产，为中国传统肉制品的规模化生产、走向世界提供了科技支撑保障。南京农业大学牵头的"肉品风味与凝胶品质控制关键技术研发及产业化应用"项目，则针对肉品风味和凝胶品质难以控制等问题，系统研究并揭示了我国传统腌腊肉品的风味品质形成机理，阐明了低温肉制品肉蛋白乳化凝胶机制，研发出"低温低盐腌制－中温风干发酵－高温快速成熟"的风味品质控制技术和"高效乳化、注射－嫩化－滚揉一体化腌制和热诱导凝胶"的凝胶品质控制技术，突破了肉品风味和凝胶品质难以控制的技术难题，同时创制出火腿自动撒盐－滚揉腌制和智能化风干发酵成熟装备、高效乳化斩拌机、盐水高压雾化注射机、全自动变压滚揉设备和熏蒸煮多功能一体化装备等可替代进口的加工关键装备 8 台套，构建了肉品加工全程质量控制体系。

柑橘是世界第一大水果，根据《中国统计年鉴 2019》，2018 年我国柑橘产量达 4138 万 t，但存在加工原料集中上市、供应期短，鲜果化学保鲜，吨产品耗水量大，碱脱囊衣和去皮严重污染环境，以及综合利用率低等问题。湖南省农业科学院主持完成的"柑橘绿色加工与副产物高值利用产业化关键技术"项目，首创酶法取代碱法脱囊衣关键技术，建立了我国第一条酶法脱囊衣工业化生产线，同时研发了罐头等加工产品的节水工艺、软件和装备，建立了适量用水、分类用水和循环用水技术模式，吨产品耗水量降低 40% 以上；在国内率先建成年产 3000 t 柑橘果胶生产线、年产 20 t 多甲氧基黄酮和 30 t 圣草次苷生产线，并创制了可控缓释微胶囊粉末香精，还用柑橘皮渣生产可降解农用包装器具；建立了"产地预冷＋臭氧熏蒸＋智能分级＋低温贮藏"技术模式，为国家惠民工程"柑橘贮藏保鲜设施及技术"提供科技支撑，贮藏期延长 2~4 个月；发明了柑橘速冻和动态流槽微波解冻技术，在国内率先建成 7 t/h 柑橘速冻生产线，加工原料供应期从 4 个月延长到 12 个月，解决了企业季节性停产的问题。

　　我国乳酸菌资源十分丰富，但系统性研究和开发起步较晚，特别是针对菌种资源的功能性挖掘和作用机制研究尚不充分，缺乏自主知识产权的功能性乳酸菌菌剂，国内生产企业所用菌剂长期依赖进口，严重制约了功能性乳酸菌的产业化开发。浙江工商大学牵头的"功能性乳酸菌靶向筛选及产业化应用关键技术"项目，针对中国人群营养健康特征开展功能性乳酸菌靶向筛选，获得了产细菌素、叶酸等维生素 B 族、胞外多糖等功能因子明确的乳酸菌菌株，并阐明了上述三类乳酸菌的特定功能及其作用机制；突破了高活性乳酸菌菌剂制备和稳定化生产工艺等产业化关键技术瓶颈，实现了功能性发酵乳制品的规模化生产。内蒙古农业大学在乳酸菌资源挖掘、功能研究与应用方面开展了系统而深入的研究，采用生理生化和多种分子生物学技术相结合的方法，分离、鉴定、保藏了 9 个属、78 个种和亚种共 7060 株乳酸菌，建成了中国最大的具有自主知识产权的乳酸菌菌种资源库；完成了干酪乳杆菌 Zhang 全基因组序列的测定和蛋白质组学的研究，是我国完成的第一株乳酸菌基因组，同时在国际上率先利用蛋白质组学技术建立了干酪乳杆菌不同生长时期的蛋白质表达谱；并对混合了 5 种菌株的益生菌在改善水手在航海期间的肠道健康、乳双歧杆菌 V9 调节多囊卵巢综合征的激素分泌方面进行了临床研究。上述工作对提高我国益生菌研究的科技创新能力、打造自主知识产权益生菌品牌、促进益生菌产业的发展具有重要意义。

近年来，合成生物学、干细胞培养等现代生物技术的蓬勃发展催生了生物合成食品功能因子、营养化学品、食品主要组分等新一代食品的开发热潮。中国科学院天津生物工业生物技术研究所解析了维生素 B_{12} 好氧合成途径中钴螯合与腺苷钴啉醇酰胺磷酸的合成机理，然后将维生素 B_{12} 合成途径划分成 5 个模块，采用"自下而上"的策略将来源于 *Rhodobacter Capsulatus* 等 5 种细菌中的 28 个基因在大肠杆菌细胞中进行组装、调控，解决了多基因的适配机制问题，形成了集成不同来源基因组装的从头设计人工途径，最终实现了维生素 B_{12} 的从头合成，合成菌种发酵周期仅为目前工业生产菌株的 1/10，有望成为新一代维生素 B_{12} 工业菌株。干细胞培养制备人造肉，因其来源可追溯、食品安全性好和绿色可持续等优势得到广泛的关注。南京农业大学使用第六代的猪肌肉干细胞培养 20 d，于 2019 年 11 月 18 日生产得到重达 5 g 的培养肉。这是国内首例由动物干细胞扩增培养而成的人造肉，是该领域内一个里程碑式的突破。此外，江南大学陈坚团队也在该领域取得了诸多进展，在实验室中制备出了肥瘦相间的人造肉。现阶段，细胞培养人造肉还不能实现大规模生产，其色泽、风味与真肉还存在较大差距，未来仍需针对性地进行理论及应用研究。

四、环境生物技术

生物技术是一门新兴的综合性学科，是指用于改造及利用生物或生物成分的技术。随着学科的发展，生物技术被广泛应用于工业、农业、医学行业、仪器行业等各行业领域，对人类生产生活产生了深远影响。伴随环境污染问题越来越严重，人类对环境越发重视，生物技术正在越来越多地被用于环境保护方面，目前已成为推动生态文明建设的重要力量。生物环保产业是环保产业的一个分支，指在环境保护方面运用生物技术达到保护生态环境的目的的产业。

2016 年，中华人民共和国国家发展和改革委员会印发的《"十三五"生物产业发展规划》中，"促进生物环保技术应用取得突破"被列为生物产业发展的七大重要领域之一，目标是"围绕国家生态文明建设的迫切需求，面向环境污染生物修复和废弃物资源化利用，发展高效生物菌剂与生物制剂、高效低耗生物工艺与装备，以及生物－物化优化组合技术集成系统。到 2020 年，生物环保产业产值超过 2000 亿元"，这为生物环保产业发展提供了重要的政策保障。

（一）生物环保产业发展概况

1. 全球生物环保产业发展概况

全球生物环保产业特点之一：直接市场规模不大，发展预期相当乐观。目前生物环保产业规模不大，环保生物技术企业的营业额仅占整体生物技术产业的 2.2%。虽然企业数量、规模、资金、人员、产品都远不如制药产业，但是目前环保生物技术产业各领域的投入研发资金的比例相当积极。

全球生物环保产业特点之二：美国的全球主导地位已经确立。目前生物环保产业依然是以发达国家和地区为主，包括美国、日本、加拿大和欧洲。总体上，生物环保产业在世界环保产业所占的份额不大，其企业的营业额大约仅占全球生物技术产业的 3%。但是随着环境污染日益严重，生物环保技术在治理环境方面有着不同于物理、化学治理方式的特殊优势而备受世界各国的重视，并积极展开技术研究和市场开发。随着世界各地环保政策的出台和对环保领域投资的加大，环境保护的要求日益严格，生物环保技术也迎来新的发展空间。

2. 我国生物环保产业发展概况

目前我国生物环保产业已初具规模，同时在不断扩大。环保产业作为国民经济新的支柱性产业，国家对其发展重视程度在不断提升。为满足污染防治和生态环境保护的需要，国家投入了大量的人力物力用于生物环保产品产业的开发与生产，因而近几年生物环保产品品种不断增加，技术水平也不断提高。预计今后生物环保产品将会有更好更快的发展。随着我国环境服务市场需求的不断扩大，环境服务业的范围由以前的环保技术和咨询服务，已扩展到了环保工程的承包、环保设备的专业化运营、投融资以及风险评估等方面。

2018～2019 年，我国环保政策密集出台，环保力度进一步加大，环保政策措施由行政手段向法律的、行政的和经济的手段延伸，第三方治理污染的积极性和主动性被充分调动起来。环保税、排污许可证等市场化手段陆续推出，政策红利逐步显现。近一年来全国环保产业政策和领导指示见表 3-2。

表 3-2　近一年来全国环保产业政策

发布时间	发布方	政策法规与指示	主要内容
2018 年 7 月 1 日	中华人民共和国生态环境部	《中华人民共和国固体废物污染环境防治法（修订草案）（征求意见稿）》	国家推行生活垃圾分类制度，促进可回收物充分利用，实现生活垃圾减量化、资源化和无害化
2018 年 7 月	中华人民共和国国务院	《打赢蓝天保卫战三年行动计划》	具体指标是：到 2020 年，二氧化硫、氮氧化物排放总量分别比 2015 年下降 15% 以上；$PM_{2.5}$ 未达标地级及以上城市浓度比 2015 年下降 18% 以上等
2019 年 3 月 6 日	中华人民共和国国家发展和改革委员会等 7 部委联合	《绿色产业指导目录（2019 年版）》	《目录》对节能环保产业、清洁生产产业、清洁能源产业、生态环境产业及基础设施绿色升级、绿色服务方面加以分类
2019 年 6 月 3 日	习近平总书记	习近平总书记对垃圾分类工作作出重要指示	推行垃圾分类，关键是要加强科学管理、形成长效机制、推动习惯养成 [*]
2019 年 6 月 6 日	中华人民共和国住房和城乡建设部等 9 部门	《关于在全国地级及以上城市全面开展生活垃圾分类工作的通知》	到 2025 年，全国地级及以上城市基本建成生活垃圾分类处理系统

[*] 引自 http://paper.people.com.cn/rmrb/html/2019-06/04/nw.D110000renmrb_20190604_2-01.htm。

作为国家战略性重点产业，全国各级政府对环保产业也高度重视，积极推动节能减排和环境治理工作。例如，2019 年 4 月，江苏省推出《江苏省化工产业安全环保整治提升方案》，2019 年全省共排查出列入整治范围的化工生产企业 4022 家，计划关闭退出 1431 家、停产整改 267 家、限期整改 1302 家、异地迁建 77 家、整治提升 945 家；2020 年全省计划关闭退出 579 家，计划关闭和取消化工定位的化工园区（集中区）9 个。2018 年 6 月，北京发布《北京市节能减排及环境保护专项资金管理办法》；2017 年 10 月，陕西省印发《陕西省"十三五"生态环境保护规划》；2017 年 7 月，浙江省发布《浙江省生态文明体制改革总体方案》等。截至目前，全国几乎所有的省份均已出台生态环境保护相关政策、资金支持或项目管理方案，为我国全面推进节能环保产业提供有力的支持。

图 3-1 显示了 2009～2019 年全国关于水、废水、污水或污泥的处理技术专利的申请量（IPC：C02），从图中可以看出我国的环保相关的专利申请量自 2009 年以来快速增长，2019 年有所下降的原因是部分申请还未公开。

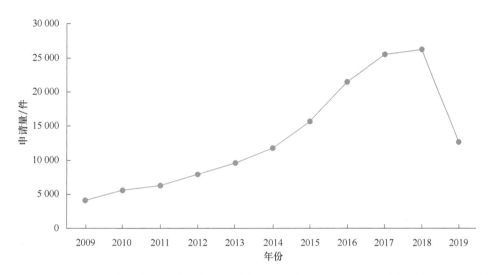

图 3-1 2009～2019 年全国关于水、废水、污水或污泥的处理技术专利的申请量（IPC：C02）

资料来源：公开数据整理

（二）生物环保产业现状

1. 生物环保技术的应用

（1）废水生物处理技术

截至 2018 年年底，全国设市城市污水处理能力 1.67 亿 m^3/d，累计处理污水量 519 亿 m^3，分别削减化学需氧量和氨氮 1241 万 t 和 119 万 t。表 3-3 为 2019 年全国部分省（自治区、直辖市）最大规模污水处理厂。

表 3-3 2019 年全国部分省（自治区、直辖市）最大规模污水处理厂

名称	处理规模 /（万 t/d）	处理工艺
上海白龙港污水处理厂	280	多模式 A^2/O 生物处理
北京高碑店再生水厂	100	传统活性污泥法

名称	处理规模 /（万 t/d）	处理工艺
广州市猎德污水处理厂	120	A²/O 工艺
天津津沽污水处理厂	55	多级 AO＋高效沉淀＋深床过滤工艺
安徽合肥市小仓房污水处理厂	40	预处理＋改良 A²/O＋深度处理
广西南宁市江南污水处理厂	96	改良型 A²/O 工艺＋深床滤池深度处理＋生物沥浸＋板框脱水工艺
福州市洋里污水处理厂	60	氧化沟
湖北武汉北湖污水处理厂	80	多模式 A²/O＋深度处理和高浓度 A²/O＋MBR
湖南长沙市花桥污水处理厂	56	多模式 A²/O＋深度处理和高浓度 A/O/O＋MBR
郑州新区污水处理厂	100	"多模式 A²/O 生化处理" 工艺＋深度处理
江苏南京市江心洲污水处理厂	67	A/O 活性污泥法工艺
陕西西安市第四污水处理厂	50	A²/O 工艺，改造为 MBBR 工艺
江西南昌青山湖污水处理厂	70	A²/O 生物反应池＋高效沉淀池＋过滤器＋紫外线消毒工艺（扩建工程）
重庆鸡冠石污水处理厂	80	A²/O 工艺
山东济南污水处理项目	75	预处理＋A²O＋MBR＋紫外线消毒
山西太原市汾东污水处理厂	54	A²/O 净水工艺
河北石家庄市桥东污水处理厂	60	A²/O 工艺
浙江杭州七格污水处理厂	150	改良型 A²/O＋反硝化深床滤池
四川成都排水有限公司新建污水处理厂	100	A²/O 工艺
辽宁沈阳南部污水处理厂	80	A²/O 工艺
黑龙江哈尔滨市太平、文昌污水处理厂	70	A²/O 工艺
吉林长春市北郊污水处理厂	78	A²/O 工艺
贵州贵阳市新庄污水处理厂	49	改良 A²/O 工艺
甘肃兰州市七里河安宁污水处理厂	40	全地埋式 MBR 工艺
新疆乌鲁木齐河东威立雅水务有限公司	40	活性污泥法
海南海口市白沙门污水处理厂	50	高负荷活性污泥法

　　从表 3-3 中可以看出，目前我国大规模污水处理厂中，主要处理工艺有 A²/O 工艺、MBR 工艺和活性污泥法。

　　A²/O 工艺是 anaerobic-anoxic-oxic 的英文缩写，它是厌氧－缺氧－好氧生物脱氮除磷工艺的简称。20 世纪 70 年代，美国专家在 A/O 工艺的基础上，再加上除磷就成了 A^2/O 工艺。我国 1986 年建厂的广州大坦沙污水处理厂，采用的就是 A^2/O 工艺，当时的设计处理水量为 15 万 t，是当时世界上最大的采用 A^2/O 工艺的污水处理厂。A^2/O 工艺一般适用于要求脱氮除磷的大中型城市污水厂。A^2/O 的工艺流程较为简单，能耗较小，总的水力停留时间也少于同类其他工艺。

MBR 工艺概念最早源于美国。我国对 MBR 的研究虽开始的较晚，但进展十分迅速。国内对 MBR 的研究大致可分为几个方面：①探索不同生物处理工艺与膜分离单元的组合形式，生物反应处理工艺从活性污泥法扩展到接触氧化法、生物膜法、活性污泥与生物膜相结合的复合式工艺、两相厌氧工艺；②影响处理效果与膜污染的因素、机理及数学模型的研究，探求合适的操作条件与工艺参数，尽可能减轻膜污染，提高膜组件的处理能力和运行稳定性；③扩大 MBR 的应用范围，MBR 的研究对象从生活污水扩展到高浓度有机废水与难降解工业废水，但以生活污水的处理为主。

活性污泥法是一种应用最广的好氧生物处理污水的方法，经历了近百年的发展，已经衍生出多种不同的工艺类型，有传统活性污泥法工艺、完全混合活性污泥法工艺、吸附－再生活性污泥法工艺、吸附生物降解工艺、氧化沟工艺、序批式活性污泥法（SBR）工艺以及 SBR 工艺的变形工艺（包括 ICEAS、CASS、IDEA、DAT-IAT、UNITANK、MSBR 等 SBR 的变形工艺）、多孔悬浮载体活性污泥工艺和膜生物反应器工艺等。

（2）有机固体废弃物的处理

2018 年 12 月 29 日国务院办公厅印发《"无废城市"建设试点工作方案》，推进生活垃圾分类处置和非正规垃圾堆放点整治。我国坚定不移推进禁止洋垃圾进口工作，2018 年全国固体废弃物进口总量 2263 万 t，比 2017 年下降 46.5%；截至 2019 年 10 月，全国固体废弃物进口量为 1228.2 万 t，为顺利完成 2019 年改革目标奠定了坚实的基础，图 3-2 为 2019 年 1～10 月中国固体废弃物进口量的趋势图。

2018 年中国环境公报表明，截至 2018 年年底，全国城市生活垃圾无害化处理能力 72 万 t/d，无害化处理率 98.2%；北京、天津、上海、江苏、山东、

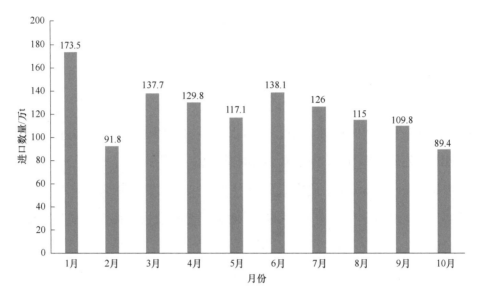

图 3-2   2019 年 1～10 月中国固体废弃物进口量的趋势图

资料来源：公开数据整理

广西、海南和四川等 8 个省（自治区、直辖市）通过农村生活垃圾治理验收，100 个农村生活垃圾分类和资源化利用示范县（市、区）中，75% 的乡镇和 58% 的行政村启动垃圾分类工作；全国排查出的 2.4 万个非正规垃圾堆放点中，47% 已完成整治任务。

1）污泥生物处理技术

近年来，随着我国污水处理能力的快速提高，污泥量也同步大幅增加。截至 2018 年 6 月底，全国年产生含水量 80% 的污泥 5000 多万 t（不含工业污泥 4000 多万 t）。目前我国污水处理总量约 2 亿 t/d，粗算产生湿污泥量约为 20 万 t/d，产量惊人，然而其中得到妥善处理处置的部分比例尚低，污泥处理处置现状非常不乐观。

目前污泥处理技术主要包括：沉淀污泥生物处理系统、石灰投加技术、污泥碳化技术、污泥水解干化技术、微生物水解干化蛋白提取、热水解＋厌氧消化。

2）厨余垃圾

根据国家发展改革委发布的《"十三五"全国城镇生活垃圾无害化处理设施建设规划》，到"十三五"末，全国力争新增餐厨垃圾处理能力 3.44 万 t/d，"十三五"全国餐厨垃圾处理设施建设投资为 183.5 亿元。到 2020 年，餐厨垃圾产生量预计将达到 12 500 万 t，即 34 万 t/d，若实际处理能力能满足每天的产生量，预测"十三五"期间整个餐厨垃圾处理设施投资市场规模将达 1812 亿元。图 3-3 为 2010～2020 年中国厨余垃圾产生量规模增长情况及预测。

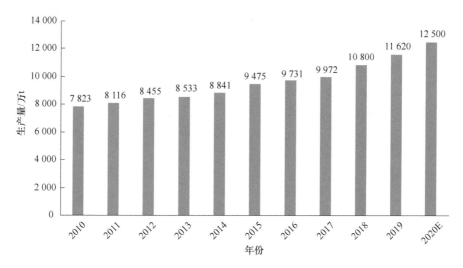

图 3-3　2010～2020 年中国厨余垃圾产生量规模增长情况及预测

资料来源：公开数据整理

　　餐厨垃圾的处理方法主要分为填埋、焚烧和资源化处理。资源化处理是未来餐厨垃圾处置行业的必然选择。餐厨垃圾资源化处理主要有厌氧发酵、好氧堆肥、饲料化三种模式。三种模式各有利弊，目前，厌氧发酵是餐厨垃圾主流处理方法（表 3-4）。

表 3-4　三种餐厨垃圾资源化处理方法对比

性能及特点	厌氧发酵	好氧堆肥	饲料化
无害化程度	高	低，有害有机物及重金属等污染问题难以解决	高
资源化程度	高，有机质充分利用，油脂回收率高	低	高，最终生成蛋白饲料添加剂、再生米、沼气
减量化程度	高	低	高
工程占地	大，2.5 万～3 万 m²/（500 t/d）	大，5 万～12 万 m²/（500 t/d）	小，1.2 万～2 万 m²/（500 t/d）
单位投资金额	高，15 万～35 万元 /t	较高，12 万～35 万元 /t	较低，10 万～25 万元 /t
运营成本	低，45～150 元 /t	低，80～120 元 /t，但污水处置会增加整体处理费用	高，200～500 元 /t
工艺复杂程度	高	低，易推广	较低
存在的问题		可能加剧土壤盐碱化	蛋白质同源污染问题

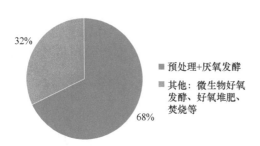

32%

68%

■ 预处理+厌氧发酵

■ 其他：微生物好氧发酵、好氧堆肥、焚烧等

图 3-4　截至 2019 年 6 月底餐厨垃圾投运产能分布图

资料来源：公开数据整理

根据统计分析，"预处理＋厌氧发酵"技术为国内餐厨垃圾处置的主流技术；微生物好氧发酵技术、好氧堆肥技术、饲料化等或因占地面积大弊端，或因资源化产品销路问题，或因同源性污染问题等而较少被采用。图 3-4 是截至 2019 年 6 月底餐厨垃圾投运产能分布图。

2. 生物环保产品

目前生物环保产品受到各个国家及相关机构的重视，得到大力的研发和推广，包括可生物降解材料、酶制剂及微生物制剂等多种生物环保产品。

（1）可生物降解材料

目前全球研发的可生物降解塑料已达几十种，进行批量生产或工业化生产的品种包括：微生物发酵合成的聚羟基脂肪酸酯（PHA），化学合成的聚乳酸（PLA）、聚己内酯（PCL）、聚丁二酸丁二醇酯（PBS）、脂肪族/芳香族共聚酯、二氧化碳/环氧化合物共聚物（APC）、聚乙烯醇（PVA）等。现在可以实现工业化生产的生物降解塑料主要有淀粉基塑料、PLA、PBS 以及 PHA 等四类。

全球生物塑料产能预计将从 2018 年的约 210 万 t 增加到 2023 年的 260 万 t。PLA 和 PHA 等创新型生物聚合物正在推动生物塑料产能的增长。PHA 作为一个重要的聚合物家族，已经发展了一段时间，且正在以更大的商业规模进入市场，预计产能将在未来 5 年翻两番。这类产品通过微生物合成，可生物降解，并具有较好的物理和力学性能。PLA 是一种用途广泛的材料，具有优良的阻隔性能。高性能 PLA 是一些传统化石基塑料的理想替代品，如聚苯乙烯（PS）和聚丙烯（PP）。预计到 2023 年，PLA 的生产能力有望翻番。

我国的生物降解塑料研发和生产工艺同样走得较靠前，目前我国比较知名公司主要有常州百利基生物材料科技有限公司、苏州汉丰新材料有限公司、武汉华丽生物科技有限公司、安徽聚美生物科技有限公司、广东华芝路生物材料有限公司、江苏天仁生物材料有限公司、广东上九生物降解塑料有限公司、浙江海正生物材料股份有限公司、江苏金之虹新材料有限公司、广东力美新材料科技有限公司、江苏华盛材料科技集团等。

（2）酶制剂

酶制剂是近年来在饲料中广泛应用的一类饲料添加剂，多为消化酶类，来源于生物，一般来说较为安全，可按生产需要适量使用，具有高效性、专一性，在适宜条件下具有活性。酶制剂由于能有效提高饲料利用率，节约饲料原料资源且无副作用，不存在药物添加剂的药物残留和产生耐药性等不良影响，因而是一种环保型绿色饲料添加剂，有着较广泛的市场前景和应用潜力。我国已批准的有木瓜蛋白酶、α-淀粉酶制剂、精制果胶酶、β-葡萄糖酶等6种。

通过引进国外先进设备、优良菌株以及开发新型酶制剂，中国酶制剂工业快速发展。根据数据显示，2014年中国酶制剂市场消费规模仅占全球的9.4%，在市场需求扩大和政策利好的双重刺激下，2016年中国的酶制剂产量已达128万标准t，复合年均增长率为9.60%。同时，随着我国酶制剂研发水平和发酵工艺水平不断提高，国内许多酶制剂生产企业已经形成相应的自主品牌。部分国内品牌的产品在国际市场上不断获得认可，出口量总体上呈上升趋势，但也偶有波动。随着我国酶制剂工业的不断发展，产品品质的提升将进一步增强我国酶制剂企业的国际竞争力。

行业研究报告数据显示，2017年我国酶制剂生产总量达178.17万t，预计到2022年将超过260万t。随着酶学研究工作的不断深入，酶的应用会越来越广泛，加上固定化酶技术和酶分子修饰技术的发展，使酶的各种特性变得更加符合人们的需求。酶必将在工业、医药、农业、化学分析、环境保护、能源开发和生命科学研究以及在食品、造纸、石油化工等各种工业废水以及生活污水的治理中发挥越来越大的作用。

（3）微生物菌剂

微生物菌剂是指目标微生物（有效菌）经过工业化生产扩繁后，利用多孔的物质作为吸附剂（如草炭、蛭石），吸附菌体的发酵液加工制成的活菌制剂。

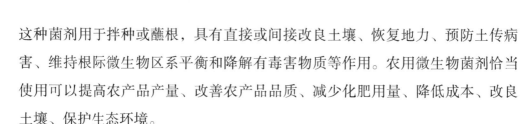

这种菌剂用于拌种或蘸根,具有直接或间接改良土壤、恢复地力、预防土传病害、维持根际微生物区系平衡和降解有毒害物质等作用。农用微生物菌剂恰当使用可以提高农产品产量、改善农产品品质、减少化肥用量、降低成本、改良土壤、保护生态环境。

国内环保用高效降解菌方面的研究和应用主要集中在高校、科研院所,以实验室研究阶段为主,研究的范围广,少数已经进入中试和工程示范阶段。开发微生物菌剂对难降解有机废水进行生物强化处理是目前研究的主要方向。实验主要从两个方面展开,一是从特定环境条件下筛选具有生长优势的土著菌种进行生物强化处理;二是通过分子手段构建出具有特殊降解功能的工程菌。

(三)市场分析

我国的生物技术发展方兴未艾,大力开展以污染控制生物技术为主体的环境生物技术的研究,将有力推进生物技术在环境保护中的应用。生物技术的发展将带动整个环保产业的发展,解决我国目前和未来所面临的环境保护问题,并为环保市场提供高品质的环境保护技术。

1. 废水和有机固废领域市场分析

由国家发展改革委公布的《产业结构调整指导目录(2019年本)》于2020年1月1日起施行。作为引导投资方向、政府管理投资项目的重要依据,该目录由鼓励、限制和淘汰三类组成,共涉及行业48个、条目1477条。

该目录强化了包括河道治理、城乡供水水源、农村饮水安全、水源地保护、高效输配水、节水灌溉技术推广应用、水生态系统及地下水保护与修复在内的多项水环境治理工程,尤其在农村污水处理领域,强化农村生活污水污泥减量化、资源化、无害化处理和综合利用工程。在污水防治技术设备领域,被列入鼓励类目录的有7条,这也将为我国水处理装备制造的发展提供基础支撑。同样备受关注的还有水资源回收利用领域和高效、低能耗污水处理与再生技术开发等。

目前我国固体废弃物一般分为工业固体废弃物、危险固体废弃物、医疗废弃物和城市生活垃圾等四个大类，其中工业固体废弃物由于其成分复杂、危害性大等原因，成为固废处理行业的重点关注领域。

2018～2019 年，我国垃圾分类重视化程度不断提高，垃圾分类严格化后，预计也将带来垃圾处理技术路线格局的变化，资源化回收类技术处理路线占比将开始提升。2018 年，我国已基本实现了城市生活垃圾的完全无害化处理，其中，焚烧处理占比为 45.14%，填埋处理占比为 51.88%。过去 10 年，我国垃圾焚烧量实现了爆发性增长，而填埋处理产能逐步下降，预计 2020 年垃圾焚烧处理占比会持续增加。单就 2017～2018 年开始火爆的工业固废市场来说，一般工业固废产生量从 13.1 亿 t 提高到 15.5 亿 t，年增长率为 18.3%，近 5 年的复合年均增长率超过 10%，即便未来以 8% 的速度递增，以每吨固废按照 600 元 /t 的市场价格计算，也能在 2020 年达到 1 万亿元的产能，未来固废处理市场前景广阔。

2. 可生物降解聚合物产业

我国是全球唯一可以生产所有生物降解塑料产品的国家，近年来产能扩张迅速。2018 年我国生物降解塑料行业规模约 54.4 亿元，同比增长 21.1%。2018 年产量达 65 万 t，同比增长 10.2%，其中完全生物降解塑料产量约 9.5 万 t，破坏性生物降解塑料产量约 55.5 万 t。2012～2018 年我国生物降解塑料的需求量从 22 万 t 增长至 45 万 t，复合年均增长 12.7%。未来随着国内对于环保重视程度提高、相关法律法规出台颁布，生物降解塑料的发展前景值得期待。到 2019 年，我国生物降解塑料产业市值以 13.01% 的复合年均增长率增长至 34.77 亿美元。

据 Helmut Kaiser 咨询公司的报告，全球生物降解塑料市场将快速增长，预计复合年均增速可达 8%～10%，将由 2007 年的 10 亿美元增加到 2020 年的 100 亿美元。市场关于可降解生物材料有两大动向：①欧洲新产能将投产；②包装成最大应用领域。

3. 酶制剂产业

据中国生物发酵产业协会统计，2018 年我国酶制剂产量约为 145 万（标）t，较 2017 年同比增长约 4.3%，预计将在 2020 年达到 158 万（标）t 的年产量。通过引进国外的先进设备、优良菌株以及开发新型酶制剂，中国酶制剂工业快速发展，特别是中国酶制剂企业。目前，具有较强竞争力的中国企业包括溢多利（VTR Bio-Tech）、尤特尔生化（Youtell Biochemical）、昕大洋（Smistyle）、新华扬（SunHY）等。

根据新思界产业研究中心发布的《2018～2022 年中国酶制剂行业发展前景及投资风险规避建议报告》显示，我国酶制剂行业经过长期不断发展，现阶段已经能够规模化生产的酶制剂种类在 30 种左右。2019 年，我国酶制剂产量达到 151 万（标）t，2013～2019 年的酶制剂复合年均增长率为 10%。我国酶制剂市场消费量在全球总量中的占比为 10% 以上，还有非常大的提升空间。

4. 微生物菌剂产业

国内市场环保用菌剂主要有 3 个来源：第一类是国外进口，份额占到总量的 60% 以上，代表厂家为丹麦诺维信、佛山碧沃丰（美国 Bioform）、日本琉球大学（EM 菌）等；第二类为国内企业生产，占市场份额的 30% 左右，代表厂家有广州农冠（台资）生物科技有限公司、广宇生物技术有限公司等；第三类是国内高校和科研院所开发生产，占到 5%～10% 份额，主要代表为中国科学院微生物研究所、清华大学等。国内专业从事环保用微生物菌剂生产的企业有 35 家左右，其中有 80% 以上的厂家生产的菌剂以由日本引进的 EM 菌以及相关菌剂的复配为主，有 10% 左右的企业与国内科研院所联合开展环保专用菌剂的开发与生产。

用于废水生物强化处理的微生物菌剂从应用角度可分两类，一类是专门针对难降解废水处理的菌剂，另一类是专门去除氨氮的硝化菌剂。目前市场上销售的产品主要以亚硝化单胞菌属和硝化杆菌为主。

（四）研发动向

探索高效、安全的生物环保产业一直是广大环保工作者着力研究的问题，而如何切实有效地利用这一产业技术来处理环境领域众多的问题亦是人们所普遍关注的热点方向，并且这一发展方向对可持续发展具有促进作用和重大意义。生物环保产业未来主要的研发方向应主要集中在以下 3 个方面。

1. 废水生物处理技术

纵观近 100 年的污水处理技术发展历程，不难发现污水处理技术正朝着越来越"密集化"（intensification）的方向发展。污水处理领域近些年一个重要的动向体现在一级处理技术的发展，出现了几个新的工艺：其一是旋转带式过滤机（RBF）；其二是滤布一级过滤（CMPF）。二级处理中，IFAS 工艺（生物膜 / 活性污泥组合工艺）、MABR 工艺（膜传氧气生物膜反应器）、好氧颗粒污泥技术等都是近几年研究较多的工艺。近几年主流短程脱氮技术成为热点技术。到了厌氧氨氧化，密集化的程度更高。现在很多大学和公司都在攻克这项技术，但目前还未出现公认的重大突破或者工程性应用。

随着研究的深入和新工艺、新技术的不断引入，废水生物处理主要有以下几个发展方向：①在同一反应器中复合好氧和厌氧生化过程，并使微生物的悬浮生长和附着生长相结合，可维持反应器内微生物的多样性，提高生物处理法去除有机污染物的效率。②污水处理技术正朝着越来越"密集化"的方向发展，开发具有高密度生物群、高传质速度的生物反应器。③发展各种耐水量、水质、毒物、酸碱冲击能力强的工艺，提高最终出水水质的稳定性。④开发生物处理的系列细菌，对不同污染物寻求高效特性菌，在组合工艺中每一阶段培植特征功能菌，尽可能提高设备中主体单元的菌浓度。⑤与物理化学方法相结合，发展多元组合工艺。⑥设备发展的新理念主要体现在传统设备的改进、新材料的应用、设备的集成化和自动控制技术的提高等方面，新设备在结构上有很多的突破，在关键的部件上应用了许多新材料。

未来的污水处理技术将朝着越来越密集化的方向发展，单个反应器将空间越

来越小、处理效率更高、能耗更低、实现的功能更多样化、工艺控制更加精准。

2. 固体废弃物生物处理技术

借鉴国际经验，未来污泥处理处置的技术发展主要有 4 条路径。

A. 沼气能源回收和土地利用为主的厌氧消化技术路线：厌氧消化主要能提高后续处理的效率并减少后续处理能耗，其成本较低，目前采用碱解处理、热处理、超声波处理、微波处理等方法对污泥进行预处理，可提高污泥水解速率，改善污泥厌氧消化性能。通过项目经验的积累，企业也逐渐掌握了较为全面的操作技能。污泥厌氧消化技术将会是未来的一个主流方向。

B. 土地利用为主的好氧发酵技术路线：好氧堆肥中的污泥经发酵后转化为腐殖质，可限制性农用、园林绿化或改良土壤，从而实现污泥中有机质及营养元素的高效利用，设备投资少、运行管理方便。在《城镇污水处理厂污泥处理处置技术指南（试行）》中，"好氧发酵＋土地利用"被列为推荐技术路线之一。该技术在相对欠发达地区，应用前景较大。

C. 污泥干化－焚烧技术路线：焚烧实现彻底处理和处置，而堆肥后续需要考虑储存、运输等能耗。而且，污泥中的有机质焚烧是碳中性的。随着对碳排放和污泥生物质资源认识的不断加深，干化焚烧工艺在国外的应用范围开始减少，但是在现阶段我国污泥厌氧消化和好氧发酵技术还未成熟的情况下，污泥干化焚烧在一定时期内可能会出现增长的态势，尤其是工业窑炉协同焚烧的方式。

D. 建材利用为主的污泥高干脱水处理技术路线：该技术能回收和利用污泥中的能源和资源，适度降低污泥处置成本。该技术可搭配资源循环利用的功能并能促进现有压滤机等机械制造行业的发展。

在目前，中国餐厨垃圾生物处理技术已基本形成以厌氧消化为主、好氧制肥为辅、饲料化和昆虫法等为补充的餐厨垃圾处理与资源化利用的技术路线。厌氧消化又分为干法工艺和湿法工艺，由于特性差异，餐厨垃圾具有含水、含油高的特点，更适用于湿法工艺；厨余垃圾含水率低，油脂含量也较低，一般处理工艺中不设置油脂回收工艺，针对含水率低的厨余垃圾采用"干式厌氧"

生化处理技术，发酵产生沼气后再利用。厌氧发酵技术是目前国内外相对来说普遍认可的处理湿垃圾的主流技术，从欧洲和国内建成运行的项目上来看，厌氧发酵已经运用比较成熟。

3. 生物环保产品

由于粮食安全是国家十分关心的问题，对于可生物降解产品来说，未来的研发应该向着以非粮食淀粉如木薯粉甚至纤维素水解物等发展。理想的情况包括用食品废弃物发酵得到乳酸，以及混合废弃物发酵生产乳酸进而聚合乳酸，向得到聚乳酸的方向发展。另一种生物材料 PHA 比 PLA 在热力学性能上有许多优越性，我国大量的有氧发酵设备也提供了 PHA 发展的大好机会，因为 PHA 兼具有良好的生物相容性能、生物可降解性和塑料的热加工性能，因此同时可作为生物医用材料和生物可降解包装材料，已经成为近年来生物材料领域最为活跃的研究热点之一。

2017 年中国酶制剂行业技术主要是以微生物发酵法为主，少量酶的生产采用生物提取法。从技术方向上来说，全世界现在工业化产酶的主要手段依然依赖生物合成法。2017～2023 年中国酶制剂行业发展前景一片光明，单从 2017 年中国酶制剂行业发展动态分析可看出酶产业市场火热：①湖北建设生物溶菌酶生产基地；②诺维信责任为"酶"、独步市场；③世界最大酶发酵基地落户太仓；④投资 7000 万元的高科技大型饲用酶制剂基地落地中国。

国外微生物菌剂研究开展较早，目前已有相关的企业进行微生物菌剂的生产和销售。国外微生物菌剂更多的应用在污染整治上，如日本就有利用微生物菌剂清理淤泥、治理海域污染的实例，并且相关技术已十分成熟。我国科学家通过学习国外微生物菌剂先进的理论，研究实际处理案例，推动国内微生物菌剂的发展和应用。我国微生物菌剂研究起步相对较晚，但在微生物菌剂的应用上仍取得了理想的成果。近年来我国研究人员在微生物菌剂对水质净化作用方面的研究也不断取得进展，为了进一步提升制品的处理效果和稳定性，国内的主要研究仍集中在高效菌种的选择和培育上，在微生物菌剂的推广和开发应用上仍不够完善。随着人们对环境问题的越发重视，对生活品质的更高追求，拓展微生物菌剂在治理污染方面的应用仍将是一个热点。

 ## 五、生物安全技术

（一）病原微生物研究

1. 重要新发突发病原体发生、播散、溯源、防治、处置等方面取得重要突破

在病原体及传染病防控方面，我国科学家建立了媒介生物和环境病原体筛检及防控技术；研发了 SARS-CoV-2、MERS-CoV、ZIKV、HTNV、CHIKV、MHFV、LASV 等病原体检测方法或产品；揭示了 RNA 病毒在非脊椎动物普遍存在，并阐明了其与宿主的共进化关系；阐明了蝙蝠源冠状病毒、丝状病毒和 A 型轮状病毒遗传演化及跨种感染机制；阐明了 H5N6、H7N9 禽流感病毒和 EA H1N1 猪流感病毒的起源进化规律；从分子病毒学层面揭示了 ZIKV 巴西株大流行的机理。

中国动物卫生与流行病学中心完成动物卫生数据仓库和疫病传入风险监测预警平台开发，进而构建了 8 种非洲猪瘟传入风险评估模型，证实其通过走私、旅客携带和野猪迁移向我国释放病原的推断。中国医学科学院医学实验动物研究所联合中国疾病预防控制中心病毒病预防控制所、中国医学科学院病原生物学研究所、中国医学科学院医学生物学研究所，针对新冠病毒的感染与体内复制、疾病临床症状及影像学、病理学和免疫学反应等问题，通过感染冠状病毒受体人源化的转基因小鼠，率先建立了新冠肺炎的转基因小鼠模型，突破了疫苗和药物研发过程中从实验室向临床转化的关键技术瓶颈。研究阐明了新冠病毒在 hACE2 小鼠中的致病性，证实了病毒入侵的受体路径，推动了对新冠病毒的病原学和病理学的了解。

在病原体溯源方面，华南农业大学从马来亚穿山甲中分离到与新冠病毒高度同源性的冠状病毒，比较基因组分析的结果表明，新冠病毒可能源自穿山甲冠状病毒与蝙蝠冠状病毒 RaTG13 的重组。中国科学院西双版纳热带植物园联合华南农业大学和北京脑科学与类脑研究中心一起收集了全世界各领域共享到 GISAID EpiFluTM 数据库中覆盖四大洲 12 个国家的 93 个新型冠状病毒样本的基因组数据，通过全基因组数据解析，证实华南海鲜市场并非病毒源头。该研究对于寻找病毒来源、确定中间宿主，以及对疫情控制和避免再次暴发具有至关重要的意义。

2. 新突发、烈重性传染病治疗药物、疫苗的研制取得重大进展

我国在新突发、烈重性传染病治疗药物、疫苗的研制上取得了一批重要进展，主要包括：在群体性应急免疫研究方面，以 VACV 和 VSV 为基础建立了应急疫苗制备技术，制备了 HTNV/CHIKV/ 正痘病毒、MERS-CoV/ 正痘病毒、MHFV、LASV 候选疫苗；鼻喷流感减毒活疫苗完成了药品注册。在宿主应急免疫保护研究方面，建立了应急抗体快速制备技术；研发了 MERS-CoV、马尔堡、Ebola 候选抗体药物及 MERS-CoV"抗体鸡尾酒"和丝状病毒交叉保护性抗体。发现 ZIKV 通过 NS1 蛋白点突变而增加在蚊子中的感染力，从而为 ZIKV 巴西株大流行提供了分子病毒学理论依据，相关成果发表在 2017 年 *Nature* 杂志上。完成基因工程 ZIKV 疫苗的构建和小动物免疫原性检验，研究成果以 4000 万元转让给安徽龙科马生物技术有限公司，2019 年向 CFDA 提交临床试验批件。

在新冠肺炎疫苗研发方面，军事科学院军事医学研究院生物工程研究所陈薇院士团队牵头研发的重组新冠病毒（腺病毒载体）疫苗和国药集团中国生物武汉生物制品研究所研发的新冠灭活疫苗正在开展三期临床试验。北京大学与北京佑安医院、中国医学科学院医学实验动物研究所、军事科学院军事医学研究院微生物流行病研究所等单位合作，利用高通量单细胞 RNA 和 VDJ 测序平台，从 60 个新冠肺炎康复患者的超过 8500 个抗原结合的 IgG1 抗体中，筛选出了 14 个具有强中和能力的单克隆抗体，其中 BD-368-2 中和假病毒的 IC_{50} 值达到 1.2 ng/mL，中和新冠活病毒的 IC_{50} 值为 15 ng/mL。

此外，西尼罗热疫苗、非洲猪瘟疫苗、埃博拉和拉沙热保护性抗体、乙型脑炎病毒（JEV）中和抗体研究上都取得了突破性进展。我国科学家发现了 4 个具有完全自主知识产权的新结构小分子化合物，体外抑制埃博拉病毒膜蛋白功能的半数有效浓度均在 nmol/L 级，是高效的埃博拉病毒侵入抑制化合物。这 4 个化合物对其他种类病毒膜蛋白假病毒的感染没有明显抑制作用，表明这 4 个化合物对 EBOV GP 蛋白具有高选择性。这一发现为研究抗埃博拉病毒药物提供了新的抗病毒作用靶点和先导化合物，为研究开发新型抗埃博拉病毒药物提供了完全不同于现有在研药物的全新抗埃博拉病毒作用机制。

3. 在突发生物安全事件应对方面取得重要进展

我国科学家首次报道了人腺病毒 HAdV-4 型流行株全基因组序列，并建立了一种快速构建人腺病毒载体的方法；在重症流感治疗方面发现法匹拉韦联合奥司他韦明显优于奥司他韦单给药；完成开放式隔离病床、儿童隔离病床、医用隔离诊台三款产品的研发和样机试制；建立的病原体快速筛查技术实现 60 h 内完成临床样本中已知基因组序列的病原微生物筛查和鉴别，首次实现了全病原谱的覆盖；针对 VersaTrek 全自动血培养系统对模拟血液样本及临床 5 mL 抽血量样本进行了评估，保证在较少血量下更快地检出血液中的病原菌；完成了针对 Xpert® Carba-R（Xpert）检测技术的 CRE 快速主动监测技术的临床评价，证实主动监测的重要性，为 CRE 防控提供了第一手翔实数据。

（二）两用生物技术

1. 生物安全突发事件风险评估模型建立取得重要进展

我国建立了高危生物事件风险评估系列创新性的基础数据、算法模型和应用集成框架。一是在数据要素构建方面，完成主要基础数据要素的信息收集，建立包括传染病数据、人口分布、气象条件、三维城市、交通流量等 11 项基础数据要素。二是在模型算法研究方面，建立包括中尺度气溶胶大气扩散与反演模型、实验室污染物气溶胶扩散模拟、麻疹网络挖掘与分析、生物防御能力要素拓扑图等 9 种模拟仿真和风险评估算法模型，上海市第一人民医院的科研人员利用状态转移矩阵模型预测新型冠状病毒感染高峰和患者分布，北京工业大学、清华大学基于经典动力学模型和模型参数自动优化算法预测新冠肺炎疫情发展趋势。三是在指标体系构建方面，建立包括静态因素和动态因素的 1 套生物防御基础指标体系。四是在集成研究与应用方面，建立自然、社会、生物等多要素综合数据支撑平台以及针对气溶胶生物恐怖袭击的风险评估推演关键技术。

上述研究进展可有效提高生物安全极端事件风险评估的科学性和准确性，初步架起了生物安全战略管控与现场处置的科技桥梁，具有重要的社会效益。

2. 单碱基编辑工具生物信息学研究取得重要进展

中国科学院神经科学研究所、脑科学与智能技术卓越创新中心、四川大学华西二院 / 生命科学学院和中国科学院上海营养与健康研究所隶属的计算生物学研究所（中国科学院 - 马普学会计算生物学研究所）利用生物信息学技术发现 DNA 单碱基编辑工具 CBE 和 ABE 均存在大量的 RNA 脱靶效应，相比于仅有 GFP 处理的对照组，CBE 或 ABE 处理的细胞的 RNA SNV 平均增加了 15 倍之多。研究者通过一系列分析证明这些 RNA 脱靶产生的单核苷酸突变与目的编辑位点没有序列相似性，而这主要是由于 DNA 单碱基编辑器的脱氨酶 APOBEC1（BE3）和 TadA（ABE）导致的。此外，研究团队还发现很高比例的 RNA 脱靶发生在癌基因和抑癌基因上，如果用于临床治疗有较大的致癌风险。结合 2019 年 3 月在《科学》杂志报道单碱基编辑技术 BE3 存在全基因组范围内的 DNA 脱靶效应，该项研究发现了单碱基编辑工具还存在无法预测的 RNA 脱靶，加强了世人对单碱基编辑工具的安全性的审视。同年 6 月研究团队于《自然》杂志在线发表了题为 "Off-target RNA mutation induced by DNA base editing and its elimination by mutagenesis" 的研究论文，公布了该研究成果。

研究团队获得了 3 种高保真度的 BE3 突变体，均为能够完全消除 RNA 脱靶并维持 DNA 编辑活性的高精度单碱基编辑工具。针对 ABE 系统，这些工具在降低 RNA 脱靶现象的同时维持了其在 DNA 上的编辑活性。此外，团队开

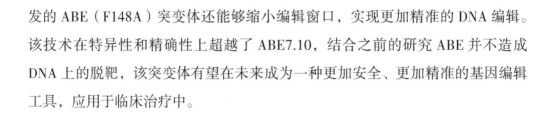

发的 ABE（F148A）突变体还能够缩小编辑窗口，实现更加精准的 DNA 编辑。该技术在特异性和精确性上超越了 ABE7.10，结合之前的研究 ABE 并不造成 DNA 上的脱靶，该突变体有望在未来成为一种更加安全、更加精准的基因编辑工具，应用于临床治疗中。

（三）生物安全实验室和装备

1. 高级别生物安全实验室国产化初步实现

国产化生物安全四级模式实验室建设项目群实施以来，研发出一批四级实验室关键设备，包括正压防护服、化学淋浴设备、生命支持系统、双级高效过滤器单元、气密性传递窗、渡槽、生物安全型双扉高压灭菌器、污水处理系统，以及我国首套面向生物安全实验室的设施设备预防性维护管理系统、零配件和备品库存管理系统、四级实验室安全监控平台与系统等。这实现了生物安全四级实验室技术与装备从进口依赖型向自主保障型的跃升。四级模式实验室的建成，标志着我国已基本具备应用国产设备建设四级实验室的能力，打破了少数国家对四级实验室关键技术的垄断。建成的四级模式实验室将成为国产化生物安全关键技术与设备的研发、测试、评价、示范以及人员培训基地。

上述工作为开展国内外生物安全相关宣传培训提供了重要平台资源。2018年 10 月 15 日至 25 日，"生物安全实验室管理与技术国际培训班"在武汉成功举行。培训班由中华人民共和国外交部、中国科学院主办，中国科学院武汉病毒研究所承办。来自孟加拉国、巴基斯坦、巴西、保加利亚、波兰、柬埔寨、喀麦隆、克罗地亚、刚果（金）、埃及等 22 个国家的科研人员参加培训。培训班的成功举办，得到国际各方的充分肯定，取得了良好国际影响，对我国积极推进全球生物安全治理，践行《禁止生物武器公约》，做好生物安全国际合作与交流，具有重要现实意义。

2. 生物安全标准化工作成效显著

生物安全标准是国家生物安全体系建设至关重要的内容，是国家生物安全能力建设不可或缺的重要基石。针对我国生物安全领域标准化工作的实际情况和现实需求，2016年以来，在中华人民共和国科学技术部、中华人民共和国国家卫生健康委员会、中华人民共和国农业农村部、中华人民共和国海关总署、中国合格评定国家认可委员会、全国实验动物标准化技术委员会、全国认证认可标准化技术委员会、中华预防医学会等大力推进下，2016年启动的"生物安全关键技术研发"重点专项在生物安全标准研制方面取得重要进展，在大数据建设、新发突发传染病病原体和重要入侵生物防控、实验室生物安全和人类遗传资源管理等方面取得显著成效。截至2019年2月，该专项共研制处于不同阶段的一系列标准101项，其中已发布35项、上报12项、审查15项、征求意见10项、起草20项、立项申请9项。已发布的标准中，包括国家标准5项、行业标准16项、企业标准6项、团体标准5项、地方标准3项。

从所研制标准化工作的技术领域来看，生物安全大数据建设方面研制了涉及网络协同数据、生物威胁评估、监测等11项行业标准；病原体防控涉及病原体检测、临床诊治、疫情处置和病媒采集等40项标准，其中国家标准5项、行业标准26项、地方标准4项、团体标准5项；生物安全实验室管理研制了1项国家标准和1项行业标准；生物安全实验室装备涉及初级防护屏障、气密防护和消毒设备等6项企业标准；人类遗传资源管理涉及基础术语、伦理规范、样本质量控制、样本库建设及其管理等14项标准，其中国际标准1项、国家标准8项、行业标准1项、地方标准1项、团体标准3项；外来生物入侵涉及入侵生物监测、风险评估与分级、生态防控、生态修复等28项标准，其中国家标准1项、行业标准14项、地方标准13项。

3. 推进生物安全实验室建设的全面部署

2020年5月20日，国家发展改革委等部门公布《公共卫生防控救治能力建设方案》，着力提升重大疫情防控救治能力短板。该方案提出全面改善疾控机构设施设备条件的建设目标，加强疾病预防控制体系现代化建设。具体内容包括实现每省至少有一个达到生物安全三级（P3）水平的实验室，每个地级市至少有一个达到生物安全二级（P2）水平的实验室，具备传染病病原体、健康危害因素和国家卫生标准实施所需的检验检测能力。重点提升县级疾控中心的疫情发现和现场处置能力，加强基础设施建设，完善设备配置，满足现场检验检测、流行病学调查、应急处置等需要。地市级疾控中心重点提升实验室检验检测能力，加强实验室仪器设备升级和生物安全防护能力建设。鼓励有条件的地市整合市县两级检验检测资源，配置移动生物安全二级（BSL-2）实验室，统筹满足区域内快速检测需要。国家、省级疾控中心重点提升传染病检测"一锤定音"能力和突发传染病防控快速响应能力。

此外，该方案还在全面提升县级医院的救治能力、健全完善城市传染病救治网络、改造升级重大疫情救治基地、推进公共设施平战两用改造等方面做出全面部署。

（四）生物入侵

1. 外来物种入侵甄别与防控形成体系支撑

在外来生物入侵防控基础研究及其防治技术与产品方面，我国科学家揭示了入侵生物"可塑性基因驱动"入侵特性和"虫菌共生"入侵机理，为入侵生物的风险评估、预测预报、检验检疫、综合防治提供了新思路；建立了上千种外来有害生物的分子检测、DNA 条码自动识别等高通量鉴定技术与检疫产品，开发了多物种智能图像识别 APP 平台系统，实现了重大入侵物种的远程在线识别和实时诊断；针对红火蚁、苹果蠹蛾、马铃薯甲虫、稻水象甲、美国白蛾、葡萄蛀果蛾、苹果枯枝病病菌等农林业重大入侵物种，研究建立了集成疫区源头治理、严格检疫、扩散阻截、早期扑灭等应急控制技术体系，灭除 20 余个疫情点；针对豚草、空心莲子草、斑潜蝇等大面积发生的恶性入侵种，研发了天敌昆虫规模化繁育及释放技术 20 项，构建了基于生物防治和生态修复联防联控的区域性持续治理示范实践新模式，示范应用面积逾 1000 万亩。

我国科学家研发的飞机草防控阻截技术、外来入侵植物替代控制和生态修复技术在多地示范推广，可有效控制生态危害；研发红火蚁环境友好型防控技术，已申请了多项专利技术，减少红火蚁对人类健康的危害。相关科研人员还为广西林业有害生物防治站等相关部门对林业有害植物的预防和控制提供技术培训和咨询服务，实现了科学研究与地方发展相结合，建立示范区4个，培训农民/农技人员2000余人。

2. 重要热带病相关入侵媒介生物及其病原传播规律研究取得了重要进展

随着跨国贸易、交通运输、国际旅行、物种引进和国家交流的发展，外来有害生物跨境传播与扩散的频率剧增，不仅破坏我国的生态平衡，还造成某些疾病特别是热带病的传播与暴发。围绕诺氏疟疾、美洲锥虫病、巴贝虫病、曼氏血吸虫病和广州管圆线虫病等5种热带病入侵媒介及其病原的传播规律、风险评估、精准溯源、资源库及其共享平台建设等，我国科学家获得了一系列重要研究进展。研究人员确认了上述5种热带病"媒介-病原"所处的入侵阶段，建立相应的风险评估、预警模型、干预措施和调查方法；建立了上述5种不同入侵阶段的热带病鉴定和溯源技术，为入侵媒介及病原的变异与鉴定的快速筛检提供了技术支撑；揭示了这些热带病病原变异与致病机制；建立了入侵媒介及病原的实物标本库、数据库及共享平台。研发的监测预警技术分别在广西、上海、江西、福建、广州、云南、海南、贵州等省（自治区、直辖市）开展了推广应用试点，并通过资源库和共享平台及时诊断、治疗了2例非洲锥虫病、2例曼氏血吸虫病和数千例输入性疟疾病例；相关成果分别获得省部级科技一等奖1项和二等奖1项。

第四章 生物产业

作为 21 世纪创新最为活跃、影响最为深远的新兴产业，生物经济正加速成为我国重要的新经济形态。"十二五"以来，生物产业被列为我国重点培育发展的七大战略性新兴产业之一，"健康中国 2030"规划等国家政策陆续出台，随后各级政府陆续出台实施了一系列财税、价格、金融等优惠政策。尤其是我国《"十三五"国家战略性新兴产业发展规划》中把生物经济列入我国"十三五"战略性五大新兴产业发展规划目标之一，提出"将生物经济加速打造成为继信息经济后的重要新经济形态"的新目标，并且确定了详细的行动路线，确立了"七大方向、六大工程、三大平台"发展目标。

与此同时，多重利好消息也促使我国生物产业迅速发展。2019 年，我国生物产业迈入新的发展阶段，肿瘤疫苗、抗体药产品、生物质发电等技术取得新突破，技术创新成为行业发展的驱动力；与此同时，我国多项医药、医保、能源以及环保政策出台，促进产业加速洗牌，创新产品加速上市，产业发展势头迅猛。以生物医药产业为例，2019 年我国生物医药产业市场规模快速上升，2019 年达到 2.5 万亿元，年规模增长率超 10%，跑赢全球，成为全球市场增长的主要动力。

 一、生物医药产业

2019 年是我国生物医药领域蓬勃发展的一年，也是法律法规、监管体系不断完善的一年。从生物医药市场规模来看，全球及我国生物医药市场规模持续扩大，2019 年国内生物医药市场规模达到 2.5 万亿元，并且呈现市场结构持续分化、创新成果不断涌现的局面。从生物药产品看，疫苗企业加快布局多联多价疫苗和新型疫苗；首个国产生物类似药利妥昔单抗和首个国产阿达木单抗获批上市；多个国产三代胰岛素产品申请上市；9个细胞治疗产品和4个基因治疗产品临床试验申请获得 NMPA 药品审评中心（CDE）受理。从监管政策看，新版《中华人民共和国药品管理法》《中华人民共和国疫苗管理法》等多项重磅政策的颁布和正式实施，对我国生物医药产业的发展产生了根本性的影响。

（一）生物医药产业市场

1. 全球以及国内生物医药市场规模持续扩大

2019 年，全球生物医药市场规模持续稳步上升。根据赛迪咨询市场数据，2019 年全球生物医药市场规模达到 1.7 万亿美元，复合年均增长率约为 4.40%（图 4-1）。与此同时，我国生物医药市场规模快速上升，2019 年接近 2.5 万亿元，年规模增长率超 10%，跑赢全球，成为全球市场增长的主要动力（图 4-2）。

图 4-1　2015～2019 年全球生物医药市场规模及增长速度

数据来源：赛迪生物医药产业大脑

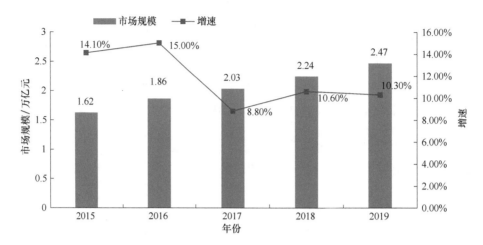

图 4-2　2015～2019 年我国生物医药市场规模及增长速度

数据来源：赛迪生物医药产业大脑

2. 国内生物医药市场结构持续分化

国内生物医药市场持续增长的同时，市场结构也在持续分化。其中，化学药市场份额持续减少，已从 2015 年占总体市场的 47.80% 下降到了 2019 年的 41.90%；与之相对应地，医疗器械市场占比和生物药占比持续增长，尤其是医疗器械市场占比逐渐扩大，已从 2015 年的 19.00% 扩大到 2019 年的 25.00%，增速最快；生物药则是从 2015 年 9.00% 的市场占比扩大到了 2019 年的 12.5%（图 4-3）。

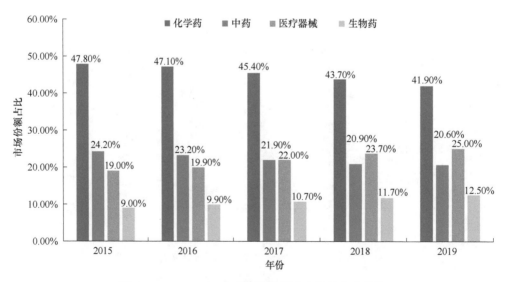

图 4-3　2015～2019 年我国生物医药市场结构变化情况

数据来源：赛迪生物医药产业大脑

3. 研发热情持续高涨，研发创新成果初显

2019 年以来，我国生物医药产业研发热情持续高涨，研发创新成果已经初步显现。2019 年，我国生物医药市场申报数量稳步上升，截至 2019 年 11 月申报受理号总量超过 7600 例。其中，生物制品申报受理占比不断上升，截至 2019 年 11 月，生物制品的申报占比已从 2015 年的 6.80% 上升到 2019 年 11 月的超过 14%，为 2015 年至今的最高水平（图 4-4）。

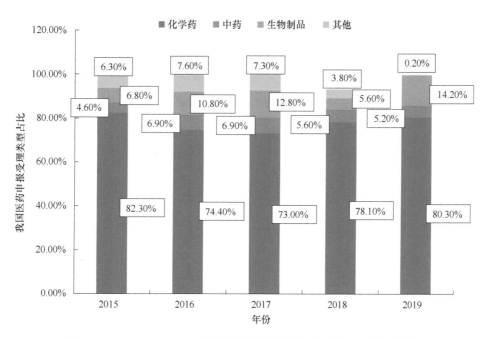

图 4-4　2015～2019 年 11 月我国生物医药市场药物申报类型占比情况

数据来源：赛迪生物医药产业大脑

（二）生物医药产业政策

2019 年是我国生物医药政策落地的大年，包括带量采购、新版医保目录谈判准入、《中华人民共和国疫苗管理法》、新版《中华人民共和国药品管理法》以及重点监控药品目录皆正式落地，对我国生物医药产业发展产生巨大影响（表 4-1）。

首先在带量采购方面，随着"4＋7"城市带量采购的持续推进，各地执行

表 4-1　2019 年我国生物医药领域相关重点政策盘点

发布日期	政策文件	主要内容
2019 年 5 月	NMPA 发布《关于生物类似药临床研究用原研参照药进口有关事宜的公告》（2019 年第 44 号）	为了深入推进"放管服"改革，根据国内企业对生物类似药研发工作的实际需求，决定对与在我国获批进口注册或临床试验的原研药品产地不一致的同一企业的原研药品作为生物类似药临床研究用参照药予以一次性进口
2019 年 6 月	《中华人民共和国疫苗管理法》经第十三届全国人民代表大会常务委员会第十一次会议审议通过，自 2019 年 12 月 1 日起施行	制定《中华人民共和国疫苗管理法》是为了加强疫苗管理，保证疫苗质量和供应，规范预防接种，促进疫苗行业发展，保障公众健康，维护公共卫生安全
2019 年 7 月	NMPA 发布《临床急需境外新药标准复核检验用资料及样品要求（生物制品）》	旨在进一步落实《临床急需境外新药审评审批相关事宜的公告》要求、加快临床急需境外上市新药审评审批。文件详细规定了检验所需资料、样品、标准物质及实验材料的要求
2019 年 8 月	第十三届全国人民代表大会常务委员会第十二次会议表决通过新修订的《中华人民共和国药品管理法》，自 2019 年 12 月 1 日起实施	明确了保护和促进公众健康的药品管理工作使命，确立了以人民健康为中心，坚持风险管理、全程管控、社会共治的基本原则，要求建立科学、严格的监督管理制度，全面提升药品质量，保障药品安全、有效、可及。在新的立法中，最引人注目的莫过于优化审评审批与推进药品上市许可持有人制度
2019 年 12 月	NMPA 发布《关于做好疫苗信息化追溯体系建设工作的通知》	旨在落实《中华人民共和国疫苗管理法》，积极推动建立覆盖疫苗生产、流通和预防接种全过程的信息化追溯体系，实现疫苗全程可追溯，做到来源可查、去向可追、责任可就，提高疫苗监管工作水平和效率，切实保障疫苗质量安全
2019 年 12 月	NMPA 发布《预防用疫苗临床可比性研究技术指导原则》	旨在进一步规范和提高疫苗临床研发水平，加强疫苗质量安全监管

数据来源：根据公共资料整理

成果显著。2019 年 12 月 29 日，国家组织药品集中采购和使用联合采购办公室发布公告称，第二轮全国带量采购正式启动，目前共纳入 33 个品种，于 2020 年 1 月 17 日在上海开标。可以预见，药品价格的持续下调将是未来改革的主旋律。集采扩围的名额与周期均发生变化。在新的规则下，集采名额由原本的 1 家扩展到 1～3 家不等；此外，中选企业为 3 家的品种，本轮采购周期原则上为两年，且视实际情况可延长一年。新规一方面避免出现"一家独大"的现象；另一方面，由于赛道逐渐拥挤，竞争趋于激烈，对于企业的成本控制能力提出了更高的要求。集采倒逼企业提升自主创新能力。集采扩围结果公布后，信立泰、京新药业等药企股价大跌；与此同时，仿制药价格不断下跌，也导致企业利润的持续降低。因此，提升自主创新能力已成为企业自救的唯一出路。有专家预测，创新药的时代已然来临。

其次，新版《中华人民共和国药品管理法》于 2019 年 12 月 1 日起正式实施，全面贯彻落实党中央有关药品安全"四个最严"的要求，明确了保护和促进公众健康的药品管理工作使命，确立了以人民健康为中心，坚持风险管理、全程管控、社会共治的基本原则，要求建立科学、严格的监督管理制度，全面提升药品质量，保障药品安全、有效、可及。在新的立法中，最引人注目的莫过于优化审评审批与推进药品上市许可持有人制度。新的立法将默示许可制上升至法律，意味着自食品药品监督部门受理临床试验申请后 60 d 起，未给出否定或质疑意见即视为同意。这种"非否定即肯定"的审批方式大幅提升了临床审批效率，为企业开展创新创制争取了时间。药品上市许可持有人制度将上市许可与生产许可分离，降低新药研发门槛，促进医药行业专业化分工。新的立法从法律角度肯定了许可持有人的创新主体地位，增强了创新活力，提升了创新动力。总的来说，新的立法是我国新药研发的一盏明灯，为释放我国生物医药产业的创新活力增添了动能，助力制药企业的原始创新。

此外，生物医药领域的政策主要集中在建立信息化监管体系、满足研发企业研发需求、加快药品审评审批三个方面，最重要的政策是《中华人民共和国疫苗管理法》的发布。对疫苗管理单独立法，不仅体现出疫苗作为国家战略性、公益性产品的特点，还体现了对疫苗管理不同于一般药品管理的特殊性。新的立法解决了目前有关疫苗的规定散落在多部法律法规中的问题，使关于疫苗的研制、生产、流通、预防接种等形成全链条、全要素、全生命周期监管体系。此次我国对疫苗管理单独立法，掀开了我国疫苗事业发展的新篇章，开创性地推进了疾病预防控制工作。

（三）生物医药产品

1. 疫苗产品：2 款产品上市，国内产品创新力度不断加大

2019 年 1 月～12 月 31 日，我国 CDE 共受理 6 款国产疫苗、3 款进口疫苗的临床试验申请和 6 款国产疫苗的上市申请，批准上市的国产疫苗和进口疫苗均有 1 款（表 4-2）。从产品类型看，临床试验申请和上市申请获得受理的国产疫苗多为新型疫苗和多联多价疫苗，如安徽智飞龙科马的四价重组诺如病毒疫苗和康希诺的 13 价肺炎球菌多糖结合疫苗，可见近两年国内疫苗企业不断加大创新研发力度。临床试验申请获得受理的进口疫苗 BRII-179、OBI-822、VGX-3100 均为治疗性疫苗，可见国外在治疗性疫苗这一前沿领域处于领先地位。

表 4-2　2019 年 CDE 受理的疫苗临床试验和上市申请

受理号	药品名称	企业名称	申请事项
CXSL1900006	13 价肺炎球菌多糖结合疫苗（CRM197，TT 载体）	康希诺生物股份有限公司	临床试验申请
CXSL1900048	四价流感病毒裂解疫苗	上海生物制品研究所有限公司	临床试验申请
CXSL1900087	吸附无细胞百白破灭活脊髓灰质炎联合疫苗	武汉生物制品研究所有限公司；国药中生生物技术研究院有限公司	临床试验申请
CXSL1900022	重组肠道病毒 71 型病毒样颗粒疫苗（毕赤酵母）	上海泽润生物科技有限公司	临床试验申请
CXSL1900020	四价重组诺如病毒疫苗（毕赤酵母）	安徽智飞龙科马生物制药有限公司	临床试验申请
CXSL1800127	肠道病毒 71 型灭活疫苗（Vero 细胞）	武汉生物制品研究所有限公司；国药中生生物技术研究院有限公司	临床试验申请
JXSL1900129	BRII-179（VBI-2601）注射液	Brii Bioscience Limited SciVac Ltd.	临床试验申请
JXSL1900007	Adagloxad Simolenin（OBI-822）/OBI-821	OBI Pharma，Inc.；UBI Pharma，Inc.；Zuellig Pharma，Inc.	临床试验申请
JXSL1900056	VGX-3100	Inovio Pharma，Inc.；Alliance Medical Products Inc.	临床试验申请
CXSS1900003	Sabin 株脊髓灰质炎灭活疫苗（Vero 细胞）	北京科兴生物制品有限公司	上市申请
CXSS1900044	ACYW135 群脑膜炎球菌结合疫苗	康希诺生物股份公司	上市申请
CXSS1900007	Sabin 株脊髓灰质炎灭活疫苗（Vero 细胞）	武汉生物制品研究所有限公司；国药中生生物技术研究院有限公司	上市申请

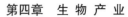

续表

受理号	药品名称	企业名称	申请事项
CXSS1900015	四价流感病毒裂解疫苗	北京科兴生物制品有限公司	上市申请
CXSS1900008	冻干A群C群脑膜炎球菌结合疫苗	康希诺生物股份公司	上市申请
CXSS1900016	四价流感病毒裂解疫苗（儿童规格）	北京科兴生物制品有限公司	上市申请

数据来源：CDE，药智数据库

2019年，获批上市的疫苗产品共有2项（表4-3）。其中，批准上市的国产疫苗为江苏金迪克的四价流感疫苗，这是继华兰生物的四价流感疫苗之后第二款获批的产品。获准上市的进口疫苗为GSK的重组带状疱疹疫苗，该疫苗由水痘带状疱疹病毒的糖蛋白E重组蛋白辅以新型佐剂AS01B组成。临床结果显示，该疫苗对所有年龄组表现出超过90%的预防带状疱疹的功效。

表4-3　2019年获批上市的疫苗

批准文号（注册证号）	产品名称	企业名称
国药准字S20190026	四价流感病毒裂解疫苗	江苏金迪克生物技术有限公司
S20190026	重组带状疱疹疫苗（CHO细胞）	GlaxoSmithKline Biologicals SA（GSK）

数据来源：CDE，药智数据库

2. 抗体药产品：超200个产品受理临床申请，多款重磅产品上市

2019年1月~12月31日，CDE共受理了100个国产抗体药（含不同适应证）、119个进口抗体药（含不同适应证）临床试验申请，以及12个国产抗体药（含不同适应证）上市申请，获批上市国产抗体药共有4款，进口抗体药共有5款。

从临床试验申请获得受理的抗体药看，恒瑞医药、信达生物、百奥泰等国内企业表现亮眼，如恒瑞医药在卡瑞利珠单抗上的研发投入已经超6.15亿元，仅这一个产品2019年就有7个新的适应证临床试验申请获得受理；国外巨头罗氏、诺华、默沙东多款产品获得受理，例如罗氏的PD-L1抗体阿替利珠单抗共有9个适应证临床试验申请获得受理，该产品去年全球销售额同比增幅高达59%；默沙东的重磅产品帕博利珠单抗共有10个适应证临床试验申请获得受

理，该产品 2018 年全球销售额 71.71 亿美元，多款重磅产品加速推进，表明海外巨头看好中国抗体药市场前景。

从上市申请获得受理的国产抗体药看，荣昌生物的国家一类新药泰它西普获批，用于治疗系统性红斑狼疮，临床数据反映其治疗效果优于 GSK 的贝利尤单抗且未来上市后治疗费用更低。复宏汉霖和君实生物分别是第四家和第五家递交了阿达木单抗上市申请的国内企业，复宏汉霖在该产品上研发投入近 2 亿元。

从获批上市的国产抗体药看，复宏汉霖的利妥昔单抗是首个国产生物类似药，获批用于治疗淋巴瘤；恒瑞医药的 PD-1 单抗卡瑞利珠单抗获批用于复发 / 难治性霍奇金淋巴瘤；百奥泰的阿达木单抗是国内首个阿达木单抗生物类药，获批用于治疗强直性脊柱炎；百济神州的 PD-1 单抗替雷利珠单抗获批用于治疗复发难治性霍奇金淋巴瘤，在霍奇金淋巴瘤上，O 药和 K 药的治愈率只有 20%，而替雷利珠单抗高达 60%。

从获批上市的进口抗体药看，强生的达雷妥尤单抗是国内首个 CD38 单抗，获批用于治疗多发性骨髓瘤；安进的地舒单抗作为临床急需境外已上市药品，获批用于治疗骨巨细胞瘤；GSK 的贝利尤单抗为 60 年来首个治疗红斑狼疮的新药；优时比的培塞利珠单抗获批用于治疗类风湿关节炎；礼来的依奇珠单抗作为临床急需境外已上市药品，获批用于治疗斑块型银屑病。

3. 重组蛋白产品：多个糖尿病治疗产品获得 CDE 受理

2019 年 1 月～12 月 31 日，CDE 共受理了 13 个国产重组蛋白、6 个进口重组蛋白的临床试验申请，以及 8 个国产重组蛋白上市申请，获批上市的国产重组蛋白共有 3 款，进口重组蛋白共有 4 款（表 4-4）。从临床试验申请获得受理的重组蛋白看，国内企业重组胰岛素产品较多，其中正大天晴的德谷胰岛素、联邦制药的门冬胰岛素、华润昂德的地特胰岛素均为第三代重组胰岛素。国外企业的多个重磅产品获得受理，其中包括诺华治疗糖尿病的药物口服利拉鲁肽和 Ansun 的突破性抗病毒新药 DAS181。

表 4-4　2019 年 CDE 受理的重组蛋白临床试验和上市申请

受理号	药品名称	企业名称	申请事项
CXSL1900008	注射用重组人钙调蛋白磷酸酶 B	海口奇力制药股份有限公司	临床试验申请
CXSL1900018	聚乙二醇干扰素 α-2b 注射液	厦门特宝生物工程股份有限公司	临床试验申请
CXSL1900043	重组人促红素 -HyFc 融合蛋白注射液	上海凯茂生物医药有限公司	临床试验申请
CXSL1900064	注射用重组人脑利钠肽	山东丹红制药有限公司	临床试验申请
CXSL1900069	注射用培干扰素 α1b	上海生物制品研究所有限责任公司	临床试验申请
CXSL1900074	德谷胰岛素注射液	正大天晴药业集团股份有限公司	临床试验申请
CXSL1900081	门冬胰岛素 50 注射液	珠海联邦制药股份有限公司	临床试验申请
CXSL1900082	培重组人成纤维细胞生长因子 21 注射液	天士力生物医药股份有限公司	临床试验申请
CXSL1900092	地特胰岛素注射液	华润昂德生物药业有限公司	临床试验申请
CXSL1900093	重组人截短型纤溶酶注射液	成都泽研生物技术有限公司	临床试验申请
CXSL1900104	重组人白介素 -12 注射液（CHO 细胞）	康立泰药业有限公司	临床试验申请
CXSL1900117	聚乙二醇化尿酸酶注射液	重庆派金生物科技有限公司	临床试验申请
JXSL1900004	LY900014 注射液	Eli Lilly and Company	临床试验申请
JXSL1900035	Semaglutide 片	丹麦诺和诺德公司	临床试验申请
JXSL1900038	Semaglutide 注射液	丹麦诺和诺德公司	临床试验申请
JXSL1900064	DAS181	Ansun Biopharma Inc.	临床试验申请
JXSL1900072	注射用 TransCon hGH（ACP-011）	维昇药业（上海）有限公司	临床试验申请
JXSL1900099	重组人绒毛膜促性腺激素注射液	辉凌医药咨询（上海）有限公司	临床试验申请
CXSS1900042	注射用重组人凝血因子Ⅷ	神州细胞工程有限公司	上市申请
CXSS1900038	门冬胰岛素注射液	浙江海正药业股份有限公司	上市申请
CXSS1900031	聚乙二醇化重组人粒细胞刺激因子注射液	山东新时代药业有限公司	上市申请
CXSS1900028	甘精胰岛素注射液	辽宁博鳌生物制药有限公司	上市申请
CXSS1900018	门冬胰岛素注射液	通化东宝药业股份有限公司	上市申请
CXSS1900009	注射用重组人生长激素	安徽安科生物工程（集团）股份有限公司	上市申请
CXSS1900006	注射用重组人绒促性素	丽珠集团丽珠制药厂	上市申请
CXSS1900002	注射用重组人纽兰格林	上海泽生制药有限公司	上市申请

数据来源：CDE，药智数据库

　　从上市申请获得受理的重组蛋白看，创新产品较多，包括海正药业和通化东宝的门冬胰岛素、博鳌生物的甘精胰岛素，泽生科技用于治疗慢性心衰的首创新药重组人纽兰格林，神州细胞历时十年自主研发的首个国产重组人凝血因子Ⅷ。

从获批上市的重组蛋白看，信立泰的仿制药重组特立帕肽是第二个国产产品，上市后定价较低，有望大幅降低骨质疏松患者治疗费用，诺和诺德的德谷门冬双胰岛素注射液是首个国内上市的可溶性双胰岛素制剂，该产品既能发挥德谷胰岛素长效平稳无峰降糖优势，又能发挥门冬胰岛素快速降糖作用，兼顾基础血糖与餐后血糖控制，实现优势互补（表 4-5）。

表 4-5　2019 年获批上市的国产与进口重组蛋白

批准文号（注册证号）	产品名称	企业名称
国药准字 S20190028	重组人生长激素注射液	安徽安科生物工程（集团）股份有限公司
国药准字 S20190037	注射用重组特立帕肽	信立泰（苏州）药业有限公司
国药准字 S20190032	精蛋白重组人胰岛素注射液	合肥天麦生物科技发展有限公司
S20191011	赖脯胰岛素注射液	Eli Lilly Nederland B.V.
S20191008	德谷门冬双胰岛素注射液	Novo Nordisk A/S
S20191005	重组人生长激素注射液	Novo Nordisk A/S
S20190022	度拉糖肽注射液	Eli Lilly Nederland B.V.

数据来源：CDE，药智数据库

4. 细胞和基因治疗：多个重磅产品临床申请获批，暂无产品上市

2019 年 1 月～12 月 31 日，CDE 共受理 13 个国产细胞和基因治疗产品（免疫细胞治疗产品 5 个、干细胞治疗产品 4 个、基因治疗产品 4 个）和 2 个进口细胞治疗产品（免疫细胞治疗产品 1 个、干细胞治疗产品 1 个）的临床试验申请，没有产品申请或被批准上市（表 4-6）。

从临床试验申请获得受理的细胞治疗产品看，国内企业的免疫细胞治疗产品全部是 CAR-T，靶点全部是 CD19；国内企业的干细胞治疗产品中有 3 个间充质干细胞产品和 1 个肺基层上皮细胞产品（REGEND001）。

国外企业的 1 款免疫细胞治疗产品是由诺华生产的 CTL019，该产品于 2017 年在美获批上市，是全球首个获批上市的 CAR-T，2019 年有 2 个适应证临床试验获得 CDE 受理；国外企业 Stemedica 的缺血耐受人同种异体骨髓间充质干细胞，可用于治疗缺血性中风，在美国开展的 Ⅰ/Ⅱa 期临床研究已取得

积极成果。从临床试验申请获得受理的基因治疗产品看，4 款产品全部是溶瘤病毒。

表 4-6　2019 年 CDE 受理的细胞和基因治疗临床试验申请

受理号	药品名称	企业名称	申请事项
CXSL1900003	非病毒载体靶向 CD19 嵌合抗原受体 T 细胞注射液	上海细胞治疗集团有限公司	临床试验申请
CXSL1900014	具有沉默白介素 -6 表达功能的靶向 CD19 基因工程化自体 T 细胞注射液	上海优卡迪生物医药科技有限公司	临床试验申请
CXSL1900016	人脐带间充质干细胞注射液	上海爱萨尔生物科技有限公司	临床试验申请
CXSL1900019	REGEND001 细胞自体回输制剂	江西省仙荷医学科技有限公司	临床试验申请
CXSL1900042	T3011 疱疹病毒注射液	深圳市亦诺微医药科技有限公司	临床试验申请
CXSL1900060	全人源 BCMA 嵌合抗原受体自体 T 细胞注射液	南京驯鹿医疗技术有限公司	临床试验申请
CXSL1900070	注射用重组溶瘤病毒 M1	广州威溶特医药科技有限公司	临床试验申请
CXSL1900075	自体人源脂肪间充质祖细胞注射液	西比曼生物科技（上海）有限公司	临床试验申请
CXSL1900078	注射用重组人 PD-1 抗体单纯疱疹病毒	浙江养生堂生物科技有限公司	临床试验申请
CXSL1900099	抗 CD19 单链抗体嵌合抗原受体 T 细胞注射液	北京永泰瑞科生物科技有限公司	临床试验申请
CXSL1900109	靶向新生抗原自体免疫 T 细胞注射液	武汉华大吉诺因生物科技有限公司	临床试验申请
CXSL1900124	人脐带间充质干细胞注射液	铂生卓越生物科技（北京）有限公司	临床试验申请
CXSL1900126	重组人 GM-CSF 溶瘤 II 型单纯疱疹病毒（OH2）注射液（Vero 细胞）	武汉滨会生物科技股份有限公司生物创新园分公司	临床试验申请
JXSL1900067	CTL019	诺华（中国）生物医学研究有限公司	临床试验申请
JXSL1900121	CTL019	诺华（中国）生物医学研究有限公司	临床试验申请
JXSL1900126	缺血耐受人同种异体骨髓间充质干细胞	Stemedica Cell Tech. Inc.	临床试验申请

数据来源：CDE，药智数据库

二、生物农业

发展生物农业有利于促进循环经济，推动农业结构调整和优化升级，保障

国家粮食安全和农业可持续发展，提高我国农产品的国际竞争力。目前，我国的生物育种技术已经走在世界的前列，但生物农业的发展却存在着小散混乱、竞争无序的现状。

（一）生物种业

生物育种指运用生物学技术原理培育生物品种的过程，通常包括杂交育种、诱变育种、单倍体育种、多倍体育种、细胞工程育种、基因工程育种等多种技术手段和方法。目前，育种研究已经从传统育种转向依靠生物技术育种阶段。生物育种是目前发展最快、应用最广的一个领域。我国是一个人口大国，相应也是粮食消费大国，但干旱、洪涝以及病虫害等问题严重威胁着粮食安全。因此，生物育种技术是增强作物抵御病虫灾害能力、确保粮食产量的有效途径，是推动现代农业科技创新、产业发展和环境保护等的有效手段。

1. 国内种业的市场规模也在稳步提高

种子是农业生产的起点，对于作物产量、质量、抗性等方面具有重要的决定意义，是农业生产的芯片。根据全国农业技术推广服务中心主任陈升斗研究，快速发展的种业为我国农业生产的贡献率达到 43%。

我国的种业发展虽然起步较晚，但是增速较快。自改革开放以来，种业也从计划经济变成了市场经济，我国一些支持种业发展的政策也为行业铺下了稳当的基石。经过四十多年的努力，我国的农作物育种水平以及优良品种的研发能力也逐渐步入正轨，我国的种业逐步开始了产业化、市场化的时代。与此同时，我国种业市场规模也在稳步提高。自从 2012 年中央一号文件首次提出要以种业的科技改革为重心等一系列的利好政策，我国种子行业的市值便不断攀升。预计2020 年种子市场规模将超过 1500 亿元。由此测算，我国种业自 2011 年起复合年均增长率约 4.73%，平均每年增长 56.67 亿元（图 4-5）。

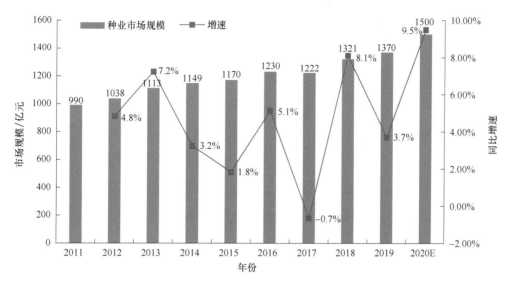

图 4-5　2011～2020 年中国种业市场规模变化及增速情况（含预测）

数据来源：智种网，中商产业研究院，天风证券研究所

2. 玉米、水稻种业市场规模最大

从整体结构来看，通过全国农业技术推广服务中心和国家统计局的数据测算，2018 年国内种子市场规模约 1321 亿元，其中玉米种子市场规模约 352 亿元，水稻种子市场规模约 201 亿元（杂交稻 155 亿、常规稻 46 亿），小麦 196 亿元，马铃薯 150 亿元，大豆 32 亿元（图 4-6）。

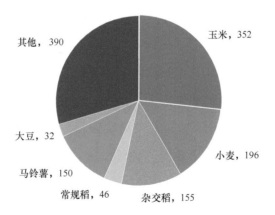

图 4-6　2018 年中国种业细分市场规模（单位：亿元）

数据来源：Wind，国家统计局，天风证券研究所

3. 以转基因技术为代表的生物育种技术是种业技术升级的主要方向

转基因作物种植正在全球范围快速推广应用，2018 年全球转基因作物种植面积已经达到 1.92 亿 hm^2，种植转基因作物的国家由最初的 6 个增长到 26 个。大豆是全球最大的转基因种植品种，种植面积占比在 50%，除此之外，玉米、棉花和油菜也占比较高。我国是最早参与生物育种和转基因种子研发的国家，然而转基因作物尚未实现大面积商业化种植。未来强化以转基因、基因编辑为代表的生物育种技术是我国种业提质增效、绿色发展的必然选择。

4. 生物种业迎来政策支撑

2019 年，我国种业面临内外双重压力：一方面，2019 年中美贸易战打响以来，经过第一阶段协议签订后，中国将加大从美国进口农产品，为了减少进口农产品对我国市场的冲击，保护我国粮食安全，种业提质增效迫在眉睫；另一方面，草地贪夜蛾已经进入我国，2020 年存在爆发可能，威胁我国玉米生产，而抗虫类转基因产品是解决虫害的一剂良方。内外双重压力下，转基因种子商用终于迎来政策开放。2019 年至今，生物种业相关利好政策陆续出台，如 2019 年中共中央、国务院发布指导"三农工作"的中央一号文件——《中共中央、国务院关于坚持农业农村优先发展　做好"三农"工作的若干意见》明确提出推动生物种业、重型农机等自主创新；《关于全面深化农村改革加快推进农业现代化的若干意见》也明确提出了加快发展现代种业的要求。此外，2020 年 1 月 21 日，农业农村部发布 2019 年农业转基因生物安全证书（生产应用）批准清单，其中包括 2 个玉米品种和 1 个大豆品种，这是国产转基因大豆首次获得安全证书，也是继 2009 年后转基因玉米再次获得安全证书，表明我国从种质资源保护、转基因种子安全证书获批，到终端市场严查非法转基因种子，都在为转基因种子的商用落地奠定政策和市场基础。显而易见的是，未来几年我国生物种业将迎来重大发展机遇（表 4-7）。

表 4-7　近期重要种业政策梳理

政策 / 事件	主要内容
《创新驱动乡村振兴发展专项规划（2018～2020 年）》	到 2022 年，创新驱动乡村振兴发展取得重要进展，农业科技进步贡献率达到 61.5% 以上，实现农业科技创新有力支撑全面建成小康社会的目标
《"十三五"国家科技创新规划》	加强作物抗虫、抗病、抗旱、抗寒基因技术研究，加大转基因棉花、玉米、大豆研发力度，推进新型抗虫棉、抗虫玉米、抗除草剂大豆等重大产品产业化，强化基因克隆、转基因操作、生物安全新技术研发，在水稻、小麦等主粮作物中重点支持基于非胚乳特异性表达、基因编辑等新技术的性状改良研究
2019 年《中共中央 国务院关于坚持农业农村优先发展 做好"三农"工作的若干意见》（中央一号文件）	加快突破农业关键核心技术。强化创新驱动发展，实施农业关键核心技术攻关行动，培育一批农业战略科技创新力量，推动生物种业、重型农机、智慧农业、绿色投入品等领域自主创新
转基因玉米、大豆获农业转基因生物安全证书	为种业创新发展提供新动能，有望加速种业升级和集中

数据来源：根据公开资料整理

（二）生物农药

生物农药（biological pesticide）是指利用生物活体（真菌、细菌、昆虫病毒、转基因生物、天敌等）或其代谢产物（信息素、生长素、萘乙酸、2, 4-D 等）针对农业有害生物进行杀灭或抑制的制剂。目前，我国生物农药类型包括微生物农药、农用抗生素、植物源农药、生物化学农药和天敌昆虫农药、植物生长调节剂类农药等 6 大类型，已有多个生物农药产品获得广泛应用，其中包括井冈霉素、苏云金杆菌、赤霉素、阿维菌素、春雷霉素、白僵菌、绿僵菌。

1. 市场份额扩大，但我国农药行业依旧以化学农药为主

与化学农药相反，生物农药具有病虫害防治效果好、对人畜安全无毒、不污染环境、无残留的优点，受环保等政策影响较小，在近年反而实现了销售收入的上涨。2017 年，我国生物农药行业实现销售收入 319.3 亿元，同比增长 5.7%。2018 年，整个农药行业监管趋严，生物农药凭借相对环保的优势取得较好的发展成效。据测算，2018 年我国生物农药销售收入约为 360 亿元，增速达到 12.7%（图 4-7）。

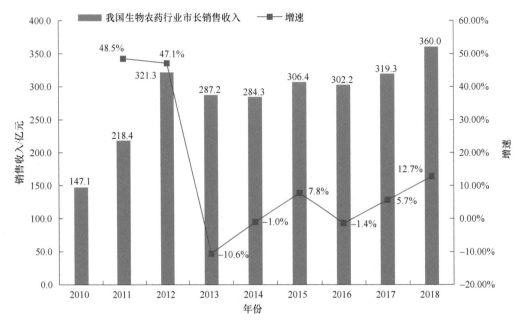

图 4-7 2010～2018 年我国生物农药行业市场销售收入统计及增长情况

数据来源：前瞻产业研究院

然而，我国农药虽然产能、产量处于世界前列，但是主要依靠化学农药支撑，生物农药占比较低。虽然在环保监管趋严的情况下，生物农药近年来有着良好的发展成效，但是我国农药行业依旧以化学农药为主。当前，我国现有

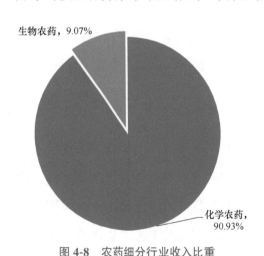

图 4-8 农药细分行业收入比重

数据来源：国家统计局，前瞻产业研究院

260 多家生物农药生产企业，约占全国农药生产企业的 10%，生物农药制剂年产量近 13 万 t，年产值约 30 亿元人民币，分别占到整个农药总产量和总产值的 9% 左右。从销售收入角度来看，2017 年，生物农药销售收入为 319.3 亿元，占全国农药销售收入的比重不足 10%，化学农药占比达到 90.93%。短时间内，我国农药行业依旧保持以化学农药为主（图 4-8）。

2. 生物农药占比将会稳步提高

随着我国生态环保监管的加强，对农药行业的监管加深，我国生物农药将迎来良好的发展机遇，在农药行业中的比重将会逐步提升。《到2020年农药使用量零增长行动方案》提出，到2020年，初步建立资源节约型、环境友好型病虫害可持续治理技术体系，大力推广应用生物农药、高效低毒低残留农药，替代高毒高残留农药。同时中国农药工业协会发布的《农药工业"十三五"发展规划》中提出，要优化产品结构、提高产品质量、支持生物农药发展（表4-8）。

表 4-8 近期生物农药重要政策汇总

政策文件	主要内容
《到2020年农药使用量零增长行动方案》	到2020年，初步建立资源节约型、环境友好型病虫害可持续治理技术体系，大力推广应用生物农药、高效低毒低残留农药，替代高毒高残留农药
《创新驱动乡村振兴发展专项规划（2018～2020年）》	到2022年，创新驱动乡村振兴发展取得重要进展，农业科技进步贡献率达到61.5%以上，实现农业科技创新有力支撑全面建成小康社会的目标
《农药工业"十三五"发展规划》	要优化产品结构，提高产品质量，支持生物农药发展

数据来源：根据公开资料整理

（三）生物肥料

生物肥料也叫微生物肥料、菌肥、细菌肥料，是利用微生物对氮的固定、对土壤矿物质和有机质的分解，从而刺激作物根系生长，促进作物对土壤中各种养分的吸收。生物肥料能改良土壤、活化被土壤固定的营养元素、提高化肥利用率、为作物根际提供良好的生态环境，是绿色农业和有机农业的理想肥料。专用型复混肥料中添加的生物肥料有复合微生物肥料、磷细菌肥料、硅酸盐细菌肥料、生物有机肥料等。

1. 全球生物肥料市场规模保持稳定增长的态势

近年来，全球生物肥料市场规模保持稳定增长的态势。根据 Marketsand Markets 公布的数据信息，2019年生物肥料市场为20亿美元，2025年将达到

38 亿美元，期间复合年均增长率为 11.2%。随着消费者对化肥危害认识的提高，土壤退化、硝酸盐污染等环境问题及政府的相关举措将推动生物肥料市场的显著增长（图 4-9）。

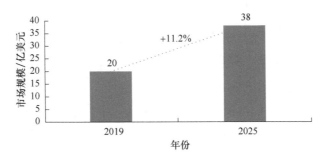

图 4-9　2019～2025 年全球生物肥料市场规模变化

数据来源：MarketsandMarkets，世界农化网

2. 国内生物肥料市场快速发展

近年来，国家正在加大生物肥料（有机肥）行业政策支持力度，如《生物产业发展"十二五"规划》《饲料工业"十二五"发展规划》等国家政策文件就明确提出：未来生物技术与生物饲料在保障饲料安全与食品安全、促进饲料产业健康可持续发展的方向及产业布局模式等方面具有重要意义；是促进我国畜牧业健康持续发展的必要条件和物质基础；是我国今后饲料工业发展的长期战略。随着政策扶持力度的进一步加大，生物肥料替代化肥试点在全国范围大规模地展开，我国生物肥料产业实现了快速发展。我国生物肥料市场规模也呈逐年增长趋势，2015 年约为 795 亿元，至 2018 年约为 910 亿元，同比增幅约为 6%（图 4-10）。

3. 固氮肥将占据未来生物肥料市场的主要份额

目前，我国主要的生物肥料品种有根瘤菌肥料、固氮菌肥料、解磷菌肥料、解钾菌肥料、固氮解磷解钾多菌种肥料、肥药一体肥料等。其中全球生物肥料主要以固氮菌为主，占 75%；其次为解磷菌，占 15%。为了提高作物产量以满足不断增长的粮食需求，肥料的使用量不断增加。氮肥是农业生产中大量使用

图 4-10　2015～2018 年我国生物肥料市场规模及增速情况

数据来源：前瞻产业研究院

的肥料之一，而生物固氮是将氮元素转化为植物可用形式的方式之一。因此，市场对粉状或液态形式的固氮生物肥料的需求非常大。此外，对水污染和硝酸盐流失的认识正提升对固氮生物肥料等替代性可持续氮源的需求。

就全球范围来看，生物肥料市场份额的 75% 被固氮菌肥料占有，解磷菌肥占 15%，其余为解钾 / 锌菌肥等。在未来，固氮肥依然将是生物肥料的主流产品。而这其中最常用的是固氮根瘤菌，此类固氮菌也是生物肥料中使用最早、在全球应用最为广泛、应用效果最稳定的菌种。

（四）生物饲料

1. 国内饲料总产量继续稳步增长

饲料行业处于畜禽养殖产业链上游位置。畜禽养殖产业链主要包括为饲料提供原料的种植业和饲料添加剂生产企业、饲料业、养殖业、屠宰业和肉制品加工业。饲料行业处于畜禽养殖产业链上较上游的位置。最上游的种植业和饲料添加剂生产企业主要为饲料行业提供能量原料、蛋白原料和饲料添加剂，其中玉米、豆粕和鱼粉等是饲料中最主要的原料。下游养殖业的景气度深度影响饲料产品的销量。2009～2019 年期间，中国饲料产量整体保持着稳定增长的势头。2019 年，受生猪产能下滑和国际贸易形势变化等影响，全国工业饲料产值和产量下降，产品结构调整加快，饲料添加剂产品稳步增长，规模企业经营形势总体平稳。据中国饲料工业协会统计数据显示，2019 年全国饲料总产量228.85 百万 t，同比增长 0.48%（图 4-11）。

图 4-11　2009～2019 年我国饲料产量变化及同比增速情况

数据来源：中国饲料工业协会，前瞻产业研究院

2. 酶制剂和微生物制剂等生物饲料产品呈现强劲上升势头

从主要品种看，饲料添加剂细分品种主要有氨基酸、矿物元素、酶制剂和微生物制剂等种类。据中国饲料工业协会统计数据显示，2019 年，氨基酸产量约为 330 万 t，占比 27.52%；维生素产量约为 127 万 t，占比 10.59%；矿物元素产量约为 590 万 t，占比约为 49.20%，三者同比分别增长 10.5%、14.7%、4.1%。而酶制剂和微生物制剂等生物饲料产品产量则继续保持快速增长势头，同比增幅分别为 16.6%、19.3%（图 4-12）。

3. 国内饲料工业转型升级加快，生物饲料的研发水平提高

近年来，我国先后建立了生物饲料开发国家工程研究中心、农业农村部饲料生物技术重点开放实验室等相关的生物饲料专业研发机构与平台，建成中试

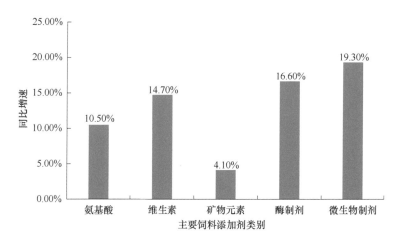

图 4-12 2019 年我国主要饲料添加剂产品产量同比增速情况

数据来源：中国饲料工业协会，《2019 年全国饲料工业发展概况》

车间和中试基地 200 余个，并具有一大批研发实力较强的饲料添加剂企业，极大提高了生物饲料的研发水平与研究成果的转化效率。

根据生物饲料开发国家工程研究中心技术委员会第二次扩大会议的预计，2025 年，生物饲料的市场份额将达到 200 亿美元 / 年，生产技术和应用技术将大幅度提高并标准化，生物饲料产品的大量应用将终结养殖业的抗生素、化学添加剂时代。

（五）兽用生物制品

兽用生物制品是以天然或人工改造的微生物、寄生虫、生物毒素或生物组织及代谢产物等为材料，采用生物学、分子生物学或生物化学、生物工程等相应技术制成的，用于预防、治疗、诊断动物疫病或改变动物生产性能的药品。

1. 国内兽药制品新注册数量保持平稳，进口新兽药数量增长迅速

根据中国兽药协会统计数据，2019 年全年我国国内新注册兽药 71 个，与 2018 年新兽药注册数量持平。其中，一类 4 个、二类 22 个、三类 37 个、四类 3 个、五类 5 个，同比增速分别为 100%、－12%、9%、50%、－38%（图 4-13）。此外，2019 年全年共新注册（再注册）进口兽药 113 个，同比增长 88.33%（图 4-14）。

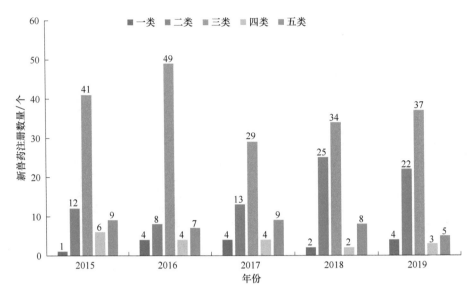

图4-13　2015～2019 年我国国内新兽药注册数量及各类别情况

数据来源：中国兽药协会

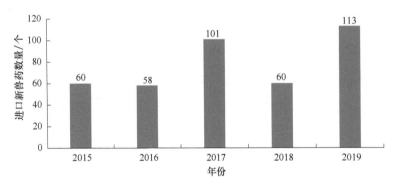

图4-14　2015～2019 年我国进口新兽药注册数量情况

数据来源：中国兽药协会

2. 我国兽用生物制品行业市场规模增长放缓，猪用生物制品在兽用生物制品中市场规模最大

2010 年，我国兽用生物制品行业的市场总规模约为 62.13 亿元，2018 年达到 132.92 亿元，比 2010 年增长约 114%，行业整体上呈增长趋势。2017 年以来行业规模增长放缓，2017 年行业总规模为 133.64 亿元，比上年增长仅 1.91%，2018 年比上年下降了 0.54%。

按照使用动物分类，我国兽用生物制品可分为猪用生物制品、牛羊用生物制品、禽用生物制品和宠物用生物制品等。其中，猪用生物制品在兽用生物制品中市场规模最大，2018年我国猪用生物制品总销售额为59.21亿元，占比生物制品总市场规模的44.55%；其中，销售额排名前十位的企业的销售额为34.59亿元，占猪用生物制品总销售额的58.42%。此外，禽用生物制品为45.22亿元，占比为34.02%；牛羊用生物制品为25.7亿元，占比为19.33%。2018年猪用生物制品的总销售额比2017年增长了12.48%；受非洲猪瘟疫情影响，2019年我国猪用生物制品行业总规模比2018年有较大幅度下降。自2018年8月，国家参考实验室确诊出国内首例非洲猪瘟疫情，2019年非洲猪瘟疫情已经遍及全国大部分省份，重创国内生猪养殖业，造成2019年生猪出栏量同比下降了21.6%，年末生猪存栏量同比下降了27.5%。

3. 口蹄疫疫苗在兽用生物制品中市场规模最大

按照动物疫病种类，兽用生物制品包括口蹄疫疫苗、高致病性禽流感疫苗、伪狂犬疫苗、圆环疫苗、猪瘟疫苗、蓝耳疫苗、细小病毒疫苗等，其中口蹄疫疫苗是市场规模最大的疫苗种类，市场规模达41亿元，约占兽用生物制品的31%，其他市场规模较大的疫苗如猪圆环疫苗市场规模16亿元、猪伪狂犬疫苗市场规模9亿元。

4. 政策加速兽用生物制品产业快速发展

近年来，随着兽用生物制品行业快速的发展，国家及相关行业监管部门相继出台了一系列针对性的行业监管政策及产业规划，以保证行业快速、有序地发展（表4-9）。尤其是农业农村部新发布《2020年国家动物疫病强制免疫计划》要求，高致病性禽流感、口蹄疫、小反刍兽疫、布鲁氏菌、包虫病的群体免疫密度应常年保持在90%以上，其中应免畜禽免疫密度应达到100%。高致病性禽流感、口蹄疫和小反刍兽疫免疫抗体合格率应常年保持在70%以上（表4-10）。因此，显而易见的是，在非洲猪瘟疫情大范围的肆虐下，国内相关部门已经认识到了动物疫病强制免疫计划的重要性，并且加大了对动物疫苗的行业管控力度。基于以上可知，随着政策的逐步推进，兽用生物制品行业有望迎来较大的发展机会。

表 4-9　2019 年影响兽用生物制品行业发展的重要政策文件

发布日期	政策文件	发布机构
2019 年 1 月	《2019 年畜牧兽医工作要点》	农业农村部
2019 年 1 月	《2019 年国家动物疫病强制免疫计划》	农业农村部
2019 年 12 月	《加快生猪生产恢复发展三年行动方案》	农业农村部
2019 年 12 月	《2020 年国家动物疫病强制免疫计划》	农业农村部

数据来源：根据公开资料整理

表 4-10　2016～2019 年我国强制免疫病种情况

年份	强制免疫病种	使用区域
2016 年	高致病性禽流感、口蹄疫、高致病性猪蓝耳病、猪瘟、小反刍兽疫	全国
	布鲁氏菌病、包虫病	布鲁氏菌病、包虫病重疫区
2017 年	H5 亚型高致病性禽流感、口蹄疫、小反刍兽疫	全国
	布鲁氏菌病	布鲁氏菌病一类地区，种畜禁止免疫；布鲁氏菌病二类地区，原则上禁止对牛羊免疫
	包虫病	在包虫病流行病区，对新补栏羊进行免疫
2018 年	高致病性禽流感、口蹄疫、小反刍兽疫	全国
	布鲁氏菌病	布鲁氏菌病一类地区，种畜禁止免疫；布鲁氏菌病二类地区，原则上禁止对牛羊免疫
	包虫病	包虫病流行病区，对新生羔羊、补栏羊及时进行包虫病免疫
2019 年	高致病性禽流感、口蹄疫、小反刍兽疫	全国
	布鲁氏菌病	布鲁氏菌病一类地区，种畜禁止免疫；布鲁氏菌病二类地区，原则上禁止对牛羊免疫
	包虫病	包虫病流行病区，对新生羔羊、补栏羊及时进行包虫病免疫

数据来源：根据公开资料整理

三、生物制造业

（一）生物质能源

生物质能源是重要的可再生能源，具有绿色、低碳、循环等基本特点，生物质能源来源品类繁多，最终以沼气、生物制氢、生物柴油和燃料乙醇等形式成为全球生物质能源燃料的一部分。

1. 全球范围内生物质能源产量持续增长

根据生物质能源行业分析数据，全球生物燃料产量整体保持持续增长。2019 年，全球生物质能源产量达到 84 121 千 t 油当量，同比增长 3.5%。其中，全球乙醇产量增长贡献超 60%。

2019 年，全球范围内的生物质能源产业达到前所未有的高度。根据生物质能源行业分析数据，2019 年全球生物质能新增装机规模达到 5.2 GW，累计装机规模达到 108.96 GW。在欧美等发达国家和地区的生物质能源已是成熟产业，以生物质为燃料的热电联产甚至成为某些国家的主要发电和供热手段。到 2020 年，欧美等发达国家和地区 15% 的电力将来自生物质发电。

2. 能源需求与环保压力联合推动我国生物质能源发展

我国能源消费总量 2019 年已经达到 44.9 亿 t 标准煤，预计 2020 年的能源消费总量在 46 亿 t 标准煤左右。我国经济发展的能源压力依然较大。此外，面对环境保护方面的压力，近十年来我国十分重视能源结构的调整，注重清洁能源的发展。万德数据（Wind）显示，我国 2018 年生物能源年产能已达到 13 235 MW，约为 2009 年年产能的 3 倍（图 4-15）。

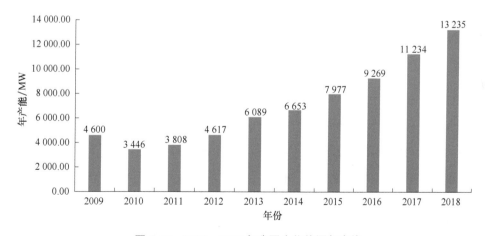

图 4-15　2009～2018 年我国生物能源年产能

数据来源：Wind

3. 我国生物质资源丰富，但目前生物质能利用规模尚比较有限

据测算，全国可作为能源利用的农作物秸秆及农产品加工剩余物、林业剩余物和能源作物、生活垃圾与有机废弃物等生物质资源总量每年相当于约 4.6 亿 t 标准煤。其中，农业废弃物资源量 4 亿 t，折算成标准煤约 2 亿 t；林业废弃物资源量 3.5 亿 t，折算成标准煤约 2 亿 t；其余相关有机废弃物资源量约为 6000 万 t 标煤。

与此同时，截至 2019 年年底，我国共有 23 个省（自治区、直辖市）投产了 254 个农林生物质发电项目，装机容量 636 万 kW，占可再生能源发电装机容量的 1.1%，占非水可再生能源发电装机容量的 2.7%；年发电量 333 亿 kW·h，占可再生能源发电量的 2.1%，占非水可再生能源发电量的 9.0%；年平均利用小时数 5835 h。显而易见，生物质能源未来发展空间巨大。

4. 中国生物质发电主要依赖于垃圾焚烧

生物质发电产业作为构建农村低碳能源体系的重要途径，在推动农业绿色发展转型、促进农村劳动力就业，推动资源循环利用、解决农村环境污染、探索潜在的温室气体负排放技术方面均具有重要意义。

生物质发电主要包括农林生物质发电、垃圾焚烧发电和沼气发电。截至 2018 年年底，全国已投产生物质发电项目 902 个，较 2017 年增加 158 个；并网装机容量 1784.3 万 kW，较 2017 年增加 308.5 万 kW；年发电量 906.8 亿 kW·h，较 2017 年增加 112.3 亿 kW·h；年上网电量 772 亿 kW·h，较 2017 年增加 92.5 亿 kW·h。其中，农林生物质发电项目 321 个，并网装机容量 806.3 万 kW，年发电量为 357.4 亿 kW·h，全行业发电设备平均利用小时数为 4895 h；垃圾焚烧发电项目 401 个，并网装机容量 916.4 万 kW，年发电量为 488.1 亿 kW·h，年处理垃圾量 1.3 亿 t；沼气发电项目 180 个，装机容量为 61.6 万 kW，年发电量 24.1 亿 kW·h（图 4-16）。

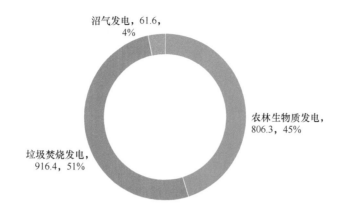

图 4-16　2018 年我国生物质发电装机容量及占比情况（单位：万 kW）

数据来源：中国产业发展促进会生物质能产业分会，《中国生物质发展产业排名报告（2019）》

5. 政策指明生物质能源产业未来发展方向

国家能源局《生物质能发展"十三五"规划》明确指出加快生物质能开发利用，是推进能源生产和消费革命的重要内容，是改善环境质量、发展循环经济的重要任务，到 2020 年，生物质能基本实现商业化和规模化利用，生物质能年利用量约 5800 万 t 标准煤。此外，该文件提出到 2020 年，生物质发电利用量达到 1500 万 kW，年产量达到 900 亿 kW·h，取代化石能源为 2600 万 t/年；生物天然气年产量为 80 亿 m³，取代化石能源为 960 万 t/年；生物质成型燃料和生物液体燃料的利用规模分别为 3000 万 t 和 600 万 t，分别取代化石能源 1500 万 t/年和 680 万 t/年。

从国家相关部门发布的政策规划可以看出，无害化处理设施建设、规模化大型沼气工程和规模化生物天然气工程成为"十三五"期间我国的重点投资方向。根据生物质能源行业发展现状测算，"十三五"期间农村沼气工程总投资 500 亿元，其中规模化生物天然气工程 181.2 亿元，规模化大型沼气工程 133.61 亿元，中型沼气工程 91 亿元，小型沼气工程 59 亿元，户用沼气 33.3 亿元，沼气科技创新平台 1.89 亿元。

目前，我国生物质发电装机规模占全球的比重已经从 5% 左右上升到 14%

左右。而根据国际能源署（IEA）的判断，我国有望在 2023 年超越欧美成为全球最大的生物质能源生产国和消费国，届时我国生物质发电装机规模占全球的比重或将上升到 22% 左右。预计在我国各项政策的支持和引导下，生物质能源将在我国得到迅速发展。

（二）生物基产业

生物基化学品及材料是生物基产业的核心构成，是指由可再生生物质（如谷物、豆类、秸秆和竹粉）制成的新材料和化学品。生物基产业包括基本生物基化学品如有机酸、由烷烃和烯烃获得的生物醇，还包括生物基纤维、生物基塑料、生物基橡胶、糖工程产品以及生物质热塑性加工得到塑料材料等。由于当前化石能源紧张以及环保压力日益增大等因素，生物基产业逐渐走进人们视野，成为近年来全球竞相发展的重要领域。

1. 生物基产品用途广泛，产业潜力大

生物基材料用途广泛，被创新应用于包装、医用、涂料、汽车、纺织等领域（表 4-11）。欧洲研究机构 nova-Institute 2019 年发布的《2018～2023 年全球生物基单体和聚合物产能、产量和趋势发展》报告中提到，2018 年全球生物基产品总体产量约为 750 万 t，已经达到化石基聚合物的 2%，未来潜力很大。与此同时，该报告还指出，2018 年全球生物基单体增长了 5%，增长量约为 12 万 t/ 年。据预测，到 2023 年，1, 3- 丙二醇（1, 3-PDO）、1, 4- 丁二醇（1, 4-BDO）、1, 5- 五亚甲基二胺（DN5）和 2, 5- 呋喃二甲酸（2, 5-FDCA）/ 呋喃二羧酸甲酯（FDME）将是主要的驱动因素。

近年来，生物基产品的生产趋于专业化和差异化。到目前为止，几乎每种化石基聚合物的应用都有生物基的替代品。生物基聚合物的产能和产量将继续增长，预计到 2023 年，复合年均增长率约为 4%，几乎与化石基聚合物和塑料的增长率相当。因此，生物基聚合物在总聚合物中的市场份额将会保持在 2% 左右。这主要得益于生物基聚合物具备两个重要的优点：第一个优点是生物基聚合物使用的是生物碳，而非化石碳，对于维持大气环境中碳含量平衡及遏制

表 4-11　生物基产品应用领域

行业	产品类型	行业	产品类型
汽车行业	轮胎	建筑行业	生物绝缘材料
	生物塑料内饰板		生物基建筑材料
	座椅织物		生物基建筑化学品
消费品行业	酵制洗涤剂	营养与食品行业	食品安全
	生物化学品		健康饮食和添加剂
	牙科生物材料		生物基调味品
	生物基包装	医药行业	生物制药
	生物基甜味剂		抗生素
	酵制添加剂		可替换材料
健康医疗行业	生物涂层	能源行业	生物燃料
	生物基植入物		生物质发电
	诊断工具		生物气

数据来源：中泰证券研究所

温室效应有重要意义；第二个优点是超过四分之一的生物基聚合物是可生物降解的，因此可以是塑料（"白色污染"）良好的解决方案，即使流入环境也不会留下微塑料。因此，nova-Institute 预测，未来若将生物基产品作为一种替代化石基聚合物的良好解决方案，并像生物燃料类似的方式进行推广，那么预计生物基产品市场规模的年增长率可达 10%～20%，未来市场潜力和发展速度都将十分巨大。

2. 生物基材料尤其是生物降解塑料将迎来爆发式发展

（1）全球生物降解塑料产能稳步提升

统计数据显示，包装行业的生物塑料用量占生物塑料市场规模的六成以上，其中饮料和食品是生物塑料的最大应用领域。2018 年，其市场价值超过 40 亿美元。据估计，到 2027 年年底，相关市场价值将超过 127 亿美元，期间市场价值将以 15.2% 的复合年均增长率增长。

根据欧洲生物塑料协会和 nova-Institute 调研数据显示，随着需求的不断增长，以及更复杂的生物聚合物、应用及产品的出现，2018～2023 年，全球生物塑料产能将从约 211 万 t 增加到约 262 万 t，且市场增速在 20% 以上（图 4-17）。其中，生物塑料如聚乳酸（PLA）和聚羟基链烷酸酯（PHA）是可生物降解的生物塑料领域增长的主要驱动力。PHA 是一种典型的生物塑料，研究开发已经数十年，现在最终以商业规模进入市场，预计在未来五年的产能将翻两番。这类聚酯 100% 可生物降解，原材料都是可再生的，并具有多种良好的物理和机械性能，具体取决于其化学成分。与 2018 年相比，预计到 2023 年 PLA 的产能将增长 60%。PLA 是一种应用广泛的材料，具有优异的阻隔性能，高性能的 PLA 是聚苯乙烯（PS）、聚丙烯（PP）的绝佳替代品。

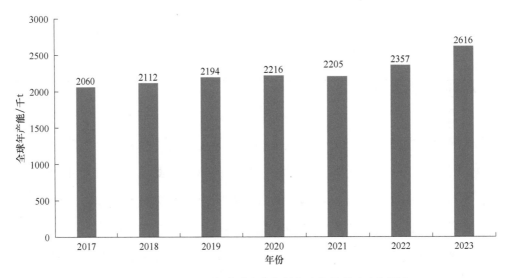

图 4-17　2017～2023 年全球生物塑料年产能情况（含预测）

数据来源：欧洲生物塑料协会 &nova-Institute，《2018～2023 年全球生物基单体和聚合物产能、产量和趋势发展》

另外，根据欧洲生物塑料协会数据，2019 年全球生物降解塑料产能合计约为 107.7 万 t，以淀粉基降解塑料为主，2019 年淀粉基降解塑料产能为 44.94 万 t，占全球生物降解塑料产能的 38.4%，PLA、聚己二酸 / 对苯二甲酸丁二酯（PBAT）分别占 25.0% 和 24.1%，分别位居第二、第三位。投资建设完全生物降解塑料的企业很多，但能规模供货的企业有限，主要的厂商包括 BASF、Natureworks、Novamont、Corbion-Purac 以及金发科技等（表 4-12）。

（2）国内生物降解塑料产业受政策驱动发展，市场空间大

我国是全球最大的塑料生产国与消费国，据卓创统计数据，我国每年塑

表 4-12   全球生物塑料领域主要规模化企业及其产能（不完全统计）

企业	2019 年产能 /（万 t/ 年）	主要产品
BASF	7.4	PBAT 为主
Natureworks	15	PLA 为主
Novamont	15	热塑性淀粉降解材料为主
Corbion-Purac	7	PLA 为主
金发科技	6	PBAT 为主

数据来源：东北证券，CNKI

料的表观消费量在 8000 万 t 附近，塑料制品的表观消费量在 6000 万 t 附近。2018 年，国内塑料产量约为 1.08 亿 t，预计 2023 年我国塑料市场的规模将达到 3.3 万亿元，2017~2013 年的复合年均增长率为 5.1%。鉴于上述形势，我国"禁塑"行动已进一步推进。在 2008 年"限塑令"的基础上，2019 年年底国家发展改革委与生态环境部联合公布的《关于进一步加强塑料污染治理的意见》明确提出，到 2020 年年底，我国将率先在部分地区、部分领域禁止、限制部分塑料制品的生产、销售和使用；到 2022 年年底，一次性塑料制品的消费量明显减少，替代产品得到推广。

另一方面，国内企业正积极布局生物降解塑料产业，但推广较缓，产能利用率仍较低。2018 年，国内可降解塑料产能达到 45 万 t，产量为 13.5 万 t，产能利用率仅为 30%。相对于目前 1.08 亿 t 的塑料产量，国内生物降解塑料占比仅为 0.13%，其推广存在巨大的提升空间。

3. 乳酸、1,3- 丙二醇生物基化学品的规模投产

乳酸的生产工艺分为化学法和微生物发酵法，当前，大多数公司使用微生物发酵法生产，即用细菌将糖厌氧发酵生产乳酸。目前，山东寿光巨进玉米有限公司采用中国科学院天津工业生物技术研究所研制出的微生物发酵生产 D-乳酸技术，已进入试投产阶段，产能 1 万 t/ 年。

近年来，世界上几家大型化工企业先后在生物技术上取得突破，投入大规模生产，促使 1,3- 丙二醇的价格下降。对于 1,3- 丙二醇的生产技术，我国在其好氧发酵、代谢工程以及分离提取技术方面也取得了有效进展，并且该技术

得到了工业生产应用。黑龙江辰能生物公司及湖南海纳百川生物工程有限公司均已开始建设产品中试装置。

4. 生物基纤维材料发展平稳

当前，生物基纤维材料应用领域较广。其中，生物基合成纤维包括 PLA 纤维（聚乳酸纤维）、PTT 纤维、PBT 纤维、PHBV 与 PLA 共混纤维等。目前，我国 PLA 纤维生产规模约为 1.5 万 t/年。上海同杰良生物材料有限公司拥有年产 300 t PLA 纤维生产线；张家港市安顺科技发展有限公司和海宁新能纺织有限公司等也有一定的投产。PTT 是以 PDO 和 PTA 缩聚制成的聚合物为原料生产制得，该纤维年产能约 3 万 t，已应用于纺织领域。

生物基新型纤维素纤维包括纤维（天丝）、麻浆纤维和竹浆纤维。我国的这一领域应用有很大的创新。万吨级天丝生产线由保定天鹅化纤集团有限公司首次建成；山东英利实业有限公司在奥地利先进生产工艺上再次创新，建成了总产能 1.5 万 t/年的天丝生产线。

海洋生物基纤维包括海藻酸盐纤维（利用海藻提纯的海藻酸盐经纺丝而成）和维壳聚糖纤维，在我国有完全自主知识产权，年产能约 2000 t。其中，海藻酸盐纤维已建成具有自主知识产权和自行设计的工业化生产线。厦门百美特生物材料科技有限公司年生产能力约 1000 t，是海藻纤维湿纺技术的代表企业。

5. 我国的生物发酵产业规模持续扩大，但亟须进行转型升级

近年来，我国生物发酵产业通过增强自主创新能力、加快产业结构优化升级、提高国际竞争力，使得产业规模持续扩大。我国已成为世界生物发酵产业大国，2018 年生物发酵行业主要产品产量约 2961.6 万 t，与 2017 年相比增长约 4.1%；总产值 2472 亿元，同比增长 3.4%。生物发酵主要行业、主要产品出口量 491.09 万 t，出口额 53.53 亿美元，较 2017 年同期增长 25.1%。然而，目前我国的生物基产业主要集中在技术含量相对较低的大宗发酵产品，与欧美日等发达国家及地区相比，在产品的性能、精细化程度以及下游产业的衍生性上仍有一定的差距。

四、生物服务产业

2019 年，我国生物服务市场规模超千亿，向"研发＋生产"服务转型是趋势。商业服务方面，药品零售仍受资本青睐，大健康成为消费升级主要方向。物流服务方面，信息技术倒逼产业链强化供应链协同，未来标准化和管理精益化是趋势，电子商务将迅速发展。

（一）生物医药服务市场

我国医药外包市场规模超过千亿，拥有较大增量空间。2019 年，我国 CRO 行业市场规模超过 800 亿元，CMO 行业市场规模超过 400 亿元。

1. 全球生物医药行业旺盛带动国内 CRO/CMO 公司业务增长

药企研发投入持续增长奠定了 CRO 行业成长的需求基础，尤其是一级市场回暖、科创板推出，给 CRO 带来明显增量订单。美国生物医药行业一级市场 IPO 近两年井喷式爆发，2018 年融资 144 亿美元，2019 年前三季度融资 116 亿美元，远超 2017 年的 53 亿美元。鉴于 CRO 能够降低成本、缩短研发周期、分散风险，预计 CRO 整体的外包渗透率进一步提升，行业景气度向上（图 4-18、图 4-19 ）。

2. 中国 CMO 市场规模持续增长，正逐渐接收全球 CMO 产能

2019 年，中国 CMO 市场规模持续增长，正逐渐接受全球 CMO 产能。根据 Informa 等报告显示，2019 年中国 CMO 市场规模达到 441 亿元，占全球 CMO 市场规模的 7.9%。2012～2019 年，国内 CMO 市场规模复合年均增长率达到 18%，高于全球 CMO 市场增速。预计 2020 年，国内 CMO 市场规模超过 500 亿元。同时，中国 CMO 占全球市场规模比例由 2011 年的 5% 提升至近年来 8% 的水平。凭借人力资源、基础设施、供应链以及成本优势，中国本土正逐

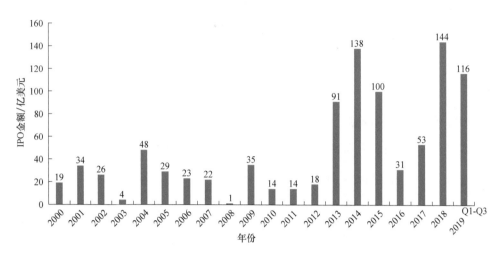

图 4-18　2000～2019 年 Q3 美国生物医药行业一级市场 IPO 情况

数据来源：火石创造

图 4-19　2013～2022 年美国中小型企业新药研发占全部企业新药研发比例（含预测）

数据来源：火石创造

渐接收全球 CMO 产能转移（图 4-20、图 4-21）。

3. 在带量采购冲击下，国内药企研发投入继续高增长

大型创新药企本身研发投入较大，投放在 CRO 的研发费用也相应有所增加。以恒瑞医药为代表的头部企业，由于在研管线众多，这类企业往往研发外包率较低，并且自身有能力主导研发全流程，一般倾向于将研发流程拆分外包到不同的 CRO 公司，以分散风险和降低成本。CRO 公司仅是这类药企自身研

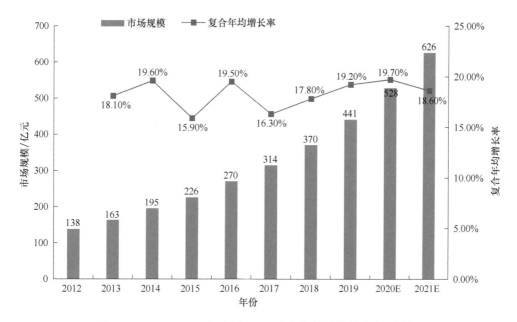

图 4-20 2012～2021 年中国 CMO 市场规模及趋势（含预测）

数据来源：BusinessInsight，NMPA，美国药品研究和制造商协会等，以及合全药业公开转让说明书、中信证券等

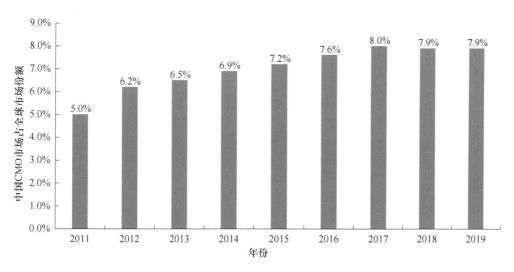

图 4-21 2011～2019 年中国 CMO 市场占全球市场份额变化

数据来源：中信证券

发的辅助。这类企业虽然外包率低，但研发投入持续较高增长，预计外包需求同样增长。恒瑞医药 2019 年前三季度研发费用 28.99 亿元，已经超过 2018 年全年的 26.7 亿元。

大型仿制药企依赖 CRO，创新药的研发外包率较高。这类企业产品基本是仿制药，在后续带量采购中可能收入和利润都将受到冲击。这类企业在过去多年的传统药品营销模式下，完成了创新转型的资金积累。但由于创新药研发管线较少，且在研发较早期，企业研发经验不足，相对于头部药企，这类企业更加依赖 CRO，创新药的研发外包率较高。如信立泰的核心品种氯吡格雷在带量采购中降价约 60%，收入和利润都受到了明显冲击，但 2019 年前三季度研发费用较去年同期增长 2.96 亿元，同比增长 98.73%。

中小型药企研发外包的需求强烈。中小型制药公司在药物获批数量占比上不断提升，逐渐成为创新药物研发的中坚力量之一。由于体量较小，这些小型 Biotech 公司对于研发外包的需求往往更加强烈，将推动 CRO 行业同时获得发展。

此外，国内 CMO 企业与多家新药研发企业已签订战略合作协议，充分发掘双方分别在研发及生产端的优势，强强联合、深度绑定。近几年包括替尼类小分子肿瘤药在内的多个重磅品种销售放量，后续再鼎、和黄、倍而达等新药企业的一系列新药品种上市销售，拉动国内创新药企业大发展的同时也将推动 CMO 企业趋势快速成长（表 4-13）。

表 4-13　国内部分主要 CRO 和 CMO 企业 2019 年营收情况

企业名称	2019 年前三季度营收 / 亿元	营收增速 /%	市值 / 亿元	业务范围
药明康德	92.79	35%	973	新药研发生产一体化平台
药明生物	—	56.51%	824	大分子研发生产一体化平台
康龙化成	26.26	29.03%	218	临床前 CRO＋CMO
量子生物	9.54	53.72%	75	临床前 CRO＋CMO
泰格医药	20.31	27.38%	341	临床 CRO＋临床前 CRO
金斯瑞生物科技	—	51.33%	347	临床前 CRO＋大分子＋工业酶
昭衍新药	3.48	33.66%	68	临床前研究
凯莱因	17.4	44.61%	212	CMO
博腾	10.81	29.26%	45	CMO

数据来源：Wind

（二）生物服务产业发展趋势

1. 行业集中度进一步提升，竞争加剧

基于节约成本和加快研发进度的考虑，企业会将研发业务外包给市场占有率高，并且能够提供一站式服务的生物医药合同外包服务公司。国内主要医药合同外包服务企业为了增强客户黏性，已开始着手补齐短板、向全产业链布局。2019 年 5 月 6 日，药明康德通过收购 Pharmapace，提升其在临床研究过程中的数据统计分析能力。2019 上半年，药明康德临床 CRO 业务同比增长超过100%。大型医药合同外包服务企业通过并购整合、战略合作加速"一站式"服务，很大程度上促进了行业集中度的提高，有利于优化产业结构和资源配置，使综合性一体化医药合同外包服务企业将更具竞争力。

CMO 方面，目前国内 CMO 行业集中度仍相对较低，行业 TOP5 企业市场份额仅占据整个国内 CMO 市场的 20%。其中，合全药业是国内最大的 CMO 企业，市场占有率达到 6%，其次是凯莱英、博腾股份、药明生物、普洛药业、九洲药业等，行业集中度较低。但近年来，国内 CMO 企业数量增幅已呈现下降趋势，整体企业数量进入平台期。根据火石创造数据库，截至 2020 年 2 月，我国目前 CMO 企业共有 430 家。从 2000～2019 年，国内 CMO 企业数量增幅呈下降趋势，整体企业数量规模逐渐趋于稳定。

2. 环保安全标准提升，行业洗牌进一步提高行业集中度

近年来，由于环保政策压力持续，各地原料药厂成为治污重点。受环保政策法规及其带来的成本上升影响，大量中小原料药厂被关停（表 4-14）。环保压力的加大必将倒逼中小型企业退出市场，使原料药供应格局得到改善，剩余的龙头企业可以拥有更强的市场议价能力，避免价格战的恶性循环。集中度提升后的原料药企业将享受更大的市场份额、更高的盈利能力、更低的业绩波动及更良好的发展环境。原料药中间体行业在产业链上得以迈上新的台阶。

2020 中国生命科学与生物技术发展报告

表 4-14　2019 年全国部分地区的主要环保政策

发布日期	政策文件	主要内容
2019 年 2 月	《江苏省大气污染防治条例》	目标是防治大气污染，保护和改善大气环境，保障公众健康，推进生态文明建设，促进经济可持续发展
2019 年 3 月	《浙江省生态环境厅关于印发 2019 年全省生态环境工作要点的通知》	力争全省 PM2.5 平均浓度稳定达到二级标准，40% 左右的县级以上城市建成"清新空气示范区"。地表水省控断面达到或优于Ⅲ类水质比例达到 83% 以上，县级以上集中式饮用水水源达标率达到 95%，交接断面水质达标率达到 90% 以上；大花园核心区和重点生态功能区 29 个出境断面水质全部达到功能区标准，其他地区 116 个出境断面Ⅳ类以下水质比例控制在 4% 以内。近岸海域水环境质量努力改善向好。全省污染地块安全利用率达到 90% 以上；危险废物规范化管理达标率达到 90%。完成国家下达的主要污染物减排和碳减排任务。全省 50% 以上的市县建成省级以上生态文明建设示范市县
2019 年 3 月	《北京市污染防治攻坚战 2019 年行动计划》	力争北京市 PM2.5 年均浓度、三年滑动平均浓度继续下降；全市地表水体断面优良比例达 24% 以上，劣Ⅴ类水体断面比例控制在 28% 以内，力争提前一年完成国家《水污染防治行动计划》考核目标；力争提前一年完成国家《土壤污染防治行动计划》规定的受污染耕地和污染地块安全利用目标，安全利用率均达到 90% 以上
2019 年 4 月	《江苏省化工产业安全环保整治提升方案》	深入推进供给侧机构性改革，突出问题导向、标本兼治，强化系统推进、精准施策，综合运用法治化和市场化手段，依法依规推进全省化工产业安全环保整治提升，建设符合产业发展规律、循环发展和产业链完善的绿色安全、现代高端化工产业

数据来源：根据公开资料整理

五、产业前瞻

（一）现代中药产业

中药行业是医药行业的子行业，也是我国的战略性产业，关系着国民身体的健康以及中华民族的发展。中药即中医用药，为中国传统中医特有药物。我国中药研究始于先秦时代，劳动人民对于中药的研究、实践至今已有了数千年的历史。中药是中华民族的宝贵财富。按照传统概念划分，中药可细分为中药材、中药饮片和中成药三大类。

20 世纪 50 年代以来，中成药的推广使用逐渐成为国家中医药的工作重点，并进一步促使中药治疗向规范化发展；在 90 年代以后，中药现代化概念逐渐成为中医药发展主流，中药行业向着产业化、规范化发展。近年来，随着循证医学的兴起，中药在治疗疑难杂症方面发挥了显著的疗效，并逐渐引起全世界范围内对中医药需求的日益增长，中药"药食同源"的特征也掀起了国内中药保健品的热潮；尤其是 2019 年年底新型冠状病毒肺炎（COVID-19）暴发以来，中医药为新冠肺炎防治作出重要贡献，让全世界见证了中药的重要作用。由此可见，现代中药产业未来潜力巨大。

1. 循证医学兴起为中药发展创造机遇

全球大环境改变利好中药发展。一方面，循证医学迅速发展。它是一种新的临床医学模式，强调以证据为基础来检验临床疗效，摆脱了传统西医只看原理、推理的旧模式，转为以结果为导向，只要是大规模、多中心、随机双盲试验证实有效的，就可纳入治疗实践。

另一方面，中药在治疗疑难杂症方面具有相对优势，已逐步回归主流市场。国际上化学新药研发遭遇瓶颈，投入大但最终批准上市的品种少，此外，化学药物毒副作用大，不合理应用和滥用现象严重，患者易产生抗药性。相比之下，中药在治疗疑难杂症方面优势明显，由于中药具有疗效显著、功能作用广泛、效果持久，无残留、无耐药性等优点，且其安全性和有效性均在历史中得到验证，随着人们健康观念的转变，未来中药行业仍将继续保持快速发展趋势。

2. 中药产业市场规模实现快速增长，但增速逐渐放缓

我国中药产业在过去的 20 年间发展较快，增长达到 36 倍之多，预计到 2020 年，中药规模以上企业收入或将达 15 823 亿元。市场规模方面，2015 年中国中药的市场规模为 3918 亿元，占市场的 32.1%。2011～2015 年，中国中药市场规模的复合年均增长率为 16.8%，远高于 GDP 的增速。2016～2020 年，中国中药行业仍将快速发展，到 2020 年市场规模将达 5806 亿元，复合年均增

长率为 8.2%，将继续高于 GDP 的增速。2019 年我国中药市场规模达 5376 亿元，2020 年中药市场的销售额将会占整个医药市场的 32.4%，基本与 2015 年持平（图 4-22）。

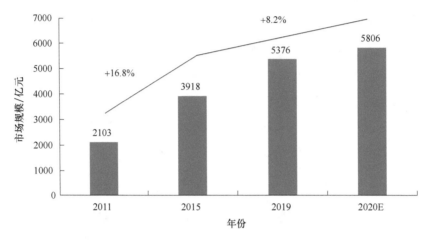

图 4-22　2011～2020 年中国中药行业市场规模统计情况及预测

数据来源：前瞻产业研究院

3. 中药产量与出口量呈波动起伏趋势

近年来，我国中药产量呈波动趋势。2018 年，我国中药产量为 261.9 万 t，较 2017 年同比下降 28.2%；2019 年，我国中药产量为 246.4 万 t，较 2018 年同比下降 5.9%（图 4-23）。

与此同时，我国中药出口数量同样呈现波动起伏趋势。根据海关数据显示：2018 年中国中药材及中成药出口数量为 128 400 t，同比下降 17.6%；2019 年中国中药材及中成药出口数量为 132 515 t，同比增长 3.2%。2018 年中国中药材及中成药出口金额为 1 101 737 千美元，同比下降 9.5%；2019 年中国中药材及中成药出口金额为 1 176 961 千美元，同比增长 6.8%。

4. 重磅政策连续出台，未来市场空间扩大

中医药是我国重要的卫生资源、有潜力的经济资源、具有原创优势的科技资源。近年来，国家出台了一系列政策大力发展中医药产业（表 4-15）。我国

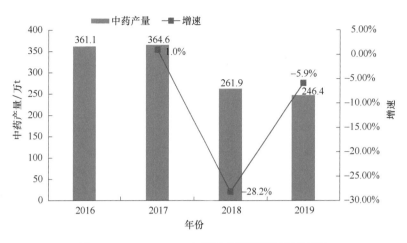

图 4-23 2016～2019 年我国中药产量及增长情况

数据来源：前瞻产业研究院

自 1996 年就提出中药现代化发展战略，提出要把中药产业作为我国重大战略产业加快其发展。特别是从 2009 年开始国家对中药行业加大了扶持力度，给整个行业注入了加速剂，如 2009 年 5 月 7 日，国家颁布了《国务院关于扶持和促进中医药事业发展的若干意见》，从国家战略高度对中医药发展进行顶层设计。2016 年 2 月，国务院印发《中医药发展战略规划纲要（2016—2030年）》，明确了未来十五年我国中医药发展方向和工作重点，是新时期推进我国中医药事业发展的纲领性文件。随后在 2017 年 7 月 1 日，《中华人民共和国中医药法》正式实施，中医药现代化发展进入依法发展和治理的历史新时期。在刚过去的 2019 年里，也有多项重磅政策出台，引导中药行业稳步发展，如2019 年 4 月，商务部办公厅、国家中医药管理局联合印发《关于开展中医药服务出口基地建设工作的通知》，这对于促进我国中医药现代化创新发展，优化我国服务贸易机构，打造"中国服务"国家品牌，提升中华文化软实力具有重要意义。从以上可以预测，随着中医药产业的巨大市场空间进一步激发，相关企业也将迎来更大发展机遇。

5. 中药配方颗粒优势突出，领跑中药现代化

中药配方颗粒以中医药理论为指导，结合现代制剂新技术，选定最佳工艺，

表 4-15 现代中药产业主要政策梳理

发布日期	政策文件	主要内容与意义
1996 年	《中药现代化发展战略》	指出了中医药产业存在的问题，分析了中医药所面临的机遇，并提出了中药现代化的目标与对策
2002 年	《中药现代化发展纲要》	通过若干政策支持，把中药产业作为我国重大战略产业加快发展
2003 年	《中华人民共和国中医药条例》	明确了未来中医药现代化的发展方向
2006 年 2 月	《国家中长期科学和技术发展规划纲要（2006—2020 年）》	加强中医药继承和创新，推进中医药现代化和国际化，促进中医药产业的健康发展
2006 年 8 月	《中医药事业发展"十一五"规划》	在进一步提高中医药防治常见病、多发病能力的基础上，重点加强心脑血管病等重大慢性病的中医药防治，初步完成综合防治方案，建立有中医药特点的疗效评价标准
2007 年 1 月	《中医药创新发展规划纲要（2006—2020 年）》	坚持"继承与创新并重，中医中药协调发展，现代化与国际化相互促进，多学科结合"的基本原则，推动中医药传承与创新发展
2009 年 3 月	《中共中央国务院关于深化医药卫生体制改革的意见》	充分发挥中医药（民族医药）在疾病预防控制、应对突发公共卫生事件、医疗服务中的作用。采取扶持中医药发展政策，促进中医药继承和创新
2009 年 5 月	《国务院关于扶持和促进中医药事业发展的若干意见》	充分认识扶持和促进中医药事业发展的重要性和紧迫性，采取有效措施全面加强中医药工作，推动中医药走向世界；完善中医药事业发展保障措施
2009 年 7 月	《关于巩固和发展新型农村合作医疗制度的意见》	调整新农合补偿方案，该方案要重点提高在县、乡、村级医疗机构医药费用和使用中医药有关费用的补偿比例，引导农民在基层就医和应用中医药适宜技术等
2016 年 2 月	《中医药发展战略规划纲要（2016—2030 年）》	明确了未来十五年我国中医药发展方向和工作重点，是新时期推进我国中医药事业发展的纲领性文件
2016 年 10 月	《"健康中国 2030"规划纲要》	要充分发挥中医药独特优势，提高中医药服务能力，推进中医药继承创新
2016 年 11 月	《中医药发展"十三五"规划》	到 2020 年，中药工业规模以上企业主营业务收入 15 823 亿元，复合年均增速 15%，中药企业收入占整体行业比重从 29.26% 上升到 33.26%
2017 年 7 月	《中华人民共和国中医药法》	中医药事业将进入依法发展和治理的历史新时期
2019 年 4 月	《关于开展中医药服务出口基地建设工作的通知》	建设一批以出口为导向、具有较强辐射带动作用的基地，要求到 2025 年，基地全国布局基本完成，中医药服务出口占我国服务出口比重持续增长，新业态、新模式不断涌现，形成一批中医药服务世界知名品牌。这对于促进中医药事业创新发展，优化我国服务贸易机构，打造"中国服务"国家品牌，提升中华文化软实力具有重要意义
2019 年 10 月	《关于促进中医药传承创新发展的意见》	提出健全中医药服务体系，大力推动中药质量提升和产业高质量发展；促进中医药传承与开放创新发展等

数据来源：根据公开资料整理

采用工业化生产；其组方灵活，符合中医"辨证论治，随证加减"的特点，是对传统中药饮片的补充。2001年，国家食品药品监督管理局发布《中药配方颗粒管理暂行规定》，正式将新剂型的命名规范为"中药配方颗粒"，并纳入中药饮片管理范畴。自此，中药颗粒剂得以快速发展。

中药剂型的创新是中医药健康发展的内在要求，中药配方颗粒的发展是中药现代化的重要尝试。中药配方颗粒既保持了原中药饮片的药性和药效，又无须煎煮，服用、携带和储存方便，且易于调剂，可满足现代快节奏生活方式的需求，尤其在中药智能化药房应用方面具有特殊的优越性，在医院诊疗中占据越来越重要地位。目前，学者们发现中药配方颗粒的药理药效与中药饮品相当，甚至在某些指标方面优于中药饮片；同时，中药配方颗粒由于制造工艺更规范，药材的利用率远高于传统中药饮片的煎煮。中药配方颗粒的使用颠覆了人们服用中药饮片煎剂的传统印象，同时具备了成药的便利性和饮片的灵活性（表4-16）。

表4-16　中药配方颗粒和中药饮片差异比较

项目	配方颗粒	中药饮片
监管	实行批准文号管理，生产要求遵循国家标准	存在根据地方用药习惯、地方炮制规范生产的饮片品类
生产工艺	生产工艺单一，提取溶剂为水，以提取物的形式用于临床配方	根据药品特征和使用方式采用多种生产工艺
质量稳定性	由专业人员严格按照每味药的性能特点，进行规范化、科学化生产管理，质量稳定均一	制剂的要求复杂，火力火候等操作条件难以控制，无法对煎熬的质量进行监控和管理，质量稳定性差
疗效	尚未达成统一意见	传统验证
价格	生产过程涉及提取、纯化等多环节的制剂加工，生产成本较高，价格高于传统饮片	价格较低
储运	包装密封性好，不易吸潮变质，保管、运输、储存方便	不易储存，易虫蛀、受潮、霉变
使用	服用剂量小，体积小而轻，易于携带，便于患者随时服用；更适合急症急用	煎煮成煎剂费时、量大、携带不易，且火力火候、加水量、煎煮时间等较难控制
调配	多规格独立包装，无须称量，调配方便、干净卫生、用药安全	多为散装，调配时需用称量，有误差，且工作量大，易污损

数据来源：火石创造

中药配方颗粒产业链相较于中药饮片可以实现从田间到车间的全程化、过程化控制，并结合优质标准，经受市场的检验，在药材来源、饮片炮制、加工工艺、质量检测、产品的销售流通等环节，可实现标准化管理。智能配药机能够按医生处方所需的用药剂量、味、剂数等配方参数，实时自动将配方颗粒组成小包，计量精度高、动作快捷、使用安全，从而实现替代部分中成药的效果。

与此同时，中药配方颗粒市场增速快、集中度高。根据《中药饮片行业发展研究蓝皮书》数据显示，国内中药配方颗粒的市场规模从 2010 年的 20 亿元增长到 2018 年的 151 亿元，8 年的复合年均增长率高达 33.48%。工业和信息化部发布的数据显示，2018 年度中药饮片市场规模约 2200 亿元，中药配方颗粒市场占中药饮片比例约 8.4%。

中国中药是中药配方颗粒行业的龙头企业。6 家国家级试点企业中，天江药业及一方制药均属于中国中药旗下企业；省级试点企业中，承天金岭药业、中联药业、双兰星制药、国药天江药业等企业属于中国中药的子公司或持有股份。红日药业（康仁堂药业）、新绿色药业、华润三九则稳居第二阵营，在省级试点中，神威药业享受河北的医保政策而快速发展壮大，中药配方颗粒逐渐成为其核心支柱（表 4-17）。

表 4-17　中药配方颗粒部分试点企业产品数量情况

企业	集团公司	产品数量	企业	集团公司	产品数量
天江药业	中国中药	700 余种	培力（南宁）药业	培力控股	600 余种
一方制药	中国中药	500 余种	神威药业	神威药业	600 余种
康仁堂药业	红日药业	500 余种	景岳堂药业	华通医药	600 余种
深圳三九	华润三九	600 余种	康美药业	康美药业	450 余种
新绿色药业	未上市	670 余种	香雪制药	香雪制药	400 余种

数据来源：各公司公告，火石创造

6. 现代中药产业仍面临多重挑战

虽然政策扶持力度强、市场潜力巨大等因素促进了现代中药产业的快速发展，但目前中药产业依然面临诸多挑战。

一是医药改革。中国医改继续向深层次推进，医改重点由供给侧转向需求侧，医保部门在医改中的主导作用更加突出。国家 4+7 带量采购的实施、限抗升级、重点监控合理用药药品目录的发布、深化医保支付方式改革、打击欺诈骗保、整治保健品市场等一系列政策都对当前乃至未来中医药行业的发展产生深远影响，中医药行业仍然面临增速放缓的压力。

二是中药研发创新能力。中药原料往往来自天然动植物，成分复杂，药物作用原理不清晰。研发新药的过程很难像化学药一样标准化，由此造成中药研发创新不足。随着中药产品在生活中的分量越来越重，中药产业也成为国家重点监管产业之一。当下中药市场曾曝出过知名药企药材质量不合格、药品成分掺假、药材物价哄抬、用药不谨慎致人受伤等负面问题，中药产业监管严格化、规范化已是大势所趋。从中药材种植、加工再到中药产品流通，各个环节必将面临严格的监管，一旦相关方触碰监管红线，整个产业发展或将受到影响。

三是中药产业链上、中、下游正在不断完善。下游方面，药企、药店等纷纷拓展网上销售渠道，扩大销售覆盖人群；中游方面，中药加工产品正向着深加工和精细化的方向发展，以提高产品附加值；而上游方面，药材育种、种植模式变革、技术服务等因素对中药材种植的影响至关重要。

（二）老年健康服务产业

随着全国人口年龄结构改变和社会经济发展，我国老年人口规模持续扩大。一方面，我国已成为世界上人口老龄化程度较高的国家之一，老年人口数量最多，老龄化速度最快，应对人口老龄化任务最重，对健康服务的需求愈发迫切；另一方面，老龄化人口在对社会形成压力的同时，也意味着我国有着巨大的养老需求，巨大的养老压力引发养老红利，快速发展的人口老龄化创造了一个庞大的消费市场，推动养老机构、康复中心和商业养老保险等老年健康服务产业的发展。

1. 中国健康服务产业起步较晚、发展较快

1949～20世纪90年代初期：此阶段健康体检还是医院的服务范畴，而且体检更多体现在疾病检查而不是健康预防。

20 世纪 90 年代中期：北京等地开始出现相对独立的体检服务机构，当时主要表现为三类。第一类是医院将体检科相对独立并面向社会提供全面系列化的体检服务。如同仁医院体检就是国内医院体检业务开展较早的机构；第二类是一部分针对医院体检设备利用率不高，组织团体体检的中介式机构，这也是最早的第三方体检机构的雏形；第三类表现为依附特定机构提供体检服务，进而随市场需求不断扩大，如九华山庄及一部分疗养院、干休所等。

20 世纪 90 年代后期：随着西方健康服务理念的进入及国内需求市场的快速增长，国内以体检为重点的健康服务机构得到了快速发展，尤其是近年来堪称飞速发展。

尽管中国老年健康服务目前仍处于初始发展阶段，但近年来国家出台了一些扶持政策，市场空间逐渐打开。2010 年，我国老年健康服务市场规模为 4199 亿元，2018 年发展到 22 456 亿元，2004～2018 年的复合年均增长率达到 23%，可见我国老年健康服务实现跨越式发展。

2. 老龄化加剧与健康老龄化需求增长加速老年健康服务产业发展

一方面，从国家统计局数据来看，中国人口老龄化程度逐年加深。截至 2019 年年底，我国 60 周岁及以上人口已达 25388 万人，占总人口的 18.1%（图 4-24）；其中 65 周岁及以上人口 17603 万人，较上年（2018 年约为 1.67 亿）新增 945 万人，占总人口的 12.6%，较上年（2018 年约为 11.9%）新增 0.7 个百分点。根据联合国关于"老龄社会"的划分标准，即 65 周岁以上人口占总人口的比例超过 14% 则进入"老龄社会"，截至 2019 年年底，我国距离"老龄社会"标准仅差 1.4%，正式进入"老龄社会"已开始倒计时。

与此同时，我国居民人均预期寿命由 2018 年的 77.0 岁提高到 2019 年的 77.3 岁，但人均健康预期寿命仅为 68.7 岁（该数据为 2018 年数据）；60 岁以上老年人患病人数接近 1.9 亿，患一种以上慢性病比例高达 75%，平均有 8 年多带病生存、失能和部分失能老年人超过 4000 万。预计到 2035 年，我国 65 岁以上老年人口将达到 4.18 亿，成为全球人口老龄化程度最高的国家。

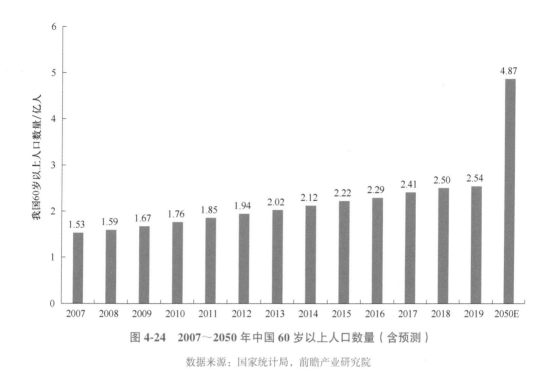

图 4-24 2007～2050 年中国 60 岁以上人口数量（含预测）

数据来源：国家统计局，前瞻产业研究院

　　另一方面，随着我国经济的快速发展、人民收入水平和生活水平的大幅度提高，老年人对老年健康服务需求将呈多样化、迅速增长态势，老年医疗服务、老年护理服务、老年健康保险、老年旅游等需求日益增多。老年健康服务内容将随各式各样的需求进一步细分，高龄老人、单身老人、空巢老人、居家的病残老人等规模不断增大的各种特殊老年人群体，将会对社会提出更多的老年健康服务需求。

　　根据前瞻产业研究院预测数据，以老年医疗服务的市场需求规模的复合年均增长率为 5% 进行保守估计，到 2024 年，我国老年医疗服务市场需求将达到6697 亿元（图 4-25）。

3. 国家积极政策布局，推进老年健康服务产业发展

　　我国老年养老政策随着人口老龄化加速不断变化，现阶段力图构建多层次养老服务体系应对老龄化。近年来，国家层面养老相关政策频发，覆盖养老服务、互联网＋养老、社区居家养老、智慧养老、健康养老等方方面面（表 4-18）。国家

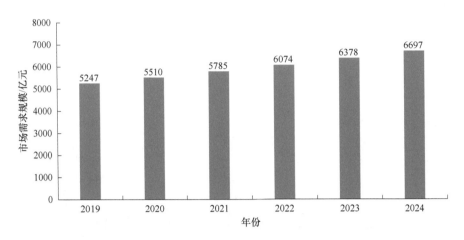

图 4-25　2019～2024 年中国老年医疗服务市场需求规模预测情况

数据来源：前瞻产业研究院

提出了建立公开、平等、规范的老年健康服务业准入制度，鼓励社会资金以独资、合资、合作、联营、参股等方式兴办老年健康服务业的指导意见。党的十八大报告明确提出，积极应对人口老龄化，大力发展老龄服务事业和产业。十八届三中全会提出，"积极应对人口老龄化，加快建立社会养老服务体系和发展老年服务产业"。针对老年健康服务，国务院先后出台了《国务院关于加快发展养老服务业的若干意见》《国务院关于促进健康服务业发展的若干意见》，民政部等 10 部委发布了《关于鼓励和引导民间资本进入养老服务领域的实施意见》，对老年健康服务相关的金融、专业人才培养、养老机构、社区、居家、行政审批、管理、外资介入、医养结合、社会力量介入、政府购买服务、标准化等方面作了全面部署。

尤其是在 2019 年 11 月，经国务院同意，国家卫生健康委、国家发展改革委、教育部、民政部、财政部、人力资源社会保障部、国家医保局、国家中医药局等八部门联合印发了《关于建立完善老年健康服务体系的指导意见》(国卫老龄发〔2019〕61 号)，按照老年人健康特点和老年人健康服务需求，提出要构建包括健康教育、预防保健、疾病诊治、康复护理、长期照护、安宁疗护的综合连续、覆盖城乡的老年健康服务体系，围绕这 6 个环节，提出了工作任务和目标。据了解，该指导意见是我国第一个关于老年健康服务体系的指导性文件，有利于促进资源优化配置，逐步缩小老年健康服务的城乡、区域差距，

表 4-18 国家关于促进老年健康服务产业相关政策梳理

发布时间	政策名称	机构
2011 年 12 月	《社会养老服务体系建设规划（2011—2015 年）》	国务院
2011 年 12 月	《社区服务体系建设规划（2011—2015 年）》	国务院
2013 年 9 月	《关于加快发展养老服务业的若干意见》	国务院
2013 年 9 月	《关于促进健康服务业发展的若干意见》	国务院
2014 年 9 月	《关于加快推进健康与养老服务工程建设的通知》	国家发展改革委、民政部等 9 部委
2015 年 2 月	《关于鼓励民间资本参与养老服务业发展的实施意见》	民政部等 10 部委
2015 年 3 月	《全国医疗卫生服务体系规划纲要（2015—2020 年）》	国务院
2015 年 4 月	《中医药健康服务发展规划（2015—2020 年）》	国务院
2015 年 10 月	《关于申报 2015 年外国政府贷款备选项目的通知》	国家发展改革委、财政部
2015 年 11 月	《进一步规范社区卫生服务管理和提升服务质量的指导意见》	国家卫生健康委、国家中医药管理局
2015 年 11 月	《关于推进医疗卫生与养老服务相结合指导意见》	国家卫生健康委、民政部、国家发展改革委等 9 部委
2016 年 1 月	《2016 年卫生计生委工作要点》	国家卫生健康委
2016 年 2 月	《关于中医药发展战略规划纲要（2016—2030 年）的通知》	国务院
2016 年 3 月	《医养结合重点任务分工方案》	国家卫生健康委、民政部
2016 年 4 月	《关于做好医养结合服务机构许可工作的通知》	民政部、国家卫生健康委
2016 年 6 月	《民政事业发展第十三个五年规划》	民政部、国家发展改革委
2016 年 6 月	《关于确定第一批国家级医养结合试点单位的通知》	民政部、国家卫生健康委
2016 年 7 月	《关于开展长期护理保险制度试点的指导意见》	人力资源社会保障部
2016 年 9 月	《关于确定第二批国家级医养结合试点单位的通知》	国家卫生健康委
2016 年 12 月	《"十三五"卫生与健康规划》	国务院
2017 年 1 月	《中国防治慢性病中长期规划（2017—2025 年）的通知》	国务院
2017 年 3 月	《"十三五"健康老龄化规划》	国家卫生健康委等 13 部委
2017 年 3 月	《关于落实〈政府工作报告〉重点工作部门分工的意见》	国务院
2017 年 4 月	《关于推进医疗联合体建设和发展的指导意见》	国务院
2017 年 5 月	《深化医药卫生体制改革 2017 年重点工作任务的通知》	国务院
2017 年 5 月	《关于支持社会力量提供多层次多样化医疗服务的意见》	国务院
2017 年 6 月	《国民营养计划（2017—2030 年）》	国务院
2017 年 11 月	《"十三五"健康老龄化规划重点任务分工的通知》	国家卫生健康委
2017 年 11 月	《关于养老机构内部设置医疗机构取消行政审批实行备案管理的通知》	国家卫生健康委
2018 年 6 月	《关于进一步改革完善医疗机构、医师审批工作的通知》	国家卫生健康委
2019 年 9 月	《关于深入推进医养结合发展的若干意见》	国家卫生健康委、民政部等 12 部委
2019 年 11 月	《关于建立完善老年健康服务体系的指导意见》	国家卫生健康委、国家发展改革委等 8 部委

数据来源：根据公开资料整理

促进老年健康服务公平可及；有利于激发市场活力，鼓励社会参与，满足多层次、多样化的老年健康服务需求；有利于引导全社会广泛参与，共同促进老年健康服务的有序发展；有利于促进预防关口前移，对影响健康的因素进行干预。该指导意见的实施对加强我国老年健康服务体系建设，提高老年人健康水平，推动实现健康老龄化具有重要的里程碑意义。

与此同时，各地方政府也在积极布局，辽宁、黑龙江、宁夏、湖南、福建、上海等省（自治区、直辖市）先后出台了地方鼓励发展老年健康服务业的政策措施。这些政策措施的出台，对进一步加快推动我国老年健康服务的产业化发展起到了重要作用。

4. 资本市场融入进一步推动老年健康服务产业发展

随着政策扶持力度的加大和市场需求的扩大，各路资金支持老龄服务市场发展的趋势也更加明显。央企、险资、外资等国内外各种资本纷纷投入老龄服务市场。《中西部地区外商投资优势产业目录（2013年修订）》中，22个省（自治区、直辖市）均鼓励外商投资养老服务机构。

《养老机构设立许可办法》中，第一次明确许可外国组织可以独资或者合资设立养老机构。广东省专门出台了鼓励港澳老龄服务机构的政策，允许港澳服务提供者在广东以民办非企业单位形式开办养老服务机构，开展居家养老服务。许多国外的老龄服务机构已经开始涉足中国的老龄市场，如 Cherish Yearn 公司在上海建成了800套养老公寓；美国最大的养老机构 Fortress Investment 已经计划投资10亿美元进入中国的老龄服务业市场；大型外资养老项目——镇海LR高端养老项目，也引进了美国养老服务连锁机构 Sunrise LivingBuffalo Grove 的经营和管理模式。

此外，日本、英国等许多国家和地区的老龄服务机构、培训机构也纷纷进入中国市场。

5. "医养护模式"引领国内老年健康服务产业发展

医疗、养老和护理是老年人最需要的服务，从近年来老龄服务业的市场发展情况来看，"医养护"结合型的老龄服务项目发展迅速，其主要的发展模式包括如下三种。

一是在老龄服务机构中内设医疗机构。如厦门市就明确规定，准许规模较大的养老机构申请办理内设医疗机构；北京、上海、江苏、广东等地的老龄服务机构特别是大型老龄服务机构中，医疗机构的配套已经非常普遍。

二是医院直接建立老龄服务机构。如国家发展改革委批准重庆医科大学附属第一医院设立的老年护养中心，就是依托重庆医科大学附属第一医院的医疗优势，将老年人的医疗、护理、养老、康复服务融合在了一起。该老年护养中心共设置养护床位 3000 张、医疗床位 1000 张，是目前国内规模最大的老年护养机构。另外，辽宁省的沈阳德济医院还成立了该省第一家集医疗和养老为一体的民营老年人关爱服务中心。

三是一些专业的护理机构、老年病医院也是目前民间资本开始进入的领域。如浙江医院与众安集团将合作建立集治疗、康复、保健、养生于一体的综合性医疗机构；如恩老年产业集团旗下的重庆颐宁医院，就是一家以治疗和预防老年病为特色的，集医疗、预防、保健与康复为一体的二甲综合性医院；河南省成立了老年医养协作联盟，依托郑州市第九人民医院老年医学专业的优势，按照"小病就地诊治，急危重病人到医院，经医院治疗好转或痊愈的老人送回养老院"的医养合作模式，把郑州"九院"建设成为养老机构的医疗保障基地。

6. 智能化、科技化是未来老年健康产业发展趋势

智能化、科技化养老服务项目成为新的发展热点。远程医疗、电子健康等都是目前中国老年健康服务业的一个主要发展内容。另外，基于智能化的网络服务平台或者利用科技、智能化的老龄服务产品，也是目前中国老龄服务业发展中的一个重要方向。

一是借助智能化平台，整合老龄服务资源。如上海海阳集团的"'96890'一站式为老服务平台"，以及各地的其他为老服务信息平台等，都是利用智能化、科技化的信息手段，通过整合社会服务资源，将老年人和服务资源有效对接，以满足老年人的服务需求。

二是通过直接建立"智慧社区""智能化养老基地"等来实现科技化的为老服务。如北京市从 2013 年就开始推进的"智慧社区"建设，NEC（中国）建立的智能老年公寓信息化系统，全国老龄办在全国范围内推进的智能化老龄服务示范基地等，都是利用物联网、云计算、移动互联网、信息智能终端等新一代信息技术，通过对老年人服务需求信息的感知、传送、发布和对服务资源的整合共享，来实现对老年人的数字化、网络化和智能化服务。

第五章 投 融 资

一、全球投融资发展态势

（一）整体融资规模小幅下降

2019 年全球医疗健康产业总融资额约为 3196.2 亿元人民币，与 2018 年的 3282.1 亿元人民币总融资额相比稍有下滑，但仍明显高于 2017 年。全球医疗健康产业共发生 2449 起融资事件，其中公开披露金额的事件为 1943 起，融资事件数量同比下降 18.4%，其中未披露融资金额的事件数共计 506 起（图 5-1）。

图 5-1 2011～2019 年全球医疗健康产业融资变化趋势

数据来源：动脉网，2020，《2019 年医疗健康领域投融资报告》

注：本图表的融资事件仅包括披露融资金额的事件，不包括未披露金额的融资事件

（二）生物技术和新药研发仍是资本最关注的领域

近 3 年，生物技术领域平均每年融资金额占总融资额比例均超过 35%。同时，融资事件占比逐年稳定上升，保持了强劲发展的趋势。2019 年，国外生物技术领域持续火爆，344 起融资事件筹集 124 亿美元（约 842 亿元人民币），占据 2019 年融资份额的 36%（图 5-2）。

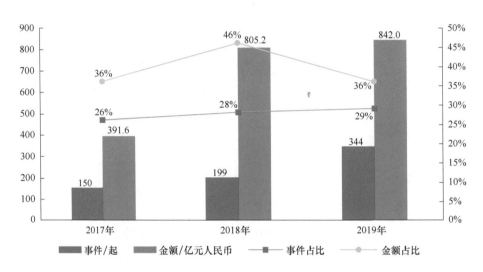

图 5-2　近 3 年生物技术领域融资事件及金额占比趋势

数据来源：动脉网，2020，《2019 年医疗健康领域投融资报告》

注：本图表的融资事件仅包括披露融资金额的事件，不包括未披露金额的融资事件

生物技术领域的投融资由老投资者主导，新投资者主导的比例较少。老投资者占比稳定，每年均有超过 20% 的机构投资该领域两次及以上（图 5-3、图 5-4）。

2019 年，全球投资医疗健康最为活跃的机构是 Perceptive Advisors，全年出手高达 24 次，频繁投资的领域包括基因检测、癌症筛查和肿瘤药物研发等。启明创投、礼来亚洲基金和红杉资本中国基金三家中国机构进入 TOP10。F-Prime Capital 是 2019 年在数字医疗领域出手最多的机构，全年共投资 14 家数字医疗公司，涉及人工智能、大数据等方向（表 5-1）。

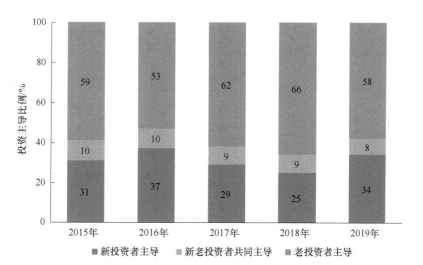

图 5-3　近 5 年来生物技术投资者变化

数据来源：动脉网，2020，《2019 年医疗健康领域投融资报告》

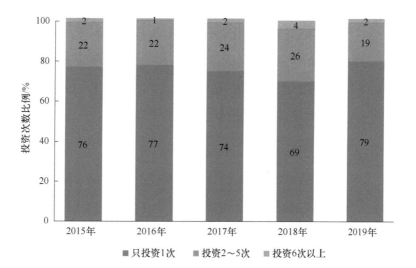

图 5-4　近 5 年来生物技术投资次数

数据来源：动脉网，2020，《2019 年医疗健康领域投融资报告》

表 5-1　2019 年全球投资医疗健康产业最活跃的十大投资机构

投资机构	出手次数	领域偏好	轮次偏好
Perceptive Advisors	24	生物技术、新药研发	B 轮、C 轮
Google Ventures	23	生物技术、数字医疗	全轮次
OrbiMed	23	生物技术、新药研发	B 轮
Alexandria Venture Investments	22	生物技术	A 轮、B 轮

投资机构	出手次数	领域偏好	轮次偏好
Deerfield	20	生物技术、新药研发	B轮、C轮
F-Prime Capital	20	人工智能、数字医疗	A轮
Qiming Venture Partners	20	医疗器械、新药研发	B轮、C轮
Lilly Asia Ventures	20	生物技术、医疗器械	B轮
Arch Venture Partners	19	生物技术、新药研发	A轮、B轮
Sequoia	19	数字医疗、新药研发	C轮

数据来源：动脉网，2020，《2019年医疗健康领域投融资报告》

在2019年投资次数前十的医疗健康投资机构中，有27家公司获得了其中2家及以上的支持，反映出这些创业公司的潜力和实力所在。同属于人工智能药物研发企业的Schrödinger和Insilico Medicine，均各自获得了3家活跃机构青睐。除了肿瘤治疗、基因技术这些近年来的常规热门，人工智能和数字医疗持续发展，针对神经疾病药物发现的资本开始复兴，两家神经疾病药物研发公司BlackThorn Therapeutics和Passage Bio均获得活跃机构的交叉投资。值得注意的是，两家生物制药公司SpringWorks Therapeutics和Frequency Therapeutics在2019年分别完成B轮和C轮融资后，又在同年成功IPO上市，实现了医药行业资本的超快退出（表5-2）。

表5-2 2019年被两家以上活跃投资机构共同投资的医疗健康公司

领域	融资企业	轮次	类型	活跃投资机构
医药	Owkin	A轮	AI药物研发	GV，F-Prime Capital Partners
	Kronos Bio	A轮	肿瘤靶点筛选	Perceptive Advisors，GV
	Boundless Bio	A轮	靶向药物研发	Alexandria Venture Investments，ARCH Venture Partners
	SpringWorks Therapeutics	B轮	生物制药	OrbiMed，Perceptive Advisors
	Edgewise Therapeutics	B轮	生物制药	Deerfield，OrbiMed
	Insilico Medicine	B轮	AI药物研发	礼来亚洲基金，F-Prime Capital Partners，启明创投
	BlackThorn Therapeutics	B轮	神经药物研发	GV，ARCH Venture Partners，Alexandria Venture Investments
	Karuna Pharmaceuticals	B轮	AD药物研发	ARCH Venture Partners，Alexandria Venture Investments
	和誉生物	B轮	靶向药物开发	礼来亚洲基金，启明创投

续表

领域	融资企业	轮次	类型	活跃投资机构
医药	Arrakis Therapeutics	B 轮	生物制药	Alexandria Venture Investments，GV
	Black Diamond Therapeutics	C 轮	生物制药	Perceptive Advisors，RA Capital Management，Deerfield
	Frequency Therapeutics	C 轮	小分子药物研发	Deerfield，Perceptive Advisors
	Schrödinger	C＋轮	AI 药物研发	GV，启明创投，Deerfield
	Athenex	未公开	肿瘤药物研发	Perceptive Advisors，OrbiMed
生物技术	Aspen Neuroscience	天使轮	干细胞疗法	OrbiMed，ARCH Venture Partners，Alexandria Venture Investments
	Locana	A 轮	RNA 基因治疗	GV，ARCH Venture Partners
	Verve Therapeutics	A 轮	基因编辑	F-Prime Capital Partners，ARCH Venture Partners，GV
	Oncorus	B 轮	溶瘤病毒	Deerfield，Perceptive Advisors
	Passage Bio	B 轮	基因治疗	OrbiMed，礼来亚洲基金
	Beam Therapeutics	B 轮	基因编辑	ARCH Venture Partners，F-Prime Capital Partners，GV
	Fusion Pharmaceuticals	B 轮	放射免疫疗法	OrbiMed，Perceptive Advisors
	Encoded Therapeutics	C 轮	基因治疗	Alexandria Venture Investments，ARCH Venture Partners
	燃石医学	C 轮	基因测序	红杉资本中国基金，礼来亚洲基金
	Avidity Biosciences	C 轮	AOC 技术平台	Alexandria Venture Investments，Perceptive Advisors
	GrayBug	C 轮	眼科治疗	OrbiMed，Deerfield
	Acutus Medical	C＋轮	心律失常治疗	OrbiMed，Deerfield
	Maze Therapeutics	未公开	基因编辑	Alexandria Venture Investments，ARCH Venture Partners
数字健康	圆心惠保	A 轮	健康险	启明创投，红杉资本中国基金
	Freenome	B 轮	AI 癌症早筛	RA Capital Management，Perceptive Advisors，GV
	妙手医生	C 轮	互联网医疗服务	启明创投，红杉资本中国基金
	Quartet Health	C＋轮	心理健康	Deerfield，GV，F-Prime Capital Partners
	LunaDNA	未公开	DNA 数据平台	F-Prime Capital Partners，ARCH Venture Partners
	LunaPBC	未公开	DNA 数据平台	F-Prime Capital Partners，ARCH Venture Partners
产业服务	缔脉生物	B 轮	临床 CRO	礼来亚洲基金，启明创投

数据来源：动脉网，2020，《2019 年医疗健康领域投融资报告》

2019 年，国外的肿瘤、人工智能、医疗信息化、基因等标签热度较高。从肿瘤的免疫治疗、细胞治疗到基因技术的应用，人工智能应用场景的不断深入，以及如女性健康、心理健康新兴细分产业的崛起，全球范围内呈现出医疗解决方案技术与模式的双向精准化创新趋势（表 5-3）。

表 5-3　2019 年国外医疗健康投融资细分领域事件数　　　（单位：起）

标签	轮次					
	大使轮	A 轮	B 轮	C 轮	D 轮及以上	其他
肿瘤	3	24	23	11	5	9
人工智能	10	16	20	6	4	1
医疗信息化	8	16	15	6	1	2
基因	3	19	10	6	1	2
远程医疗	6	14	8	2	1	0
心血管	6	6	3	3	6	6
细胞技术	3	9	7	1	3	0
大数据	4	6	6	4	3	0
健康管理	2	12	3	1	3	1
慢病管理	5	7	5	1	1	4
微生物组	5	4	7	4	0	2
神经疾病	1	8	4	6	0	2
免疫疗法	0	8	5	3	1	2
支付 / 健康险	3	4	5	2	4	0
心理健康	6	6	2	0	3	0
女性健康	3	10	1	3	0	0
生殖健康	5	4	1	2	0	1

数据来源：动脉网，2020，《2019 年医疗健康领域投融资报告》

注：本页轮次定义有延伸，如 A 轮包括 Pre-A/A/A＋

（三）欧美地区生物医药领域 A 轮投融资金额缩水

美国及欧洲生物制药领域的投资 2019 年只减少了 10%，但 A 轮投资减少了 31%，回到了 2017 年的水平。硅谷银行认为这反映了两个趋势。第一，传统风投机构正在刻意放慢 A 轮投资的步伐，以便重点关注其当前 B 轮夹层投资的投资组合和即将到来的 IPO。第二，前 15 大跨界投资机构也放慢了参与 4000 万美元以上 A 轮交易的步伐，从 2018 年的 12 起减少到 2019 年的 7 起，

A 轮过亿美元大宗投资总额相应减少 5 亿美元（表 5-4）。

表 5-4　美国和欧洲生物制药 A 轮投资情况

投资情况	地区	2017 年	2018 年	2019 年
投资数量 / 起	美国 / 欧洲	134/68	140/44	121/46
	总计	202	184	167
投资总额 / 亿美元	美国 / 欧洲	28.02/8.28	45.76/7.13	27.70/8.66
	总计	36.30	52.89	36.36
企业创投投资占比	美国 / 欧洲	30%/32%	23%/18%	24%/28%

数据来源：硅谷银行，2020，《2019 年医疗健康行业投资与退出趋势报告》

从历史上来看，自 2013 年以来，肿瘤学 A 轮投资在交易量和投资额方面均超过其他适应证，通常是排名第二适应证的两倍。但是，肿瘤学 A 轮投资额在 2019 年却大幅减少 46%，被平台公司（通常是没有已识别主要资产的早期、临床前公司）投资额超越了。2019 年融资额达 7500 万美元以上的 A 轮融资公司包括多家平台公司，这些平台公司的技术大多与细胞和基因疗法相关，从另一个角度显示了业界对该领域的关注。另外，孤儿病 / 罕见疾病 A 轮投资从前两年的急剧下滑中回升，交易量趋于稳定，投资额有所增加（图 5-5）。

截至 2019 年 12 月 6 日，2019 年全球共有 54 家生物技术公司上市，共筹集了近 76 亿美元的新资本，略逊于 2018 年（共 76 宗 IPO，筹资近 85 亿美元）

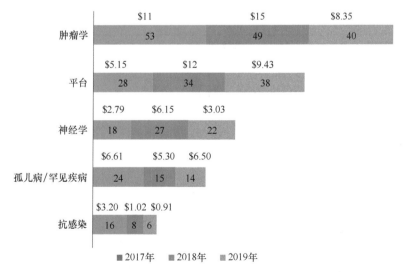

图 5-5　生物医药 Top5 适应证 A 轮投资（单位：投资额 / 亿美元，事件数 / 起）

数据来源：硅谷银行，2020，《2019 年医疗健康行业投资与退出趋势报告》

的峰值。但是从平均 IPO 来看，2019 年为 1.43 亿美元，而 2018 年为 1.16 亿美元。这也反映了资本市场对生物领域仍然看好。Nature Reviews Drug Discovery（NRDD）指出，对产品处于不同开发阶段、成立时间、合作方式以及聚焦不同业务的公司而言，它们在市场的融资需求也有所不同。从 IPO 融资金额看，豪森药业、复宏汉霖和基石药业 3 家在港交所 IPO 的中国生物制药企业入围 TOP10 榜单。其中，豪森药业在 6 月份的 IPO 中筹得 10 亿美元，超越 2018 年年底创下史上最大规模生物技术 IPO 的 Moderna Therapeutics 的 6 亿美元，成为了生物技术行业史上最大的 IPO 融资案例（表 5-5）。

表 5-5　2019 年生物技术公司 IPO 募集金额 TOP10　　　　（单位：亿美元）

公司	IPO 所在地	IPO 金额	产品进度	聚焦领域
豪森药业	港交所	10.00	上市	小分子化药、生物药等
复宏汉霖	港交所	4.10	上市	生物类似药、创新单抗药
BridgeBio Pharma	纳斯达克	4.01	Ⅰ期	遗传性罕见疾病用药
Adaptive Biotechnologies	纳斯达克	3.45	上市	肿瘤的诊断及治疗（靶向新抗原的 T 细胞疗法）
Gossamer Bio	纳斯达克	3.17	Ⅱ期	免疫 / 炎症感染
基石药业	港交所	2.85	Ⅲ期	肿瘤免疫治疗分子靶向药物
Phathom Pharmaceuticals	纳斯达克	2.09	Ⅱ期	GERD 治疗药物
IGM Biosciences	纳斯达克	2.01	Ⅰ期	治疗肿瘤的 IgM 抗体 / 双特异性抗体
Turning Point Therapeutics	纳斯达克	1.91	Ⅰ期	肿瘤小分子激酶抑制剂
Spring Works Therapeutics	纳斯达克	1.86	Ⅱ期	罕见肿瘤的小分子治疗剂

数据来源：Nature Reviews Drug Discovery. 2019 biotech IPOs: party on, 2020, 19:6-9

（四）全球并购市场异常活跃，数量、金额双升

2019 年是全球医药和生命科学板块并购交易异常活跃的一年，全年并购交易金额达 4160 亿美元。最为引人属目的交易来自 BMS（百时美施贵宝）以 740 亿美元收购 Celgene（新基医药），出于反垄断的考量，后者的银屑病治疗药物 Otezla 再以 134 亿美元的价格出售给 Amgen（安进）。仅仅两个月后，安进再次出手，以 27 亿美元入股中国生物制药公司百济神州。其他超级并购包括：AbbVie（艾伯维）以 630 亿美元收购 Allergan（艾尔建），以获取艾尔建在肉毒杆菌和其他美容药物的领先的市场份额；武田制药以 620 亿美元收购夏尔以获

取罕见病专利；Danaher（丹纳赫）以 214 亿美元收购 GE 生命科学公司；Eli Lily（礼来）以 80 亿美元收购 Loxo 来扩大癌症管线；3M 斥资 67 亿美元收购伤口护理公司 Acelity 及其子公司 KCL；器械巨头 Stryker（史塞克）以 40 亿美元收购设备制造商 Wright Medical，以期在快速增长的骨科领域获得更多的市场份额；Novartis（诺华）向武田制药支付了 34 亿美元前期款以及可能高达 19 亿美元的后续款以收购其干眼症新药（图 5-6、图 5-7）。

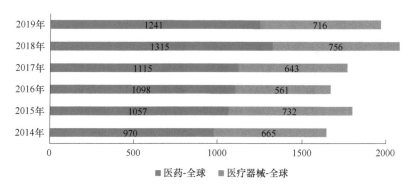

图 5-6 2014～2019 年全球医药和生命科学并购交易数量（单位：起）

数据来源：普华永道，2020,《医药和生命科学行业并购市场回顾与 2020 年展望》

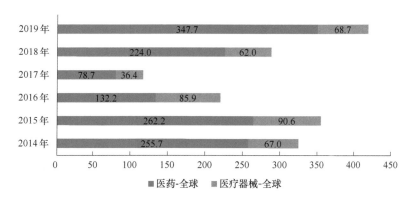

图 5-7 2014～2019 年全球医药和生命科学并购交易金额（单位：十亿美元）

数据来源：普华永道，2020,《医药和生命科学行业并购市场回顾与 2020 年展望》

（五）全球大额合作交易增多

回顾 2019 年，全球合作交易总体数量较前几年有明显下滑，但交易金额却继 2017 年之后再创新高，达到 1157 亿美元。其中包括 Co-Development、Co-Marketing、Joint-Venture 等合作交易的趋势和总体趋势一致，但授权交易在

2019 年量价齐跌，无论是交易数量还是交易总金额都出现明显下降（图 5-8、图 5-9）。

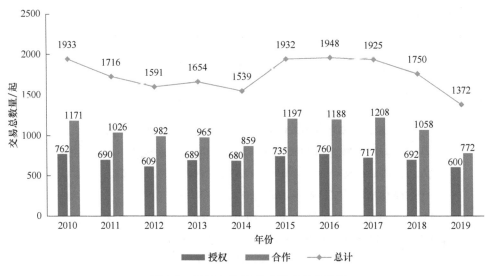

图 5-8 2010～2019 年全球交易总数量

数据来源：Globaldata、华兴资本，2020,《2019 年全球生物医药报告：资本起落，创新为先》

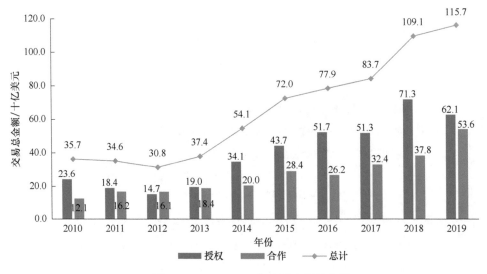

图 5-9 2010～2019 年全球交易总金额

数据来源：Globaldata、华兴资本，2020,《2019 年全球生物医药报告：资本起落，创新为先》

从交易总金额来看，各大药企继续加码新技术，前十大交易中基因治疗、双特异性抗体各占两席，ADC、干细胞和 PROTAC 也各占一席。可以预见未来在疾病治疗领域会有更多药物实体分子出现（表 5-6）。

表 5-6　2019 年全球合作交易金额 TOP10

交易方	交易时间	交易金额 / 百万美元	交易相关技术
Astrazeneca/Daiichi	2019-03-28	6900	ADC
Gilead/Galapagos	2019-07-14	6525	小分子
GSK/Merck	2019-02-05	4233.5	双特异性抗体
Abpro/ 正大天晴	2019-02-28	4000	双特异性抗体
Roche/Sarepta	2019-12-23	2850	基因治疗
Gilead/Nurix	2019-06-19	2345	PROTAC
Gilead/Goldfinch	2019-05-08	2059	干细胞
Genentech/Skyhawk	2019-07-16	2000	小分子
Neurocrine/Voyager	2019-01-28	1890	基因治疗
Neeurocnne/Xenon	2019-12-02	1742.5	小分子

数据来源：Globaldata、华兴资本，2020，《2019 年全球生物医药报告：资本起落，创新为先》

（六）投融资最密集的区域仍在美国

2019 年，全球医疗健康投融资市场融资总额最高的五个国家分别是美国、中国、英国、瑞士和法国；融资事件发生最多的五个国家分别是美国、中国、英国、以色列和瑞士。2019 年，美国以 666 起融资事件、183 亿美元（1298.3 亿元人民币）融资额领跑全球，中国紧随其后；中美囊括所有国家融资总额的 78%，融资事件的 81%。以色列是全世界医疗效率最高的国家之一，拥有近 30 年的医疗保健系统的累积数据，其中 98% 已实现数字化。2019 年以色列虽然融资额不高，但 28 起创新项目排名全球第四，在数字医疗领域表现尤为突出，智能尿检公司 Healthy.io、智能病床传感器供应商 EarlySense 等公司完成新一轮融资（表 5-7）。

表 5-7　2019 年全球医疗健康投融资热点地区

国家	事件数 / 起	融资总数 / 亿元人民币	投资热点领域
美国	666	1298.3	生物技术、数字医疗
中国	597	586.2	医药、医疗器械
英国	61	123.7	数字医疗、生物技术
以色列	28	44.5	数字医疗
法国	24	52.6	生物技术
瑞士	23	53.6	生物技术、医药

数据来源：动脉网，2020，《2019 年医疗健康领域投融资报告》

二、中国投融资发展态势

（一）整体融资规模锐减

2019 年，中国医疗健康产业共发生 958 起融资事件（其中公开披露金额的事件为 618 起），处于自 2015 年以来最低点，对比 2018 年更是几乎腰斩；融资总额为 602.8 亿元人民币，同比下跌 24.6%，但依然处于历史第二高。受中国整体资本环境影响，投资者决策更加谨慎，中国医疗健康创业公司的融资难度增大（图 5-10）。

图 5-10　2011~2019 年中国医疗健康产业融资变化趋势

数据来源：动脉网，2020，《2019 年医疗健康领域投融资报告》

注：本图表的融资事件仅包括披露融资金额的事件，不包括未披露金额的融资事件

中国医药及生物科技私募融资遇冷。根据已披露的我国医药及生物技术行业私募融资的交易数据，2019 年度融资总金额为 40 亿美元，较 2018 年降低 20%；交易数量共计 117 笔，较 2018 年减少 20%；平均单笔交易金额约为 3400 万美元，较 2018 年下降 13%（图 5-11、图 5-12）。

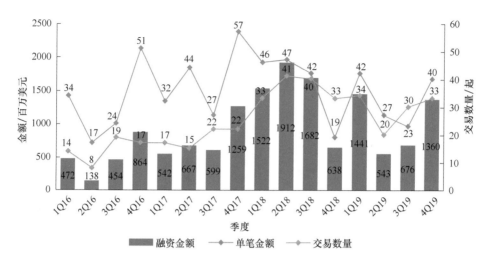

图 5-11　2016～2019 年季度医药及生物技术行业私募交易情况

数据来源：华兴资本，2020，《2019 年全球生物医药报告：资本起落，创新为先》

图 5-12　2016～2019 年年度医药及生物技术行业私募交易情况

数据来源：华兴资本，2020，《2019 年全球生物医药报告：资本起落，创新为先》

（二）医药制造、医疗器械领域投融资热度不减

中国 2019 年医疗健康投融资市场的整体趋势和 2018 年一致，医疗器械领域融资事件最多，而医药领域融资总额最高。2019 年，中国数字医疗蓬勃发展，82 起融资事件累计筹集 190.1 亿元人民币。其中，京东健康以超 10 亿美元 A 轮融资，贡献了近 3 成数字医疗的融资份额（图 5-13）。

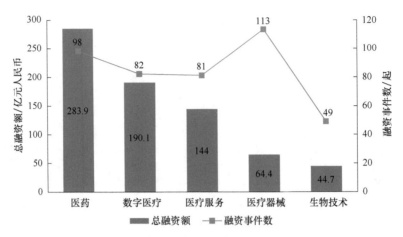

图 5-13　2019 年中国医疗健康各领域融资金额和事件分布

数据来源：动脉网，2020，《2019 年医疗健康领域投融资报告》

　　2019 年，在融资总额最高的医药行业中，肿瘤是最受关注的适应证，免疫治疗热度较高。结合政策趋势，药品创新仍然是 2019 年的关键词。《中华人民共和国疫苗管理法》和新修订的《中华人民共和国药品管理法》两部法律出台，于 2019 年 12 月 1 日起实施，从更高层次的制度设计上鼓励创新，并确定了对药品和疫苗全生命周期的监管（表 5-8）。

表 5-8　2019 年获投融资金额最高的 10 家肿瘤创新药公司研发进展

公司名称	最新轮次	最新融资额	主要产品名称	主要研发阶段	主要适应证
艾力斯医药	A 轮	11.8 亿元人民币	AST2818	临床Ⅱ期	非小细胞肺癌
诺诚健华	D 轮	1.6 亿美元	ICP-105 抑制剂	临床阶段	晚期肝细胞癌
			奥布替尼（ICP-022）	Ⅱ期试验，新药上市申请（NDA）已经获 NMPA 受理	B 细胞相关的淋巴瘤
康方生物	D 轮	1.5 亿美元	AK104	临床Ⅱ期	胃腺癌
海和生物	Pre-IPO	1.466 亿美元	RMX3001	韩国已获批上市	胃癌、乳腺癌
			德立替尼	临床Ⅲ期	小细胞肺癌
			希明替康	临床Ⅱ期 / Ⅲ期	结直肠癌、神经内分泌瘤
德琪医药	B 轮	1.2 亿美元	ATG-010（selinexor）	临床Ⅱ期 / Ⅲ期，已在美国获批上市	复发难治多发性骨髓瘤
科望医药	B 轮	1 亿美元	ES101	临床Ⅰ期	肿瘤
亘喜生物	B 轮	8500 万美元	FasT CAR-19（GC007F）	临床Ⅰ期	急性 B 淋巴细胞白血病

公司名称	最新轮次	最新融资额	主要产品名称	主要研发阶段	主要适应证
鼎航医药	B 轮	8000 万美元	Lefitolimod TLR9 激动剂	临床 III 期	实体瘤
岸迈生物	B 轮	7400 万美元	EMB-1	临床 I 期	肺癌、实体肿瘤
亿腾景昂	C 轮	5 亿元人民币	EOC103	临床 III 期	乳腺癌

数据来源：动脉网，2020，《2019 年医疗健康领域投融资报告》

（三）医疗健康行业融资轮次集中于 A、B 轮

经统计发现，2019 年中国医疗健康行业的融资主要集中于 A、B 两个轮次。其中，A 轮融资共发生 163 起，占比 28.60%；B 轮融资共发生 96 起，占比 16.84%。另外，战略投资也是目前资本青睐的投资方式，数据显示，2019 年共发生 83 起战略投资，占比 14.56%（图 5-14）。

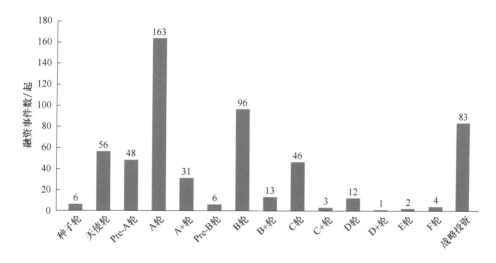

图 5-14　2019 年中国医疗健康行业各轮次融资事件数量情况

数据来源：IT 桔子，亿欧

（四）科创板和港股助力 IPO 增长

2019 年，中国迎来医疗健康公司的上市浪潮。全年中国共有 34 家医疗健康企业在科创板 / 港股挂牌上市。在 2019 年上市的 140 家医疗健康公司中，从成立到 IPO 的平均沉淀时间约 117 个月（9 年 8 个月），其中上市节奏最快的生物

技术公司也平均经历 8 年才得以上市。对比国内外公司平均上市时长，中国公司普遍经历了更长时间，原因之一可能是不同股市不同的准入规则。A 股对于公司盈利性有明确的财务指标要求，审核周期更长；美股和港股则相对灵活。不过随着科创板的设立，中国医疗健康公司将有更加灵活的上市选择（图 5-15）。

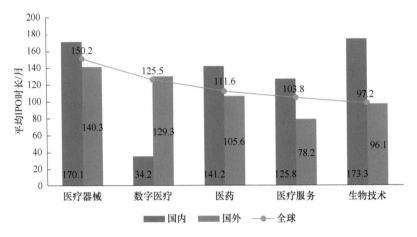

图 5-15　2019 年上市公司平均 IPO 时长

数据来源：动脉网，2020，《2019 年医疗健康领域投融资报告》

（五）医药行业并购市场依旧活跃

自 2016 年起，中国医药行业并购交易累计数量近 1500 起，累计金额达 800 亿美元。2019 年，中国医药行业并购依旧活跃，与 2018 年相比交易数量持平，交易金额增长 12%，达到 221 亿美元，为 2016 年以来最高。交易金额增长主要来自境外投资者和私募股权基金的几笔重磅交易，海外并购遭遇 84% 的断崖式下降（表 5-9）。

表 5-9　中国医药行业并购交易总数量和金额

类型	2016 年		2017 年		2018 年		2019 年		2019vs2018 差异 /%	
	数量/起	金额/百万美元	数量/起	金额/百万美元	数量/起	金额/百万美元	数量/起	金额/百万美元	数量	金额
战略投资者										
境内	172	11 411	158	6 481	167	9 033	217	9 611	30	6
境外	8	97	11	178	3	-	11	2 984	267	不适用

类型	2016 年		2017 年		2018 年		2019 年		2019vs2018 差异 /%	
	数量 / 起	金额 / 百万美元	数量 / 起	金额 / 百万美元	数量 / 起	金额 / 百万美元	数量 / 起	金额 / 百万美元	数量	金额
合计	80	11 508	169	6 659	170	9 033	228	12 594	34	39
财务投资者										
私募股权基金交易	53	5 373	39	4 001	86	5 963	88	8 681	2	46
风险投资基金交易	38	194	39	87	129	293	99	100	（23）	（66）
合计	91	5 567	78	4 088	215	6 256	187	8 782	（13）	40
中国大陆企业海外并购										
国有企业	-	-	2	576	3	193	-	-	（100）	（100）
民营企业	25	2 668	24	3 877	15	1 047	5	164	（67）	（84）
财务投资者	5	564	7	1 909	31	3 222	15	536	（52）	（83）
合计	30	3 231	33	6 362	49	4 462	20	100	（59）	（84）
香港企业海外并购	3	276	3	6	3	18	2	93	（33）	423
总计	304	20 582	283	17 115	437	19 769	437	22 169	0	12

数据来源：普华永道，2020，《医药和生命科学行业并购市场回顾与 2020 年展望》

2019 年头部交易拉动了整体增长，前十大交易的金额达 101 亿美元，占总体交易金额的 52%，而 2018 年仅为 63 亿美元（表 5-10）。

表 5-10　2019 年前十大交易汇总

时间	投资方	投资者类型	标的公司	投资行业	投资方向	交易金额 / 百万美元
2019-10-31	安进	外企	百济神州	创新生物制药	入境	2779
2019-02-25	长春高新技术	上市公司	长春金赛	生长激素	国内	1376
2019-04-11	浙江东晋泵业	上市公司	罗欣药业	原料药及化学药	国内	1322
2019-06-14	新加坡政府投资公司、博裕资本、汇桥资本等	私募基金及上市公司	江苏豪森药业	仿创结合制药	国内	1006
2019-05-10	千山资本、中信产业基金、上海中金资本等	私募基金	京东健康	医药健康及互联网医疗	国内	1000
2019-11-28	橡树资本、清池资本、奥博资本等	私募基金	康龙化成	CRO	国内	591
2019-10-23	中国医药、中国通用技术集团	上市公司	重庆医药健康	医药商业 / 工业	国内	579

续表

时间	投资方	投资者类型	标的公司	投资行业	投资方向	交易金额 / 百万美元
2019-09-04	太盟投资	私募基金	浙江海正博锐	生物类似药	国内	536
2019-03-20	摩根士丹利	投行	药明生物技术	单克隆抗体生物药	国内	488
2019-04-18	上海药明康德	上市公司子公司	合全药业	合同加工外包	国内	464

数据来源：普华永道，2020，《医药和生命科学行业并购市场回顾与 2020 年展望》

（六）合作交易金额大幅提升

中国医疗健康合作交易总金额的增幅主要来自授权交易，这体现了随着中国生物制药的发展以及国际药厂自身的战略转型，越来越多的长尾资产有出售需求。同时，希望借他山之石满足国内缺口的中国公司也逐渐增多。引进产品的热情也让中国生物制药公司的授权交易价格随之水涨船高。在中国进行的合作交易中，第一名是正大天晴与 Abpro Therapeutics 达成的一项价值 40 亿美元的免疫肿瘤学合作开发协议，双方将利用 Abpro 公司专有的抗体发现平台 Divers Immune 开发多种创新双特异性抗体疗法。另外，在 TOP10 的交易中有两笔和 AI 制药相关的交易，包括翰森制药与 Atomwise 价值 15 亿美元的交易、江苏正大丰海制药与 Insilico Medicine 价值 2 亿美元的合作。2019 年 AI 技术与新药开发的结合越来越紧密，各大国际药企纷纷入局，截至 2019 年第三季度的交易数量就已经远远超过了 2018 全年交易数量。随着数据的积累以及算法在实际研发中得到验证，AI 算法有望解决目前新药研发中费用高、耗时长及失败率高的痛点，未来角色会越来越重要，中国制药公司与 AI 公司的合作也会进入新纪元（表 5-11）。

表 5-11 2019 年中国合作交易金额 TOP10

交易方	交易时间	交易金额 / 百万美元
Abpro/ 正大天晴	2019-02-28	4000
翰森制药 /Atomwise	2019-09-11	1500
Cytovant/Medigene	2019-04-04	1010
Everest/Immuno medics	2019-04-29	835

续表

交易方	交易时间	交易金额 / 百万美元
先声药业 / GI Innovation	2019-11-28	796
Terns/Genfit	2019-06-24	228
翰森制药 /Viela	2019-05-28	220
Zai-lab/Deciphera	2019-06-10	205
广州香雪 /Athenex	2019-12-12	200
江苏正大丰海制药 /Insilico	2019-10-09	200

数据来源：Globaldata、华兴资本，2020，《2019 年全球生物医药报告 : 资本起落 , 创新为先》

（七）北京仍是首选之地，江浙沪已形成集群效应

从单个省市医疗健康投融资规模来看，2019 年中国医疗健康投融资事件发生最为密集的五个区域依次是北京、上海、广东、江苏和浙江。北京累计发生 152 起融资事件，筹集资金 241.4 亿元人民币，目前仍然是创业者的首选之地。如京东健康、企鹅杏仁和水滴公司三家获得巨额融资的公司均位于北京。从区域集群的发展来看，江浙沪地区近年来在医疗健康产业的影响力日益扩大，预计未来将会形成中国投融资规模最大的医疗健康产业集群（表 5-12 ）。

表 5-12　2019 年中国医疗健康产业投融资热点地区

地区	事件数 / 起	融资总数 / 亿元人民币	投资热点区域
北京	152	241.4	医疗服务、数字医疗
上海	135	119	医药、器械
江苏	90	56	医药、器械
广东	78	50.5	器械、医疗服务
浙江	56	75	医药、器械

数据来源：动脉网，2020，《2019 年医疗健康领域投融资报告》

第六章　生命科学研究伦理与政策监管

 一、国际伦理监管

（一）国际伦理监管的发展

1946 年《纽伦堡法典》第一次在国际上以法典的形式规定了人体实验的重要原则。20 世纪 60 年代开始，国际组织和各国政府开始加大对生命伦理的管理力度，纷纷制定法律、法规、规章等，规约生命科技的研究和应用，规范伦理委员会的建设运行，使之造福于人类。1964 年世界医学协会发表《赫尔辛基宣言》，为临床研究伦理规范奠定基础。世界卫生组织（WHO）和国际医学科学联合会理事会（CIOMS）于 1982 年联合发布《涉及人的生物医学研究的国际伦理准则》，确定了生物医学研究国际伦理指导原则。1995 年 WHO 发布《药物临床试验管理规范指南》，要求医学临床研究应遵循 WHO-GCP（guidelines for good clinical practice）指导原则。2000 年，WHO 制定《评审生物医学研究的伦理委员会工作指南》，对各国生命伦理委员会的体制化建设提出了要求；同年，世界生命伦理学大会通过《生命伦理学宣言》。随着《国际人类基因组宣言》（2004 年）、《世界生命伦理和人权宣言》（2005 年）等一系列文件的出台，这标志着国际基本伦理准则和规范体系已基本形成。

由于生命伦理问题往往和特定国家的政治、文化、经济等因素有关，各国基于本国的法律制度、历史传统和宗教信仰，纷纷制定了本国的生命伦理相关法律规定。如英国的《人类受精与胚胎法案》（1990 年制定，2008 年修订）、德国的《胚胎保护法案》（1990 年制定，2012 年修订）、日本的《人类克隆技术监管法案》（2000 年制定，2014 年修订）、澳大利亚的《涉及人类胚胎研究法案》（2002 年制定，2014 年修订）、法国的《生命伦理法》（2004 年制定，2009 年修订）、韩国的《生命伦理和安全法案》（2013 年制定）等，对生命科学研究中的相关伦理问题进行了规范。

（二）国际伦理监管的现状

1. 美国

美国于 1978 年发布伦理规范，系统阐述基本伦理准则。美国的机构伦理委员会对涉及科学性和伦理合理性的研究项目进行审查，并接受人类研究保护办公室和 FDA 的监管。美国出台的重要伦理相关政策法规包括 1 部伦理规范、2 部法律法规和 1 部指南。

（1）伦理监管

伦理规范：美国在 1978 年发布了伦理规范《贝尔蒙报告》。该报告阐述了涉及人类受试者相关的三个基本伦理准则，即尊重人、有益和公正，确立了受试者保护法律的伦理基础，并论证了如何将它们应用于受试者参与的研究。《贝尔蒙报告》为美国伦理监管体系的完善提供了重要的规范和依据。

伦理委员会：1966 年起，美国的许多医疗和科研机构开始组建各自的机构伦理审查委员会（IRB），负责对本机构的临床试验以及研究项目进行伦理审查。IRB 的职责是评估研究的风险相对于研究给受试者或社会带来的利益是否合理，并使研究的风险最小化。同时，IRB 还需审查研究设计是否尊重个人隐私和研究数据的保密，并有责任对已准许的研究进行跟踪和后续审查来评估研究的风险和受益是否可以得到辩护。

伦理委员会监管：美国从 1974 年开始先后成立了保护生物医学与行为研究中人类受试者国家委员会、总统生命伦理委员会、国家生命伦理委员会等国家层级的伦理委员会，为生命医学重大问题提供伦理评估和决策咨询。目前，美国机构伦理委员会由两个机构共同监管。一是美国健康与人类服务部（DHHS）

设立的人类研究保护办公室（OHRP）；二是 DHHS 和公共卫生署（PHS）设立的 FDA。其中 OHRP 通过终止赞助、暂停赞助、列入记录等手段来处罚研究机构和 IRB 的违规行为，并开展针对 IRB、研究人员、机构官员的教育计划。FDA 则主要通过行政手段和派人核查 IRB 的运作细节及伦理审查记录的方式监管 IRB。FDA 管辖下的 IRB 主要涉及药品、生物制剂及医疗器材临床试验。如果 IRB 拒绝 FDA 查核或 FDA 发现 IRB 有法定违规情形时，FDA 有权对 IRB 进行一定的行政处分，包括拒绝承认审查结果、暂停所有审查活动甚至有权取消 IRB 的审查资格。

（2）政策监管

《联邦法规》（CFR）：美国《联邦法规》第 45 卷第 46 部分（45CFR46）和第 21 卷第 56 部分（21CFR56）集中地规定了对人体试验受试者保护的具体措施。其中 21CFR56 明确规定了伦理委员会的组成和成员要求、功能和审查程序，文件的保存，以及对违反法律规定的 IRB 采取的行政措施等，成为美国伦理委员会监管工作的重要法律依据，并为监管机制奠定了法治基础。此外，美国还针对人体受试者的保护（21CFR50）、研究性新药申请（21CFR312）和研究性设备免除审查规定（21CFR812）等方面制定了相关法规，从不同层面为伦理委员会的工作提供了明确的政策依据。

《迪基—维克尔修正案》：美国于 1996 年通过了《迪基—维克尔修正案》。该修正案规定 DHHS 的任何资金都不能用于制造人类胚胎或者以研究为目的的胚胎，以及任何人类胚胎会被损毁、丢弃或者比在子宫内更容易受伤或死亡的研究。

《人类胚胎干细胞研究指南》：美国国家科学院于 2010 年发布了《人类胚胎干细胞研究指南》，明确了科学院将在胚胎干细胞的研究中发挥更大的监管作用，同时建议不应将体细胞核移植技术应用于任何有关人类的生殖性克隆。

2. 英国

英国于 1968 年起成立非正式"研究伦理委员会"，此后不断完善，至 2007 年已形成行之有效的三级管理体系。同时，英国不断完善伦理规范和相关法规，出台的重要伦理相关政策法规包括 1 部伦理规范和 2 部管理法规，并明确了违法行为将受到刑事处罚。

（1）伦理监管

伦理规范：2001 年英国成立了伦理委员会中央办公室（COREC），加强伦理委员会的规范管理，2001 年 7 月 COREC 发布《国家卫生部伦理委员会管理要求》，对伦理委员会职责、成立、成员任命、工作程序等提出详细要求。

伦理委员会：英国组建了地区伦理委员会负责各辖区内的伦理审查工作。同时，英国设有的多中心伦理委员会，负责对多地区（4 个以上）开展的多中心临床试验进行伦理审查，从而提高了审查效率，减少了管理成本。

伦理委员会监管：英国卫生部是所有伦理委员会的监管部门，不仅负责伦理委员会的组建及组成成员的任命，而且还负责伦理委员会的经费预算、人员培训等事务。英国卫生部于 2007 年成立“全国研究伦理服务体系”（National Research Ethical Services，NRES），具体负责建立、认可以及监督英国的伦理委员会。

（2）政策监管

《人体受精和胚胎学法》：英国国会于 1990 年颁布《人体受精和胚胎学法》并多次进行重新审定和修改。该法案规定的处罚措施如下：如有人违反本法案生殖细胞禁令或非人遗传材料禁令，经循公诉程序定罪，可被判十年以下监禁或罚款，或两者兼有；如果在某一重要事项上提供虚假或具误导性的资料及明知该资料属虚假或具误导性，或不顾一切地提供该资料，应予以处罚；执照申请人（或持有人）向他人提供未经授权配子、胚胎或人类混合胚胎而获得利益者，应予以处罚；以上所述责任人，一经简易程序定罪，可处六个月以下监禁，或罚款，或两者兼有。

《人体医学临床试验法规》：英国 2004 年发布《人体医学临床试验法规》，提出建立一个由英格兰、苏格兰、威尔士以及北爱尔兰卫生行政当局负责人组成的监管机构，负责建立、认可以及监督英国伦理委员会。该法规推动了英国“全国伦理研究服务体系”的成立，还明确了英国伦理委员会的具体管理部门、认可或废止程序、申请与审评程序等内容。

3. 澳大利亚

澳大利亚成立了国家层级的生命伦理委员会统筹伦理监管工作，出台的重要伦理相关政策法规包括 2 部伦理规范和 1 部法律法规，并明确了违法行为将受到刑事处罚。

（1）伦理监管

伦理规范：澳大利亚国家卫生和医学研究理事会（NHMRC）于 2004 年发布《临床实践与研究中辅助生殖技术应用的伦理指南》，并于 2007 年进行了修改，旨在为澳大利亚的临床医学研究与实践中有关辅助生殖技术的应用提供伦理规范。该理事会于 2007 年发布《关于人类参与研究的道德行为的国家声明》，并于 2015 年进行了修订，旨在从国家层面对研究参与者的道德行为进行规范。

伦理委员会：澳大利亚已经成立了国家层级的生命伦理委员会——人类研究伦理委员会（HREC），主要负责各机构涉及人类研究的伦理审查，监督正在进行的已经通过审批的研究并解决研究中遇到的伦理问题。

伦理委员会监管：HREC 的上级主管机构是 NHMRC，它是澳大利亚最高卫生行政部门任命的独立政府机构，主要负责人类研究伦理委员会的监管工作，为决策层提供卫生咨询，管理卫生保健和医学研究中的伦理问题，受理各机构人类研究伦理委员会的注册。

（2）政策监管

《禁止人类克隆用于生殖法案》：该法案颁布于 2002 年，旨在禁止克隆人以及与生殖技术相关的不可接受的临床实践。该法案明确界定了"禁止胚胎"的范围，并规定将人类胚胎克隆置于人体或动物体内等 15 种违规操作构成犯罪，并判处监禁 15 年的处罚。

4. 日本

日本的机构伦理委员会对生命科学研究进行伦理审查，同时机构伦理委员会受到政府行政部门和学术审议机构的监管。日本出台的重要伦理相关政策法规包括 1 部临床研究的伦理规范，以及 1 部针对克隆技术监管的法案，并明确了违法行为将受到刑事处罚。

（1）伦理监管

伦理规范：日本在 1988 年制定了《关于临床研究的伦理指导原则》，规定了以人作为研究对象（包含样本和信息）的临床研究要保证促进国民的健康，以患者从伤病的恢复或获得生活品质提高为目的开展活动，并从研究责任、伦理委员会的设置、知情同意的手续、安全管理等各方面进行了详细规定。

伦理委员会：日本由各研究所、大学、医院等实体机构组建伦理委员会，负责本机构的伦理监督，并制定相关的规章制度和行为规范准则。日本的机构伦理委员会数量多，覆盖面广，涉及各行各业，有统一的行规且遵循业内伦理规范和准则。机构伦理委员会最先体现在医疗卫生领域，包括了各级治验审查委员会和大学医院的伦理委员会。随后各领域学会也先后组建了自己的伦理委员会，并在会员行动规范和纲领中规定了伦理相关内容。

伦理委员会监管：日本主要由厚生劳动省（日本劳动卫生部）、文部科学省（日本科学教育部）等政府机构为主导，日本学术会议（隶属于日本内阁的科学领域重大事项最高审议机构）、科学技术振兴机构（隶属于日本文部科学省的独立行政法人机构）等学术联合机构对机构伦理委员会进行统筹，主导规范了各级伦理委员会的运行。

（2）政策监管

《人类克隆技术监管法案》：日本于 2000 年颁布了《人类克隆技术监管法案》，法案规定任何人不得将人体细胞核移植胚胎、人 - 动物杂交胚胎、人 - 动物克隆胚胎、人 - 动物嵌合胚胎转移到人或动物子宫中。对违反《人类克隆技术监管法案》的行为，最高可处 10 年以上有期徒刑以及 1000 万日元以下罚款，或两者兼施的处罚。

5. 瑞典

瑞典建立了有效的伦理审查和监管体系，其中机构伦理审查由地方伦理委员会负责，地方伦理委员会由中央伦理审查委员会监管。瑞典出台的重要伦理相关政策法规包括 1 部伦理规范和 3 部针对辅助生殖技术和干细胞研究的法律。

（1）伦理监管

伦理规范：瑞典于 2004 年颁布了《涉及人的研究伦理审查办法》，不仅对临床试验进行了规定，还涵盖了人体研究，同时涉及有关死者、人体生物标本的研究，以及对有关敏感信息、可能违反伦理原则的私人信息的研究。

伦理委员会：瑞典按地理位置设置了 6 个地区伦理委员会，负责对辖区内开展生命科学研究的机构进行伦理审查。地方伦理委员会中负责审查的是独立的专家，他们被分成两个或更多的部门，其中至少有一个部门专门负责审查医学领域的研究（药物、药理、齿科、医护及临床心理）。在一个地方伦理委员会内设置不同的部门，有助于减少每个成员的工作量，缩短每个研究所需的审查时间，并有可能吸收更多的专家，同时避免利益冲突。

伦理委员会监管：地方伦理委员会由中央伦理审查委员会进行监管。中央伦理审查委员会是一个独立的机构，对地方伦理委员会是否遵守《伦理审查法案》进行监督管理，并就该法案的实施进行指导。如果地方伦理委员会的审查结果对研究机构不利，申请人可就地方伦理委员会的决定向中央伦理审查委员会提起上诉。同时，瑞典研究理事会负责对地方伦理委员会及中央伦理审查委员会的成员进行培训，进一步确保各级伦理委员会的审查质量和一致性。同时，地区和中央伦理审查委员会受议会和司法大臣办公室监督管理。

（2）政策监管

《体外受精法》：瑞典 1985 年颁布了《体外受精法》，规定妇女的人工授精若曾得到其丈夫或永久同居者的同意，而子女的受孕和出生为该人工授精的可能结果时，则该子女视为婚生子女。

《人工授精法》：瑞典 1991 年颁布了《人工授精法》，规定研究仅限于在受精后 14 天内的卵子上进行，并且该卵子在事后将被毁掉；用于研究的受精卵不能被植入妇女身体内，研究也不能以可能会被遗传的基因改变为目的。

《基因完整法》：瑞典 2006 年颁布了《基因完整法》，明确在特定的适用条件下可以开展人类胚胎研究和治疗性克隆，包括利用遗传信息的基因检测和基因治疗，医学全基因检测与筛查，产前诊断和胚胎植入前遗传学诊断，利用人类卵子进行的研究和治疗行为，人工授精和体外受精。

二、国际生物技术政策监管

生物技术是指认识、改造和利用生物，为人类提供相关物质、产品和服务的技术总和。生物技术目前已广泛应用于生物医药和健康、生物农业、生物能源、生物环保、生物制造等各领域，近年来取得了一系列重要进展和重大突破，极大改变了人类生产生活方式。生物技术也因其"引领性、突破性、颠覆性"以及与其他高新技术交叉融合的显著特点，正在成为世界新一轮科技革命和产业变革的核心。当前世界各国均已纷纷开展生物技术及生物产业发展战略布局，抢占生物技术创新发展的制高点。

（一）生物技术两用性管控

生物技术是典型的两用性（dual-use）技术，具有双刃剑的特点，也可能被谬用产生灾难性的后果。如何避免和防止生物技术谬用是世界各国面临的紧迫问题。针对生物技术两用性管控，一些国际组织做出了很多努力，同时一些国家也采取了有针对性的措施。

1. 加强病原微生物实验室生物安全管控

病原微生物遗传改造是生物技术两用性的重点关注领域，规范病原微生物的实验室操作可以降低生物技术两用性的风险。世界卫生组织及一些国家和地区确定了病原微生物的实验室危险性分类清单，明确了各种病原微生物应在何种生物安全级别的实验室进行操作。世界卫生组织在 2004 年发布的《实验室生物安全手册》（第三版）中阐述了病原微生物实验室生物安全 4 个类别的分类标准。美国国立卫生研究院（NIH）1994 年发布并随后不断修订了《NIH 涉及重组 DNA 研究的生物安全指南》，其将病原微生物分为 4 类，并公布了各类清单。欧盟（欧洲议会和理事会）在 2000 年 9 月《关于保护从事危险生物剂操作人员安全的第 2000/54/EC 号指令》中将病原微生物分为 4 类，并确定了各类清单。

2. 建立生物技术两用性监管咨询机构

美国 DHHS 于 2005 年成立了美国国家生物安全科学顾问委员会（NSABB），对生物"两用性"研究在国家安全和科学研究需要上提供建议。NSABB 主要任务包括：对于生物"两用性"研究建立确定标准；对"生物两用性"研究提出指导方针；对政府在出版潜在敏感研究及科研人员进行安全教育方面提供建议。NSABB 由 NIH 负责管理，有 25 名具有投票权的成员，领域包括生命伦理学、国家安全、情报、生物防御、出口控制、法律、出版、分子生物学、微生物学、临床感染性疾病、实验室安全、公共卫生、流行病学、药品生产、兽医医学、植物医学、食品生产等方面。另外这个委员会还包括来自 15 个联邦机构的成员。这些联邦机构包括 DHHS、能源部、国土安全部、国防部、内务部、环境保护总局、农业部、国家科学基金、司法部、国务院、商务部等。

3. 确定需要重点监管的生物两用性研究类别

2004 年，美国国家研究委员会（National Research Council）发布了《恐怖主义时代的生物技术研究》（*Biotechnology research in an age of terrorism*）。该报告确定了 7 种类型的试验需要在开展前进行评估，分别为导致疫苗无效、导致抵抗抗生素和抗病毒治疗措施、提高病原体毒力或使非致病病原体致病、增加病原体的传播能力、改变病原体宿主、使诊断措施无效、使生物剂或毒素武器化。

澳大利亚国立大学的 Selgelid 在 2007 年发表于 *Science and Engineering Ethics* 的文章中，列举了除上述美国国家研究委员会报告中的生命科学两用性研究类别以外其他需要关注的一些研究，包括病原体测序、合成致病微生物、对天花病毒的实验、合成已知的病原体等。

2007 年，美国 NSABB 发布了《生命科学两用性研究监管建议》（*Proposed*

framework for the oversight of dual use life sciences)。其列举的需要关注的生命科学两用性研究包括：①提高生物制剂或毒素的危害；②干扰免疫反应；③使病原体或毒素抵抗预防、治疗和诊断措施；④增强生物制剂或毒素的稳定性、传播能力和播散能力；⑤改变病原体或毒素的宿主或趋向性；⑥提高人群易感性；⑦产生新的病原体或毒素以及重新构建已消失或灭绝的病原体。

2013 年 2 月，美国白宫科学和技术政策办公室发布了《美国政府生命科学两用性研究监管策略》(*US government study of dual-use life sciences regulatory policy*)。该监管策略重点针对的几个方面的研究包括：①提高生物制剂或毒素的毒力；②破坏免疫反应的有效性；③抵抗预防、治疗或诊断措施；④增强生物制剂或毒素的稳定性、传播能力、播散能力；⑤改变病原体或毒素的宿主范围或趋向性；⑥提高宿主对生物制剂或毒素的敏感性；⑦重构已经灭绝的生物制剂或毒素。

为了加强对流感病毒功能获得性研究（gain of function，GOF）的监管，2013年美国 NIH 发布了《卫生与公众服务部基金资助指引》(*A framework for guiding U.S. department of health and human services funding*)。该指引列举了开展生命科学两用性研究需达到的 7 个标准，所有的标准必须同时满足才可接受 DHHS 的资金资助。这些标准包括：①被研究的病毒可以自然进化产生；②研究的科学问题对公共卫生非常重要；③没有其他可行的降低风险的策略；④实验室生物安全（biosafety）风险可控；⑤被蓄意利用的生物安保（biosecurity）风险可控制；⑥研究结果可被广泛分享，潜在使全球健康受益；⑦研究工作可被容易地管理。

（二）国际生物技术政策监管情况

1. 美国

美国生物技术研究开发主要采取垂直立法与政策引导相结合的管理模式，研究开发阶段主要通过政策引导而非法律强制，但对于特殊生物制剂和毒素则实行法律监管。主管部门主要包括农业部、联邦环保署、食品药品监督管理局等三个联邦部门，分别依据各自领域内的法规，对生物技术不同产品类型进行风险管理，而不是根据研究开发上下游的不同阶段进行分别立法管制。美国 NIH 科学政策办公室设立有美国国家生物安全咨询委员会，负责就生命科学"两用"研究（DURC）有关的国家安全事宜提供咨询、指导和领导。

2. 欧盟

早在 20 世纪 80 年代，欧洲国家就开始关注生物安全问题，但与美国不同，欧盟生物技术研究开发主要采取水平立法与垂直立法相结合的管理模式，其生物安全立法的发展进程可以划分为两个阶段。第一阶段是 20 世纪 80 年代至 90 年代初，主要采取水平立法模式（horizontal model），希望把所有涉及转基因生物安全的行为纳入到规范之中，而无论其最终的个别对象或其产生的产品形态。第二阶段是自 20 世纪 90 年代初至今，欧盟针对转基因技术领域下个别形态的产品特别是食品的生物安全颁布并实施了大量的法规。

3. 英国

英国生物技术研究开发安全管理模式介于美国与欧盟之间，主要依据生物制剂风险进行垂直立法管理，同时利用相关政策法规对生物剂的使用与研究开发行为、环境设施保障进行规范。健康与安全执行局（HSE）是维护生物安全标准的中央政府机构。它是生物安全政策的顾问、监管机构以及执行者。各机构分别设有生物安全官员和机构生物安全委员会，须经全技术研究所统一认证。

4. 俄罗斯

俄罗斯生物技术研究开发管理制度相对薄弱，其风险分级规律与各国相反，即 1 类病原风险等级最高；其监管体系相对健全，主要依托机构和人员的责任监管来合理规避风险。但从当前技术发展和未来产业发展需求来看，俄罗斯的生物技术研究开发管理急需强化完善。

5. 印度

印度对生物安全的定义是"保护环境，其中包括人类和动物健康，让他们免受转基因有机体（GMOs）以及使用现代生物技术由此得来的产品所带来的潜在副作用。"其监管重点与巴西类似，主要针对基因修饰有机体，其法规体系以行业条例为主，依托相关行业进行分类监管。

6. 以色列

以色列的生物安全管理比较特别，其生物安全监管很大程度上是从工人和职业安全的角度入手。因此，大部分确立的生物安全法规都属于工业、贸易和劳工部（MITL）的管理范畴。监管内容以职业暴露为主线，法规以《工作安全条例》和《工作组织和监督法》为主，以实验室认证和疾病制剂监管相关法案为辅。

7. 澳大利亚

澳大利亚具有相对严格的生物技术研究开发安全管理法规体系，主要通过专门立法方式来管理生物安全问题。澳大利亚政府 1999 年提出了《基因技术法》（Gene Technology Act of 2000）草案，在征求各界意见并进行相关修改后，该草案于 2000 年 12 月获得通过。此后，澳大利亚又通过了 2001 年的《基因技术条例》，作为该法的实施细则。2007 年，澳大利亚对《基因技术法》和《基因技术条例》都进行了修订，以适应澳大利亚生物技术发展的实际需要，也使得生物安全管制法制更为完善。澳大利亚《2002 年禁止生殖性克隆人法案》（2017 年修订）严格禁止故意将人类胚胎克隆体放入人体或动物体内、严禁基因组的可遗传性改变等，如某人故意在妇女体外培育人类胚胎超过 14 天（不含任何暂停培育时间），则该人即属犯罪，判处 15 年监禁。

8. 德国

德国在生物技术研究开发安全管理方面发扬了严谨细致的民族传统，具有相对完善的法规制度体系，其生物安全相关法规文件多达 13 项，主要涵盖生物制剂保存、许可审批、安全审查、转移运输、登记备案等各个方面。其中《战争武器管制法》明确了基于安全问题的生物制剂和毒素清单；《防止感染法案》《基因工程法》《动物病原体条例》《生物安全条例》《实施禁止化学武器公约的条例》等规定了处理生物材料的准许、许可和通知要求;《防止感染法案》《动物病原体条例》《基因工程法》《安全审查法》《安全审查识别条例》规定了个人可靠性和安全审查程序及要求;《生物安全条例》技术细则 100、《防止感染法案》《动物病原体条例》《动物病原体进口条例》《危险品条例》《危险货物运输管理》《安全审查法》《安全审查识别规则》等细化了存储与运输安全规范;《基因工程文件规例》《生物安全条例》等提出了规避知识泄漏、信息流失与产权损失风险等;《对外贸易和支付法》《防止感染法案》《动物病原体进口条例》则强化了对生物技术与产品进出口的管制。

9. 韩国

韩国生物技术研究开发安全管理主要依据《生物伦理与生物安全法》开展,监管内容相对聚焦,涉及"生命科学和生物技术"是指研究和利用人类胚胎、细胞和 DNA 的科学和技术,包括胚胎相关操作技术、基因治疗等。其《生物伦理与生物安全法》于 2005 年通过,旨在确保这些生命科学和生物技术安全发展并遵循生物伦理原则,从而维护人类尊严,防止对人类造成伤害。韩国设立国家生命伦理委员会,该委员会对总统负责,其职责是审查有关生命科学和生物技术中的生命伦理和生物安全的政策与项目。

第七章 文献专利

 一、论文情况

（一）年度趋势

2010~2019 年，全球和中国生命科学论文数量均呈现显著增长的态势。2019 年，全球共发表生命科学论文 741 103 篇，相比 2018 年增长了 9.56%，10 年的复合年均增长率达到 3.89%[563]。

中国生命科学论文数量在 2010~2019 年的增速高于全球增速。2019 年中国发表论文 149 022 篇，比 2018 年增长了 22.99%，10 年的复合年均增长率达到 16.16%，显著高于国际水平。同时，中国生命科学论文数量占全球的比例也从 2010 年的 7.36% 提高到 2019 年的 20.11%（图 7-1）。

（二）国际比较

1. 国家排名

近 10 年（2010~2019 年）、近 5 年（2015~2019 年）及 2019 年，美国、中国、英国、德国、日本、意大利、加拿大、法国、澳大利亚和西班牙发表的生命科学论文数量位居全球前 10 位。其中，美国始终以显著优势位居全球首位。

---

563 数据源为 ISI 科学引文数据库扩展版（ISI Science Citation Expanded），检索论文类型限定为研究型论文（article）和综述（review）。

图 7-1　2010～2019 年国际及中国生命科学论文数量

中国在 2010 年位居全球第 4 位，2011 年升至第 2 位，此后一直保持全球第 2 位。中国在 2010～2019 年 10 年间共发表生命科学论文 844 433 篇，其中 2015～2019 年和 2019 年分别发表 565 417 篇和 149 022 篇，占 10 年总论文量的 66.96% 和 17.65%，表明近年来我国生命科学研究发展明显加速（表 7-1、图 7-2）。

表 7-1　2010～2019 年、2015～2019 年及 2019 年生命科学论文数量前 10 位国家

排名	2010～2019 年		2015～2019 年		2019 年	
	国家	论文数量 / 篇	国家	论文数量 / 篇	国家	论文数量 / 篇
1	美国	1 906 051	美国	1 003 245	美国	214 456
2	中国	844 433	中国	565 417	中国	149 022
3	英国	497 835	英国	267 279	英国	58 345
4	德国	459 423	德国	241 317	德国	52 468
5	日本	365 828	日本	186 307	日本	40 074
6	意大利	313 288	意大利	170 993	意大利	38 626
7	加拿大	304 182	加拿大	164 249	加拿大	36 817
8	法国	298 299	法国	157 599	法国	33 318
9	澳大利亚	256 613	澳大利亚	146 134	澳大利亚	33 126
10	西班牙	226 896	西班牙	122 355	西班牙	27 496

2. 国家论文增速

2010～2019 年，我国生命科学论文的复合年均增长率[564] 达到 16.16%，显著

---

564 n 年的复合年均增长率 $= [(C_n/C_1)^{1/(n-1)} - 1] \times 100\%$，其中，$C_n$ 是第 n 年的论文数量，C_1 是第 1 年的论文数量。

图 7-2　2010～2019 年中国生命科学论文数量的国际排名

高于其他国家，位居第 2 位的澳大利亚复合年均增长率仅为 6.28%，其他国家的复合年均增长率大多处于 1%～5%。2015～2019 年，中国的复合年均增长率为 13.79%，也显著高于其他国家，显示中国生命科学领域在近年来保持了较快的发展速度（图 7-3）。

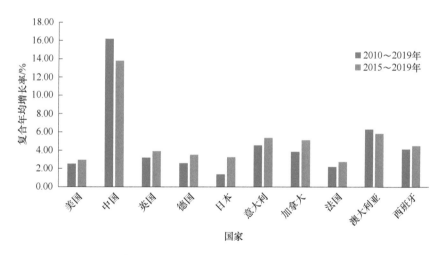

图 7-3　2010～2019 年及 2015～2019 年生命科学论文数量前 10 位国家论文增速

3. 论文引用

对生命科学论文数量前 10 位国家的论文引用率[565]进行排名，可以看到，

---

565 论文引用率＝被引论文数量 / 论文总量 ×100%。

英国在 2010～2019 年及 2015～2019 年，其论文引用率分别达到 92.84% 和 88.50%，均位居首位，我国的论文引用率排第 10 位，两个时间段的引用率分别为 86.13% 和 80.82%（表 7-2）。

表 7-2　2010～2019 年及 2015～2019 年生命科学论文数量前 10 位国家的论文引用率

排名	2010～2019 年		2015～2019 年	
	国家	论文引用率 /%	国家	论文引用率 /%
1	英国	92.84	英国	88.50
2	加拿大	92.41	意大利	87.89
3	意大利	92.29	澳大利亚	87.56
4	澳大利亚	92.16	加拿大	87.40
5	美国	92.15	美国	86.88
6	西班牙	91.23	德国	86.30
7	德国	90.69	西班牙	86.15
8	法国	90.03	法国	85.68
9	日本	89.51	日本	82.33
10	中国	86.13	中国	80.82

（三）学科布局

利用 Incites 数据库对 2010～2019 年生物与生物化学、临床医学、环境与生态学、免疫学、微生物学、分子生物学与遗传学、神经科学与行为学、药理与毒理学、植物与动物学 9 个学科领域中论文数量排名前 10 位的国家进行了分析，比较了论文数量、篇均被引频次和论文引用率三个指标，以了解各学科领域内各国的表现（表 7-3、图 7-4）。

分析显示，在 9 个学科领域中，美国的论文数量均显著高于其他国家，在篇均被引频次和论文引用率方面，也均位居领先行列。中国的论文数量方面，在生物与生物化学、临床医学、环境与生态学、微生物学、分子生物学与遗传学、药理与毒理学、植物与动物学 7 个领域均位居第 2 位，在免疫学、神经科学与行为学两个领域均位居第 3 位。然而，在论文影响力方面，中国则相对落后，论文引用率仅在微生物学领域略优于印度，在植物与动物学领域略优于巴西；而篇均被引频次仅在生物与生物化学、微生物学领域略优于印度，在环境与生态学、植物与动物学领域略优于巴西，在药理与毒理学领域略优于日本和巴西。

表 7-3 2010～2019 年 9 个学科领域排名前 10 位国家的论文数量

生物与生物化学		临床医学		环境与生态学		免疫学		微生物学		分子生物学与遗传学		神经科学与行为学		药理与毒理学		植物与动物学	
国家	论文数量/篇	国家	论文数量/篇	国家	论文数量/篇	国家	论文数量/篇	国家	论文数量/篇	国家	论文数量/篇	国家	论文数量/篇	国家	论文数量/篇	国家	论文数量/篇
美国	213 027	美国	877 122	美国	138 056	美国	97 226	美国	61 371	美国	176 414	美国	197 552	美国	95 272	美国	174 673
中国	126 363	中国	298 567	中国	101 350	英国	26 826	中国	30 335	中国	96 745	德国	52 300	中国	75 760	中国	90 443
德国	55 469	英国	232 597	英国	40 581	中国	25 688	德国	16 771	英国	42 689	中国	48 678	日本	26 221	巴西	55 340
英国	52 494	德国	199 945	德国	34 008	德国	19 293	英国	16 568	德国	42 377	英国	48 124	印度	24 523	英国	50 293
日本	51 857	日本	174 561	加拿大	33 319	法国	17 419	法国	13 642	日本	29 425	加拿大	35 273	英国	24 475	德国	48 490
意大利	35 631	加拿大	150 860	澳大利亚	32 563	意大利	13 279	日本	11 583	法国	25 904	意大利	31 126	意大利	22 552	日本	39 186
加拿大	32 845	西班牙	137 946	西班牙	27 762	日本	12 613	巴西	9 699	加拿大	24 047	日本	30 359	德国	21 343	澳大利亚	38 786
法国	31 122	法国	125 281	法国	25 769	加拿大	12 153	印度	9 186	意大利	21 742	法国	26 870	韩国	16 761	加拿大	38 063
澳大利亚	30 535	意大利	121 003	意大利	21 493	澳大利亚	11 763	韩国	8 677	澳大利亚	16 718	澳大利亚	22 808	法国	14 957	西班牙	35 084
韩国	26 909	巴西	105 296	巴西	20 110	荷兰	11 437	加拿大	8 565	西班牙	16 267	荷兰	21 804	巴西	13 642	法国	34 348

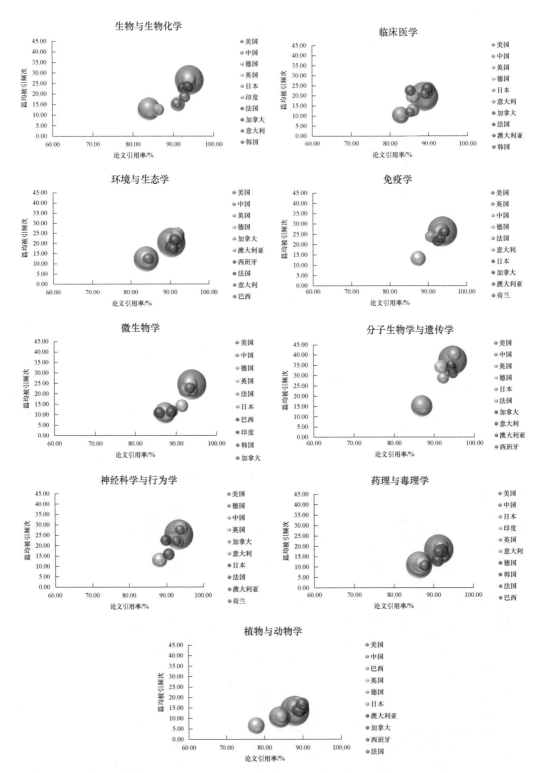

图 7-4　2010～2019 年 9 个学科领域论文量前 10 位国家的综合表现

（四）机构分析

1. 机构排名

2019 年，全球发表生命科学论文数量排名前 10 位的机构中，有 4 个美国机构，2 个法国机构。2010～2019 年、2015～2019 年及 2019 年的国际机构排名中，美国哈佛大学的论文数量均以显著的优势位居首位（表 7-4）。中国科学院是中国进入论文数量前 10 位的两个机构之一，三个时间段分别发表论文76 228、45 700 和 11 048 篇，其全球排名在近 10 年来显著提升，2010 年位居第 6 位，2014 年跃升至第 4 位，至 2019 年维持在第 4 位（图 7-5）。2019 年，上海交通大学进入全球生命科学论文数量排名前 10 位。

表 7-4　2010～2019 年、2015～2019 年及 2019 年国际生命科学论文数量前 10 位机构

排名	2010～2019 年		2015～2019 年		2019 年	
	国际机构	论文数量 / 篇	国际机构	论文数量 / 篇	国际机构	论文数量 / 篇
1	美国哈佛大学	150 457	美国哈佛大学	83 535	美国哈佛大学	18 308
2	法国国家科学研究中心	94 488	法国国家健康与医学研究院	52 221	法国国家科学研究中心	11 317
3	法国国家健康与医学研究院	92 948	法国国家科学研究中心	51 854	法国国家健康与医学研究院	11 242
4	中国科学院	76 228	中国科学院	45 700	中国科学院	11 048
5	加拿大多伦多大学	73 899	加拿大多伦多大学	40 902	加拿大多伦多大学	9 369
6	美国国立卫生研究院	71 966	美国约翰斯·霍普金斯大学	36 597	美国约翰斯·霍普金斯大学	8 044
7	美国约翰斯·霍普金斯大学	65 139	美国国立卫生研究院	35 712	美国国立卫生研究院	7 270
8	英国伦敦大学学院	58 208	英国伦敦大学学院	32 450	英国伦敦大学学院	7 252
9	美国宾夕法尼亚大学	53 350	美国宾夕法尼亚大学	29 749	美国宾夕法尼亚大学	6 855
10	巴西圣保罗大学	51 480	巴西圣保罗大学	28 137	上海交通大学	6 286

在中国机构排名中，除中国科学院外，上海交通大学、复旦大学、中山大学、浙江大学和北京大学也发表了较多论文，2010～2019 年间始终位居前列

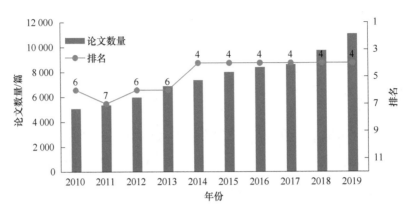

图 7-5　2010～2019 年中国科学院生命科学论文数量的国际排名

（表 7-5）。

表 7-5　2010～2019 年、2015～2019 年及 2019 年中国生命科学论文数量前 10 位机构

排名	2010～2019 年		2015～2019 年		2019 年	
	中国机构	论文数量 / 篇	中国机构	论文数量 / 篇	中国机构	论文数量 / 篇
1	中国科学院	76 220	中国科学院	45 700	中国科学院	11 048
2	上海交通大学	39 240	上海交通大学	25 279	上海交通大学	6 286
3	复旦大学	31 536	复旦大学	20 481	中山大学	5 390
4	中山大学	30 516	中山大学	20 067	复旦大学	5 291
5	浙江大学	30 317	浙江大学	19 452	浙江大学	5 210
6	北京大学	27 936	北京大学	17 762	北京大学	4 575
7	中国医学科学院 / 北京协和医学院	23 665	首都医科大学	16 404	首都医科大学	4 505
8	首都医科大学	23 490	中国医学科学院 / 北京协和医学院	15 570	中国医学科学院 / 北京协和医学院	4 413
9	四川大学	23 326	四川大学	15 124	四川大学	4 028
10	山东大学	21 332	山东大学	14 388	南京医科大学	3 923

2. 机构论文增速

从 2019 年国际生命科学论文数量位居前 10 位机构的论文增速来看，上海交通大学是增长速度最快的机构，2010～2019 年及 2015～2019 年，论文的复合年均增长率分别达到 13.80% 和 9.67%。其次是中国科学院，2010～2019 年及 2015～2019 年，论文的复合年均增长率分别达到 9.07% 和 8.50%（图 7-6）。

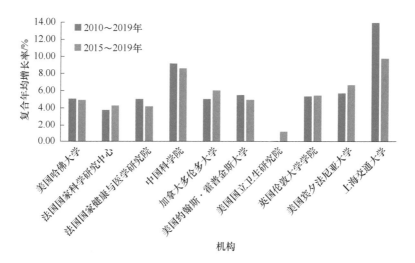

图 7-6　2019 年论文数量前 10 位国际机构在 2010～2019 年及 2015～2019 年的论文复合年均增长率

我国 2019 年论文数量前 10 位的机构中，2010～2019 年，南京医科大学的增长速度最快（复合年均增长率为 22.34%），其次是首都医科大学（18.87%），再次是中山大学（15.72%）；而 2015～2019 年，南京医科大学的增长速度最快（复合年均增长率为 19.81%），其次为中国医学科学院 / 北京协和医学院和首都医科大学（17.21%）（图 7-7）。

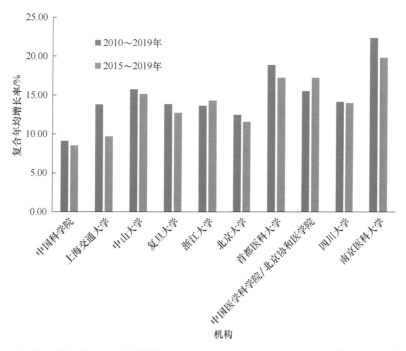

图 7-7　2019 年论文数量前 10 位中国机构在 2010～2019 年及 2015～2019 年的论文复合年均增长率

3. 机构论文引用

对 2019 年论文数量前 10 位国际机构在 2010～2019 年及 2015～2019 年的论文引用率进行排名，可以看到美国国立卫生研究院的引用率位居首位，两个时间段的论文引用率分别为 95.73% 和 92.07%。中国科学院的论义引用率分别为 90.67% 和 85.91%，位居第 9 位。上海交通大学的论文引用率分别为 88.62% 和 83.54%，位居第 10 位（表 7-6）。

表 7-6 2019 年论文数量前 10 位国际机构在 2010～2019 年及 2015～2019 年的论文引用率

排名	2010～2019 年		2015～2019 年	
	国际机构	论文引用率 %	国际机构	论文引用率 %
1	美国国立卫生研究院	95.73	美国国立卫生研究院	92.07
2	美国哈佛大学	94.07	美国哈佛大学	90.29
3	美国约翰斯·霍普金斯大学	93.74	美国约翰斯·霍普金斯大学	89.81
4	美国宾夕法尼亚大学	93.62	英国伦敦大学学院	89.79
5	英国伦敦大学学院	93.56	美国宾夕法尼亚大学	89.54
6	加拿大多伦多大学	93.11	法国国家科学研究中心	88.68
7	法国国家科学研究中心	92.94	加拿大多伦多大学	88.62
8	法国国家健康与医学研究院	92.38	法国国家健康与医学研究院	88.57
9	中国科学院	90.67	中国科学院	85.91
10	上海交通大学	88.62	上海交通大学	83.54

我国前 10 位的机构在 2010～2019 年的论文引用率差异较小，大都在 85%～90% 之间，2015～2019 年则大都在 80%～85%。中国科学院和上海交通大学在两个时间段内的论文引用率均位居前两位（表 7-7）。

表 7-7 2019 年论文数量前 10 位中国机构在 2010～2019 年及 2015～2019 年的论文引用率

排名	2010～2019 年		2015～2019 年	
	中国机构	论文引用率 %	中国机构	论文引用率 %
1	中国科学院	90.67	中国科学院	85.91
2	上海交通大学	88.62	上海交通大学	83.54
3	北京大学	88.61	复旦大学	83.26
4	复旦大学	88.42	中山大学	83.26
5	中山大学	88.35	北京大学	83.20

续表

排名	2010～2019年		2015～2019年	
	中国机构	论文引用率%	中国机构	论文引用率%
6	浙江大学	87.71	浙江大学	82.50
7	中国医学科学院/北京协和医学院	87.09	中国医学科学院/北京协和医学院	81.67
8	南京医科大学	86.47	南京医科大学	81.66
9	四川大学	86.09	四川大学	80.32
10	首都医科大学	84.23	首都医科大学	79.02

 二、专利情况

（一）年度趋势 [566]

2019 年，全球生命科学和生物技术领域专利申请数量和授权数量分别为 117 080 件和 63 641 件，申请数量比上年度增长了 1.16%，授权数量比上年度增加了 5.25%。2019 年，中国专利申请数量和授权数量分别为 35 996 件和 20 027 件，申请数量比上年度增长了 10.88%，授权数量比上年度增长了 33.19%，占全球数量比值分别为 11.75% 和 31.59%。2010 年以来，中国专利申请数量和授权数量呈总体上升趋势（图 7-8）。

在 PCT 专利申请方面，自 2010 年以来，中国申请数量逐渐攀升，2010～2012 年和 2015～2019 年迅速增长。2019 年，中国 PCT 专利申请数量达到 1604 件，较 2018 年增长了 37.45%（图 7-9）。

从我国申请/授权专利数量全球占比情况的年度趋势（图 7-10、图 7-11）可以看出，我国在生物技术领域对全球的贡献和影响越来越大。我国的申请/授权专利数量全球占比分别从 2010 年的 11.52% 和 8.95% 逐步攀升至 2019 年

---

566 专利数据以 Innography 数据库中收录的发明专利（以下简称"专利"）为数据源，以世界经济合作组织（OECD）定义生物技术所属的国际专利分类号（International Patent Classification，IPC）为检索依据，基本专利年（Innography 数据库首次收录专利的公开年）为年度划分依据，检索日期为 2020 年 4 月 8 日（由于专利申请审批周期以及专利数据库录入迟滞等原因，2018～2019 年数据可能尚未完全收录，仅供参考）。

的 30.74% 和 31.47%。其中，申请专利全球占比整体上稳步增长（除 2016 年略有波动）；授权专利全球占比在 2010～2013 年迅速增加，整体水平呈现波动上升趋势。

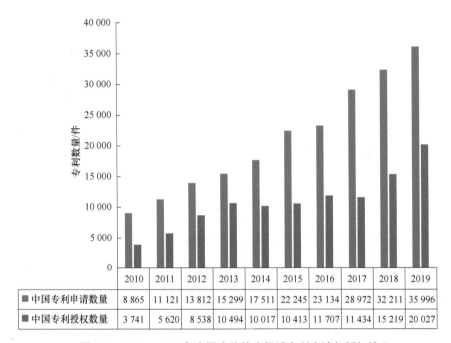

	2010	2011	2012	2013	2014	2015	2016	2017	2018	2019
■中国专利申请数量	8 865	11 121	13 812	15 299	17 511	22 245	23 134	28 972	32 211	35 996
■中国专利授权数量	3 741	5 620	8 538	10 494	10 017	10 413	11 707	11 434	15 219	20 027

图 7-8　2010～2019 年中国生物技术领域专利申请与授权情况

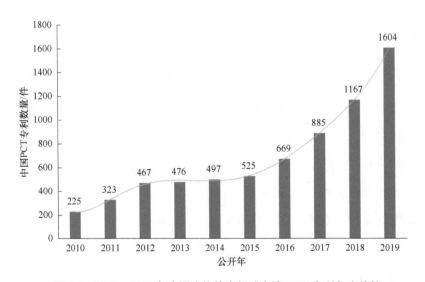

图 7-9　2010～2019 年中国生物技术领域申请 PCT 专利年度趋势

图 7-10　2010～2019 年中国生物技术领域申请专利全球占比情况

图 7-11　2010～2019 年中国生物技术领域授权专利全球占比情况

（二）国际比较

2019 年，全球生物技术专利申请数量和授权数量位居前 5 名的国家分别是美国、中国、日本、韩国和德国。同时这 5 个国家在 2010～2019 年及 2015～2019 年的排名中也均位居前五位（表 7-8）。自 2010 年以来，我国专利申请数量维持在全球第 2 位；2019 年我国专利授权数量占据全球第一。

2019 年，从数量来看，PCT 专利申请数量排名前 5 位分别为美国、中国、

表 7-8 专利申请/授权数量排名 Top 10 的国家

排名	2010～2019年专利申请情况		2010～2019年专利授权情况		2015～2019年专利申请情况		2015～2019年专利授权情况		2019年专利申请情况		2019年专利授权情况	
	国家	数量/件	国家	数量/件	国家	数量/件	国家	数量/件	国家	数量/件	国家	数量/件
1	美国	339 905	美国	177 552	美国	187 891	美国	98 475	美国	40 718	中国	20 027
2	中国	209 166	中国	107 210	中国	142 558	中国	68 800	中国	35 996	美国	19 912
3	日本	92 063	日本	48 624	日本	46 559	日本	21 798	日本	8 708	日本	4 000
4	韩国	41 476	韩国	28 531	韩国	24 074	韩国	17 455	韩国	5 289	韩国	3 859
5	德国	36 927	德国	22 727	德国	18 228	德国	11 328	德国	3 586	德国	2 253
6	英国	27 144	英国	15 181	英国	15 010	法国	7 696	英国	3 148	英国	1 626
7	法国	24 885	法国	14 832	法国	12 375	英国	7 642	法国	2 317	法国	1 466
8	澳大利亚	13 094	俄罗斯	7 574	加拿大	6 066	澳大利亚	3 887	印度	1 364	俄罗斯	849
9	加拿大	12 676	澳大利亚	7 359	荷兰	5 814	俄罗斯	3 877	加拿大	1 121	荷兰	756
10	荷兰	10 894	加拿大	6 835	澳大利亚	5 780	荷兰	3 378	荷兰	1 119	加拿大	671

日本、韩国和德国。2010～2019 年，美国、日本、中国、德国和韩国居 PCT 专利申请数量的前 5 位（表 7-9）。通过近 5 年与 2019 年的数据对比发现，中国的专利质量有所上升。

表 7-9　PCT 专利申请数量全球排名 Top10 的国家

排名	2010～2019 年 PCT 专利申请		2015～2019 年 PCT 专利申请		2019 年 PCT 专利申请	
	国家	数量 / 件	国家	数量 / 件	国家	数量 / 件
1	美国	42 848	美国	23 626	美国	5 356
2	日本	11 608	日本	6 387	**中国**	**1 604**
3	**中国**	**6 838**	**中国**	**4 850**	日本	1 401
4	德国	5 554	韩国	3 159	韩国	774
5	韩国	5 206	德国	2 776	德国	561
6	法国	4 372	法国	2 225	英国	452
7	英国	3 782	英国	2 135	法国	425
8	加拿大	2 313	加拿大	1 141	加拿大	248
9	荷兰	1 882	荷兰	952	瑞士	206
10	丹麦	1 560	瑞士	877	荷兰	194

（三）专利布局

2019 年，全球生物技术申请专利 IPC 分类号主要集中在 C12Q01（包含酶或微生物的测定或检验方法）和 C12N15（突变或遗传工程；遗传工程涉及的 DNA 或 RNA，载体），这是生物技术领域中的两个通用技术（图 7-12）。此外，C07K16（免疫球蛋白，如单克隆或多克隆抗体）和 A61K39（含有抗原或抗体的医药配制品）也是全球生物技术专利申请的一个重要领域，均为具有高附加值的医药产品。从我国专利申请 IPC 分布情况来看，前两个 IPC 类别与国际一致，为 C12Q01（包含酶或微生物的测定或检验方法）和 C12N15（突变或遗传工程；遗传工程涉及的 DNA 或 RNA，载体）。但另两个主要的 IPC 布局与国际有所差异，为 C12N01（微生物本身，如原生动物；以及其组合物）和 C12M01（酶学或微生物学装置）（表 7-10）。

对近 10 年（2010～2019 年）的专利 IPC 分类号进行统计分析，我国在包含酶或微生物的测定或检验方法（C12Q01）领域的分类下的专利申请数量最

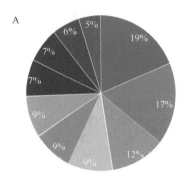

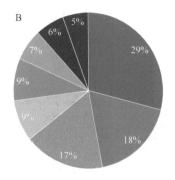

图 7-12　全球（A）与我国（B）生物技术专利申请技术布局情况

表 7-10　上文出现的 IPC 分类号及其对应含义

IPC 分类号	含义
A01H01	改良基因型的方法
A01H04	通过组织培养技术的植物再生
A61K31	含有机有效成分的医药配制品
A61K38	含肽的医药配制品
A61K39	含有抗原或抗体的医药配制品
C07K14	具有多于 20 个氨基酸的肽；促胃液素；生长激素释放抑制因子；促黑激素；其衍生物
C07K16	免疫球蛋白，如单克隆或多克隆抗体
C12M01	酶学或微生物学装置
C12N01	微生物本身，如原生动物；以及其组合物
C12N05	未分化的人类、动物或植物细胞，如细胞系；组织；它们的培养或维持；其培养基
C12N09	酶，如连接酶
C12N15	突变或遗传工程；遗传工程涉及的 DNA 或 RNA，载体
C12P07	含氧有机化合物的制备
C12Q01	包含酶或微生物的测定或检验方法
G01N33	利用不包括在 G01N 1/00 至 G01N 31/00 组中的特殊方法来研究或分析材料

多。排名前 5 位中其他的 IPC 分类号分别是 C12N15（突变或遗传工程；遗传工程涉及的 DNA 或 RNA，载体）、C12N01（微生物本身，如原生动物；以及其组合物）、C12M01（酶学或微生物学装置）和 C07K14（具有多于 20 个氨基酸的肽；促胃液素；生长激素释放抑制因子；促黑激素；其衍生物）。申请和授权专利数量前 5 位的国家，即美国、中国、日本、韩国和德国，其排名前 10 的 IPC 分类号大体相同，顺序有所差异，说明各国在生物技术领域的专利布局

上主体结构类似，而又各有侧重（图 7-13）。

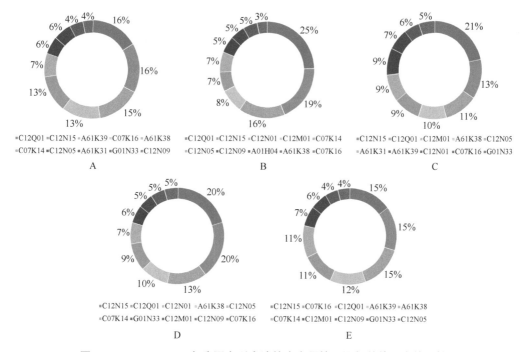

图 7-13 2010～2019 年我国专利申请技术布局情况及与其他国家的比较

A. 美国；B. 中国；C. 日本；D. 韩国；E. 德国

通过近 10 年数据（图 7-13）与近 5 年数据（图 7-14）的对比发现，我国、日本、韩国和德国在 C12N15（突变或遗传工程；遗传工程涉及的 DNA 或 RNA，载体）领域的专利申请比重略有降低，美国在该领域的申请比重略有增加；韩国增加了在 C12Q01（包含酶或微生物的测定或检验方法）领域的申请；德国在 C07K16（免疫球蛋白，如单克隆或多克隆抗体）领域的申请数量有所增长。

（四）竞争格局

1. 中国专利布局情况

由我国生物技术专利申请 / 授权的国家 / 地区 / 组织分布情况（表 7-11）可以发现，我国申请并获得授权的专利主要集中在内地。此外，我国也向世界知识产权组织（WIPO）、美国、欧洲、英国和德国等国家 / 地区 / 组织提交了生物技术专利申请，但获得授权的专利数量较少，这说明我国还需要进一步加强

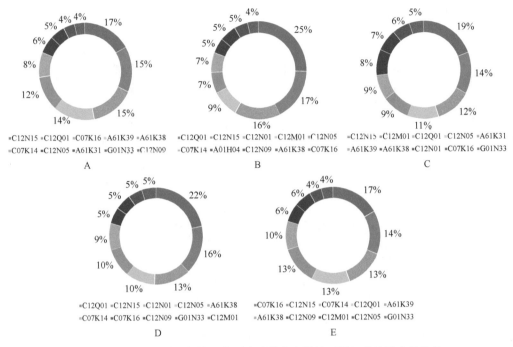

图 7-14　2015～2019 年我国专利申请技术布局情况及与其他国家的比较

A. 美国；B. 中国；C. 日本；D. 韩国；E. 德国

专利国际化布局。

表 7-11　2010～2019 年中国生物技术专利申请 / 获授权的国家 / 地区 / 组织分布情况

排名	中国申请专利情况		中国获授权专利情况	
	国家 / 地区 / 组织	数量 / 件	国家 / 地区 / 组织	数量 / 件
1	中国	192 554	中国	102 536
2	世界知识产权组织	6 838	美国	1 711
3	美国	3 257	欧洲专利局	710
4	欧洲专利局	1 639	德国	619
5	英国	1 594	英国	590
6	德国	1 575	法国	568
7	法国	1 572	日本	538
8	土耳其	1 508	土耳其	474
9	匈牙利	1 428	西班牙	363
10	北马其顿	1 361	匈牙利	361

2. 在华专利竞争格局

从近 10 年来中国受理 / 授权的生物技术专利所属国家 / 地区 / 组织分布情

况（表7-12）可以看出，我国生物技术专利的受理对象仍以本国申请为主，美国、欧洲专利局、日本、韩国、英国等国家/地区/组织紧随其后；而我国生物技术专利的授权对象集中于中国内地，美国、日本、欧洲专利局和韩国分别位列第2～5位，上述国家/地区/组织对我国市场十分重视，因此在我国展开技术布局。

表7-12　2010～2019年中国生物技术专利申请/获授权的国家/地区/组织分布情况

排名	中国受理专利情况		中国授权专利情况	
	国家/地区/组织	数量/件	国家/地区/组织	数量/件
1	中国	192 554	中国	102 536
2	美国	24 471	美国	9 284
3	欧洲专利局	6 069	日本	2 980
4	日本	5 157	欧洲专利局	2 320
5	韩国	1 920	韩国	867
6	英国	1 824	英国	767
7	法国	714	法国	436
8	德国	547	德国	360
9	澳大利亚	497	丹麦	263
10	丹麦	341	澳大利亚	225

三、知识产权案例分析——新型冠状病毒治疗性药物的相关专利分析

（一）冠状病毒治疗性药物专利分析

1. 冠状病毒治疗性药物专利申请受疫情影响波动显著

冠状病毒1937年首先从鸡身上被分离出来，病毒颗粒的直径60～200 nm，呈球形或椭圆形，具有多形性。之前，冠状病毒的研究多限于兽医领域，而冠状病毒真正被引起重视是在2002～2003年，SARS冠状病毒（SARS-CoV）导致的"非典"疫情波及多个国家和地区，造成了严重的社会影响。

新型冠状病毒（以下简称"新冠病毒"）属于 β 属的冠状病毒，是一种 RNA 病毒，其基因特征与 SARS-CoV 和 MERS-CoV 有明显区别，目前研究显示与蝙蝠 SARS 样冠状病毒（bat-SL-CoVZC45）同源性达 85% 以上。2019 年 2 月 11 日，国际病毒分类委员会（International Committee on Taxonomy of Viruses，ICTV）宣布新型冠状病毒的正式名称：严重急性呼吸综合征冠状病毒 2（severe acute respiratory syndrome coronavirus 2，SARS-CoV-2）。同日，世界卫生组织（WHO）总干事谭德赛宣布，新型冠状病毒感染的肺炎正式被命名为"COVID-19"。截至 2020 年 5 月 5 日，全球疫情形势仍然严峻，全球新冠病毒感染病例超 357 万例。

根据中国国家卫生健康委、国家中医药管理局 2020 年 3 月 3 日印发的《新型冠状病毒肺炎诊疗方案（试行第七版）》（以下简称《诊疗方案》），新冠病毒感染的病人主要采用以下治疗方案和药物：①抗病毒治疗，包括 α- 干扰素、洛匹那韦 / 利托那韦、利巴韦林（建议与干扰素或洛匹那韦 / 利托那韦联合使用）、磷酸氯喹和阿比多尔；②免疫治疗，包括托珠单抗（主要用于双肺广泛病变及重型患者，且实验室检测 IL-6 水平升高者）；③中医治疗，包括用于治疗患者乏力伴随胃肠不适的藿香正气胶囊（丸、水、口服液），用于治疗乏力伴发热的金花清感颗粒、连花清瘟胶囊（颗粒）、疏风解毒胶囊（颗粒），以及用于重型及危重型病患的喜炎平注射液、血必净注射液、热毒宁注射液、痰热清注射液、醒脑静注射液等中成药与中药处方。

随着新冠疫情全球化的加剧，国外的研究机构也积极开展新冠病毒治疗性药物的相关研究。2020 年 3 月 19 日，WHO 宣布启动一项名为"SOLIDARITY"的全球性 COVID-19 临床试验，以期通过简单的标准化的实验设计，让数十个国家的数千名患者参与到药物研发中，在大流行期间迅速收集科学数据，确定 COVID-19 的治疗方案，并重点聚焦以下 4 种药物治疗方案：①抗病毒药物瑞德西韦；②疟疾药物氯喹和羟氯喹；③ HIV 药物洛匹那韦 / 利托那韦；④洛匹那韦 / 利托那韦与 β- 干扰素的联合使用。此外，针对新冠病毒的 RNA 干扰药物（由 Alnylam Pharmaceuticals 等研发）、重组蛋白（由 Apeiron Biologics 等研发）、单克隆抗体（由 EUSA Pharma、和铂医药、InflaRx 等研发）已进入临床或即将进入临床阶段。

从已用于临床治疗以及在研的新冠病毒治疗性药物情况来看，新冠病毒的治疗性药物主要分为两类，一类为靶向病毒治疗的药物，包括通过抑制病毒的蛋白酶合成、阻断病毒感染、抑制病毒核酸复制等机制开展疾病治疗，如洛匹那韦/利托那韦、瑞德西韦、磷酸氯喹等；另一类为靶向宿主治疗的药物，包括通过提升免疫力、抑制炎症因子风暴、合成抗病毒蛋白等机制开展疾病治疗，如干扰素、托珠单抗以及各类中成药与中药处方等（表7-13）。

表 7-13　部分已用于临床的新冠病毒治疗性药物及作用机制

已用于临床治疗的药物	作用机制	类型	原适应证
洛匹那韦/利托那韦	蛋白酶抑制剂	化学药	艾滋病
瑞德西韦	RNA 聚合酶抑制剂	化学药	SARS 冠状病毒感染等
氯喹、羟氯喹、磷酸氯喹	阻断病毒感染	化学药	疟疾
阿比多尔	血凝素抑制剂	化学药	流感病毒感染
利巴韦林	抑制病毒核酸复制	化学药	病毒性肺炎等
干扰素	诱发细胞产生抗病毒蛋白	生物药	肿瘤、病毒感染等多种疾病
托珠单抗	抑制炎症因子风暴	生物药	类风湿关节炎
金花清感颗粒、连花清瘟胶囊（颗粒）、疏风解毒胶囊（颗粒）等	清热解毒等	中药	发热、咳嗽等

目前，虽然已有部分药物用做患者的辅助疗法，但由于个体的差异性和发病机制的复杂性，还没有任何一款药物能够特异性治疗新型冠状病毒感染。从已进入临床阶段的抗新冠病毒药物来看，"老药新用"与"新靶点药物研发"结合是应对新冠疫情最主要的药物研发策略，而许多抗冠状病毒感染的治疗性药物对于新冠病毒药物的研发具有重要的参考价值。知识产权在药物创新成果的保护具有至关重要的作用，因此，本书的知识产权案例分析部分以新型冠状病毒治疗性药物为突破口，从冠状病毒治疗性药物专利信息、新型冠状病毒治疗性药物专利申请信息以及重点药物的专利申请信息三个层面着手，从申请趋势、专利布局地区、主要申请人、重点技术领域等进行深入分析，希望为新型冠状病毒治疗性药物的研发及专利布局提供参考。值得注意的是，本章节主要开展的是新型冠状病毒治疗性药物专利信息的研究，因此，用于疾病预防的疫

苗不在本章节的考虑范围内。

利用 Incopat 数据库对全球冠状病毒治疗性药物的专利申请进行检索，截止日期为 2020 年 5 月 7 日，共检索到 4019 件专利，共 1743 个 inpadoc 专利族，其中，中国专利 1017 件，共 703 个 inpadoc 专利族。

从专利申请趋势来看，冠状病毒治疗性药物在早期发展缓慢，主要集中于动物冠状病毒治疗方法与治疗药物的技术领域。自 2002 年暴发 SARS 疫情后，考虑到冠状病毒治疗性药物研究对于公共卫生的重大意义，2003 年与 2004 年，冠状病毒治疗性药物的专利申请呈现爆发性的增长，在 2004 年达到近几年来的最高峰 756 件。但因为冠状病毒疫情一般属于突发性事件，在短期的研究热潮后，专利申请量逐步回落。2013 年、2015 年、2018 年，虽然 MERS 疫情陆续出现，但鉴于冠状病毒治疗性药物研究已有一定的基础，同时 MERS 疫情暴发的规模无论是范围和速度都弱于 SARS，因此，专利申请量虽有小幅上升，但并无明显的波动。本次的 COVID-19 疫情对全球无论是医疗还是经济领域的影响均是史无前例的，然而，除了提前公开的专利申请外，由于专利申请至公开一般有 18 个月的时滞，因此，本次疫情对于专利趋势的影响还未充分的体现，值得持续追踪。考虑到专利申请到专利公开的 18 个月以及专利数据录入的延迟，2019 年与 2020 年的数据参考意义不大（图 7-15）。

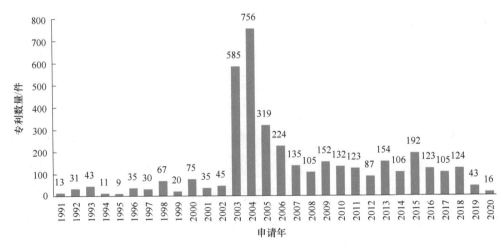

图 7-15　1991～2020 年全球冠状病毒治疗性药物专利申请年度分布

数据来源：Incopat 专利数据库

2. 中国大陆、美国和欧洲是冠状病毒治疗性药物专利最主要的布局国家 / 地区

中国大陆、美国和欧洲是冠状病毒治疗性药物专利最主要的布局国家 / 地区，也是 Clinicaltials.gov 中治疗性药物临床数量最多的 3 个国家 / 地区。专利的申请量与这 3 个国家 / 地区新型冠状病毒疫情的严重程度、药物的研发水平以及产业化水平紧密相关。此外，韩国、日本、澳大利亚、加拿大、中国台湾、俄罗斯等国家 / 地区也是冠状病毒治疗性药物专利重要的布局国家 / 地区（表 7-14）。

表 7-14　全球 TOP10 冠状病毒治疗性药物专利申请国家或地区分布

排名	申请国家 / 地区	专利数量 / 件
1	中国大陆	1017
2	美国	481
3	世界知识产权组织（WIPO）	429
4	欧洲专利局（EPO）	337
5	韩国	258
6	日本	212
7	澳大利亚	192
8	加拿大	168
9	中国台湾	74
10	俄罗斯	60

数据来源：Incopat 专利数据库

3. 企业是冠状病毒治疗性药物专利申请的主体

从冠状病毒治疗性药物专利申请人的分布情况来看，专利申请数量前 10 位的申请人中，企业申请人占其中的 80%，是该领域专利申请的主体。其中申请量排名前 5 位的机构或企业分别为日本小野药品工业株式会社 78 件、美国杜兰大学 63 件、美国 Autoimmune 技术公司 39 件、荷兰 Crucell 公司 46 件、德国 Marinomed 生物技术公司 37 件。此外，中国的机构或企业，包括清华大学、中国科学院上海药物研究所、天津市国际生物医药联合研究院等也成为全球专利申请数量前 15 位的申请人，其专利申请数量分别排在第 10 位、第 13 位与

第 15 位（表 7-15）。然而，这些排名靠前的申请人中，有些申请人是因为就一项专利成果申请了很多的同族专利，而在该领域拥有较多的专利申请，如杜兰大学、Autoimmune 技术公司、Marinomed 生物技术公司等。因此，综合分析专利申请数量前 15 位申请人的专利申请数量与 inpadoc 同族专利数量，我们认为小野药品工业株式会社、Crucell 公司、吉利德科学、再生元制药、清华大学、中国科学院上海药物研究所、韩国生命工学研究院、天津市国际生物医药联合研究院这几家机构在该领域具有较多的专利布局。

对小野药品工业株式会社、Crucell 公司和吉利德科学 3 家企业进行分析，这些企业主要从针对冠状病毒的抗感染药物与由冠状病毒感染引发的呼吸系统疾病类药物两个层面进行布局。日本著名的药品研发创新企业小野药品工业株式会社主要针对治疗呼吸系统疾病的化合物开展布局，适应证较为广泛，包括各类支气管炎、肺炎，当然也包括由冠状病毒感染引起的肺部疾病。荷兰生物技术公司 Crucell 于 2010 年被全球医药巨头强生收购，专注于传染性疾病治疗与预防类药物的研发，该公司针对可特异性结合 SARS 冠状病毒的组合物、小分子化合物、抗原抗体等开展了大量的专利布局，这些成果为冠状病毒药物的研发奠定了坚实的基础。以抗病毒药物闻名于世的吉利德科学在抗病毒药物研究领域具有丰富的经验，该公司针对冠状病毒以及病毒感染领域申请了大量的化合物专利。

表 7-15　全球 TOP15 冠状病毒治疗性药物专利申请人情况

排名	机构名称	所属国家	专利数量 / 件	inpadoc 同族专利数 / 件
1	小野药品工业株式会社	日本	78	12
2	杜兰教育基金会 / 杜兰大学	美国	63	4
3	Autoimmune Technologies LLC	美国	39	3
4	Crucell Holland B V（已被强生收购）	荷兰	46	15
5	Marinomed Biotechnologie GMBH	德国	37	4
6	PULMATRIX INC	美国	31	6
7	吉利德科学	美国	27	9
8	哈佛大学	美国	26	4
9	再生元制药	美国	24	8
10	清华大学	中国	21	13

续表

排名	机构名称	所属国家	专利数量／件	inpadoc 同族专利数／件
11	赛生制药	美国	21	6
12	诺华	瑞士	20	6
13	中国科学院上海药物研究所	中国	20	14
14	韩国生命工学研究院	韩国	18	11
15	天津市国际生物医药联合研究院	中国	17	12

数据来源：Incopat 专利数据库

4. 研究机构与高校在我国冠状病毒专利申请占绝对优势

对 1991～2020 年我国冠状病毒治疗性药物领域的专利申请情况进行分析，截至 2002 年之前，我国在冠状病毒治疗性药物领域的专利申请处于相对空白的状态，专利申请量仅 9 件，且几乎均为国外申请人在中国申请的同族专利，可以说，2002 年之前，中国在抗冠状病毒治疗领域的研究与产业化基础较为薄弱。2002 年 SARS 疫情暴发后，中国冠状病毒治疗性药物领域研究进步迅速，2003 年该领域专利申请量激增至 382 件，且多为中国本土研究机构与企业申请的专利，疫情的发生极大地激发了中国冠状病毒药物研发与产业化的积极性。国内该领域研发与产业化能力的提升是中国成为冠状病毒治疗性药物专利布局最多国家的重要因素之一（图 7-16）。

对我国冠状病毒治疗性药物的专利申请人进行分析，与国外企业占据主体的情况不同，我国前 15 位的专利申请人全部是国内的高校或研究机构，包括清华大学、中国科学院上海药物研究所、天津市国际生物医药联合研究院、中国人民解放军军事医学科学院毒物药物研究所、中国疾病预防控制中心病毒病预防控制所等（表 7-16）。对于中国来说，冠状病毒疫情是一类严重危害国民健康的重大突发公共卫生事件，而我国是 2002～2003 年 SARS 疫情与本次新冠病毒疫情最严重的国家之一，国内高校与研究机构在第一时间响应国家号召，在科技立项的推动下，开展冠状病毒治疗性药物的相关研究，这与国外主要以企业为主体推动研发创新有所不同。我国该领域前 15 位的专利申请人均是国内顶尖的生命科学研究机构，特别是多家专注于传染病与病毒研究的机构均榜

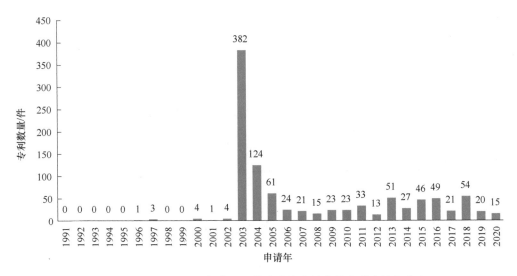

图 7-16　1991～2020 年我国冠状病毒治疗性药物专利申请年分布

数据来源：Incopat 专利数据库

上有名，包括中国疾病预防控制中心病毒病预防控制所、中国人民解放军军事医学科学院微生物流行病研究所、中国科学院微生物研究所、中国人民解放军疾病预防控制所等。从专利布局的内容上来看，除了与国外机构与企业类似从研发药物相关的冠状病毒结构、核酸提取物等病毒本身可能的靶点以及抗冠状病毒的化合物、抗原抗体等治疗性药物成分进行专利保护外，中药用于抗冠状病毒感染的相关研究成果也是重要的专利布局领域。

表 7-16　我国 TOP15 冠状病毒治疗性药物专利申请人情况

排名	机构名称	专利数量/件	inpadoc 同族专利数/件
1	清华大学	21	13
2	中国科学院上海药物研究所	18	14
3	天津市国际生物医药联合研究院	17	12
4	中国人民解放军军事医学科学院毒物药物研究所	15	8
5	中国疾病预防控制中心病毒病预防控制所	15	13
6	复旦大学	15	10
7	南开大学	14	9
8	中国科学院上海生命科学研究院	13	8
9	中国人民解放军军事医学科学院微生物流行病研究所	12	8
10	中国科学院微生物研究所	12	6

排名	机构名称	专利数量／件	inpadoc 同族专利数／件
11	北京大学	11	6
12	中国科学院生物物理研究所	9	5
13	北京中医药大学	9	6
14	北京奇源益德药物研究所	9	9
15	中国人民解放军疾病预防控制所	8	4

数据来源：Incopat 专利数据库

（二）新型冠状病毒针对性治疗性药物专利分析

从 2019 年 12 月以来，新型冠状病毒疫情迅速向全球蔓延，在这 6 个多月中，已有大量文献针对新型冠状病毒的核酸序列、病毒特性、临床检测方法、临床治疗方法等领域展开了研究，并取得了丰硕的成果。虽然疫情的肆虐对全球知识产权工作的开展带来了严重的影响，不少国家的知识产权主管机关通过调整工作模式、暂停受理等做法尝试避免疫情对其日常工作及雇员健康的影响，同时，一些国家的知识产权主管机关也积极采取必要的措施，为疫情期间知识产权指明方向，如上海市知识产权局于 2020 年 2 月 25 日出台《全力防控疫情支持服务企业平稳健康发展的若干知识产权工作措施》，对防治新冠肺炎的专利申请建立专利优先审查推荐绿色通道，加快办理进程。此外，除了知识产权领域，各国政府均积极推进新冠疫情从预防到检测到治疗再到康复的一系列产品的研发，极大地推动了该领域的研发与产业化进程。因此，虽然新型冠状病毒的研究工作从 2019 年年底才开始展开，从专利申请到专利公开也有一定的时滞，但已经可以检索到一大批与新型冠状病毒相关的专利成果。

利用 Incopat 数据库对全球针对新冠病毒的专利申请进行检索，并设置截止日期为 2020 年 5 月 7 日，共检索到 68 件专利，共 68 个 inpadoc 专利族，其中中国专利 58 件，共 58 个 inpadoc 专利族，这些专利全部申请于 2020 年。

对 68 件专利涉及的研究领域进行分析，发现体外诊断与治疗性药物是当前新冠病毒相关的专利最主要布局的领域（图 7-17）。体外诊断产品是新冠病毒疫情防控的基础，截至 2020 年 5 月 7 日，NMPA 已应急审批 31 个新型冠状病

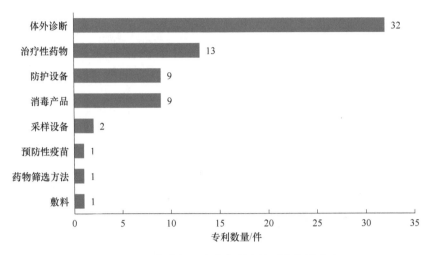

图 7-17　全球新冠病毒专利申请重点领域分布

数据来源：Incopat 专利数据库

毒核酸检测试剂，其中最早的体外诊断产品于 2020 年 1 月 26 日已批准上市，伴随着产品的大量研发上市，新冠病毒体外诊断领域的专利也开始布局，成为新冠病毒专利申请量最大的领域。同时，新冠病毒治疗性药物也是最主要的专利布局领域之一，虽然截至 2020 年 5 月 7 日，尚未有针对性的治疗性药物上市，但已有部分成果通过专利申请、开展知识产权的保护。

从布局的国家来看，中国是这 68 个新冠病毒专利最主要的专利布局国家，且 68 个专利均为中国机构与企业申请的专利，其中在中国申请的专利共 58 个，占专利总数的 85%，其他国家包括德国、韩国、澳大利亚等。分析其中的原因主要有以下几点：①中国是最早公开新冠疫情的国家，无论是新冠病毒的结构、序列、病毒的溯源，还是病毒的感染机制领域的基础研究，中国都领跑全球，这些均为疫情体外诊断试剂、治疗性与预防性药物、消毒防护产品等相关技术与产品的发展奠定了坚实的基础；②我国在 2020 年的 1 月与 2 月已处于疫情的高峰期，为了应对这一突发公共卫生事件，亟需诊断试剂的研发与临床药物的快速研究，相关成果高速增长，相比之下，同期其他国家并未如此迫切。因此，在专利申请领域，我国是目前新冠疫情专利申请的主要布局国家；③在全球疫情愈演愈烈的情况下，虽然科研与产业研发工作积极展开，但多国知识产权局工作受到疫情影响，无法及时开展专利受理与审查工作，此外，从专利申请到专利公开的时滞期较长，推测已有大量专利申请却尚未公开。相比之下，我国多地启动了新冠相关专利优先受理、优先审查机制，为推动新冠病毒领域知识产权成果的保护起到了重要的作用。针对13件治疗性药物的专利进行分析，发现13件专利的专利申请国家布局为中国（9件）、澳大利亚（2件）、韩国（1件）、英国（1件）。

在治疗性药物的研发上，随着新冠病毒结构、序列越来越明确，新冠病毒的感染机制也被发现，Alexandra C. Walls、Young-Jun Park 等发表论文 *Structure, function, and antigenicity of the SARS-CoV-2 spike glycoprotein*，西湖大学周强团队发表论文 *Structure of dimeric full-length human ACE2 incomplex with BOAT1* 等均初步验证了新型冠状病毒的感染机制：SARS-CoV-2 利用病毒表面的 Spike 糖蛋白（刺突糖蛋白，简称 S 蛋白）识别细胞表面的血管紧张素转化酶 2（angiotensin-converting enzyme 2，ACE2），进而侵染人体的正常细胞。因此，目前的治疗方案主要包括：①设计靶向 SARS-CoV-2 的抗体，通过竞争性结合阻止新型冠状病毒 S 蛋白与 ACE2 的结合；②设计 ACE2 受体的小分子配体，将该配体接在 RNAi 上，直接靶向肺泡细胞，被细胞内吞降解病毒 RNA；③筛选新冠病毒的 RNA 聚合酶的特异性抑制剂；④基于细胞因子风暴和免疫炎症反应综合征的相关靶点，如 IL-6、PD1、PDL1、TNF-α、IL-8、IL-1β，靶向上述炎症因子的单克隆抗体是抑制细胞因子风暴的有效药物；⑤设置小分子干扰（siRNA）序列，使得引起病毒基因组的复制或表达被阻断；⑥研发蛋白酶抑制剂。此外，从中医角度，研发清热解毒、清热凉血、避秽祛邪、解表化湿等功能的中医处方或中成药，并在临床上验证对新冠病毒感染患者有效，也是我国该领域治疗性药物研发的重要方向。

从目前已公开的新型冠状病毒治疗性药物来看，其主要集中在新的中药处方用于新型冠状病毒感染的治疗，约占其中的50%。此外，生物药在新冠病毒治疗领域的应用也开展了广泛的研究，从国内来看，苏州奥特铭医药科技有限公司公开了一种可特异性结合新型冠状病毒的 mVSV 病毒载体，有望用于疫苗与药物的研发；南通大学从抑制细胞因子风暴的角度公开了 2019-nCoV3CL 水解酶与 IL-6 单抗在制备治疗新冠肺炎药物中的应用。从国外来看，澳大利亚的 Cullis-Hill、Sydney David 以及韩国的 Seungchan 均公开了新型冠状病毒生物药领域的相关专利（表7-17）。

表 7-17 截至 2020 年 5 月 5 日新型冠状病毒治疗药物公开情况

专利申请号	专利名称	专利申请日	专利申请人	领域分类	主要技术方案与效果
CN202010081961.5	一种治疗新型冠状病毒感染的肺炎的方剂及其应用	2020年2月6日	葛又文	中药	一种治疗新型冠状病毒感染的肺炎的方剂及其应用。所述方剂的原料包括如下重量份的中药材料：麻黄9份、炙甘草6份、杏仁9份、生石膏15～30份、桂枝9份、泽泻9份、猪苓9份、白术9份、茯苓15份、柴胡16份、黄芩6份、姜半夏9份、生姜9份、紫菀9份、冬花9份、射干9份、细辛6份、山药12份、枳实6份、陈皮6份、藿香9份。该发明结合新型冠状病毒（2019-nCoV）感染的肺炎症状表现，利用一药组方优化融合，共同施治，从目前多省多地不同年龄层次的确诊患者救治情况看，疗效确切，治疗有效率达到95.12%
CN202010107474.1	一种抗冠状病毒的博落回苄基异喹啉类生物碱与白藜芦醇组合物及其应用	2020年2月21日	金晓飞	化学药	公开了一种抗冠状病毒的博落回苄基异喹啉类生物碱与白藜芦醇组合物，该博落回苄基异喹啉类生物碱包括血根碱、白屈菜红碱、原阿片碱、α-别隐品碱，所述博落回苄基异喹啉类生物碱与白藜芦醇组合物对冠状病毒相关蛋白靶点具有独特的结合活性，具有显著的抗冠状病毒效果，特别涉及对COVID-19冠状病毒致病的抑制作用，例如有望成为治疗人感染COVID-19冠状病毒导致疾病所导致病毒感染所致冠状病毒感染等的药物或其他产品的制备。所述的组合物可以用于制备用于治疗人感染COVID-19冠状病毒导致疾病所致冠状病毒感染的药物或其他产品的制备
CN202010203073.6	mSVS病毒载体及其病毒载体疫苗、一种基于mVSV介导的新冠肺炎疫苗	2020年3月20日	苏州奥特铭医药科技有限公司	生物药	公开了一种mSVV病毒载体，即野生Indiana株VSV的M蛋白氨基酸位点发生多个修饰突变后变异得到的减毒mVSV。同时优选的异源抗原基因优先整合到mVSV包装核心质粒pmVSV-Core的双克隆位点区域；一种mVSV病毒载体疫苗，包括在mVSV载体包膜G和L基因之间中融合所述目的病毒的异源抗原基因，抗原基因包含编码所述抗原基因，嵌合的异源抗原或抗原基因或膜嵌合所述抗原基因；mVSV病毒载体嵌合原优势抗原或优选自编合了SARS-CoV-2病毒的刺突蛋白S的优势抗原，所述合体抗原优选自刺突蛋白S的原，受体结合结构域即刺突蛋白RBD，形成一种基于mVSV介导的新冠肺炎疫苗，该疫苗对新冠肺炎病毒感染者有较好的预防或治疗作用

续表

专利申请号	专利名称	专利申请日	专利申请人	领域分类	主要技术方案与效果
CN202010090724.5	一种治疗或预防冠状病毒感染的药物组合物	2020年2月13日	遵义医科大学	中药	公开了医药技术领域中的一种用于预防或治疗冠状病毒感染的药物组合物，含有1～10份牛蒡根、1～10份甘草，以上所述的份为重量份。经过药理实验分析，结果表明三者配伍具有很好的抑制冠状病毒的药理活性，并且比较单一化合物作用较强，提示三者配伍可以起到协同作用，且其药物组合物的药理活性优于牛蒡子、荆芥穗和甘草的组合物，本申请所提供的药物组合物较为安全，可用于预防或治疗冠状病毒感染制剂，具有一定商业价值
CN202010153001.5	多功能药芯、口罩及应用	2020年3月6日	南京克冠生物技术有限公司	中药	公开了一种多功能药芯，口罩及应用，所述多功能药芯包含抑菌药物、芳香药物和抗病毒药物，其中抑菌药物包含丹皮、赤芍和青黛；芳香药物包含沉香、檀香、炒苍术、白芷和苏叶；抑病毒药物包含黄连和黄柏。该多功能药芯可以有效过滤颗粒物，具有清热解毒、清热凉血、解表化湿、宣通鼻窍、提神醒脑、清热燥湿等功效，能够杀灭和/或抑制吸附在表面的细菌或病毒。多功能口罩含有所述多功能药芯，能够预防和/或治疗流行性感冒、肺炎、中暑、抗疲劳、鼻炎以及治疗季节性感冒和肺炎引起的发热、咽痛、咳嗽、乏力等症状
CN202010123400.7	2019-nCoV3CL水解酶抑制剂与IL-6单抗在制备治疗新冠肺炎药物中的应用	2020年2月27日	南通大学	生物药	公开了2019-nCoV3CL水解酶（Mpro）抑制剂与白细胞介素-6（IL-6）单抗在制备治疗新冠肺炎药物中的应用，属于医药技术领域。通过建立接种新冠病毒2019-nCoV的Vero E6药物模型，在培养模型Thp-1共细胞内模拟新冠病毒产生炎症反应的过程，设计了针对2019-nCoV Mpro的抑制剂与逆转巨噬细胞M1型促炎型极化的单抗的联合应用，结果表明两者联合应用有利于新冠肺炎的治愈及预后恢复
CN202010164202.5	冠状病毒肺炎中药冰防控方及其制备方法	2020年3月11日	尹茂祥	中药	公开了一种冠状病毒肺炎中药冰防控方，由蜈蚣、鹰爪、蝎子、水牛角、乌蛇、贯众、土茯苓、半边莲、白花蛇、龟板、甘草、猪牙皂、车前草、按照一定的重量配比组成，具有镇惊、安神、活血、调经、清热、降温、利尿渗湿、化痰止咳、补益、收敛、解表等功效

续表

专利申请号	专利名称	专利申请日	专利申请人	领域分类	主要技术方案与效果
CN202010101795.0	抗病毒清肺肽	2020 年 2 月 19 日	荀春虎	中药	公开了一种抗病毒清肺肽，以生红芪苯取物、大花苯取物、紫锥菊苯取物、桂枝苯取物、虎杖苯取物、四氢姜黄素、银杏苯取物、乳铁蛋白肽，辅料为原料。该产品具有增强免疫功能、清肺解毒、预防冠状病毒、流感病毒等多种病毒感染、防治病毒性肺炎和心肌炎、抗病原体、杀菌消炎、养肺护肺、防温清温、止咳化痰增强免疫功能等作用。实验证实，该产品不仅在体外细胞培养物中可以抑制冠状病毒和禽流感病毒的复制以及防治病毒性肺炎，而且在实验小鼠实验中能够抑制冠状病毒和禽流感病毒脱氧核糖核酸也有很好的抑制作用
CN202010095600.6	治疗新冠肺炎轻症、疑似者和急性呼吸道感染中药组合物	2020 年 2 月 17 日	曹利平	中药	公开了一种治疗新冠肺炎轻症、疑似者和急性呼吸道感染中药组合物，由以下重量份的中药原材料制成：金银花 10～20 g，连翘 10～20 g，大青叶 10～20 g，玄参 10～20 g，炒苦杏仁 6～15 g，浙贝母 10～20 g，桔梗 6～15 g，紫苏叶 6～15 g，防风 6～15 g，麸炒白术 10～20 g，茯苓 10～20 g，绵茵陈 10～20 g，麦冬 10～20 g，淡竹叶 6～15 g，麦芽 10～20 g，生甘草 4～10 g；所述炒苦杏仁的制备方法为将苦杏仁进行炒制；所述麸炒白术的制备方法是将生白术进行加热后加入麦麸进行炒制，等到颜色变为焦黄色即可使用；取上述重量同中药原材料，水煎 30 min，取汁 400 mL。本发明所述中药组合物具有表里同治、清补兼施，既病防变的特点，对于治疗冬春季呼吸道感染性疾病，疗效确切，患者服用药物前后改善的症状依次为流涕、发热、咳嗽、咽干咽痛、咳痰、饮食差、气短
AU2020100400	Proposed therapy to reduce effects of viral infections (may help with covid 19)	2020 年 3 月 16 日	Edgar Thompson	组合疗法	公开了一种改善病毒感染影响的疗法，该疗法综合了生活方式的改变（饮食与运动）、营养补充剂和处方药（包括 β-烟酰胺单核苷酸、白藜芦醇、二甲双胍，维生素 D_3、Doxylin 等营养补充剂与处方药的结合，通过增强人体免疫力来提升病毒感染的治疗效果，已证实年轻人和老年人有效

续表

专利申请号	专利名称	专利申请日	专利申请人	领域分类	主要技术方案与效果
AU2020900751	The present invention relates to novel methods for treating or preventing coronavirus infection and cytokine-associated toxicity, including cytokine toxicity resulting from aberrant activation of the immune system in coronavirus disease or infection, such as those from COVID-19 (SARS-CoV-2	2020 年 3 月 12 日	Cullis-Hill, Sydney David	生物药	该专利涉及治疗或预防冠状病毒感染和细胞因子相关靶性的新方法，包括冠状病毒疾病或感染中免疫系统异常激活引起的细胞因子毒性，以及 COVID-19 的细胞因子毒性。根据澳大利亚知识产权局官网显示，该专利详细信息未公开
KR102020200027485	CoVID-19 suitable triple knockout DNAi remedy	2020 年 3 月 5 日	KIM, Seungchan	生物药	通过从三处蔽除 COVID-19 基因序列获得相关 DNA 药物抑制病毒蛋白质的进一步生成
GB2002818	Formula for 1）strengthening the immune system. 2）healing additional diseases, including corona virus-kovid 19.3）improving additional systems of the body	2020 年 2 月 27 日	Elhadad Israel	未知	一种可用于提升免疫力以及治疗新型冠状病毒 COVID-19 的处方。根据英国知识产权局官网显示，该专利详细信息未公开

（三）新型冠状病毒临床重点药物专利布局情况

综合《新型冠状病毒肺炎诊疗方案（试行第七版）》以及 WHO、美国、欧洲等对新型冠状病毒临床药物的使用情况，本章选择已开展临床试验或在临床上积极使用的瑞德西韦、利巴韦林、洛匹那韦/利托那韦 3 种药物作为新型冠状病毒临床药物专利的重点案例进行详细分析，从这些重点药物的专利申请情况，分析重点药物的布局领域、创新潜力以及进一步开展专利保护的方向。

1. 瑞德西韦

瑞德西韦（Remdesivir）是全球第一的抗病毒药物研究公司、美国最大的生物技术公司之一吉利德科学公司研发的核苷类似药物，能够抑制冠状病毒复制，原先是作为抗埃博拉病毒药物，试验证明瑞德西韦对于 SARS 冠状病毒与 MERS 冠状病毒有抑制作用。目前，瑞德西韦已成为 WHO 开展的"SOLIDARITY"全球性 COVID-19 临床试验重点研究药物。2020 年 2 月 1 日，《新英格兰医学杂志》（*NEJM*）在线发表了一篇名为《首例美国 2019 新型冠状病毒》的文章，揭示了美国首例确诊新型冠状病毒肺炎患者成功治愈的病例，这名新型冠状病毒的感染者在隔离治疗之后病情恶化，在对其使用瑞德西韦之后，效果立竿见影。2020 年 2 月 2 日，中国 NMPA 药品审评中心正式受理瑞德西韦的临床试验申请。2020 年 2 月 6 日，中国研究团队开始了该药物的临床试验。2020 年 2 月 4 日，中国科学院武汉病毒研究所在其官网上发表声明称，我国学者在抗 2019 新型冠状病毒药物筛选方面取得重要进展。根据声明，相关研究成果以《瑞德西韦和磷酸氯喹能在体外有效抑制新型冠状病毒（2019-nCoV）》为题发表在 *Cell Research* 上。中国科学院武汉病毒研究所在声明中还明确表示：对在我国尚未上市且具有知识产权壁垒的药物瑞德西韦，依据国际惯例，从保护国家利益的角度出发，在 1 月 21 日申报了中国发明专利（抗 2019 新型冠状病毒的用途），并将通过 PCT（专利合作协定）途径进入全球主要国家。虽然武汉病毒所专利申请行为引发了一定的争议，但从专利法的角度来看，该专利用途的申请是完全合理的，但该专利申请是否能获得授权仍要看现有专利对瑞德西韦的保护情况。

目前全球针对瑞德西韦的化合物与相关结构已申请了300多件专利，但吉列德科学公司针对瑞德西韦的专利布局是本章分析的重点。瑞德西韦首次专利申请可以追溯到2009年，"用于抗病毒治疗的1′-取代的CARBA-核苷类似物"（中国同族专利为CN102015714B）专利保护了一个具有抗黄病毒科病毒感染活性的核苷类似物结构，这个结构中包含了瑞德西韦，但在权利要求书、实施例和说明书中并没有给出具体的化合物结构，因此，这项专利不能对瑞德西韦的化合物结构进行保护。瑞德西韦最重要的专利是申请日为2011年7月22日的专利"用于治疗副黏病毒科病毒感染的方法和化合物"（中国同族专利为CN103052631B、CN105343098B），保护了用于治疗副黏病毒科病毒感染的马库什结构。在该结构中包含了瑞德西韦，且在权利要求书中明确给出了瑞德西韦的具体结构。该专利是保护瑞德西韦最重要的专利，也是瑞德西韦目前唯一授权的中国专利，其他相关专利在审查阶段。该专利将于2031年7月22日到期，可见截至目前，还有较长的保护时间。

随后，吉利德又从扩大适应证、明确制备方法、增加新的结晶形式等多个角度对瑞德西韦及相关结构进行了外围专利保护。在扩大适应证领域，主要包括治疗丝状病毒科病毒，特别是马尔堡病毒、埃博拉病毒和奇瓦病毒感染（中国同族专利为CN107073005A）；治疗沙粒病毒科和冠状病毒科病毒感染，特别是在治疗SARS、MERS等冠状病毒感染（中国同族专利为CN108348526A）；治疗黄病毒科病毒感染，特别是寨卡病毒（中国同族专利为WO2017184668A1）；治疗猫冠状病毒感染的方法（中国同族专利为CN110869028A）等，然而这些专利或未在中国申请专利，或处于审查阶段尚未授权。此外，在制备方法方面，吉利德通过专利"制备核糖核苷的方法"（中国同族专利CN107074902A）保护了瑞德西韦相关结构化合物的制备方法与中间体；在结晶形式方面，通过专利"（S）-2-（（（S）-（（（2R，3S，4R，5R）-5-（4-氨基吡咯并［2，1-f］［1，2，4］三嗪-7-基）-5-氰基-3，4-二羟基四氢呋喃-2-基）甲氧基）（苯氧基）磷酰基）氨基）丙酸-2-乙基丁基酯的结晶形式"（中

国同族专利 CN110636884A）开展了保护（表 7-18）。

由此可见，我国想就瑞德西韦进一步申请专利，必须绕开现有专利的保护范围，证明自身的新颖性与创造性，才可成功地在国内外获得专利授权。

表 7-18　瑞德西韦主要专利布局

申请号 （中国同族专利）	申请日	公开号 （中国同族专利）	专利名称	相关内容
CN200980114224.2	2009 年 4 月 22 日	CN102015714B	用于抗病毒治疗的 1'-取代的 CARBA-核苷类似物	该专利保护了一个具有抗黄病毒科病毒感染活性的核苷类似物结构。这个结构中包含了瑞德西韦，但在权利要求书、实施例和说明书中并没有给出具体的化合物结构。严格意义上来说，该项专利和瑞德西韦化合物保护并没有十分密切的关系
CN201510615482.6， CN201180035776.1	2011 年 7 月 22 日	CN105343098B， CN103052631	用于治疗副黏病毒科病毒感染的方法和化合物	该两项专利包含一件专利及其分案申请，保护了用于治疗副黏病毒科病毒感染的马库什结构。在该结构中包含了瑞德西韦，且在权利要求书中明确给出了瑞德西韦的具体结构。该专利及其分案申请已获得授权，同时该结构以及用途也得到了授权。该专利是保护瑞德西韦最重要的专利之一，也是瑞德西韦目前唯一授权的中国专利
CN201580059611.6	2015 年 10 月 29 日	CN107073005A	治疗丝状病毒科病毒感染的方法	该专利保护了用于治疗丝状病毒科病毒，特别是马尔堡病毒、埃博拉病毒和奇瓦病毒感染的马库什结构，权利要求书中明确列出要求保护的 RS 型、S 型和 R 型瑞德西韦化合物的具体结构
CN201580059613.5	2015 年 10 月 29 日	CN107074902A	制备核糖核苷的方法	该专利保护了瑞德西韦相关结构化合物的制备方法与中间体，所提供的化合物、组合物和方法对于治疗拉沙病毒和胡宁病毒感染特别有用
CN201680066796.8	2016 年 9 月 16 日	CN108348526A	治疗沙粒病毒科和冠状病毒科病毒感染的方法	该专利是有关一马库什结构在治疗沙粒病毒科和冠状病毒科病毒感染，特别是在治疗 SARS、MERS 等冠状病毒感染方面的用途发明。权利要求书中申请保护的马库什和 CN103052631 相同，列举出的具体化合物中同样包括了 RS 型、S 型和 R 型瑞德西韦化合物

续表

申请号 （中国同族专利）	申请日	公开号 （中国同族专利）	专利名称	相关内容
WOUS17028243	2017 年 4 月 19 日	WO2017184668A1	用于治疗黄病毒科病毒感染的方法	该专利保护了一种治疗黄病毒科病毒感染的马库什结构，特别是在治疗寨卡病毒感染方面。权利要求书中申请保护的马库什和 CN103052631 相同，列举出的具体化合物中同样包括了 RS 型、S 型和 R 型瑞德西韦化合物。该专利尚未进入国家阶段，即未在中国申请相关专利
CN201880018267.X	2018 年 3 月 13 日	CN110869028A	治疗猫冠状病毒感染的方法	该专利是有关一个马库什结构在治疗猫冠状病毒科病毒感染。权利要求书中申请保护的马库什和 CN103052631 相同，列举出的具体化合物中同样包括了瑞德西韦化合物
CN201880028988.9	2018 年 4 月 27 日	CN110636884A	（S）-2-（（（S）-（（（2R，3S，4R，5R）-5-（4- 氨基吡咯并［2，1-f］［1，2，4］三嗪 -7- 基）-5- 氰基 -3，4- 二羟基四氢呋喃 -2- 基）甲氧基）（苯氧基）磷酰基）氨基）丙酸 -2- 乙基丁基酯的结晶形式	该专利保护了包含瑞德西韦化合物的一类核苷类似物的新型盐和结晶形式，所述病毒感染是由以下科的病毒引起的：沙粒病毒科，冠状病毒科，丝状病毒科，黄病毒科和副黏病毒科

2. 利巴韦林

利巴韦林（Ribavirin）又名病毒唑，为合成的核苷类抗病毒药物，20 世纪 70 年代在国外上市，1986 年在我国被批准用于临床。利巴韦林通过抑制磷酸次黄苷脱氢酶活性，减少 DNA 或 RNA 病毒的复制。作为经典抗病毒药，该药早在 17 年前的 SARS 期间就有过成功的治疗案例，对 DNA 病毒如疱疹病毒、腺病毒等以及 RNA 病毒如流感病毒、呼吸道合胞病毒、汉坦病毒等均有抑制作用，目前临床上主要用于呼吸道合胞病毒引起的病毒性肺炎与支气管炎。在我国最新印发的《新型冠状病毒肺炎诊疗方案（试行第七版）》中，利巴韦林作为重要的抗病毒药物，在新冠病毒感染患者的治疗中得到了广泛应用。

从专利角度来看，利巴韦林的核心专利为 1974 年 3 月 19 日申请的 "1, 2, 4-Triazole Nucleosides"，该专利保护了利巴韦林的核心结构，并指明该结构具有抗病毒与抗肿瘤的活性，该专利原始申请人为 ICN 制药，于 1981 年转让给 VIRATEK 公司，该专利于 1994 年就专利到期，目前，该药物为默克公司所有。在该药物核心专利到期后，全球制药企业纷纷启动仿制药的研发工作，国内多家制药企业已陆续获得生产批件，主要适应证包括带状疱疹、病毒性肺炎、流行性感冒的防治、病毒性上呼吸道感染等。

目前，全球药物领域的研发人员、机构或企业在全球范围内就利巴韦林积极展开了专利布局，相关专利达到近 3000 件。在中国，利巴韦林的专利申请已涉及多个方面，主要包含利巴韦林的药物组合物或新的药物联用方法，与利巴韦林生产相关的制备方法、质量控制方法、新剂型，与利巴韦林检测相关的体外诊断方法与产品等。例如，药大制药有限公司专利 CN109481694A 公开了一种利巴韦林 - 白藜芦醇抗病毒偶联物、制备方法和应用，相比较利巴韦林单一药物，疗效明显提高，副作用降低；江西润泽药业有限公司专利 CN109481669A 揭示了利巴韦林衍生物与 α- 干扰素在治疗和 / 或预防病毒感染及病毒感染引起的相关疾病中联用，具有明显更好的抑制病毒的效果，且没有副作用产生；吉林百年汉克制药有限公司专利 CN108434095A 涉及一种利巴韦林注射液药物组合物及其制备方法和应用，制得的利巴韦林注射液具有纯度高、杂质少、成分单一、稳定性好以及药效好等优点；浙江尖峰药业有限公司专利 CN105232477A 公开了一种注射用利巴韦林及其制备方法，制得的利巴韦林注射液具有纯度高、产品稳定性好及药用效果好等优点；中国农业大学专利 CN109438424A 涉及利巴韦林半抗原和人工抗原及其制备方法与应用，为建立快速、简便、价廉、灵敏、特异的利巴韦林检测方法提供了新手段。

3. 洛匹那韦 / 利托那韦

洛匹那韦 / 利托那韦（商品名：克力芝）是洛匹那韦与利托那韦组成的复方制剂。洛匹那韦（Lopinavir）是一种 HIV 蛋白酶抑制剂，可以阻断 Gag-Pol 聚蛋白的分裂，导致产生未成熟的、无感染力的病毒颗粒；利托那韦（Ritonavir）是一种针对 HIV-1 和 HIV-2 天冬氨酰蛋白酶的活性拟肽类抑制剂，通过抑制 HIV 蛋白酶使该酶无法处理 Gag-Pol 多聚蛋白的前体，导致生成非成熟形态的 HIV 颗粒，从而无法启动新的感染周期。利托那韦可抑制 CYP3A 介导的洛匹那韦代谢，从而产生更高的洛匹那韦浓度。因此，洛匹那韦/利托那韦主要是洛匹那韦发挥作用。在本次新型冠状病毒的治疗中，无论是我国的《新型冠状病毒肺炎诊疗方案（试行第七版）》，还是 WHO 开展的"SOLIDARITY"全球性 COVID-19 临床试验，洛匹那韦/利托那韦都是重点临床应用的药物类型。

因为洛匹那韦是洛匹那韦/利托那韦中发挥作用的主要成分，因此对洛匹那韦的专利进行详细分析。该药物的原研企业是全球医药巨头艾伯维生物制药公司。洛匹那韦/利托那韦的核心专利为艾伯维 1990 年 5 月 17 日申请的专利"Retroviral protease inhibiting compounds"（专利公开号为 EP402646B1），保护了作为逆转录病毒蛋白酶抑制剂洛匹那韦的化合物结构；1991 年 11 月 4 日申请的专利"Retroviral protease inhibiting compounds"（专利公开号为 EP486948B1）对洛匹那韦/利托那韦的组合物、制备方法以及中间体进行了保护，但这两件专利与相关同族专利均已失效。

从该药物在中国的布局来看，重点分析艾伯维公司对洛匹那韦/利托那韦药物在中国的布局，可见该公司（专利申请人为雅培公司，但因为艾伯维公司后期从雅培公司中拆分独立出去，因此，后相关专利权都转让给艾伯维公司）于 1996 年 12 月 6 日在中国提交了洛匹那韦的化合物专利，随后陆续提交了相关的晶型、中间体制备、药物联用以及药物制剂等领域的专利，但最核心的洛匹那韦化合物专利已失效。同时利托那韦在国内甚至无核心化合物专利的保护，因此，洛匹那韦/利托那韦在国内的仿制基本没有专利壁垒（表 7-19）。即便如此，洛匹那韦/利托那韦在国内尚无经批准具有生产资质的药企，仍然依靠进口；然而这次疫情期间，科伦药业等企业公告称已开展洛匹那韦/利托那韦片的制剂处方工艺开发研究，将进入生产线规模化试制阶段，从而助力全球对抗新冠病毒疫情工作的持续开展。

表 7-19　洛匹那韦／利托那韦中国主要专利布局例举

申请号	申请日	公开号	专利名称	相关内容
CN96199904.7	1996 年 12 月 6 日	CN1208405A	逆病毒蛋白酶抑制化合物	该专利公开了作为 HIV 蛋白酶抑制剂的洛匹那韦的化合物结构，还公开了抑制 HIV 感染的方法和组合物
CN97199780.2	1997 年 11 月 12 日	CN1248914A	药用组合物	该专利公开了洛匹那韦与表面活性剂的组合物，从而增加口服药物的生物利用度
CN01807688.2	2001 年 3 月 21 日	CN1422259A	晶体药物	该专利公开了洛匹那韦的一种新晶型
CN01814864.6	2001 年 8 月 29 日	CN1449388A	逆转录病毒蛋白酶抑制剂的制备方法及其中间体	该专利公开了洛匹那韦与类似物的制备方法与相关中间体
CN200380107885.5	2003 年 10 月 31 日	CN1735612A	抗感染剂	该专利公开了洛匹那韦与其他化合物联用的方法，用于治疗丙肝
CN200680013668.3	2006 年 2 月 21 日	CN101163479A	固体药物剂型	该专利公开了洛匹那韦的药物制剂的制备方法
CN200980107060.0	2009 年 2 月 27 日	CN101959506A	片剂和其制备方法	该专利公开了包含洛匹那韦的一种片剂的制备方法
CN00808320.7	2002 年 6 月 12 日	CN1353607A	改进的药物制剂	该专利公开了含有一种或多种 HIV 蛋白酶抑制化合物的改进的药物组合物，该化合物在脂肪酸、醇和水的混合物中具有改进的溶解性能

附　录

2019 年度国家重点研发计划生物和医药相关重点专项立项项目清单[567]

附表 1　"数字诊疗装备研发"重点专项 2019 年度拟立项项目公示清单

序号	项目编号	项目名称	项目牵头承担单位	项目实施周期／年
1	2019YFC0117300	DR/CT 探测器专用集成电路研发	上海联影医疗科技有限公司	3
2	2019YFC0117400	CT 核心部件高速滑环研发	北京航星机器制造有限公司	3
3	2019YFC0117500	低液氦低温超导磁体研发	东软医疗系统股份有限公司	3
4	2019YFC0117600	新型 MRI 梯度匀场系统研发	宁波健信核磁技术有限公司	3
5	2019YFC0117700	新型 MRI 梯度匀场系统研发	上海联影医疗科技有限公司	3
6	2019YFC0117800	内窥镜专用 CMOS 图像传感器及处理传输模块研发	合肥德铭电子有限公司	3
7	2019YFC0117900	医用 CMOS 专用图像处理通用模块研发	杭州先奥科技有限公司	3
8	2019YFC0118000	医用机器人核心部件研发与应用	北京天智航医疗科技股份有限公司	3
9	2019YFC0118100	新型人工智能算法及其在肝癌精准介入治疗规划的应用研究	哈尔滨医科大学	3
10	2019YFC0118200	新型人工智能算法及其神经退行性疾病应用研究	浙江大学	3
11	2019YFC0118300	智能医学超声前沿理论、关键技术及临床应用研究	深圳大学	3
12	2019YFC0118400	新型人工智能算法及其眼部肿瘤病理诊断应用研究	浙江大学	3
13	2019YFC0118500	精神疾病和脏器功能电刺激调控方法及其植入式装置研发	清华大学	3
14	2019YFC0118600	抑郁症和心脏神经官能症电刺激调控方法及其植入式装置研发	首都医科大学宣武医院	3
15	2019YFC0118700	1.5T 无液氦低温超导磁体技术研发	宁波高思超导技术有限公司	3

---

567 数据来源：国家科技管理信息系统平台，搜集了 2019 年 1 月 1 日至 2020 年 2 月 18 日之间的项目公示。

续表

序号	项目编号	项目名称	项目牵头承担单位	项目实施周期/年
16	2019YFC0118800	人工智能医学信息系统软件测试审评方法研究及其数据库开发	工业和信息化部电子第五研究所	3
17	2019YFC0118900	全数字 PET 技术标准和规范	华中科技大学	3
18	2019YFC0119000	电子束复合介质阻挡放电等离子体肿瘤治疗技术及设备研发	合肥中科离子医学技术装备有限公司	3
19	2019YFC0119100	复合高压超短脉冲电场前列腺肿瘤消融系统	上海睿刀医疗科技有限公司	3
20	2019YFC0119200	甲状腺肿瘤微创手术机器人关键技术与平台研发	苏州尚贤医疗机器人技术股份有限公司	3
21	2019YFC0119300	混合现实引导精准、安全头颈微创手术导航机器人系统研发	艾瑞迈迪医疗科技（北京）有限公司	3
22	2019YFC0119400	面向复合呼吸支持的 SPAP 高流量呼吸湿化治疗仪	天津怡和嘉业医疗科技有限公司	3
23	2019YFC0119500	敏捷连接无损传导的前端可抛弃医用电子内窥镜	北京华信佳音医疗科技发展有限责任公司	3
24	2019YFC0119600	血清生长分化因子（GDF15）荧光定量免疫层析法检测试剂盒研发推广	上海乐合生物科技有限公司	3
25	2019YFC0119700	腹电式动态胎儿监护仪	北京易思医疗器械有限责任公司	3
26	2019YFC0119800	基于 MEMS 技术的心音心电原位同步无创冠心病检测仪	江苏珠联科技有限公司	3
27	2019YFC0119900	智能化良性阵发性位置性眩晕诊疗设备研发	上海威炫医疗器械有限公司	3
28	2019YFC0120000	脑卒中治疗及复发监测可穿戴系统的研发	山东海天智能工程有限公司	3
29	2019YFC0120100	分娩监护仪关键技术及其产业化研发	广州莲印医疗科技有限公司	3
30	2019YFC0120200	血管内介入超声成像诊断设备	上海爱声生物医疗科技有限公司	3
31	2019YFC0120300	高清快速超细可吞服内窥镜研发	沈阳尚贤医疗系统有限公司	3
32	2019YFC0120400	全景复合式数字腹腔镜的产业化	上海欧太医疗器械有限公司	3
33	2019YFC0120500	呼吸专科超声电子复合成像系统及核心部件研发	北京华科创智健康科技股份有限公司	3
34	2019YFC0120600	三维动态全身骨与关节数字成像及人工智能临床专家系统	上海涛影医疗科技有限公司	3
35	2019YFC0120700	心血管科用高分辨率光学相干断层成像系统的研制与产业化	南京沃福曼医疗科技有限公司	3
36	2019YFC0120800	近红外荧光成像术中导航系统	北京数字精准医疗科技有限公司	3

序号	项目编号	项目名称	项目牵头承担单位	项目实施周期/年
37	2019YFC0120900	无创性脑血流灌注功能定量评估系统研发及临床验证研究	美年大健康产业控股股份有限公司	3
38	2019YFC0121000	多自由度术中 X 射线计算机体层摄影系统研发	深圳安科高技术股份有限公司	3
39	2019YFC0121100	基于环阵超声的智能三维脑血流成像系统	深圳市德力凯医疗设备股份有限公司	3
40	2019YFC0121200	脑信号量化指导的经颅光电同步刺激装置研发及临床应用	北京心灵方舟科技发展有限公司	3
41	2019YFC0121300	基于无创神经调控声刺激治疗技术的耳鸣耳聋诊疗一体化设备研发与产业化	江苏贝泰福医疗科技有限公司	3
42	2019YFC0121400	单侧双通道新型微创脊柱手术设备的整体研发与技术规范研究	青岛钰仁医疗科技有限公司	3
43	2019YFC0121500	450 nm 高功率半导体蓝激光手术系统创新研制及临床应用	西安蓝极医疗电子科技有限公司	3
44	2019YFC0121600	肥厚型梗阻性心肌病新型微创外科治疗系统的研发与应用	武汉奥绿新生物科技股份有限公司	3
45	2019YFC0121700	智能化经鼻高流量湿化氧疗装备研发	湖南明康中锦医疗科技发展有限公司	3
46	2019YFC0121800	国家创新医疗器械示范应用体系构建和信息系统研发	中国科学院苏州生物医学工程技术研究所	3
47	2019YFC0121900	智慧妇幼国产创新医疗设备解决方案及应用示范	南方医科大学珠江医院	3

附表2　国家重点研发计划"粮食丰产增效科技创新"重点专项 2019 年度拟立项项目公示清单

序号	项目编号	项目名称	项目牵头承担单位	项目实施周期/年
1	SQ2019YFD030006	草地贪夜蛾防控关键技术研究与集成示范	中国农业科学院植物保护研究所	2

附表3　"干细胞及转化研究"重点专项 2019 年度拟立项项目公示清单

序号	项目编号	项目名称	项目牵头承担单位	项目负责人	中央财政经费/万元	项目实施周期/年
1	2019YFA0109900	染色体倍性改造干细胞的建立与应用	中国科学院上海生命科学研究院	李劲松	2774.00	2019~2023
2	2019YFA0110000	多能性干细胞的表观遗传稳定性研究	中国科学院动物研究所	王皓毅	2735.00	2019~2023
3	2019YFA0110100	区域特异性神经干细胞的获取以及功能特性和应用的研究	中国科学院生物物理研究所	王晓群	2673.00	2019~2023

续表

序号	项目编号	项目名称	项目牵头承担单位	项目负责人	中央财政经费/万元	项目实施周期/年
4	2019YFA0110200	基于谱系决定机制研究功能性免疫细胞再生新策略	中国科学院广州生物医药与健康研究院	陈捷凯	2636.00	2019～2023
5	2019YFA0110300	干细胞命运决定的免疫因素及调控	中国科学院动物研究所	焦建伟	2652.00	2019～2023
6	2019YFA0110400	人多能干细胞分化心脏谱系的调控及其移植后疗效及安全性研究	浙江大学	王建安	2696.00	2019～2023
7	2019YFA0110500	基于干细胞微环境适配型智能生物材料的组织器官原位再生技术与转化研究	华中科技大学	孙家明	2704.00	2019～2023
8	2019YFA0110600	基于干细胞和生物材料的组织和器官再生	中国人民解放军总医院	郭全义	2758.00	2019～2023
9	2019YFA0110700	异种移植用人源化基因编辑供体猪的构建及临床前研究	云南农业大学	魏红江	2771.00	2019～2023
10	2019YFA0110800	单基因遗传病的基因治疗研究	中国科学院动物研究所	李伟	2808.00	2019～2023
11	2019YFA0110900	干细胞治疗灵长类性腺衰老的临床前研究及转化	郑州大学	孙莹璞	2685.00	2019～2023
12	2019YFA0111000	新型造血干细胞产品的制备及其在血液系统疾病中的临床应用	上海交通大学	宋献民	1881.00	2019～2023
13	2019YFA0111100	*MLL* 基因易位在造血干细胞恶性转化和混合系白血病中的功能及机制研究	武汉大学	梁凯威	509.00	2019～2023
14	2019YFA0111200	视网膜退行性病变特异性免疫微环境调控视网膜神经干细胞移植后分化与功能的关键机制研究	中国人民解放军陆军军医大学	邰原	520.00	2019～2023
15	2019YFA0111300	智能型生物材料持续诱导调控 3D 干细胞培养构建生物人工肝	中山大学	陶玉	500.00	2019～2023
16	2019YFA0111400	肝脏干/祖细胞标记物鉴定及 3D 肝脏微器官构建	山东大学	胡慧丽	488.00	2019～2023
17	2019YFA0111500	猪心脏异种移植基因改造新策略与应用研究	中山大学	李小平	536.00	2019～2023
18	2019YFA0111600	表观遗传修饰与代谢对皮肤组织干细胞干性的调节机制及功能研究	中南大学湘雅医院	黄波	446.00	2019～2023

续表

序号	项目编号	项目名称	项目牵头承担单位	项目负责人	中央财政经费/万元	项目实施周期/年
19	2019YFA0111700	RNA 结合蛋白在 T 淋巴细胞发育与再生中的功能和机制研究	中国医学科学院基础医学研究所	王小爽	503.00	2019～2023
20	2019YFA0111800	生理低氧条件下解析造血干细胞干性的代谢调控	上海交通大学	郭滨	506.00	2019～2023
21	2019YFA0111900	关节组织特异性干细胞在骨关节炎中的作用及其机制	香港中文大学	姜洋子	545.00	2019～2023
22	2019YFA0112000	负载多种干细胞和外泌体的可注射多功能微支架构建及其对缺血性卒中的修复研究	上海交通大学	汤耀辉	413.00	2019～2023

附表 4　"干细胞及转化研究"重点专项 2019 年度第二批拟立项项目公示清单

序号	项目编号	项目名称	项目牵头承担单位	项目实施周期/年
1	2019YFA0112100	人脐带间充质干细胞修复脊髓损伤的临床研究	天津医科大学	2019～2023

附表 5　"中医药现代化研究"重点专项 2019 年度拟立项项目公示清单

序号	项目编号	项目名称	项目牵头承担单位	项目实施周期/年
1	2019YFC1708400	民间中医特色诊疗技术筛选评价与推广应用机制研究	中国中医科学院中国医史文献研究所	3
2	2019YFC1708500	冠心病等疾病痰瘀互结病因病机与诊治方案创新研究	中国中医科学院中医基础理论研究所	3
3	2019YFC1708600	基于脑心同治理念的益气活血类方治疗脑梗死/心肌梗死的病因病机与诊治方案的创新研究	浙江中医药大学	3
4	2019YFC1708700	基于"瘀毒郁结"核心病因病机异病同治方案的创新研究与应用	浙江中医药大学	3
5	2019YFC1708800	基于科学假说的中药引经和升降浮沉药性理论研究	黑龙江中医药大学	3
6	2019YFC1708900	生脉散类名优中成药为范例的中药作用机制解析创新方法研究	中国中医科学院中药研究所	3
7	2019YFC1709000	临床优势病种的腧穴功效特点及其效应机制	成都中医药大学	3
8	2019YFC1709100	经络功能的研究——足厥阴肝经和生殖器官特定联系的生物学机制	广州中医药大学	3
9	2019YFC1709200	基于知识元理论与临床需求深度融合的中医古籍整理及专题文献研究	北京中医药大学	3

续表

序号	项目编号	项目名称	项目牵头承担单位	项目实施周期/年
10	2019YFC1709300	糖尿病足中西医结合防治方案的循证评价及疗效机制研究	中国中医科学院西苑医院	3
11	2019YFC1709400	膜性肾病中医药疗效评价及优化临床诊疗指南研究	天津中医药大学第一附属医院	3
12	2019YFC1709500	高发妇科疾病中西医结合方案的循证评价	黑龙江中医药大学附属第一医院	3

附表6 国家重点研发计划"生殖健康及重大出生缺陷防控研究"重点专项 2019 年度拟立项项目公示清单

序号	项目编号	项目名称	项目牵头承担单位	项目实施周期/年
1	2019YFC1005100	规范化、全周期重大出生缺陷大数据平台建设	国家卫生健康委统计信息中心	3
2	2019YFC1005200	妇科肿瘤患者保留生育功能相关技术研发	北京大学	3

附表7 "合成生物学"重点专项 2019 年度拟立项项目公示清单

序号	项目编码	项目名称	项目牵头承担单位	项目实施周期/年
1	2019YFA09003800	动物染色体设计与合成	天津大学	5
2	2019YFA09003900	植物人工染色体的设计与合成	中国科学院遗传与发育生物学研究所	5
3	2019YFA09004000	非天然噬菌体的设计合成	山东大学	5
4	2019YFA09004100	基于密码子扩展的原核生物构建和酶定向进化	中国科学技术大学	5
5	2019YFA09004200	基于基因密码子扩展技术的非天然真核系统的构建及其应用	中国科学院生物物理研究所	5
6	2019YFA09004300	新型工业微生物全基因组代谢网络模型的优化设计和构建研究	中国科学院上海生命科学研究院	5
7	2019YFA09004400	功能性免疫分子的人工合成及其在肿瘤免疫治疗中的应用	复旦大学	5
8	2019YFA09004500	人工基因回路设计、构建及其用于代谢疾病智能诊疗的研究	华东师范大学	5
9	2019YFA09004600	微生物光合系统的重构与再造	天津大学	5
10	2019YFA09004700	高效生物固氮回路的设计与系统优化	北京大学	5
11	2019YFA09004800	生物工业过程监控合成生物传感系统创建与工业应用	华东理工大学	5
12	2019YFA09004900	微生物化学品工厂的途径创建及应用	中国科学院天津工业生物技术研究所	5
13	2019YFA09005000	新分子生化反应设计与生物合成系统创建	华东理工大学	5

续表

序号	项目编码	项目名称	项目牵头承担单位	项目实施周期/年
14	2019YFA09005100	新分子的生化反应设计与生物合成	天津大学	5
15	2019YFA09005200	人造蛋白质合成的细胞设计构建及应用	西北大学	5
16	2019YFA09005300	甾体激素从头生物合成的人工细胞创建及应用	江南大学	5
17	2019YFA09005400	放线菌药物合成生物体系的网络重构与系统优化	浙江大学	5
18	2019YFA09005500	活性污泥人工多细胞体系构建与应用	中国科学院微生物研究所	5
19	2019YFA09005600	合成生物肠道菌群体系构建及应用	天津大学	5
20	2019YFA09005700	新天然与人工产物的定向挖掘和高效合成的平台技术	山东大学	5
21	2019YFA09005800	新一代 DNA 合成技术	湖南大学	5
22	2019YFA09005900	全合成 mRNA 恶性肿瘤治疗性疫苗的设计与构建及转化研究	上海交通大学医学院附属瑞金医院	5
23	2019YFA09006000	基于基因线路重塑细胞微环境的机理及疾病治疗策略研究	深圳大学	5
24	2019YFA09006100	设计构建靶向实体瘤的新一代免疫细胞	中国科学院深圳先进技术研究院	5
25	2019YFA09006200	外源基因元器件在农作物中的适配性评价共性技术	中国农业科学院农业基因组研究所	5
26	2019YFA09006300	真核微藻光合元件的高效挖掘与适配重构	西湖大学	5
27	2019YFA09006400	基于 P450 调控的自由基反应催化合成氮、硫杂环分子	厦门大学	5
28	2019YFA09006500	针对神经退行性疾病的合成肠道菌群体系构建及应用	中国农业大学	5
29	2019YFA09006600	精准合成修饰蛋白质的酵母底盘细胞的设计与构建	浙江大学	5
30	2019YFA09006700	治疗炎症性肠病的合成肠道菌群的构建及应用	中国科学院深圳先进技术研究院	5

附表 8　重点研发计划"蛋白质机器与生命过程调控"重点专项 2019 年度拟立项项目公示清单

序号	项目编号	项目名称	项目牵头承担单位	项目负责人	中央财政经费/万元	项目实施周期/年
1	2019YFA0508400	相变调控神经系统发育及功能关键蛋白质机器动态组装的分子机制研究	香港科技大学	张明杰	2560	5
2	2019YFA0508500	固有免疫应答新型关键蛋白质机器功能与机制研究	中国科学技术大学	周荣斌	2444	5

序号	项目编号	项目名称	项目牵头承担单位	项目负责人	中央财政经费/万元	项目实施周期/年
3	2019YFA0508600	线粒体和溶酶体稳态维持的蛋白质机器及其在神经退行性疾病中的作用	南开大学	陈佺	2392	5
4	2019YFA0508700	核糖体翻译暂停介导的蛋白质质量控制机制	中国科学院遗传与发育生物学研究所	钱文峰	474	5
5	2019YFA0508800	组胺 H3R 精准调控神经干细胞特化的机制研究及其药物发现	浙江大学	张岩	470	5

附表 9　国家重点研发计划"发育编程及其代谢调节"重点专项 2019 年度拟立项项目公示清单

序号	项目编号	项目名称	项目牵头承担单位	项目实施周期/年
1	2019YFA0801400	胚层前体细胞谱系编程机制	北京大学第三医院	5
2	2019YFA0801500	重要实质性脏器的细胞更替和调控机制	同济大学	5
3	2019YFA0801600	心血管与脑神经组织之间的协同发育调控机制	南京大学	5
4	2019YFA0801700	内生代谢产物与命运决定因子互作调控组织器官发育的研究	中国科学院动物研究所	5
5	2019YFA0801800	跨器官通讯调控造血稳态的代谢机制研究	中国医学科学院基础医学研究所	5
6	2019YFA0801900	中枢神经系统对代谢和能量平衡调节的机制研究	复旦大学	5
7	2019YFA0802000	组织器官损伤修复的细胞基础与分子调控机制	中国科学院上海生命科学研究院	5
8	2019YFA0802100	代谢性细胞器对神经组织、睾丸等发育的调节作用及其机制	北京师范大学	5
9	2019YFA0802200	新型核糖核酸修饰鉴定和代谢及其对脑与胚胎发育的调控	中国科学院遗传与发育生物学研究所	5
10	2019YFA0802300	不同发育阶段肠道菌群特征及其对发育的影响	西安交通大学	5
11	2019YFA0802400	生物钟对组织器官代谢和稳态的调节作用	苏州大学	5
12	2019YFA0802500	生长发育期营养失衡对代谢性疾病的影响及其机制	中国人民解放军海军军医大学	5
13	2019YFA0802600	环境应激和营养失衡所致获得性性状及其代际传递机制	中国科学技术大学	5
14	2019YFA0802700	家族性高胆固醇血症发病新机制及其导致重要器官发育缺陷的研究	南京医科大学	5
15	2019YFA0802800	在体基因编辑及示踪新技术的研发	华东师范大学	5

续表

序号	项目编号	项目名称	项目牵头承担单位	项目实施周期 / 年
16	2019YFA0802900	运用人源化小鼠模型解析肠道菌群代谢物调控免疫系统稳态的机理及其在特应性皮炎治疗中的意义	南京大学	5
17	2019YFA0803000	小胶质细胞如何维护自身群落	浙江大学	5
18	2019YFA0803100	肠道菌代谢产物调控动物发育的分子机制	云南大学	5

附表 10　国家重点研发计划"主要经济作物优质高产与产业提质增效科技创新"重点专项2019 年度拟立项项目公示清单

序号	项目编号	项目名称	项目牵头承担单位	项目实施周期 / 年
1	SQ2019YFD100061	果树优质丰产的生理基础与调控	西北农林科技大学	4
2	SQ2019YFD100045	果树优异种质资源评价与基因发掘	中国农业科学院郑州果树研究所	4
3	SQ2019YFD100067	设施果实类蔬菜高产的生理基础与调控机制	中国农业科学院蔬菜花卉研究所	4
4	SQ2019YFD100017	重要花卉种质资源精准评价与基因发掘	华中农业大学	4
5	SQ2019YFD100085	热带作物种质资源精准评价与基因发掘	中国热带农业科学院热带作物品种资源研究所	4
6	SQ2019YFD100019	特色经济林优异种质发掘和精细评价	华中农业大学	4
7	SQ2019YFD100076	杂粮作物核心资源遗传本底评价和深度解析	中国农业科学院作物科学研究所	4
8	SQ2019YFD100078	落叶果树高效育种技术与品种创制	北京市林业果树科学研究院	4
9	SQ2019YFD100057	常绿果树高效育种技术与品种创制	广东省农业科学院果树研究所	4
10	SQ2019YFD100066	花卉高效育种技术与品种创制	中国农业科学院蔬菜花卉研究所	4
11	SQ2019YFD100098	热带作物高效育种技术与品种创制	中国热带农业科学院橡胶研究所	4
12	SQ2019YFD100071	特色经济林高效育种技术与品种创制	国家林业和草原局泡桐研究开发中心	4
13	SQ2019YFD100014	双子叶杂粮高效育种技术与品种创制	江苏徐淮地区徐州农业科学研究所	4
14	SQ2019YFD100009	果树优质高效品种筛选及配套栽培技术研究	华中农业大学	4
15	SQ2019YFD100016	花卉优质高效品种筛选及配套栽培技术	南京农业大学	4
16	SQ2019YFD100075	特色经济林生态经济型品种筛选及配套栽培技术	中国林业科学研究院亚热带林业研究所	4

续表

序号	项目编号	项目名称	项目牵头承担单位	项目实施周期 / 年
17	SQ2019YFD100113	禾谷类杂粮提质增效品种筛选及配套栽培技术	河北省农林科学院谷子研究所	4
18	SQ2019YFD100010	园艺作物病毒检测及无病毒苗木繁育技术	华中农业大学	4
19	SQ2019YFD100128	园艺作物设施生产关键技术	沈阳农业大学	4
20	SQ2019YFD100084	主要经济作物重要及新成灾病害绿色综合防控技术	中国农业科学院植物保护研究所	4
21	SQ2019YFD100112	主要经济作物重要及新成灾虫害绿色综合防控关键技术	中国农业科学院蔬菜花卉研究所	4
22	SQ2019YFD100021	主要经济作物气象灾害风险预警及防灾减灾关键技术	中国气象科学研究院	4
23	SQ2019YFD100044	特色经济林采后果实与副产物增值加工关键技术	广东省农业科学院蚕业与农产品加工研究所	4
24	SQ2019YFD100072	特色食用木本油料种实增值加工关键技术	西北大学	4
25	SQ2019YFD100087	宁夏贺兰山东麓葡萄酒产业关键技术研究与示范	银川产业技术研究院	4
26	SQ2019YFD100114	大豆及其替代作物产业链科技创新	河南省农业科学院	4
27	SQ2019YFD100077	黄河三角洲耐盐碱作物提质增效技术集成研究与示范	中国科学院烟台海岸带研究所	4

附表 11 "食品安全关键技术研发"重点专项 2019 年度拟立项项目公示清单

序号	项目编号	项目名称	项目牵头承担单位	项目实施周期 / 年
1	2019YFC1604500	主要植物源食品原料中关键危害物迁移转化机制及安全控制技术	中国农业科学院植物保护研究所	3
2	2019YFC1604600	食品中化学危害物阻控技术及其安全性评价	复旦大学	3
3	2019YFC1604700	有毒生物 DNA 条形码鉴定技术研究	中国农业科学院农业质量标准与检测技术研究所	3
4	2019YFC1604800	食品基体标准物质 / 标准样品制备共性关键技术研究与国际互认	中国计量科学研究院	3
5	2019YFC1604900	按照传统既是食品又是中药材物质的安全性评估关键技术研究	江西中医药大学	3
6	2019YFC1605000	食物过敏标识的风险评估技术研究	中国农业大学	3
7	2019YFC1605100	食用农产品残留农药兽药在人体残留形态与健康风险相关性关键技术研究	中国科学院大连化学物理研究所	3
8	2019YFC1605200	食品安全标准体系系统评估研究	国家食品安全风险评估中心	3

序号	项目编号	项目名称	项目牵头承担单位	项目实施周期/年
9	2019YFC1605300	粮油质量安全过程保障与追溯技术集成与示范	南京财经大学	3
10	2019YFC1605400	国际贸易重要食品的安全侦查与风险监控实验室应用示范	南京农业大学	3
11	2019YFC1605500	口岸食品现场快速检测与现场执法智能监控应用示范	深圳市检验检疫科学研究院	3
12	2019YFC1605600	果蔬产品质量安全保障技术应用示范	中国农业科学院农业质量标准与检测技术研究所	3

附表 12　国家重点研发计划"蓝色粮仓科技创新"重点专项 2019 年度拟立项项目公示清单

序号	项目编号	项目名称	项目牵头承担单位	项目实施周期/年
1	2019YFD0900100	水产养殖动物病害免疫预防与生态防控技术	中国水产科学研究院黄海水产研究所	4
2	2019YFD0900200	水产养殖动物新型蛋白源开发与高效饲料研制	中国科学院水生生物研究所	4
3	2019YFD0900300	淡水池塘生态养殖智能装备与渔农综合种养模式	中国水产科学研究院渔业机械仪器研究所	4
4	2019YFD0900400	海水池塘和盐碱水域生态工程化养殖技术与模式	中国水产科学研究院黄海水产研究所	4
5	2019YFD0900500	工厂化智能净水装备与高效养殖模式	中国水产科学研究院黄海水产研究所	4
6	2019YFD0900600	湖泊生态增养殖技术与模式	中国科学院水生生物研究所	4
7	2019YFD0900700	滩涂增养殖技术与生态农牧化新模式	中国科学院烟台海岸带研究所	4
8	2019YFD0900800	浅海生态增养殖机械化装备与模式	中国科学院海洋研究所	4
9	2019YFD0900900	开放海域和远海岛礁养殖智能装备与增殖模式	中国水产科学研究院黄海水产研究所	4
10	2019YFD0901000	深远海工业化大型养殖装备与模式	中国海洋大学	4
11	2019YFD0901100	渔业水域环境监测装备与预警技术	自然资源部第三海洋研究所	4
12	2019YFD0901200	典型渔业水域生境修复与生物资源养护技术	中国水产科学研究院东海水产研究所	4
13	2019YFD0901300	现代化海洋牧场高质量发展与生态安全保障技术	中国科学院海洋研究所	4
14	2019YFD0901400	远洋生物资源立体探测与渔场解析技术	上海海洋大学	4
15	2019YFD0901500	远洋渔业资源友好型捕捞装备与节能技术	中国水产科学研究院东海水产研究所	4

2020 中国生命科学与生物技术发展报告

续表

序号	项目编号	项目名称	项目牵头承担单位	项目实施周期/年
16	2019YFD0901600	水产品陆海联动保鲜保活与冷链物流技术	浙江工业大学	4
17	2019YFD0901700	水产品危害物质检测与质量控制技术	中国海洋大学	4
18	2019YFD0901800	水产品智能化加工装备与关键技术研发	中国水产科学研究院渔业机械仪器研究所	4
19	2019YFD0901900	水产品高质化生物加工新技术与产品开发	中国水产科学研究院南海水产研究所	4
20	2019YFD0902000	低值水产品及副产物高值化利用与新产品创制	大连工业大学	4
21	2019YFD0902100	黄渤海现代化海洋牧场构建与立体开发模式示范	山东蓝色海洋科技股份有限公司	4

2019 年中国新药药证批准情况

附表 13　2019 年国家食品药品监督管理局药品审评中心在重要治疗领域的药品审批情况

类型	名称	药品信息
抗肿瘤药物	甲磺酸氟马替尼片	为我国首个具有自主知识产权的小分子 Bcr-abl 酪氨酸激酶抑制剂，适用于治疗费城染色体阳性的慢性髓性白血病慢性期成人患者，本品获批上市为此类患者提供了更好的治疗选择
	达可替尼片	为第二代小分子表皮生长因子受体（EGFR）酪氨酸激酶抑制剂（TKI），适用于局部晚期或转移性表皮生长因子受体敏感突变的非小细胞肺癌患者的一线治疗。与第一代 EGFR-TKI 相比，本品可延长患者的生存期，为此类患者提供了更好的治疗手段
	甲苯磺酸尼拉帕利胶囊	为一种高选择性的多聚腺苷 5″ 二磷酸核糖聚合酶（PARP）抑制剂创新药物，适用于铂敏感的复发性上皮性卵巢癌、输卵管癌或原发性腹膜癌成人患者在含铂化疗达到完全缓解或部分缓解后的维持治疗，本品获批上市为此类患者提供了新的治疗选择
	地舒单抗注射液	为核因子 κB 受体激活因子配体（RANKL）的全人化单克隆 IgG2 抗体，适用于治疗不可手术切除或者手术切除可能导致严重功能障碍的骨巨细胞瘤，属临床急需境外新药名单品种。本品获批上市填补了此类患者的治疗空白，满足其迫切的临床需求
	达雷妥尤单抗注射液	为全球首个抗 CD38 单克隆抗体，也是用于治疗多发性骨髓瘤的首个单克隆抗体，适用于治疗既往经过蛋白酶体抑制剂和免疫调节剂治疗后无药可选的多发性骨髓瘤，本品获批上市为此类患者带来了治疗获益
	利妥昔单抗注射液	为国内首个利妥昔单抗生物类似药注射液，同时也是国内首个上市的生物类似药，适用于治疗非霍奇金淋巴瘤，本品获批上市提高了此类患者的临床可及性
	贝伐珠单抗注射液	为国内首个贝伐珠单抗注射液生物类似药，适用于治疗转移性结直肠癌，晚期、转移性或复发性非小细胞肺癌，本品获批上市将提高该类药品的可及性
抗感染药物	格卡瑞韦哌仑他韦片	为全新的抗丙肝固定组合复方制剂，适用于治疗基因 1、2、3、4、5 或 6 型慢性丙型肝炎病毒（HCV）感染的无肝硬化或代偿期肝硬化成人和 12 岁至 18 岁以下青少年患者，属临床急需境外新药名单品种。本品针对全基因型在初治无肝硬化患者中的治疗周期可缩短至 8 周，其获批上市将进一步满足临床需求，为丙肝患者提供了更多治疗选择
	索磷韦伏片	为索磷布韦、维帕他韦、伏西瑞韦 3 种成分组成的固定复方制剂，适用于治疗慢性丙型肝炎病毒感染，属临床急需境外新药名单品种。本品可为全基因型既往直接抗病毒药物（DAA）治疗失败的丙肝患者提供高效且耐受的补救治疗方案，填补了临床空白
	拉米夫定替诺福韦片	为拉米夫定和替诺福韦二吡呋酯的固定剂量复方制剂，适用于治疗人类免疫缺陷病毒 -1（HIV-1）感染，属国内首个仿制药。拉米夫定片和替诺福韦二吡呋酯片的联合治疗方案为临床抗 HIV 的一线治疗方案，本品获批上市可提高患者的用药依从性
	注射用头孢他啶阿维巴坦钠	为新型 β- 内酰胺酶抑制剂，适用于治疗复杂性腹腔内感染、医院获得性肺炎和呼吸机相关性肺炎、以及在治疗方案选择有限的成人患者中治疗由革兰氏阴性菌引起的感染。本品获批上市可解决日益突出的耐药菌感染所带来的巨大挑战，满足了迫切的临床治疗要求

类型	名称	药品信息
循环系统药物	波生坦分散片	为我国首个用于儿童肺动脉高压（PAH）的特异性治疗药物，属儿童用药且临床急需境外新药名单品种。PAH 是一种进展性的危及生命的疾病，国内尚无针对儿童 PAH 患者的特异性治疗药物，本品为针对儿童开发的新剂型，其获批上市解决了儿童 PAH 患者的用药可及性
风湿性疾病及免疫药物	注射用贝利尤单抗	为一种重组的完全人源化 IgG2λ 单克隆抗体，适用于在常规治疗基础上仍具有高疾病活动的活动性、自身抗体阳性的系统性红斑狼疮（SLE）成年患者，是全球近 60 年来首个上市用于治疗 SLE 的新药。目前 SLE 治疗选择不多，本品获批上市满足了 SLE 患者未被满足的临床需求
	阿达木单抗注射液	为国内首个阿达木单抗生物类似药，适用于治疗成年患者的类风湿关节炎、强直性脊柱炎和银屑病等自身免疫性疾病，本品获批上市将提高该类药物的临床可及性，有效降低患者经济负担
神经系统药物	拉考沙胺片	为新型抗癫痫药物，适用于 16 岁及以上癫痫患者部分性发作的联合治疗，属国内首个仿制药，本品获批上市提高了此类患者的用药可及性，方便患者使用
	咪达唑仑口颊黏膜溶液	为国内首家治疗儿童惊厥急性发作的口颊黏膜溶液，属儿童用药。小儿惊厥常为突然发作，静脉注射、肌内注射、直肠给药等给药方式较为困难，口颊黏膜给药方式可弥补上述给药途径的不足，本品获批上市为此类患者提供了一项新的更便捷的给药方式
镇痛药及麻醉科药物	水合氯醛灌肠剂	适用于儿童检查/操作前的镇静、催眠，以及监护条件下的抗惊厥的中枢镇静药物，属首批鼓励研发申报儿童药品清单品种。本品是适合儿童应用的剂型，其获批上市填补了国内儿童诊疗镇静用水合氯醛制剂无上市品种的空白，满足我国儿科临床迫切需求
皮肤及五官科药物	本维莫德乳膏	为具有我国自主知识产权的全球首创治疗银屑病药物，具有全新结构和全新作用机制，适用于局部治疗成人轻至中度稳定性寻常型银屑病。本品获批上市为临床提供了一种新型的安全有效治疗药物选择
	司库奇尤单抗注射液	为我国首个白介素类治疗中至重度银屑病药物，属临床急需境外新药名单品种。与 TNFα 类药物相比，本品疗效更好，其获批上市为此类患者提供了一种新作用机制的药物选择
罕见病药物	依洛硫酸酯酶α注射液	为国内首个且唯一用于治疗罕见病 IVA 型黏多糖贮积症（MPS IVA, Morquio A 综合征）的酶替代治疗药物，属临床急需境外新药名单品种。黏多糖贮积症是严重危及生命且国内尚无有效治疗手段的疾病，本品获批上市填补了我国此类患者的用药空白
	注射用阿加糖酶β	为治疗罕见病法布雷病的长期酶替代疗法药物，属临床急需境外新药名单品种。法布雷病是严重危及生命且国内尚无有效治疗手段的疾病，已列入我国第一批罕见病目录，本品获批上市填补了国内此类患者的治疗空白
	诺西那生钠注射液	为国内首个且唯一用于治疗罕见病脊髓性肌萎缩症的药物，属临床急需境外新药名单品种。本品有效解决了我国脊髓性肌萎缩症目前尚无有效治疗手段的临床用药急需
	依达拉奉氯化钠注射液	适用于治疗罕见病肌萎缩侧索硬化（ALS），属临床急需境外新药名单品种。本品有效解决了目前我国 ALS 尚无有效治疗手段的临床用药急需

类型	名称	药品信息
预防用生物制品（疫苗）	13价肺炎球菌多糖结合疫苗	为具有自主知识产权的首个国产肺炎球菌结合疫苗，适用于6周龄至5岁（6周岁生日前）婴幼儿和儿童，预防1型、3型等13种血清型肺炎球菌引起的感染性疾病。本品是全球第二个预防婴幼儿和儿童肺炎的疫苗，其上市提高了该类疫苗的可及性，可更好地满足公众需求
	重组带状疱疹（CHO细胞）疫苗	适用于50岁及以上成人预防带状疱疹，属临床急需境外新药名单品种。随着年龄增长，带状疱疹患病风险升高，且其并发症严重影响患者正常工作和生活，目前国内缺少对该疾病的有效预防和治疗手段，本品获批上市进一步满足了公众特别是我国老龄患者的临床用药需求
	双价人乳头瘤病毒疫苗（大肠杆菌）	为首个国产人乳头瘤病毒（HPV）疫苗，适用于9~45岁女性预防由HPV16/18引起的相关疾病，9~14岁女性也可以选择采用0、6月分别接种1剂次的免疫程序。本品可进一步缓解国内HPV疫苗的供需紧张，有助于满足我国女性对HPV疫苗的临床需求
中药新药	芍麻止痉颗粒	为白芍、天麻等11种药味组成的新中药复方制剂，属儿童用药，可治疗抽动-秽语综合征（Tourette综合征）及慢性抽动障碍中医辨证属肝亢风动、痰火内扰者。本品可明显改善患儿的运动性抽动、发声性抽动，以及社会功能缺损，精神神经系统不良反应发生率明显低于已上市药品之一的阳性药盐酸硫必利片，为患儿尤其是轻中度患儿提供了一种更为安全有效的治疗选择，满足患者需求和解决临床可及性
	小儿荆杏止咳颗粒	为荆芥、苦杏仁等12种药味组成的新中药复方制剂，属儿童用药，具有"疏风散寒、宣肺清热、祛痰止咳"的功效，适用于治疗小儿外感风寒化热的轻度支气管炎。本品在咳嗽、咳痰等主要症状改善和中医证候、疾病愈显率等方面具有明显疗效，不良反应较少，为急性支气管炎小儿患者提供了一种新的安全有效的治疗选择

2019 年中国生物技术企业上市情况

附表 14 　2019 年中国生物技术 / 医疗健康领域的上市公司[568]

上市时间	上市企业	募资金额	所属行业	交易所
2019-12-19	嘉必优	7.2 亿元人民币	保健品	上海证券交易所科创板
2019-12-12	康宁杰瑞制药	18.3 亿港币	生物制药	香港证券交易所主板
2019-12-10	启明医疗	25.9 亿港币	医疗设备	香港证券交易所主板
2019-12-09	佰仁医疗	5.7 亿元人民币	医疗设备	上海证券交易所科创板
2019-12-05	硕世生物	6.9 亿元人民币	医药	上海证券交易所科创板
2019-12-03	祥生医疗	10.1 亿元人民币	医疗设备	上海证券交易所科创板
2019-12-03	迈得医疗	5.2 亿元人民币	专用仪器仪表制造业	上海证券交易所科创板
2019-11-28	康龙化成	46.0 亿港币	生物制药	香港证券交易所主板
2019-11-12	中国抗体	13.8 亿港币	生物工程	香港证券交易所主板
2019-11-11	Raphas	金额未透露	生物技术 / 医疗健康	韩国证券交易所
2019-11-08	康德莱医械	8.3 亿港币	医疗设备	香港证券交易所主板
2019-11-08	东曜药业	5.9 亿港币	其他生物技术 / 医疗健康	香港证券交易所主板
2019-11-08	博瑞医药	5.2 亿元人民币	医药	上海证券交易所科创板
2019-11-05	普门科技	3.9 亿元人民币	医疗设备	上海证券交易所科创板
2019-11-05	美迪西	6.4 亿元人民币	医疗服务	上海证券交易所科创板
2019-10-30	赛诺医疗	3.5 亿元人民币	医疗设备	上海证券交易所科创板
2019-10-30	昊海生科	15.9 亿元人民币	生物制药	上海证券交易所科创板
2019-10-28	亚盛医药	4.2 亿港币	生物制药	香港证券交易所主板
2019-10-28	申联生物	4.4 亿元人民币	动物用药品制造业	上海证券交易所科创板
2019-10-25	医美国际	3000.0 万美元	其他生物技术 / 医疗健康	纳斯达克证券交易所
2019-10-25	海尔生物	12.3 亿元人民币	医疗设备	上海证券交易所科创板
2019-10-25	幸福来	1100.0 万美元	保健品	纳斯达克证券交易所
2019-10-15	德视佳	6.0 亿港币	医疗服务	香港证券交易所主板
2019-09-30	热景生物	4.6 亿元人民币	医疗设备	上海证券交易所科创板
2019-09-25	复宏汉霖	32.1 亿港币	生物制药	香港证券交易所主板
2019-09-25	仙乐健康	10.9 亿元人民币	保健品	深圳证券交易所创业板
2019-08-12	微芯生物	10.2 亿元人民币	生物制药	上海证券交易所科创板
2019-07-22	南微医学	17.5 亿元人民币	医疗设备	上海证券交易所科创板

---

568 数据来源：清科数据。

续表

上市时间	上市企业	募资金额	所属行业	交易所
2019-07-22	心脉医疗	8.3 亿元人民币	医疗设备	上海证券交易所科创板
2019-07-12	华检医疗	10.2 亿港币	医疗服务	香港证券交易所主板
2019-06-27	BridgeBio	3.5 亿美元	其他生物技术 / 医疗健康	纳斯达克证券交易所
2019-06-25	锦欣生殖	30.5 亿港币	医疗服务	香港证券交易所主板
2019-06-14	翰森制药	78.6 亿港币	医药	香港证券交易所主板
2019-05-31	迈博药业	11.8 亿港币	医药	香港证券交易所主板
2019-05-30	方达控股	16.1 亿港币	医药	香港证券交易所主板
2019-05-09	维亚生物	15.2 亿港币	生物制药	香港证券交易所主板
2019-05-09	NextCure	7500.0 万美元	生物制药	纳斯达克证券交易所
2019-03-28	康希诺生物	12.6 亿港币	生物制药	香港证券交易所主板
2019-03-27	中智全球	4.3 亿港币	其他生物技术 / 医疗健康	香港证券交易所主板
2019-03-22	新诺威	12.2 亿元人民币	医药	深圳证券交易所创业板
2019-03-11	奥美医疗	5.3 亿元人民币	医疗设备	深圳证券交易所中小板
2019-02-26	基石药业	22.4 亿港币	生物制药	香港证券交易所主板
2019-02-08	Covetrus	金额未透露	生物技术 / 医疗健康	纳斯达克证券交易所
2019-02-08	Gossamer Bio Services	2.8 亿美元	医药	纳斯达克证券交易所
2019-01-30	威尔药业	5.9 亿元人民币	医药	上海证券交易所主板
2019-01-28	康龙化成	5.0 亿元人民币	生物制药	深圳证券交易所创业板
2019-01-16	蔚蓝生物	3.9 亿元人民币	生物制药	上海证券交易所主板
2019-01-04	苏轩堂	1003.0 万美元	医药	纳斯达克证券交易所

2019 年国家科学技术奖励[569]

附表 15　2019 年度国家自然科学奖获奖项目目录（生物和医药相关）

二等奖		
编　号	项目名称	主要完成人
Z-105-2-01	大熊猫适应性演化与濒危机制研究	魏辅文（中国科学院动物研究所） 聂永刚（中国科学院动物研究所） 胡义波（中国科学院动物研究所） 吴　琦（中国科学院动物研究所） 詹祥江（中国科学院动物研究所）
Z-105-2-02	组蛋白甲基化和小 RNA 调控植物生长发育和转座子活性的机制研究	曹晓风（中国科学院遗传与发育生物学研究所） 刘春艳（中国科学院遗传与发育生物学研究所） 宋显伟（中国科学院遗传与发育生物学研究所） 陆发隆（中国科学院遗传与发育生物学研究所） 刘　斌（中国科学院遗传与发育生物学研究所）
Z-105-2-03	多细胞生物细胞自噬分子机制及与神经退行性疾病的关系	张　宏（中国科学院生物物理研究所） 赵　燕（中国科学院生物物理研究所） 田　烨（北京生命科学研究所） 赵红玉（北京生命科学研究所） 李思慧（中国科学院生物物理研究所）
Z-105-2-04	动物流感病毒跨种感染人及传播能力研究	陈化兰（中国农业科学院哈尔滨兽医研究所） 施建忠（中国农业科学院哈尔滨兽医研究所） 邓国华（中国农业科学院哈尔滨兽医研究所） 杨焕良（中国农业科学院哈尔滨兽医研究所） 李雁冰（中国农业科学院哈尔滨兽医研究所）
Z-105-2-05	基于连锁不平衡及长单倍型分析的精神疾病关键基因精细定位研究	师咏勇（上海交通大学） 贺　林（上海交通大学） 李志强（上海交通大学） 贺　光（上海交通大学） 赵欣之（上海交通大学）
Z-106-2-01	数种新发自然疫源性疾病的发现与溯源研究	曹务春（中国人民解放军军事科学院军事医学研究院） 江佳富（中国人民解放军军事科学院军事医学研究院） 贾　娜（中国人民解放军军事科学院军事医学研究院） 方立群（中国人民解放军军事科学院军事医学研究院） 黎　浩（中国人民解放军军事科学院军事医学研究院）
Z-106-2-02	抑郁症发病新机理及抗抑郁新靶点的研究	高天明（南方医科大学） 朱东亚（南京医科大学） 曹　鹏（中国科学院生物物理研究所） 朱心红（南方医科大学） 曹　雄（南方医科大学）

569 数据来源：科学技术部。

二等奖		
编　号	项目名称	主要完成人
Z-106-2-03	炎症巨噬细胞的活化、调控及效应机制	周荣斌（中国科学技术大学） 江　维（中国科学技术大学） 彭　慧（中国科学技术大学） 王夏琼（中国科学技术大学） 田志刚（中国科学技术大学）
Z-106-2-04	乙肝病毒变异和免疫遗传在肝细胞癌发生发展中的新机制	曹广文（中国人民解放军海军军医大学） 殷建华（中国人民解放军海军军医大学） 蒋德科（复旦大学） 屠　红（上海市肿瘤研究所） 余　龙（复旦大学）

附表 16　2019 年度国家技术发明奖获奖项目目录（生物和医药相关）

二等奖（通用项目）		
编　号	项目名称	主要完成人
F-301-2-01	农产品中典型化学污染物精准识别与检测关键技术	王　静（中国农业科学院农业质量标准与检测技术研究所） 何方洋（北京勤邦生物技术有限公司） 金茂俊（中国农业科学院农业质量标准与检测技术研究所） 佘永新（中国农业科学院农业质量标准与检测技术研究所） 金　芬（中国农业科学院农业质量标准与检测技术研究所） 杨　鑫（哈尔滨工业大学）
F-301-2-02	基因Ⅶ型新城疫新型疫苗的创制与应用	刘秀梵（扬州大学） 胡顺林（扬州大学） 刘晓文（扬州大学） 王晓泉（扬州大学） 何海蓉（中崇信诺生物科技泰州有限公司） 曹永忠（扬州大学）
F-301-2-03	新型饲用氨基酸与猪低蛋白质饲料创制技术	谯仕彦（中国农业大学） 王德辉（长春大成实业集团有限公司） 岳隆耀（辽宁禾丰牧业股份有限公司） 曾祥芳（中国农业大学） 王春平［亚太兴牧（北京）科技有限公司］ 马　曦（中国农业大学）
F-301-2-04	东北玉米全价值仿生收获关键技术与装备	陈　志（吉林大学） 付　君（吉林大学） 韩增德（中国农业机械化科学研究院） 崔守波（山东巨明机械有限公司） 张　强（吉林大学） 张立波（河北中农博远农业装备有限公司）

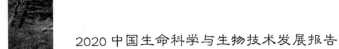

续表

二等奖（通用项目）		
编号	项目名称	主要完成人
F-302-2-01	微创等离子前列腺手术体系的关键技术与临床应用	王行环（武汉大学） 王怀鹏（武汉唐济科技有限公司） 李 政（成都美创医疗科技股份有限公司） 林 敏（珠海市司迈科技有限公司） 黄 兴（武汉大学） 杨中华（武汉大学）
F-302-2-02	异体间充质干细胞治疗难治性红斑狼疮的关键技术创新与临床应用研究	孙凌云（南京鼓楼医院） 张华勇（南京鼓楼医院） 胡 祥（深圳市北科生物科技有限公司） 王丹丹（南京鼓楼医院） 刘沐芸（深圳市北科生物科技有限公司） 许文荣（江苏大学）
F-302-2-03	蛋白质抗原工程技术的创立及其应用	吴玉章（中国人民解放军陆军军医大学） 车小燕（南方医科大学珠江医院） 倪 兵（中国人民解放军陆军军医大学） 丁细霞（南方医科大学珠江医院） 潘玉先（南方医科大学珠江医院）
F-305-2-01	淀粉加工关键酶制剂的创制及工业化应用技术	吴 敬（江南大学） 李兆丰（江南大学） 陈 晟（江南大学） 宿玲恰（江南大学） 谢艳萍（湖南汇升生物科技有限公司） 赵玉斌（山东省鲁洲食品集团有限公司）
F-305-2-03	特色食品加工多维智能感知技术及应用	邹小波（江苏大学） 陈全胜（江苏大学） 石吉勇（江苏大学） 李国权（江苏恒顺醋业股份有限公司） 张春江（中国农业科学院农产品加工研究所） 赵杰文（江苏大学）

附表 17　2019 年度国家科学技术进步奖获奖项目目录（生物和医药相关）

一等奖（通用项目）			
编号	项目名称	主要完成人	主要完成单位
J-234-1-01	中医脉络学说构建及其指导微血管病变防治	吴以岭，杨跃进，贾振华，李新立，黄从新，杨明会，曹克将，董 强，吴伟康，曾定尹，温进坤，高彦彬，周京敏，魏 聪，郑青山	河北以岭医药研究院有限公司，中国医学科学院阜外医院，江苏省人民医院，武汉大学人民医院，中国人民解放军总医院，复旦大学附属华山医院，中山大学，河北医科大学，首都医科大学，复旦大学附属中山医院

二等奖（通用项目）			
编号	项目名称	主要完成人	主要完成单位
J-201-2-01	优质早熟抗寒抗赤霉病小麦新品种西农 979 的选育与应用	王 辉，闵东红，李学军，孙道杰，冯 毅，张玲丽，黑更全，王令涛，严勇敢，王学友	西北农林科技大学，河南金粒种业有限公司
J-201-2-02	多抗优质高产"农大棉"新品种选育与应用	马峙英，张桂寅，吴立强，王省芬，卢怀玉，李志坤，张 艳，徐东永，柯会锋，王国宁	河北农业大学，河间市国欣农村技术服务总会
J-201-2-03	茄果类蔬菜分子育种技术创新及新品种选育	叶志彪，姚明华，张俊红，张余洋，欧阳波，王涛涛，李晓东，王 飞，李汉霞，郑 伟	华中农业大学，湖北省农业科学院经济作物研究所，西安金鹏种苗有限公司，武汉楚为生物科技股份有限公司
J-201-2-04	广适高产稳产小麦新品种鲁原 502 的选育与应用	李新华，刘录祥，李 鹏，吴建军，高国强，孙明柱，赵林姝，王美华，张凤云，郭利磊	山东省农业科学院原子能农业应用研究所，中国农业科学院作物科学研究所，山东鲁研农业良种有限公司
J-201-2-05	耐密高产广适玉米新品种中单 808 和中单 909 培育与应用	黄长玲，刘志芳，李新海，吴宇锦，李绍明，王红武，李少昆，胡小娇，李 坤，谢传晓	中国农业科学院作物科学研究所，中国农业大学
J-202-2-01	混合材高得率清洁制浆关键技术及产业化	房桂干，邓拥军，戴红旗，许 凤，耿光林，刘燕韶，沈葵忠，范刚华，丁来保，盘爱享	中国林业科学研究院林产化学工业研究所，南京林业大学，北京林业大学，山东晨鸣纸业集团股份有限公司，山东华泰纸业股份有限公司，江苏金沃机械有限公司
J-202-2-02	东北东部山区森林保育与林下资源高效利用技术	朱教君，于立忠，何兴元，闫巧玲，杨 凯，王政权，李秀芬，刘常富，高 添，佟立君	中国科学院沈阳应用生态研究所，中国科学院东北地理与农业生态研究所，东北林业大学，中国林业科学研究院森林生态环境与保护研究所，沈阳农业大学，黑龙江省林业科学院
J-202-2-03	植物细胞壁力学表征技术体系构建及应用	费本华，余 雁，王 戈，赵荣军，王지坤，田根林，黄安民，王小青，刘杏娥，程海涛	国际竹藤中心，中国林业科学研究院木材工业研究所，上海中晨数字技术设备有限公司，中国纤维质量监测中心
J-202-2-04	中国特色兰科植物保育与种质创新及产业化关键技术	兰思仁，刘仲健，曾宋君，尹俊梅，罗毅波，石京山，宋希强，何碧珠，彭东辉，黄瑞宝	福建农林大学，中国热带农业科学院热带作物品种资源研究所，中国科学院华南植物园，遵义医科大学，中国科学院植物研究所，海南大学，福建连城兰花股份有限公司
J-203-2-01	蛋鸭种质创新与产业化	卢立志，陈国宏，李柳萌，黄 瑜，孙 静，沈军达，徐 琪，曾 涛，李清逸，陈 黎	浙江省农业科学院，扬州大学，诸暨市国伟禽业发展有限公司，湖北省农业科学院畜牧兽医研究所，福建省农业科学院畜牧兽医研究所，湖北神丹健康食品有限公司

续表

二等奖（通用项目）			
编号	项目名称	主要完成人	主要完成单位
J-203-2-02	猪健康养殖的饲用抗生素替代关键技术及应用	汪以真，冯　杰，江青艳，杨彩梅，胡彩虹，邓近平，李浙烽，刘雪连，杜华华，路则庆	浙江大学，华南农业大学，北京大北农科技集团股份有限公司，浙江农林大学，浙江惠嘉生物科技股份有限公司，杭州康德权饲料有限公司，天邦食品股份有限公司
J-203-2-03	动物专用新型抗菌原料药及制剂创制与应用	刘雅红，吴连勇，黄青山，曾振灵，方炳虎，黄显会，程雪娇，孔　梅，丁焕中，张晓会	华南农业大学，齐鲁动物保健品有限公司，上海高科联合生物技术研发有限公司，广东温氏大华农生物科技有限公司，天津市中升挑战生物科技有限公司，洛阳惠中兽药有限公司
J-203-2-04	家畜养殖数字化关键技术与智能饲喂装备创制及应用	熊本海，蒋林树，杨　亮，胡肄农，罗清尧，罗远明，曹　沛，温志芬，高华杰，郑姗姗	中国农业科学院北京畜牧兽医研究所，北京农学院，江苏省农业科学院，河南南商农牧科技股份有限公司，无锡市富华科技有限责任公司，温氏食品集团股份有限公司，北京大北农科技集团股份有限公司
J-203-2-05	饲草优质高效青贮关键技术与应用	杨富裕，玉　柱，张建国，徐春城，许庆方，刘忠宽，丁武蓉，徐智明，李存福，谢建将	中国农业大学，华南农业大学，兰州大学，山西农业大学，河北省农林科学院农业资源环境研究所，全国畜牧总站，四川高福记生物科技有限公司
J-203-2-06	草鱼健康养殖营养技术创新与应用	周小秋，邝声耀，冯　琳，戈贤平，刘辉芬，姜维丹，米海峰，吴　培，刘　扬，唐　凌	四川农业大学，通威股份有限公司，广州市科虎生物技术研究开发中心，四川省畜牧科学研究院，四川省畜科饲料有限公司，中国水产科学研究院淡水渔业研究中心，成都美溢德生物技术有限公司
J-204-2-01	优质专用小麦生产关键技术百问百答	赵广才，常旭虹，王德梅，杨玉双，陶志强，王艳杰，吕修涛，马少康，杨天桥，舒　薇	
J-204-2-02	《急诊室故事》医学科普纪录片	方秉华，王　韬，曾　荣，孙　烽，徐建青，王昕轶，杨　光，朱建辉	
J-211-2-01	玉米精深加工关键技术创新与应用	刘景圣，闵伟红，王玉华，龚魁杰，刘晓兰，郑明珠，许秀颖，蔡　丹，孙纯锐，武丽达	吉林农业大学，山东省农业科学院作物研究所，齐齐哈尔大学，吉林天景食品有限公司，诸城兴贸玉米开发有限公司，黄龙食品工业有限公司，保龄宝生物股份有限公司
J-211-2-02	传统特色肉制品现代化加工关键技术及产业化	王守伟，孔保华，乔晓玲，赵　燕，李家鹏，陈文华，臧明伍，李莹莹，施延军，宋忠祥	中国肉类食品综合研究中心，东北农业大学，湖南唐人神肉制品有限公司，金字火腿股份有限公司，广州皇上皇集团股份有限公司
J-211-2-03	柑橘绿色加工与副产物高值利用产业化关键技术	单　杨，李高阳，付复华，苏东林，汪秋安，曲昆生，张菊华，刘　伟，丁胜华，沈凡超	湖南省农业科学院，烟台安德利果胶股份有限公司，湖南熙可食品有限公司，东莞波顿香料有限公司，湖南大学，绵阳迪澳药业有限公司，辣妹子食品股份有限公司

二等奖（通用项目）			
编号	项目名称	主要完成人	主要完成单位
J-211-2-04	功能性乳酸菌靶向筛选及产业化应用关键技术	顾 青，何国庆，李平兰，李言郡，郦 萍，朱立科，阮 晖，陈 波，赵广生，林枫翔	浙江工商大学，中国农业大学，浙江大学，杭州娃哈哈集团有限公司，浙江一鸣食品股份有限公司，哈尔滨美华生物技术股份有限公司，杭州新希望双峰乳业有限公司
J-230-2-02	食品中化学性有害物检测关键技术创新及应用	张 峰，杨丙成，岳振峰，陈 达，国 伟，何艳玲，王秀娟，贾东芬	中国检验检疫科学研究院，华东理工大学，深圳出入境检验检疫局食品检验检疫技术中心，天津大学，北京陆桥技术股份有限公司，北京六角体科技发展有限公司
J-233-2-01	血液系统疾病出凝血异常诊疗新策略的建立及推广应用	吴德沛，阮长耿，韩 悦，武 艺，陈苏宁，黄玉辉，王兆钺，戴克胜，傅建新，赵益明	苏州大学附属第一医院，苏州大学
J-233-2-02	急性冠脉综合征精准介入诊疗体系的建立与应用	于 波，霍 勇，候静波，贾海波，王 挺，田进伟，邢 磊，胡思宁，代建南，马丽佳	哈尔滨医科大学，北京大学第一医院，乐普（北京）医疗器械股份有限公司
J-233-2-03	乳腺癌精准诊疗关键技术创新与应用	徐兵河，马 飞，孙 强，袁 芃，林东昕，代 敏，王佳玉，张 频，李 青，张保宁	中国医学科学院肿瘤医院，中国医学科学院北京协和医院
J-233-2-04	肺癌精准诊疗关键技术研究与推广应用	周彩存，张 艰，范 云，许 川，许亚萍，任胜祥，苏春霞，蒋 涛，何 伟，孙苏彭	同济大学，中国人民解放军空军军医大学第一附属医院，浙江省肿瘤医院，中国人民解放军陆军军医大学，格诺思博生物科技南通有限公司，杭州凯保罗生物科技有限公司
J-233-2-05	消化系统肿瘤分子标志物的发现及临床应用	徐瑞华，王 峰，骆卉妍，关新元，元云飞，云径平，康铁邦，邵建永，鞠怀强，邱妙珍	中山大学肿瘤防治中心
J-233-2-06	基于外周血分子分型的肺癌个体化诊疗体系建立及临床推广应用	王 洁，王绿化，王志杰，毕 楠，陈克能，白 桦，白 凡，高亦博，段建春，阮 力	北京协和医学院，北京肿瘤医院，厦门艾德生物医药科技股份有限公司，北京大学
J-233-2-07	内镜微创治疗食管疾病技术体系的创建与推广	周平红，徐美东，姚礼庆，钟芸诗，李全林，张轶群，陈巍峰，蔡明琰，胡健卫，陈 涛	复旦大学附属中山医院
J-233-2-08	心血管疾病磁共振诊断体系的创建与应用	赵世华，陆敏杰，何作祥，陈秀玉，张 岩，程怀兵，闫朝武，尹 刚，兰 天，戴琳琳	中国医学科学院阜外医院

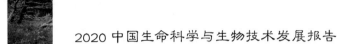

2020 中国生命科学与生物技术发展报告

续表

二等奖（通用项目）			
编号	项目名称	主要完成人	主要完成单位
J-234-2-01	雪莲、人参等药用植物细胞和不定根培养及产业化关键技术	黄璐琦，刘汉石，袁　媛，邵爱娟，刘雅萍，高文远，陈美兰，刘　禹，王　娟，刘　娟	大连普瑞康生物技术有限公司，中国中医科学院中药研究所，天津大学
J-234-2-02	针刺治疗缺血性中风的理论创新与临床应用	许能贵，符文彬，刘健华，徐振华，唐纯志，易　玮，王　舒，杨　骏，崔韶阳，王　琳	广州中医药大学，广东省中医院，天津中医药大学第一附属医院，安徽中医药大学第一附属医院，广州中医药大学深圳医院（福田）
J-234-2-03	中药制造现代化——固体制剂产业化关键技术研究及应用	刘红宁，杨世林，杨　明，朱卫丰，刘旭海，罗晓健，廖正根，陈丽华，郑　琴，杨　明（女）	江西中医药大学，江中药业股份有限公司，江西济民可信集团有限公司，天水华圆制药设备科技有限责任公司，北京翰林航宇科技发展股份公司，哈尔滨纳诺机械设备有限公司
J-234-2-04	脑卒中后功能障碍中西医结合康复关键技术及临床应用	陈立典，陶　静，陈智轩，李湄珍，黄　佳，薛偕华，杨珊莉，柳维林，胡海霞，邢金秋	福建中医药大学，香港理工大学，香港大学，广州一康医疗设备实业有限公司
J-234-2-05	基于中医原创思维的中药药性理论创新与应用	王振国，张　冰，邓家刚，刘树民，付先军，王世军，李　峰，曾英姿，张　聪，王厚伟	山东中医药大学，北京中医药大学，广西中医药大学，黑龙江中医药大学，山东沃华医药科技股份有限公司，上海医药集团青岛国风药业股份有限公司
J-235-2-01	新型稀缺酶资源研发体系创建及其在医药领域应用	谢　恬，许新德，陈侠斌，王秋岩，殷晓浦，曾昭武，王安明，陈大竞，侯书荣，徐晓玲	杭州师范大学，浙江医药股份有限公司新昌制药厂
J-235-2-02	药物新制剂中乳化关键技术体系的建立与应用	张　强，张雪霞，赵焰平，夏桂民，代文兵，周丽莹，刘树林，王会娟，吴翠栓，王学清	北京大学，华北制药股份有限公司，北京泰德制药股份有限公司，华北制药集团新药研究开发有限责任公司，北京德立福瑞医药科技有限公司
J-235-2-03	依替米星和庆大霉素联产的绿色、高效关键技术创新及产业化	陈代杰，李继安，袁耀佐，胡东辉，林惠敏，王海东，廖廷秀，戴　俊，张会敏，陈舟舟	上海交通大学，上海医药工业研究院，常州方圆制药有限公司，江苏省食品药品监督检验研究院，河南仁华生物科技有限公司，海南爱科制药有限公司，内蒙古普因药业有限公司
J-235-2-04	头孢西酮钠等系列头孢类药物共性关键技术及产业化	杜冠华，李明华，孙　松，陈　雨，王福清，吕　扬，李明杰，刘明霞，宋良伟，宋丽丽	山东罗欣药业集团股份有限公司，中国医学科学院药物研究所，山东罗欣药业集团恒欣药业有限公司，山东裕欣药业有限公司，中科医药行业生产力促进中心有限公司
J-235-2-05	人类重大传染病动物模型体系的建立及应用	秦　川，高一村，鲍琳琳，公雪杰，高　虹，魏　强，陈福和，邓　巍，马元武，杨文龙	中国医学科学院医学实验动物研究所，香港大学，北京科兴生物制品有限公司

续表

二等奖（通用项目）			
编号	项目名称	主要完成人	主要完成单位
J-25101-2-01	防治农作物主要病虫害绿色新农药新制剂的研制及应用	宋宝安，覃兆海，唐　静，郭　荣，李卫国，金林红，胡德禹，单炜力，杨　松，唐　卫	贵州大学，中国农业大学，广西田园生化股份有限公司，全国农业技术推广服务中心，农业农村部农药检定所，江苏耕耘化学有限公司
J-25101-2-02	黑土地玉米长期连作肥力退化机理与可持续利用技术创建及应用	王立春，赵兰坡，边少锋，任　军，王　琦，王鸿斌，朱　平，宋凤斌，安景文，王俊河	吉林省农业科学院，吉林农业大学，中国农业大学，中国科学院东北地理与农业生态研究所，辽宁省农业科学院，黑龙江省农业科学院齐齐哈尔分院
J-25101-2-03	植物源油脂包膜肥控释关键技术创建与应用	樊小林，王学江，解永军，高　强，谢江辉，刘　芳，张立丹，孟远夺，鲁剑巍，刘海林	华南农业大学，五洲丰农业科技有限公司，施可丰化工股份有限公司，吉林农业大学，中国热带农业科学院南亚热带作物研究所，华中农业大学，全国农业技术推广服务中心
J-25101-2-04	花生抗逆高产关键技术创新与应用	万书波，张智猛，李新国，李　林，吴正锋，郭　峰，张佳蕾，李向东，王铭伦，杨　莎	山东省农业科学院，青岛农业大学，山东农业大学，湖南农业大学，史丹利农业集团股份有限公司，青岛万农达花生机械有限公司
J-25101-2-05	重大蔬菜害虫韭蛆绿色防控关键技术创新与应用	张友军，魏启文，于　毅，吴青君，薛　明，刘　峰，魏国树，许国庆，刘长仲，史彩华	中国农业科学院蔬菜花卉研究所，全国农业技术推广服务中心，山东省农业科学院植物保护研究所，天津市植物保护研究所，山东农业大学，长江大学，甘肃农业大学
J-25101-2-06	茶叶中农药残留和污染物管控技术体系创建及应用	陈宗懋，罗逢健，周　利，楼正云，郑尊涛，张新忠，赵　颖，孙荷芝，杨　梅，王新茹	中国农业科学院茶叶研究所，农业部农药检定所，浙江大学
J-25103-2-01	北方玉米少免耕高速精量播种关键技术与装备	李洪文，张东兴，何　进，杨　丽，王庆杰，孙士明，张旭东，刁培松，张晋国，吴运涛	中国农业大学，黑龙江省农业机械工程科学研究院，辽宁省农业机械化研究所，山东理工大学，河北农业大学，河北农哈哈机械集团有限公司
J-25103-2-02	肉品风味与凝胶品质控制关键技术研发及产业化应用	周光宏，徐幸莲，李春保，祝义亮，章建浩，韩青荣，彭增起，朱俭军，张万刚，王虎虎	南京农业大学，江苏雨润肉类产业集团有限公司，嘉兴艾博实业有限公司，浙江华统肉制品股份有限公司
J-25103-2-03	水产集约化养殖精准测控关键技术与装备	李道亮，杨信廷，陈英义，邢克智，吴华瑞，阮怀军，傅泽田，翟介明，蒋永年，黄训松	中国农业大学，北京农业信息技术研究中心，天津农学院，山东省农业科学院科技信息研究所，莱州明波水产有限公司，江苏中农物联网科技有限公司，福建上润精密仪器有限公司
J-253-2-01	颌骨缺损功能重建的技术创新与推广应用	张陈平，孙　坚，陈晓军，韩正学，吴轶群，季　彤，白石柱，曲行舟，刘剑楠，杨　溪	上海交通大学医学院附属第九人民医院，上海交通大学，首都医科大学附属北京口腔医院，中国人民解放军空军军医大学第三附属医院

续表

二等奖（通用项目）			
编号	项目名称	主要完成人	主要完成单位
J-253-2-02	白内障精准防治关键技术及策略的创新和应用	姚克，申屠形超，闫永彬，徐 雯，汤霞靖，朱亚楠，俞一波，王 玮，傅秋黎，陈祥军	浙江大学医学院附属第二医院，清华大学
J-253-2-03	基于脊柱脊髓损伤流行病学及微环境理论的诊疗体系建立与临床应用	冯世庆，周 跃，胡 勇，宁广智，孔晓红，李长青，郑永发，周先虎，张正丰，周恒星	天津医科大学总医院，中国人民解放军陆军军医大学第二附属医院，香港大学，南开大学
J-253-2-04	围术期脓毒症预警与救治关键技术的建立和应用	方向明，舒 强，邓小明，于泳浩，王国林，李金宝，徐志南，薄禄龙，林 茹，程宝莉	浙江大学，上海长海医院，天津医科大学总医院
J-253-2-05	女性盆底功能障碍性疾病治疗体系的建立和推广	朱 兰，郎景和，徐 戎，鲁永鲜，华克勤，童晓文，金杭美，张晓薇，孙智晶，陈 娟	北京协和医学院，清华大学，中国人民解放军总医院第四医学中心，复旦大学附属妇产科医院，上海市同济医院，浙江大学医学院附属妇产科医院，广州医科大学附属第一医院
J-253-2-06	基于小儿肝胆胰计算机辅助手术系统研发、临床应用及产业化	董 蒨，陈永健，卢 云，徐文坚，田广野，董岿然，陈 哲，朱呈瞻，周显军，王国栋	青岛大学附属医院，青岛海信医疗设备股份有限公司，复旦大学附属儿科医院